普通高校“十四五”规划教材

惯性导航原理与系统应用设计

赵　龙　编著

北京航空航天大学出版社

内容简介

惯性导航技术是导航和定位领域里一项重要的技术，它不与外界进行信息交换，自主性强，而且能够给出载体的全状态信息（加速度、角速度、速度、位置和姿态），是载体导航定位的核心系统。本书在介绍导航定义、作用、分类以及导航技术发展的基础上，全面介绍了惯性导航系统的原理，捷联姿态矩阵即时更新、导航参数即时更新、捷联惯导系统的初始对准以及系统误差分析等内容。在此基础上，将工程实际中的一些科研成果融入本书中，形成了捷联惯性导航系统设计与实现、姿态与航向系统设计与实现以及组合导航系统设计与实现等与系统设计和实现有关的内容。

本书既有导航系统所需数学物理知识的介绍，又有惯性导航系统原理的详细分析，还有工程实例的应用设计，内容安排上循序渐进，由浅入深，物理概念清晰，既可作为控制科学与工程、仪器科学与技术和测绘科学与技术等相关专业本科生和研究生的教材，又可以作为专业技术人员的技术参考书，还可以作为了解导航技术和惯性导航系统原理和应用的参考资料。

图书在版编目(CIP)数据

惯性导航原理与系统应用设计 / 赵龙编著. -- 北京 : 北京航空航天大学出版社，2020.9

ISBN 978-7-5124-3322-9

Ⅰ. ①惯… Ⅱ. ①赵… Ⅲ. ①惯性导航系统—系统设计 Ⅳ. ①TN966

中国版本图书馆 CIP 数据核字(2020)第 144959 号

惯性导航原理与系统应用设计

赵　龙　编著

责任编辑　董　瑞

*

北京航空航天大学出版社出版发行

北京市海淀区学院路 37 号(邮编 100191)　http://www.buaapress.com.cn

发行部电话：(010)82317024　传真：(010)82328026

读者信箱：goodtextbook@126.com　邮购电话：(010)82316936

北京宏伟双华印刷有限公司印装　各地书店经销

*

开本：787×1 092　1/16　印张：15　字数：384 千字

2020 年 9 月第 1 版　2020 年 9 月第 1 次印刷　印数：2 000 册

ISBN 978-7-5124-3322-9　定价：49.00 元

前　言

导航定位技术伴随人类诞生而诞生，且随着人类政治、经济和军事活动的发展而不断发展，迄今已经经历了数千年的发展，已成为保证航空、航天、航海、陆地和大众生活领域中众多载体安全可靠航行的关键技术之一。惯性导航技术是导航定位技术理论发展过程中的一个重要分支，是现代精确导航、制导与控制系统的核心信息源，而且在构建陆海空天电（磁）五维一体信息化体系和实现军事装备机械化与信息化复合式发展的进程中具有不可替代的关键支撑作用。无论是航空/天器和舰船等军用载体，还是行人、车辆和无人机/车等民用载体，在空间内航行都必须实时获取导航定位信息并引导载体安全航行，这既是一项基本要求，也是一项核心内容，关乎每一次航行的安全和成败。在实际应用中，特别是军事应用中，都是以惯性导航为核心，再融合其他导航系统信息为载体提供导航定位信息。

惯性导航技术是一门独立的学科，其综合了现代数学、现代控制理论、物理、力学、计算机、机电以及精密仪器等多个学科的相关技术，已广泛应用于航空、航天、航海、车辆导航以及行人导航和定位中。由于惯性是所有质量体的基本属性，因此建立在惯性原理基础上的惯性导航系统不需要任何外界信息，仅依靠系统本身就可以全天时、全天候地提供载体的全状态信息（加速度、角速度、速度、位置和姿态信息）。惯性导航系统具有自主性、隐蔽性和完备性的特点是其他导航系统（如无线电导航系统、多普勒导航系统、卫星导航定位系统、地球物理场导航系统、天文导航和视觉导航系统等）无法比拟的，在载体导航和定位系统中具有重要作用。

本书在介绍导航技术产生、发展及其作用和导航系统中常用的数学、物理知识的基础上，详细介绍了惯性导航系统的原理、力学方程编排、误差分析、初始对准和系统设计与实现；同时将作者多年科研工作中取得的成果融入本书中，使得全书内容丰富、由浅入深，既有利于初学者顺利掌握基本概念和惯性导航系统的关键技术，又可为导航系统应用的工程设计与实践提供借鉴；既可作为高年级本科生和研究生的教材，又可作为专业工程技术人员的参考书。

本书共三个部分，第一部分（第 1 章和第 2 章）主要介绍了导航技术的产生、发展、作用和应用以及惯性导航系统中的数理基础知识。第二部分（第 3～6 章）主要介绍了惯性导航的参考基准、惯性导航基本方程、惯性导航系统基本原理与力学方程编排、捷联矩阵即时更新、导航参数即时更新、系统误差分析和系统初始对准等内容。第三部分（第 7～9 章）主要介绍了惯性导航系统在实际工程中应用的系统设计与实现,包括捷联惯性导航系统、载体全姿态解算系统和惯导/GNSS组合导航系统的设计与实现;同时,以无人机自主导航与控制为应用背景,对低成本姿态与航向参考系统和低成本惯导/GNSS组合导航系统进行了设计与实现,并在无人机飞行控制中进行了应用。三部分内容既有一定的连贯性,又相对独立,读者可根据自身基础和实际应用情况选择所需内容进行学习和阅读。

本书所涉及的部分成果得到国家自然基金(No. 41574024,41874034)、国家重点研发计划(2016YFB0502102)、北京市自然基金(No. 4162035,4202041)、航空科学基金(No. 2016ZC51024)和多项科研课题的大力支持。

在本书完成之际,要特别感谢我的博士生导师陈哲教授和同实验室的张常云教授,他们虽未直接参与本书编写,但他们积累的丰富科研成果和教学成果为本书编写提供了支撑。书中部分实验结果来源于实验室博士生和硕士生的研究成果,而且王梦园博士生和穆梦雪博士生阅读和校对了全书。在此一并表示衷心地感谢!

由于作者水平水平有限,书中的缺点和错误敬请读者批评和指正。

编　者

2020 年 7 月

目　录

第 1 章　导航技术概述……1
1.1　导航的定义及作用……1
1.2　导航技术的产生与发展……2
1.2.1　人类活动范围与导航技术发展……3
1.2.2　交通(或运载)工具与导航技术发展……3
1.2.3　航行可靠性与导航技术发展……4
1.3　导航技术的分类……4
1.3.1　古代导航技术……4
1.3.2　无线电导航技术……6
1.3.3　惯性导航技术……7
1.3.4　地球物理场导航技术……8
1.3.5　天文导航技术……9
1.3.6　视觉导航技术……10
1.3.7　组合导航技术……11
1.3.8　多源信息融合导航技术……11
1.4　惯性导航技术的发展及现状……12
思考与练习题……14
第 2 章　惯性导航中的数理基础……15
2.1　概　述……15
2.2　牛顿运动定律……15
2.2.1　牛顿第一运动定律……15
2.2.2　牛顿第二运动定律……15
2.2.3　牛顿第三运动定律……15
2.3　向量的乘积……16
2.3.1　两个向量的内积……16
2.3.2　两个向量的叉积……16
2.4　哥氏定理……17
2.5　空间直角坐标系的坐标变换……19
2.5.1　方向余弦法……19
2.5.2　欧拉角法……20
2.5.3　空间直角坐标系间变换矩阵的性质……21
2.5.4　方向余弦矩阵微分方程……22
2.6　微分方程的数值积分算法……23
2.6.1　一阶欧拉法……23

2.6.2 二阶龙格-库塔法 …… 24
2.6.3 四阶龙格-库塔法 …… 24
2.6.4 三种数值积分算法的适用性分析 …… 25
2.7 地球数学模型和相关导航参数 …… 26
2.7.1 地球几何形状及其数学模型 …… 26
2.7.2 经线和经度 …… 28
2.7.3 垂线、纬度和高度 …… 29
2.7.4 参考椭球体的法线长度和法截线曲率半径 …… 30
2.7.5 地球重力加速度和自转角速度 …… 37
2.7.6 地球上定位的两种坐标方法及其转换 …… 41
2.8 角动量定理与陀螺仪基本特性 …… 43
2.8.1 定点转动刚体的角动量 …… 43
2.8.2 角动量定理 …… 45
2.8.3 刚体定点转动的欧拉动力学方程 …… 45
2.8.4 陀螺仪的基本特性 …… 47
2.9 惯性稳定平台 …… 50
2.9.1 单轴惯性稳定平台 …… 50
2.9.2 三轴惯性稳定平台 …… 52
2.10 舒勒摆原理与舒勒调整可实现性 …… 55
2.10.1 用物理摆实现舒勒摆的原理 …… 55
2.10.2 舒勒调整的可实现性 …… 57
2.10.3 单轴惯导系统原理和舒勒调整实现 …… 58
思考与练习题 …… 61
第3章 惯性导航的基本原理 …… 63
3.1 概 述 …… 63
3.2 惯性导航系统常用的坐标系和载体姿态角 …… 63
3.2.1 惯性导航中各种坐标系的必要性 …… 63
3.2.2 惯性导航中的常用坐标系 …… 63
3.2.3 载体姿态角 …… 65
3.3 惯导系统的分类 …… 67
3.3.1 根据惯导系统选取的导航坐标系分类 …… 67
3.3.2 根据惯导系统实现的结构分类 …… 68
3.4 惯性导航基本方程及其矩阵表示法 …… 70
3.4.1 惯导基本方程 …… 70
3.4.2 惯导基本方程的矩阵表示法 …… 72
3.5 惯导系统原理与力学方程编排 …… 73
3.5.1 指北方位系统 …… 73
3.5.2 自由方位系统 …… 77
3.5.3 游动自由方位系统 …… 80

3.6　基于方向余弦矩阵的惯性导航方法 …… 81
3.6.1　位置矩阵 …… 81
3.6.2　位置矩阵微分方程 …… 83
3.6.3　由位置矩阵确定经度、纬度和方位角 …… 84
3.6.4　指北方位系统的方向余弦法 …… 86
3.6.5　自由方位系统的方向余弦法 …… 86
3.6.6　游动自由方位系统的方向余弦法 …… 90
3.7　惯导系统的高度通道 …… 94
3.7.1　惯导系统高度通道的稳定性分析 …… 94
3.7.2　惯导系统高度通道阻尼 …… 95
思考与练习题 …… 97
第 4 章　捷联矩阵的即时更新 …… 98
4.1　概　述 …… 98
4.2　捷联矩阵与载体姿态角计算 …… 98
4.2.1　捷联矩阵 …… 99
4.2.2　载体姿态角的计算 …… 101
4.3　捷联矩阵的即时更新 …… 102
4.3.1　欧拉角法 …… 102
4.3.2　方向余弦法 …… 103
4.4　捷联矩阵即时更新的四元数方法 …… 106
4.4.1　四元数的定义和性质 …… 106
4.4.2　四元数的运算 …… 108
4.4.3　四元数的三角表示法 …… 110
4.4.4　矢量转动的四元数变换 …… 111
4.4.5　转动四元数与转动方向余弦矩阵的关系 …… 113
4.4.6　转动四元数的微分方程 …… 116
4.4.7　四元数的即时更新算法 …… 117
4.4.8　四元数的归一化 …… 121
4.4.9　四元数的初始化 …… 122
思考与练习题 …… 123
第 5 章　惯性导航系统的误差分析 …… 124
5.1　概　述 …… 124
5.2　系统误差传播特点 …… 124
5.2.1　姿态误差角 …… 124
5.2.2　系统误差传播过程 …… 126
5.3　惯性导航系统误差方程 …… 127
5.3.1　惯性导航系统基本误差方程 …… 127
5.3.2　指北方位系统的误差方程 …… 129
5.3.3　自由方位系统的误差方程 …… 131

5.3.4 游动自由方位系统的误差方程 …… 136
5.4 惯性导航系统误差特性分析 …… 139
思考与练习题 …… 144
第6章 惯性导航系统的初始对准 …… 146
6.1 概述 …… 146
6.2 指北方位系统的初始对准 …… 147
6.2.1 水平对准原理 …… 149
6.2.2 方位对准原理 …… 152
6.3 捷联惯导解析式对准方法 …… 155
6.3.1 双矢量定姿与解析粗对准 …… 155
6.3.2 精对准 …… 157
6.4 低成本捷联惯导系统的初始对准 …… 159
思考与练习题 …… 160
第7章 捷联惯性导航系统设计与实现 …… 161
7.1 概述 …… 161
7.2 指北方位系统的设计与实现 …… 161
7.2.1 系统初始化和初始参数计算 …… 162
7.2.2 捷联矩阵即时更新 …… 165
7.2.3 对地速度即时更新 …… 166
7.2.4 位置矩阵即时更新 …… 167
7.2.5 地球自转角速度更新 …… 168
7.2.6 导航参数计算 …… 168
7.2.7 垂直通道导航参数计算 …… 169
7.3 方位角自由系统的设计与实现 …… 170
7.3.1 系统初始化和初始参数计算 …… 170
7.3.2 捷联矩阵即时更新 …… 172
7.3.3 对地速度即时更新 …… 172
7.3.4 位置矩阵即时更新 …… 173
7.3.5 地球自转角速度更新 …… 173
7.3.6 导航参数计算 …… 173
7.3.7 载体航向角计算 …… 175
7.3.8 垂直通道导航参数计算 …… 175
7.4 捷联惯导系统的工程实现 …… 175
7.4.1 数值积分算法的选择 …… 175
7.4.2 姿态角速度的选取 …… 175
7.4.3 捷联解算不同迭代周期的划分 …… 176
7.5 捷联惯导系统设计与实现的工程实例 …… 179
思考与练习题 …… 181

第 8 章　姿态与航向参考系统设计与实现 …… 182
8.1　概　述 …… 182
8.2　载体全姿态运动的姿态解算 …… 183
8.2.1　俯仰角→90°的情况 …… 183
8.2.2　横滚角→90°的情况 …… 185
8.2.3　仿真实例 …… 186
8.3　低成本 AHRS 设计和实现方案 1 …… 187
8.3.1　加速度计和陀螺仪输出数据分析 …… 187
8.3.2　方案设计与实现 …… 189
8.3.3　仿真实例 …… 192
8.4　低成本 AHRS 设计和实现方案 2 …… 193
8.4.1　系统动力学模型 …… 194
8.4.2　系统两步观测模型 …… 197
8.4.3　系统滤波实现过程 …… 198
8.4.4　仿真实例 …… 199
思考与练习题 …… 204
第 9 章　SINS/GNSS 组合导航系统的设计与实现 …… 205
9.1　概　述 …… 205
9.2　组合导航系统的实现方法 …… 205
9.2.1　组合导航系统的校正方式 …… 206
9.2.2　组合导航系统的组合模式 …… 208
9.3　组合导航系统的数学模型 …… 211
9.3.1　系统状态方程 …… 211
9.3.2　系统量测方程 …… 214
9.3.3　组合导航系统数学模型离散化 …… 215
9.4　惯导/GPS/北斗卫星组合导航系统的设计与实现 …… 216
9.4.1　惯导/GPS/北斗卫星组合导航系统的数学模型 …… 216
9.4.2　惯导/GPS/北斗卫星组合导航系统的滤波器设计 …… 216
9.4.3　仿真实例 …… 218
9.5　低成本 SINS/GNSS 组合导航系统的设计与实现 …… 219
9.5.1　低成本 SINS/GNSS 组合导航系统的运动学模型 …… 219
9.5.2　低成本 SINS/GNSS 组合导航系统的量测模型 …… 220
9.5.3　仿真实例 …… 220
9.6　SINS/GNSS 紧组合导航系统的设计与实现 …… 222
9.6.1　SINS/GNSS 紧组合导航系统的运动学模型 …… 222
9.6.2　SINS/GNSS 紧组合导航系统的量测模型 …… 223
9.6.3　仿真实例 …… 224
思考与练习题 …… 228
参考文献 …… 229

第1章　导航技术概述

1.1　导航的定义及作用

将航行载体从起始点安全、可靠地引导到目的地的过程称为导航。导航的基本作用就是回答“我在哪里?”。顾名思义,导航的基本作用是引导载体,包括飞机、舰船、车辆、卫星以及个人等,安全准确地沿着所选定的路线,准时到达目的地。通常用载体在空间的即时位置、速度、姿态和航向等参数来描述这一过程,这些参数称为导航参数。导航参数的确定由导航工具、导航仪表或导航系统来完成。在初期的导航中,人们借助简单的工具和天文地理知识来确定航向和位置信息;随着生产力的发展,测量手段变得越来越完善,人们开始利用更为精密的导航仪表或设备来测量导航参数。测量导航参数的整套设备称为导航系统。导航系统有两种工作状态,即指示状态和自动导航状态。当导航系统提供的导航信息仅供驾驶员操纵和引导载体用时,导航系统工作为指示状态。在指示状态下,导航系统不直接对载体进行控制。当导航系统提供的信息直接输送给载体自动驾驶控制系统,由自动驾驶控制系统操作并引导载体时,导航系统工作于自动导航状态。在这两种工作状态下,导航系统的作用都只是提供导航参数,“导航”含义也侧重于测量和提供导航参数。

利用导航系统,驾驶员或自动驾驶仪根据导航系统指示或输出的信号,便能不管在白天还是夜晚,雨天、雾天还是晴天,夏天还是冬天,云海茫茫的天上还是水天相接的海上,以至在任何陌生的环境中,操纵载体正确地向目的地前进。

导航系统所完成的功能也称为导航或导航服务。该功能需求随着人类的政治、经济和军事活动的产生而产生,又随着其发展而逐渐发展。自从人类出现以来,便有了对导航的需求。据传说,大约在公元前2600年,黄帝部落联合炎帝部落与蚩尤部落在涿鹿(今河北省涿鹿县)发生大战,黄帝和炎帝部落联合军队以指南车指示方向在大风雨中前进,一举击败蚩尤部落,取得了战争的胜利;在楚汉相争中,项羽垓下大败,突围南逃的途中向田父问路,田父故意给了他一个错误的信号,结果陷入前有沼泽后有追兵的境地,致使这位力拔山兮气盖世的西楚霸王自刎乌江;汉朝著名的“飞将军”李广,生前最后一战,就是因为在草原大漠中迷路获罪,才被迫自杀。

在我国古代丝绸之路上长途跋涉的商队,在北方驰道上来往于各国的说客和商旅,为了到达目标城市,他们必须了解正确的前进方向,而且要了解当时的位置与时间,估计出前进的速度,才能正确地选择下一个驿站,以补充食物和饮水,使人畜得到必要的休息。

古希腊人与罗马人在地中海区域的海上商业活动与战争、东晋时期的法显和尚穿行亚洲大陆又经南洋海路归国的远途陆海旅行、中国明代郑和七下西洋,这些壮举如果没有地物可作参考,没有导航是不可能完成的。

第二次世界大战期间,在不列颠战役中德国利用无线电波束导航系统引导飞机对英国进行轰炸。在1990年8月至1991年3月的海湾战争中,在阿拉伯半岛没有任何地形可参照的茫茫沙海上,多国部队每一种战术操作都离不开卫星导航系统的引导。在沙漠风暴中,多国部队采用声东击西的战略,从沙特阿拉伯出发的大量部队穿过伊拉克西部大沙漠到幼发拉底河一线,对伊军实施战略迂回包围。事后伊军一名俘虏说:"我们知道那里(西部)是我们的地方,但是我们不到那里去,因为我们在那里会迷路"。

以上实例说明,导航是人类从事政治、经济和军事活动所必不可少的信息技术。

1.2 导航技术的产生与发展

导航随着人类的诞生就开始萌芽,经过了漫长的发展过程,其中历经依靠感官感知的古代朦胧发展期,跨越数千年,发现时空要素,认识人类生活必备的时间和空间两大基础参考;再经过依靠仪器和仪表的中近代开创发展期,也称为大航海时代,历经上千年,发明时空参量,掌握位置、速度和时间;至如今依靠系统体系步入现代成熟发展期,也称为航空航天时代,经过几十年的发展已经可通过对多种导航源信息进行组合来获取高精度、高可靠的定位、导航和授时(Positioning Navigation and Timing,PNT)信息;可能还须数十年至上百年,甚至更长的时间,通过多(或全)导航信息源自适应融合,建成国家综合 PNT 体系,并实现具有定位精度高、鲁棒性强和实时性好的自适应导航系统,发展无处不在、无时不在的时空信息服务,其发展过程示意图如图 1.1 所示。

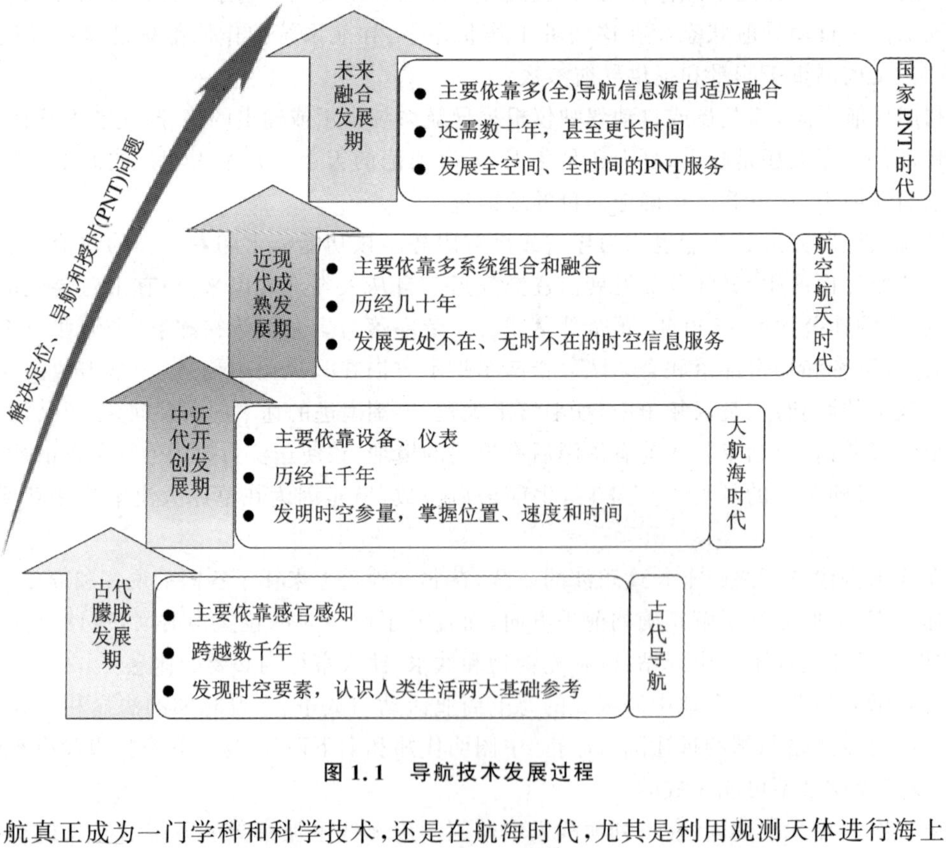

图 1.1　导航技术发展过程

导航真正成为一门学科和科学技术,还是在航海时代,尤其是利用观测天体进行海上船舶导航,即天文导航学科的出现与形成,才有了"导航"的科学概念。导航技术的发展与人类活动范围的扩大、交通工具的发展和航行可靠性的要求密不可分，即随着人类活动范围的不断扩大，交通工具得以发展，新的交通工具又可以将人们送到更远的地方去，而且在这一过程中对导航的可靠性要求越来越高。

1.2.1　人类活动范围与导航技术发展

人类最初的活动范围主要限于黄河流域、印度河流域、两河流域（幼发拉底河和底格里斯河）、地中海以及波斯湾沿岸。人们在这些区域从事狩猎和采集活动以及频繁的迁徙活动时，都是凭借人的体力。古代人们大都是沿河而居的。随着火和石斧的应用，为适应捕鱼和渡河的需要，便创造出最早的水上交通工具——独木舟。有了独木舟，人们的活动范围扩大了，从此可以跨越水域向远处探险，开拓新的天地，促进了生产力的进一步发展。随着生产力的不断发展，人类的活动范围从居住地逐渐向邻近区域扩展。到 14 世纪末，新大陆的发现和从欧洲绕过好望角到东方海上航路的开辟，人类的活动从陆路、内河、近海延伸到全世界，以至于到了今天，人类不仅涉足陆上、水上和空中，还涉足水下和外层空间。人类活动范围不断扩大，人类远行需要交通工具，需要导航技术，以安全可靠地到达目的地。因此，人类活动范围的扩大，促进了交通工具的发展，也促进了导航技术的发展。

1.2.2　交通（或运载）工具与导航技术发展

如图 1.2 所示，交通工具从最初的满足人们下水捕鱼的独木舟和竹筏，逐渐向满足探险家远航和战争的需求的大型船只或战舰过渡。在 18 世纪中叶以前，交通运输总体来说依然主要依靠人力、畜力和风力，因此发展相对缓慢。19 世纪初，蒸汽动力的出现，使海上运输和铁路运输得到极大地发展；19 世纪末，大量汽车投入使用使陆路运输进一步繁荣起来；20 世纪初航空运输的兴起，大大加快了人类经济和军事活动的节奏。为了满足人类可以在水下、水上、陆上、空中、太空和外层空间开展经济、军事和科学研究活动的需求，需要各式各样的运载体，例如车辆、舰船、飞机、火箭、卫星和航天器等。在 20 世纪 80 年代以前，人类已经建立的导航系统主要是为航空和航海提供服务，因为它们是除了陆路运输之外的两种主要运输形式。航空对导航提出了更严格的要求，这是由于飞机在空中必须保持运动，而且运动速度相对较快，留空时间有限，事故后果严重。因此，为保证运载体和人安全准确地到达目的地，需要更精准、更可靠的导航信息来引导。因此，交通工具的发展也促进了导航技术的发展。

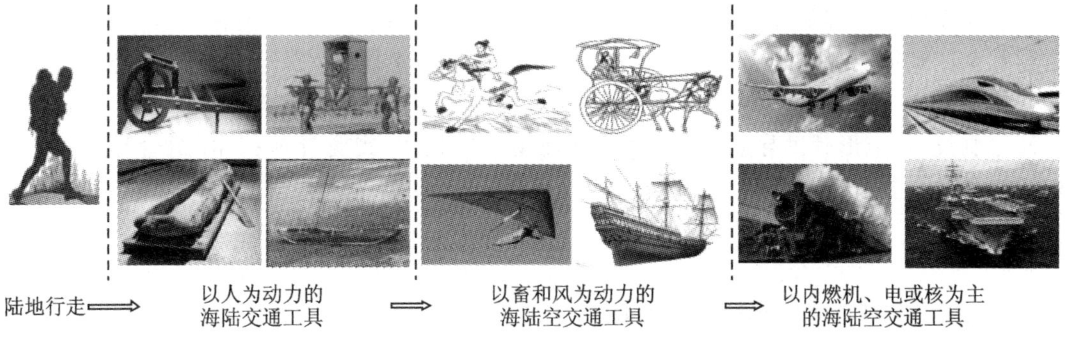

图 1.2　交通工具发展

1.2.3 航行可靠性与导航技术发展

人类借助运载体可到达的地方越来越远,对导航的要求也越来越高,使导航的功能从主要向载体提供方向,转变为既提供方向,又提供位置信息。

当人类的政治、军事和经济活动还较简单时,利用地形地物作参照物或者观察太阳和星体确定方向便可到达目的地。后来为了克服天气和能见度的限制,出现了指南车、记里鼓车、指南针和磁罗盘等。19 世纪末无线电的发明,使导航开始了新的纪元。随着航空业的发展,出现了四航道信标与无线电罗盘以及一些原始的推算导航仪器。依靠这些设备或系统提供航向信息来引导载体到达目的地,不会出现“南辕北辙”的现象。但是随着航空、航海和航天的发展,为了提高安全性、可靠性和经济性,导航技术逐渐由单纯提供航向信息向提供载体的实时精确位置的方向发展,而且对导航性能提出了更高的要求。

综上所述,导航随人类政治、经济和军事活动的产生而产生,又随人类政治、经济和军事活动发展而不断发展。人类活动范围的扩大,需要借助载体(或交通工具)到达更远的地方,载体(或交通工具)从起点安全、准确地到达目的地需要可靠地确定载体的姿态、航向以及位置等信息。人类活动范围扩大、载体(或交通工具)发展与航行可靠性共同促进了导航技术的发展。

在古代,人们最初“日出而作,日落而息”,依靠目视范围内的建筑物确定航向;后来又利用简单的工具或设备观测地文信息和天文信息来实现定位,来引导自己到达目的地;到了明代郑和下西洋时,已具有依靠指南针、地图、海图、天文导航、陆标定位、洋流导航、风向导航、测速和测程等多种导航仪器和技术定位的能力,而且此时的古代导航技术已发展到了顶峰;18 世纪中叶天文钟和六分仪的发明,导航技术实现了质的突破;19 世纪初,导航技术进入了全新的发展阶段,先后出现了无线电导航技术、惯性导航技术、地形辅助导航技术、地球物理场导航技术以及组合导航技术等。

1.3 导航技术的分类

按时间进行划分,导航技术可分为古代导航技术和现代导航技术。按导航技术是否与外界发生信息交互,可将导航技术分为自主式和非自主式两大类。自主式导航系统可在不依赖外界信息或不与外界发生联系的条件下,独立完成导航任务;而非自主式导航系统必须依靠地面设备或其他外界信息才能完成导航任务。自主式导航系统在军事上特别重要,它能够保证载体(飞机、导弹、舰船、潜艇和无人机等)独立自主、安全、隐蔽地执行任务。按导航技术的实现原理可以将导航技术分为地文导航技术、天文导航技术、无线电导航技术、惯性导航技术、地形辅助导航技术、地球物理场导航技术、视觉导航技术、组合导航技术和多源信息融合导航技术等。

1.3.1 古代导航技术

在与船舶相伴而生的导航定位技术中,地文导航定位技术历史最悠久、最古老,而天文导航定位技术则是古人航海技术积累到相当程度后才发展起来的。古代航海导航主要依赖水手极为宝贵的经验和一些简单的工具。早期由于导航技术相对落后,航海者怕在海上迷失方向,航海者在海上总是保持与岸边比较近的距离航行，通过他们能够看到的陆地特征，或倾听可以帮助领航的声响，如钟响浮标或雾笛发出的声音，来判断航向是否正确。随着导航技术的进一步发展，人们借助简单的工具或设备就可确定航向和位置，实现远离岸边的远洋航行，甚至穿洋航行了。例如，利用指南针（见图 1.3）测定航向，利用十字测天仪或牵星板（见图 1.4）测量天体高度角来确定纬度，利用天文钟确定经度。明朝郑和七下西洋时，将地理、天文、陆标定位、信风、洋流以及航路信息等导航相关参数综合绘制成地图——郑和航海图（见图 1.5）。

图 1.3　水罗盘

图 1.4　牵星板

图 1.5　郑和航海图(局部)

据英国报道，英国历史学家表示，史前人类利用一个基于石制环形标记的原始“导航仪”实现在英国境地的导航。借助于建在小山顶上石制建筑构成的复杂网络提供的精确导航，他们能够准确穿行于居住地之间。这种简单的导航仪建立在一个相互连接的等腰三角形网络基础之上，每一个等腰三角形指向下一个地点。很多石制标记彼此间的距离高达 100 英里（约合 161 千米）以上，但 GPS（全球定位系统）坐标显示，这个原始导航仪的精确度却在 100 米之内。通过这种简单的导航系统，当时的居民可以不借助任何道具，光凭自己的肉眼就能实现从地点 A 到地点 B 的导航。

我国古代发明了指南车和记里鼓车，前者又称为司南车，是用来指示方向的一种装置，如图 1.6 所示；后者又称为记里车，是一种用于计量里程的车，如图 1.7 所示。

图 1.6　指南车

图 1.7　记里鼓车

与指南针利用地磁效应不同，指南车是利用机械传动系统来指明方向的一种机械装置。其工作原理是：指南车依靠人力或畜力运动时，通过车内的机械传动系统带动车上指向木人转动，木人转动的角度与车前辕转动的角度相同且方向相反。这样，不论车子转向何方，木人的手始终指向指南车出发时设置的方向，于是有“车虽回运而手常指南”的记载。英国科技史学家李约瑟(1900—1995)称：“指南车是人类历史上第一架有共协稳定的机械”。记里鼓车是一种会自动记载行程的车辆，它利用齿轮机构的差动原理通过“车行一里，木人击鼓，行十里，木人击镯”的方式实现了里程计量。

1.3.2 无线电导航技术

19 世纪末，人们发现了电磁波。电磁波第一个应用领域是通信，其示意图如图 1.8 所示。在航海中，使用摩尔斯电报在船与陆地间传递信息。电磁波的第二个应用领域就是导航，借助无线电波，测量载体相对于导航台(或基站)的方位、距离等参数，确定飞行器的位置、速度、航向等导航参数。1911 年诞生了无线电导航；1912 年，研制出世界上第一个无线电导航设备——振幅式测向仪，又称为无线电罗盘。

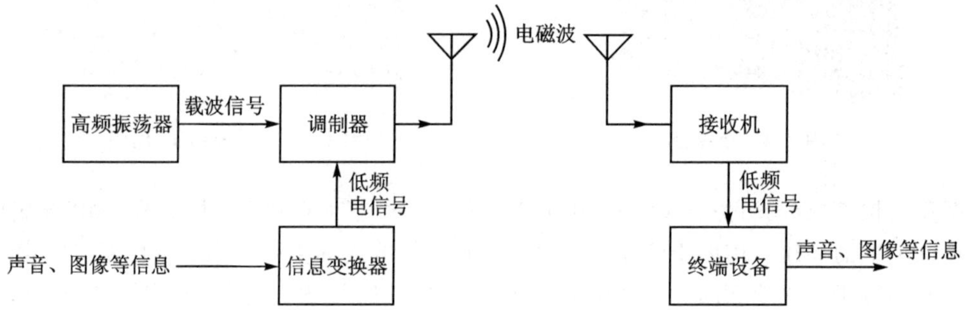

图 1.8 无线电通信原理示意图

根据无线电导航设备(导航台、基站或转发器)的安放地点可将无线电导航系统分为地基(设备主要安装在地面或海面)、空基(设备主要安装在飞机和浮空器上)和星基(设备主要装在导航卫星上)无线电导航系统。例如，测距机(Distance Measuring Equipment，DME)系统、罗兰双曲线导航系统、奥米加双曲线导航系统、伏尔测向导航系统以及塔康导航系统等属于陆基无线电导航系统；多普勒导航系统和无线电高度表属于空基无线电导航系统；全球卫星定位系统属于天基无线电导航系统。无线电导航的主要优点是精度较高；缺点是电波易受干扰，甚至导航台或基站容易被摧毁，在军事上应用存在明显不足。

目前，应用最广泛的无线电导航系统是全球卫星导航系统(Global Navigation Satellite System，GNSS)，主要包括美国的全球定位系统(Global Positioning System，GPS)、俄罗斯的全球卫星导航系统(Global Navigation Satellite System，GLONASS)、欧盟伽利略卫星导航系统(Galileo Stellite Navigation System，GALILEO)、中国的北斗卫星导航系统(BeiDou Navigation Satellite System，BDS)、日本的准天顶卫星系统(Quasi-Zenith Satellite System，QZSS)和印度区域卫星导航系统(India Regional Navigation Satellite System，IRNSS)。北斗卫星导航系统是中国自主建设、独立运行，与世界其他卫星导航系统兼容共用的全球卫星导航系统，

是为全球用户提供全天候、全天时、高精度的定位、导航和授时服务的国家重要空间基础设施，其空间段由若干地球静止轨道卫星、倾斜地球同步轨道卫星和中圆地球轨道卫星等组成。北斗卫星导航系统自 20 世纪 90 年代启动研制，按“三步走”战略，实施北斗一号、北斗二号和北斗三号系统建设，先有源后无源，先区域后全球，走出了一条中国特色的卫星导航系统建设道路。该系统分三个阶段建设，2000 年至 2003 年，首先建成北斗导航试验系统，使我国成为继美国和俄罗斯之后世界上第三个拥有自主卫星导航系统的国家，该系统已成功应用于测绘、电信、水利、渔业、交通运输、森林防火、减灾救灾和公共安全等诸多领域并产生显著的经济效益和社会效益，特别是在 2008 年北京奥运会和汶川抗震救灾中发挥了重要作用。2012 年 12 月 27 日完成区域阶段部署，并在亚太大部分地区提供定位、导航和授时以及短报文通信服务，其定位精度≤10 m，测速精度≤0.2 m/s、授时精度≤50 ns 和短报文通信≤120 个汉字。2018 年 12 月 27 日下午，北斗三号基本系统建成并向全球提供服务，其水平定位精度为 10 m，高程定位精度为 10 m(95％置信度)，测速精度为 0.2 m/s(95％置信度)，授时精度为 20 ns(95％置信度)，系统服务可用性优于 95％。2020 年 7 月 31 日，北斗三号全球卫星导航系统正式开通，标志着北斗“三步走”发展战略圆满完成，其可提供定位导航授时、全球短报文通信、区域短报文通信、国际搜救、星基增强、地基增强、精密单点定位共 7 类服务；全球范围定位精度优于 10 m，测速精度优于 0.2 m/s，授时精度优于 20 ns，服务可用性优于 99％，亚太地区性能更优；区域通信能力达到每次 14 000 bit(1 000 汉字)，既能传输文字，还可传输语音和图片，并支持每次560 bit(40 个汉字)的全球通信能力。北斗卫星导航系统三个阶段的空间段构成如图 1.9 所示。

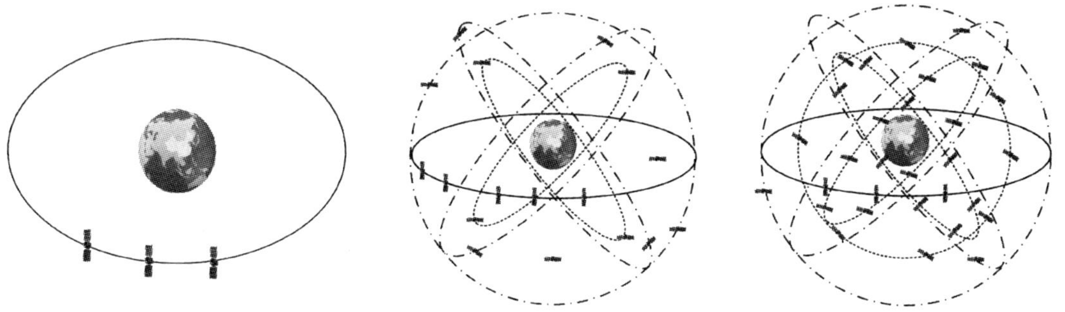

(a) 北斗实验卫星　　(b) 北斗区域导航卫星　　(c) 北斗全球导航卫星

图 1.9　北斗卫星导航定位系统空间段

1.3.3　惯性导航技术

惯性导航技术以牛顿力学定律为基础，惯性导航系统(Inertia Navigation System，INS)利用陀螺仪和加速度计(统称为惯性传感器)同时测量载体运动的角速度和线加速度，并通过计算机实时解算出载体的三维姿态、速度和位置等导航信息。惯性导航系统有平台式和捷联式两类实现方案，前者有跟踪导航坐标系的物理平台，惯性传感器直接安装在平台上并控制平台跟踪某一基准坐标系，对加速度计输出的信号进行处理、积分可得到速度及位置信息，姿态信息由平台环架上的姿态角传感器提供，其简化的原理图如图 1.10 所示。惯导平台可隔离载体角运动，因而能降低动态误差，但存在体积大、可靠性低、成本高和维护不便等不足。

捷联式惯导系统(Strapdown Inertia Navigation System,SINS)没有物理平台,惯性传感器与载体直接固连,惯性平台功能由计算机软件实现,姿态角通过计算得到,也称为"数学平台"。惯性导航系统不但能提供载体完全导航参数(角速度、加速度、姿态、速度和位置)信息,且不和外界发生任何光电联系,隐蔽性好,工作不受气象条件的限制。因此,惯性导航被广泛应用于航海、航空和航天以及车辆和行人导航等军民用领域中。惯性导航的缺点是受各种误差(如器件误差、初始误差以及计算误差等)的影响,定位误差随时间而增大;长时间工作需要其他导航技术进行辅助。

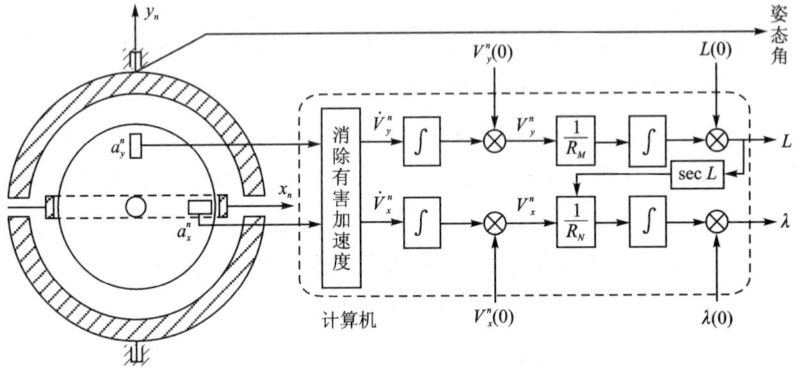

图 1.10　惯性导航原理

1.3.4　地球物理场导航技术

各种地球物理方法在地表或地表附近测量的各种物理现象信息统称为地球物理场信息,地球物理场信息可分为天然存在的地球物理场信息和人工激发的地球物理场信息。其中,地球的重力场、地磁场、地形场、地电场、地温场、核物理场等是天然存在的地球物理场。通过载体上地球物理场信息测量传感器实时测量的地球物理场信息(如重力异常场、磁异常场、地形起伏和地物特征等)与储存在载体导航计算机中的地球物理场基准信息进行分析来确定载体导航参数的技术称为地球物理场导航技术,例如重力匹配、地磁匹配、地形匹配和景像匹配等,其中地形匹配和景像匹配又统称为地形辅助导航系统。

利用地形特征对载体进行导航是人们所熟知的最古老的导航技术。从 19 世纪末飞机出现起,飞行员就通过目视地形、地物进行导航。然而,现代地形辅助导航技术与古老的地形导航技术截然不同,它是利用数字地图来辅助惯性导航的技术,可以为载体提供精确的导航定位信息,其精度取决于地图的分辨率和地形的变化情况。根据系统的实现原理,地形辅助导航技术可分为两类,一类是基于相关分析原理的地形匹配和景像匹配;一类是基于最优滤波的地形辅助惯性导航技术,例如桑迪亚惯性地形辅助导航(Sandia Inertial Terrain-Aided Navigation, SITAN)算法和北航惯性地形辅助导航(BUAA Inertial Terrain Aided Navigation, BITAN)算法。地形辅助导航系统的原理图如图 1.11 所示。

地形辅助导航系统与一般组合导航系统相比,只增加了硬件——存储数字地形高度数据的大容量存储器,便于工程实现,而且自主性强;但在地物特征少的平坦地形、沙漠和海面上空无法对惯导系统提供位置修正。

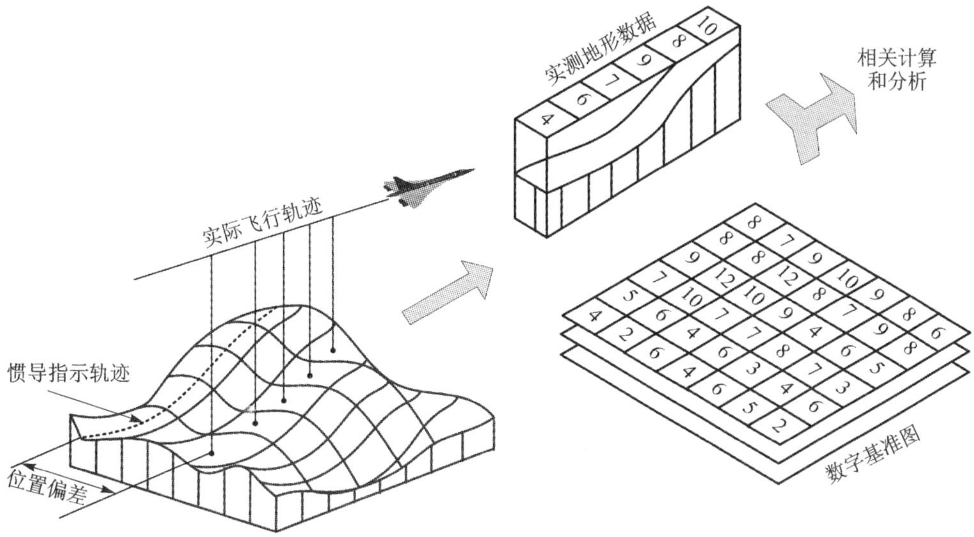

(a) 地形匹配系统原理图

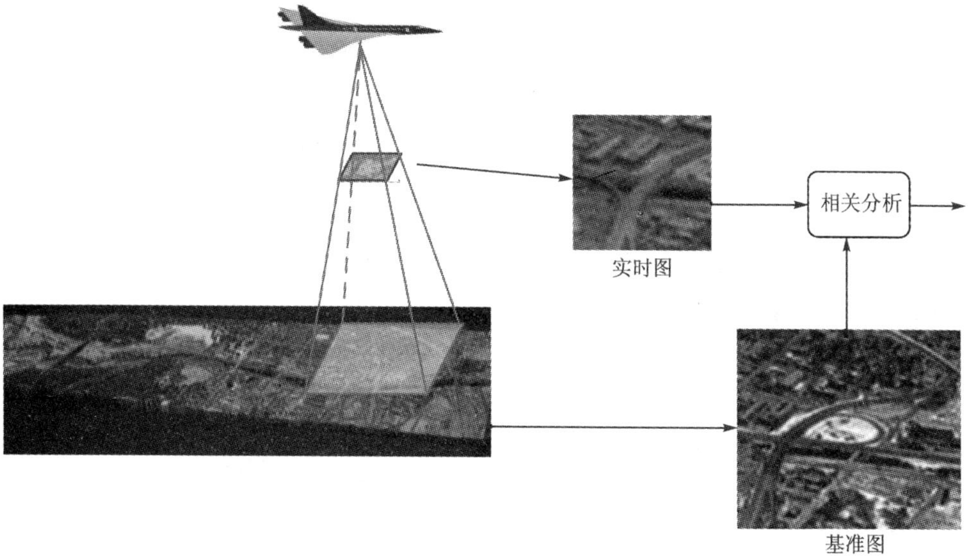

(b) 景像匹配系统原理图

图 1.11　地形辅助导航系统原理示意图

1.3.5　天文导航技术

天文导航是以行星和恒星等自然天体作为导航信标，以天体的地平坐标（方位或高度）作为观测量，进而确定测量点地理位置（或空间位置）及方位基准的技术和方法。由于天体的坐标位置和它的运动规律是已知的，测量天体相对于导航用户参考基准面的高度角和方位角就可计算出用户的位置和航向。天文导航系统不需要其他地面设备的支持，所以是自主式导航系统。天文导航技术不受人工或自然形成电磁场的干扰，不向外辐射电磁波，隐蔽性好，定位和定向的精度比较高，定位误差与定位时刻无关，因此在实际中被广泛应用。

我国早在西汉时期就有了“夫乘舟而惑者，不知东西，见斗极则悟矣”的记载，表明当时已利用北斗星进行导航；元代已能通过观测星的高度来确定船的纬度；明代郑和船队通过“日月升坠辨东西，星斗高低量远近”，使人类真正实现了远洋航行。18世纪，欧洲工程师们设计出了六分仪，可在晃动的甲板上快速、精准地测量天体的高度角，提高了纬度的测算精度；18世纪，英国的哈里森发明了天文钟，实现了用时间法快速推算经度，六分仪和天文钟成功奠定了近代天文导航的基础。航空和航天的天文导航都是在航海天文导航的基础上发展而来的。航空天文导航通过跟踪亮度较强的恒星实现导航定位；航天天文导航通过跟踪亮度较弱的恒星或其他天体实现导航定位。根据跟踪的天体的数量不同，天文导航分为单星、双星和三星导航。单星导航由于航向基准误差大而定位精度低；双星导航定位精度高，特别是在选择星对时，两颗星体的方位角差越接近90°，定位精度越高；三星导航常利用第三颗星的测量来检查前两次测量的可靠性，在航天中，则用来确定航天器在三维空间中的位置。

天文导航经常与惯性导航系统构成组合导航系统，它可提供很高的导航精度，适用于大型高空远程飞机和战略导弹的导航。把星体跟踪器固定在惯性平台上并组成天文/惯性组合导航系统，可对惯性导航系统的状态进行最优估计并动态补偿其误差，从而使一个中等精度或低成本的惯性导航系统能够输出高精度的导航参数。

1.3.6 视觉导航技术

视觉导航技术是通过视觉传感器(如相机、声呐和雷达等)连续获取环境信息，并利用计算机视觉相关原理来确定载体导航定位参数的技术。视觉导航是自然界大多数动物采用的导航手段。随着计算机视觉和视觉传感器技术的发展，视觉导航作为一种自主导航定位技术得到了广泛应用，特别是在GNSS不可用的环境下，视觉导航成为实现载体连续高精度导航定位的主要手段之一。

视觉导航属于多学科交叉研究领域，研究内容涉及数学、光学、图像、模式识别、电子和导航等多个学科，视觉导航的分类方式也因此变得多样化。视觉导航按照传感器类型可分为被动视觉导航和主动视觉导航。被动视觉导航是依赖于可见光和不可见光成像技术的方法，CCD(Charge Coupled Device)相机作为被动成像的典型传感器，在实际工程中被广泛应用。由于视觉导航系统是一种自主性强的导航系统，近年来在移动机器人、智能车、无人机和空间探测器的自主定位与导航等领域被广泛应用。但由于视觉导航系统受环境因素影响明显，且计算量较大，对导航计算机的处理能力要求较高。主动视觉导航是利用激光雷达和声呐等主动探测方式进行环境感知的导航方法。视觉导航按照是否需要导航地图可分为有图导航和无图导航，其中有图导航又可分为地图使用系统和地图建立系统。有图导航方法需要使用预先存储的导航地图(地图使用系统)，或在导航过程中获得局部环境信息进而对环境进行在线的安全评估(地图建立系统)。而无图导航系统使用图像分割、光流计算和帧间特征跟踪等方法获得视觉信息，无图导航方法通常不需要对环境进行全局描述，对环境的感知通过导航过程中的目标识别或特征跟踪来获取。视觉导航按照载体类型可分为地面视觉导航、无人机视觉导航和水下视觉导航等。早期的视觉导航方案主要应用在无人地面车辆(Autonomous Ground Vehicles，AGV)。

近年来，随着实际应用对视觉导航定位性能要求不断提高，载体如何在未知环境中实现自主实时探测并确定自己的位置信息成为研究热点，重点是解决场景自动识别、自主导航定位和自动建图问题，而且已有一些方法和成果，例如视觉测程、视觉光流、视觉同步定位与建图(Simultaneous Localization and Mapping，SLAM)、双目立体视觉和激光 SLAM 等，在工程实际中得到应用。但复杂环境下的视觉定位与导航的高连续性、高精度和高可靠性依然是视觉导航领域中一个具有挑战性的问题。

1.3.7　组合导航技术

组合导航是近现代导航理论和技术发展的必然结果。每种单一导航系统都有各自的独特性能和局限性，将几种不同的单一导航系统组合在一起，利用多种信息源，互相补充，构成一种有多余度且导航准确度更高的导航技术即组合导航技术。随着新的数据处理方法，特别是最优估计理论和方法的发展(如 Kalman 滤波、自适应滤波和非线性滤波等)，多种导航信息源(如无线电导航、卫星导航、地形辅助导航、地球物理场导航和视觉导航等)最优组合已成为提高导航定位系统精度和可靠性的手段，而且在实际应用中取得了巨大的经济效益。例如，在实际工程中被广泛应用的 INS/GNSS 组合系统，即根据惯导系统的误差方程建立组合系统的状态方程，并利用 GNSS 接收机输出的信息作为量测信息构建量测方程，利用 Kalman 滤波估计惯导系统误差并对其进行补偿。Kalman 滤波通过状态方程和量测方程，不仅考虑了当前测量的参量值，而且还充分利用过去测量的参量值，并以过去测量的参量值为基础来推测当前的参量值，且以当前测量的参量值为校正量进行修正，从而获得当前参量值的最佳估算。

1.3.8　多源信息融合导航技术

多源信息融合导航技术是组合导航技术的进一步发展，组合导航技术是同一平台多传感器实施互补、互验和互校的导航系统，其特点是各传感器独立输出导航信息；融合导航是同一平台、多传感器实施信息融合的导航系统，其特点是多传感器、统一输出导航信息。组合导航一般强调硬件的最佳组合；融合导航一般强调多源信息数据融合算法；融合导航与组合导航既有联系又有区别，融合导航基于组合导航。多源信息融合导航技术的典型代表是美国国防高级研究计划局(Defense Advanced Research Projects Agency，DARPA)在 2010 年 11 月提出的全源定位和导航(All Source Positioning and Navigation，ASPN)项目计划。全源导航技术是一种利用先进的算法将任意导航传感器、敏感器和其他信息进行自适应融合，实现载体低成本、高可靠性的导航定位技术。该技术发展的重点方向是多源传感器快速集成与重新配置的软硬件架构、多源异构数据时空同步与一致性表达和多源信息自适应融合等理论、方法和实际应用系统。

全源定位和导航项目计划旨在开发一种廉价的多源导航信息融合技术，该技术可以与激光测距仪、相机和磁力计等各种传感器实现即插即用，通过使用除 GPS 卫星之外的其他信号来源进行定位，从而提供高可靠性的导航定位服务，试图在有或没有全球定位系统的情况下确保实现低成本、强大而无缝的导航解决方案。该项目分 3 个阶段进行，分别致力于导航算法与软件架构、系统集成与方案测试，以及演示验证等方面的研究。为了实现全源导航，近年来发展了一些新型导航定位技术，例如定位、导航和授时微技术(Micro-PNT)、芯片级组合原子导航仪和随机信号导航技术等。

1.4 惯性导航技术的发展及现状

惯性技术是惯性敏感器、惯性导航、惯性制导、惯性测量及惯性稳定等技术的统称，其具有的自主、连续和隐蔽特性，且具有无环境限制的载体运动信息感知技术，是现代精确导航、制导与控制系统的核心信息源。在构建陆海空天电(磁)五维一体信息化体系和实现军事装备机械化与信息化复合式发展的进程中，惯性技术具有不可替代的关键支撑作用，是衡量一个国家尖端技术水平的重要标志之一。

1687年，牛顿提出的力学三大定理奠定了惯性技术的理论基础；1765年，欧拉发表的《刚体绕定点运动的理论》是转子式陀螺的理论基础；1835年，哥里奥利提出的哥氏效应原理奠定了振动陀螺仪的理论基础；1910年德国的舒勒发现了陀螺罗经的无干扰条件，即舒勒调谐原理，并于1923年发表了论文《运载工具的加速度对于摆和陀螺仪的干扰》，进一步阐明了舒拉调谐原理的普遍性，为现代惯性导航系统奠定了理论基础；1913年，萨格奈克提出Sagnac效应，成为光学陀螺的基本原理；1971年，波特兹(Bortz)和乔丹(Jordan)首次提出用于捷联惯导的等效旋转矢量姿态更新算法，为姿态更新的多子样算法提供了理论依据。1980年后，微机电系统(Micro-Electro-Mechanical System, MEMS)领域的理论创新及技术突破，为MEMS惯性器件的发展奠定了基础。

1852年法国科学家傅科提出陀螺的定义、原理及应用设想，并利用转子式陀螺敏感装置找到了当地北向和纬度，在地球上验证了地球自转现象。1908年德国科学家安修茨研制出世界上第1台摆式陀螺罗经。美国人斯佩里于1911年和英国人S. G. 布朗于1916年分别研制出以他们姓氏命名的陀螺罗经。苏联也于20世纪30年代生产出方位仪及陀螺罗经。1913年，美国火箭专家Dr. Robert Goddard最早提出了惯性制导的概念。第一个实际应用的惯性制导系统是第二次世界大战期间发明的V-2导弹制导系统，德国在V2导弹上率先实现简易惯性制导。1949年首次提出了捷联式惯导系统的概念。1958年，美国鹦鹉螺号潜艇依靠惯性导航系统在水下行驶21天，并成功穿越北冰洋；1969年美国阿波罗13号飞船利用MIT Draper实验室研制的捷联惯性导航系统成功将返回舱引导回地面。

诺格(Northrop Grumman)公司是美国军工巨头之一(分别在1997年和2001年收购了惯性导航领域两大著名厂商Sperry Marine公司和Litton公司)，也是美国主要的航空航天飞行器制造商之一，诺格公司的惯性导航产品已应用到陆海空天领域。2015年12月，美国海军给予诺格公司一份更换海军目前大部分作战和支援舰船的惯性导航系统的合同。霍尼韦尔(Honeywell)公司是一家具有领先技术水平、市场规模较大的惯性导航厂商，其惯性导航系统已用于航空和航天等领域。霍尼韦尔公司从第一代惯性导航至今，一直走在世界前列，2016年10月中旬，美国国防部国防高级研究计划局(DARPA)与霍尼韦尔公司签订了一份发展下一代精确惯性导航技术的合同，要求实现比基于MEMS技术的HG1930惯性测量单元提升3个数量级的精度。随着现代物理的快速发展，以原子物理和量子力学为理论基础的原子陀螺已成为未来的发展趋势。

我国的惯性导航技术已有近60年的历史，经历了从无到有，从弱到强，从落后到先进的发展历程。20 世纪 50 年代，我国成功研制了液浮陀螺；20 世纪 70 年代，我国成功研制了平台式惯性导航系统；20 世纪 80 年代末研制成功捷联式惯性导航系统；20 世纪 90 年代开始研制基于光纤、激光陀螺的惯性导航系统；2000 年后，我国也逐步开始 MEMS 陀螺和量子陀螺及其惯性导航系统的研制工作。

惯性技术已历经百余年的发展，陀螺仪和加速度计是惯性导航系统的核心器件，其技术指标直接影响制导、导航与控制（Guidance, Navigation and Control, GNC）系统的整体性能，而且由于陀螺仪研制难度相对较大，所以陀螺仪技术的发展水平一直是衡量惯性技术发展的重要标志。按各类陀螺仪、理论和新型传感器发展的先后顺序，惯性技术发展通常分为四代。

（1）基于牛顿经典力学原理的机械式陀螺

自 1687 年牛顿三大定律的建立，到 1910 年的舒勒调谐原理，第一代惯性技术奠定了整个惯性导航发展的基础。典型代表为三浮陀螺、静电陀螺和动力调谐陀螺。特点是种类多、精度高、体积和质量大、系统组成结构复杂、性能受机械结构复杂和极限精度制约以及产品制造维护成本昂贵等。

1913 年，美国火箭专家 Dr. Robert Goddard 最早提出了惯性制导的概念。第一个实际应用的惯性制导系统是第二次世界大战期间发明的 V-2 导弹制导系统。从此以后，一系列的惯性导航系统被开发出来。随着陀螺技术的进一步发展，20 世纪 50 年代出现了更为精准的惯性导航系统；在 20 世纪六七十年代，随着机电加速度计和陀螺技术的发展，惯性导航系统已经被应用于巡航弹、水下航行器、飞机等载体的制导与控制；20 世纪 70 年代末，捷联惯性导航系统被首次应用在阿波罗登月飞船的导航与制导系统中。

（2）基于萨格奈克（Sagnac）效应原理的光学陀螺

典型代表是激光和光纤陀螺，其特点是反应时间短、动态范围大、可靠性高、环境适应性强、易维护和寿命长。光学陀螺的出现有力推动了捷联惯性系统的发展，基于光学陀螺的捷联惯导系统被广泛应用于军用航行器中，而且在波音 757 民航客机中首次使用。然而，这些惯性导航系统的成本昂贵，限制了惯性导航系统在民用领域中的广泛使用。

（3）基于哥氏振动效应和微米/纳米技术的微机械陀螺

典型代表是 MEMS 陀螺、MEMS 加速度计及相应系统。其特点是体积小、成本低、中低精度、环境适应性强、易于大批量生产和产业化。MEMS 惯性仪表的出现，使得惯性系统应用领域得以扩展，惯性技术已不仅仅用于军用装备，更是广泛用于各类民用领域，特别是大众消费领域。然而，基于微机电技术的惯性导航系统受高测量噪声和测量偏差的影响，系统的累积误差发散很快，因此在实际使用中需要通过其他导航系统辅助来提高导航参数的解算精度。

（4）基于现代量子力学技术的量子陀螺

典型代表为核磁共振陀螺、原子干涉陀螺。其目标是实现高精度、高可靠、小型化和更广泛应用领域的导航。其特点是高精度、高可靠性、微小型、环境适应性强。目前，DARPA 研制的核磁共振陀螺精度能达到 $0.01(°/h)$ (1σ)的水平，斯坦福大学开发的原子陀螺精度可达$6\times10^{-5}(°/h)(1\sigma)$水平，北京航空航天大学基于原子自旋 SERF 效应的超高灵敏惯性测量平台的惯性测量灵敏度达到 $6.8\times10^{-8}(°/s/\sqrt{Hz}$@85～94 Hz)。

思考与练习题

1-1　以生活中的实例说明导航的定义、导航的作用和导航参数。

1-2　为什么说导航技术的产生与发展与人们生产、生活和军事活动息息相关?

1-3　如何辩证地理解导航技术发展过程中人类活动范围扩大、交通工具发展与航行可靠性间的关系?

1-4　举例说明导航技术的分类及其在实际中的应用价值。

1-5　列举惯性导航技术在不同发展阶段中的典型产品的名称、主要参数、生产厂家和典型应用。

1-6　举例说明导航在人们生产生活中的重要性。

第 2 章　惯性导航中的数理基础

2.1 概　述

1687 年牛顿提出了牛顿运动定律，为惯性技术的发展奠定了基础。惯性导航与其他类型导航方案（如无线电导航、天文导航和地形辅助导航等）的根本不同之处在于其导航原理是建立在牛顿力学定律（又称为惯性定律）的基础上的，“惯性导航”也因此得名。

在惯性导航基本原理以及应用中涉及很多数学和物理的基础知识，为后续讨论方便，将本书中用到的一些共性数学和物理基础知识在本章进行集中介绍。

2.2 牛顿运动定律

牛顿运动定律由伊萨克·牛顿于 1687 年提出并发表于《自然哲学的数学原理》上，它描述了物体与力之间的关系，被誉为经典力学的基础，也是惯性技术的力学基础。

2.2.1 牛顿第一运动定律

牛顿第一运动定律，又称为惯性定律，即“一切物体总保持匀速直线运动状态或静止状态，直到有外力迫使它改变这种状态”。该定律表明，不受外力的物体都保持静止或匀速直线运动。换句话说，从某些参考系观察，假若施加于物体的合外力为零，则物体的运动速度（包括大小与方向）是恒定的，即当 $\sum_i \boldsymbol{F}_i = 0$ 时，有 $\frac{\mathrm{d}\boldsymbol{V}}{\mathrm{d}t} = 0$，其中，$\boldsymbol{F}_i$ 为第 i 个外力，$\boldsymbol{V}$ 为速度。根据该定律，当没有任何外力施加或所施加的外力之和为零时，运动中的物体总保持匀速直线运动状态，静止物体总保持静止状态。物体所显示出的维持运动状态不变的性质称为惯性，惯性定律也正因此而得名。

2.2.2 牛顿第二运动定律

牛顿第二运动定律，又称为加速度定律，即“物体的加速度与施加的合外力成正比，与物体的质量成反比，方向与合外力方向相同”。该定律仅在惯性参照系下才成立，且有 $\boldsymbol{F} = m\boldsymbol{a}$，其中 $\boldsymbol{F}$ 为合外力，m 为物体的质量，$\boldsymbol{a}$ 为物体的加速度。

2.2.3 牛顿第三运动定律

牛顿第三运动定律，即“两个物体之间的作用力与反作用力大小相等，方向相反，作用在同一条直线的不同物体上”。

2.3 向量的乘积

两个向量的乘积包括点积与叉积两种运算，可以用矩阵形式进行表达。

设两个向量 $\boldsymbol{a}$ 与 $\boldsymbol{b}$，将其在同一直角坐标系 $Oxyz$（坐标系基为 $\boldsymbol{e}_1$，$\boldsymbol{e}_2$ 和 $\boldsymbol{e}_3$）中投影，其投影形式为 $\boldsymbol{a}=[a_x \quad a_y \quad a_z]^{\mathrm{T}}$ 和 $\boldsymbol{b}=[b_x \quad b_y \quad b_z]^{\mathrm{T}}$。于是两个向量可以表示为

$$\boldsymbol{a}=a_x\boldsymbol{e}_1+a_y\boldsymbol{e}_2+a_z\boldsymbol{e}_3 \tag{2.1}$$

$$\boldsymbol{b}=b_x\boldsymbol{e}_1+b_y\boldsymbol{e}_2+b_z\boldsymbol{e}_3 \tag{2.2}$$

由于 $\boldsymbol{e}_1$，$\boldsymbol{e}_2$ 和 $\boldsymbol{e}_3$ 是直角坐标系 $Oxyz$ 的基，因此有

$$\boldsymbol{e}_1\cdot\boldsymbol{e}_1=\boldsymbol{e}_2\cdot\boldsymbol{e}_2=\boldsymbol{e}_3\cdot\boldsymbol{e}_3=1 \tag{2.3}$$

$$\boldsymbol{e}_1\cdot\boldsymbol{e}_2=\boldsymbol{e}_2\cdot\boldsymbol{e}_1=\boldsymbol{e}_2\cdot\boldsymbol{e}_3=\boldsymbol{e}_3\cdot\boldsymbol{e}_2=\boldsymbol{e}_3\cdot\boldsymbol{e}_1=\boldsymbol{e}_1\cdot\boldsymbol{e}_3=0 \tag{2.4}$$

$$\boldsymbol{e}_1\times\boldsymbol{e}_2=\boldsymbol{e}_3,\quad \boldsymbol{e}_2\times\boldsymbol{e}_3=\boldsymbol{e}_1,\quad \boldsymbol{e}_3\times\boldsymbol{e}_1=\boldsymbol{e}_2 \tag{2.5}$$

$$\boldsymbol{e}_2\times\boldsymbol{e}_1=-\boldsymbol{e}_3,\quad \boldsymbol{e}_3\times\boldsymbol{e}_2=-\boldsymbol{e}_1,\quad \boldsymbol{e}_1\times\boldsymbol{e}_3=-\boldsymbol{e}_2 \tag{2.6}$$

2.3.1 两个向量的内积

根据式(2.1)和式(2.2)计算向量 $\boldsymbol{a}$ 与 $\boldsymbol{b}$ 的点积（或内积）$\boldsymbol{a}\cdot\boldsymbol{b}$，并将式(2.3)～式(2.6)代入 $\boldsymbol{a}\cdot\boldsymbol{b}$，于是有

$$\boldsymbol{a}\cdot\boldsymbol{b}=[a_x \quad a_y \quad a_z]\begin{bmatrix}b_x\\b_y\\b_z\end{bmatrix}=[b_x \quad b_y \quad b_z]\begin{bmatrix}a_x\\a_y\\a_z\end{bmatrix}=a_xb_x+a_yb_y+a_zb_z \tag{2.7}$$

2.3.2 两个向量的叉积

设向量 $\boldsymbol{c}=\boldsymbol{a}\times\boldsymbol{b}$，且有 $\boldsymbol{c}=c_x\boldsymbol{e}_1+c_y\boldsymbol{e}_2+c_z\boldsymbol{e}_3$，将式(2.3)～式(2.6)代入 $\boldsymbol{c}=\boldsymbol{a}\times\boldsymbol{b}$ 中，有

$$\begin{aligned}\boldsymbol{c}=\boldsymbol{a}\times\boldsymbol{b}&=(a_x\boldsymbol{e}_1+a_y\boldsymbol{e}_2+a_z\boldsymbol{e}_3)\times(b_x\boldsymbol{e}_1+b_y\boldsymbol{e}_2+b_z\boldsymbol{e}_3)\\&=\begin{vmatrix}\boldsymbol{e}_1&\boldsymbol{e}_2&\boldsymbol{e}_3\\a_x&a_y&a_z\\b_x&b_y&b_z\end{vmatrix}\\&=(a_yb_z-a_zb_y)\boldsymbol{e}_1+(a_zb_x-a_xb_z)\boldsymbol{e}_2+(a_xb_y-a_yb_x)\boldsymbol{e}_3\\&=c_x\boldsymbol{e}_1+c_y\boldsymbol{e}_2+c_z\boldsymbol{e}_3\end{aligned} \tag{2.8}$$

将式(2.8)写成投影形式，则有

$$\begin{bmatrix}c_x\\c_y\\c_z\end{bmatrix}=\begin{bmatrix}a_yb_z-a_zb_y\\a_zb_x-a_xb_z\\a_xb_y-a_yb_x\end{bmatrix} \tag{2.9}$$

将式(2.9)右端写成两矩阵的乘积形式，即

$$\begin{bmatrix}a_yb_z-a_zb_y\\a_zb_x-a_xb_z\\a_xb_y-a_yb_x\end{bmatrix}=\begin{bmatrix}0&-a_z&a_y\\a_z&0&-a_x\\-a_y&a_x&0\end{bmatrix}\begin{bmatrix}b_x\\b_y\\b_z\end{bmatrix}=-\begin{bmatrix}0&-b_z&b_y\\b_z&0&-b_x\\-b_y&b_x&0\end{bmatrix}\begin{bmatrix}a_x\\a_y\\a_z\end{bmatrix} \tag{2.10}$$

令
$$\boldsymbol{A}=\begin{bmatrix}0 & -a_z & a_y\\ a_z & 0 & -a_x\\ -a_y & a_x & 0\end{bmatrix},\quad \boldsymbol{B}=\begin{bmatrix}0 & -b_z & b_y\\ b_z & 0 & -b_x\\ -b_y & b_x & 0\end{bmatrix}$$

于是有
$$\boldsymbol{c}=\begin{bmatrix}c_x\\ c_y\\ c_z\end{bmatrix}=\boldsymbol{A}\begin{bmatrix}b_x\\ b_y\\ b_z\end{bmatrix}=-\boldsymbol{B}\begin{bmatrix}a_x\\ a_y\\ a_z\end{bmatrix} \tag{2.11}$$

式中，$\boldsymbol{A}$ 和 $\boldsymbol{B}$ 分别称为向量 $\boldsymbol{a}$ 和 $\boldsymbol{b}$ 的反对称矩阵，其对角线元素为零，其他元素由其投影值构成，且位于主对角线两侧的对称元素反号。

2.4　哥氏定理

哥氏（或科氏）定理是法国气象学家和工程师科里奥利（Gaspard-Gustave Coriolis）于 1835 年提出的。哥氏定理描述了一般空间自由质点相对不同参考坐标系的速度和加速度特性。同时，哥氏（或科氏）定理也用于描述向量的相对变化率和绝对变化率间的关系。

在惯性空间中，将向量相对定坐标系（简称定系）对时间求取的变化率称为绝对变率；将向量在动坐标系（简称动系）上的投影对时间的变化率称为相对变率。在绝对变率与相对变率之间存在着某种确定的关系。

为了使讨论更具有通用性，选取定系为惯性坐标系 $Ox_iy_iz_i$ 和动系 $Oxyz$ 来讨论向量的绝对变率与相对变率间的关系，两个坐标系的基底（或单位向量）分别为 $\boldsymbol{i}$，$\boldsymbol{j}$ 和 $\boldsymbol{k}$ 以及 $\boldsymbol{e}_1$，$\boldsymbol{e}_2$ 和 $\boldsymbol{e}_3$。设一空间点 p 在定系 $Ox_iy_iz_i$ 下的位置向量为 $\boldsymbol{R}_i$，在动系 $Oxyz$ 下的位置向量为 $\boldsymbol{R}_r$，动坐标系原点在定坐标系中的位置向量为 $\boldsymbol{R}_{ir}$，动系 $Oxyz$ 相对于定系 $Ox_iy_iz_i$ 的转动角速度为 $\boldsymbol{\omega}$，如图 2.1 所示。

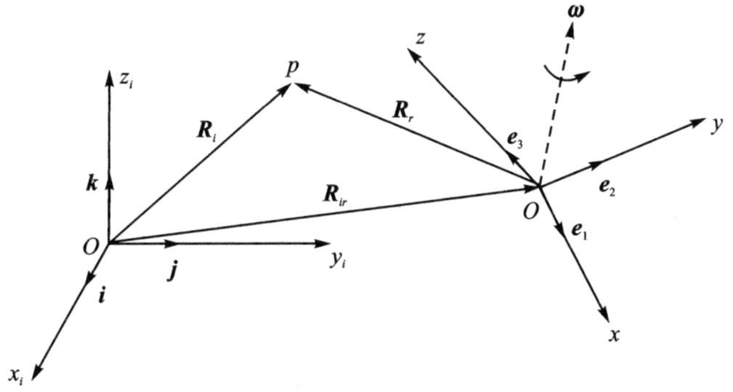

图 2.1　质点在不同坐标系下的位置向量

根据图 2.1 所示的关系，有

$$\boldsymbol{R}_i=\boldsymbol{R}_{ir}+\boldsymbol{R}_r \tag{2.12}$$

$$\boldsymbol{R}_i=R_{ix}\boldsymbol{i}+R_{iy}\boldsymbol{j}+R_{iz}\boldsymbol{k} \tag{2.13}$$

$$\boldsymbol{R}_r=R_{rx}\boldsymbol{e}_1+R_{ry}\boldsymbol{e}_2+R_{rz}\boldsymbol{e}_3 \tag{2.14}$$

$$\boldsymbol{\omega}=\omega_x\boldsymbol{e}_1+\omega_y\boldsymbol{e}_2+\omega_z\boldsymbol{e}_3 \tag{2.15}$$

式中，R_{ix}，R_{iy} 和 R_{iz} 为 $\boldsymbol{R}_i$ 在定系 $Ox_iy_iz_i$ 各坐标轴上的投影分量；R_{rx}，R_{ry} 和 R_{rz} 为 $\boldsymbol{R}_r$ 在动

系 $Oxyz$ 各坐标轴上的投影分量；ω_x，ω_y 和 ω_z 为 $\boldsymbol{\omega}$ 在动系 $Oxyz$ 各坐标轴上的投影分量。

对式(2.12)两边同时相对定系 $Ox_iy_iz_i$ 取关于时间的导数，可得

$$\left.\frac{\mathrm{d}\boldsymbol{R}_i}{\mathrm{d}t}\right|_i=\left.\frac{\mathrm{d}\boldsymbol{R}_{ir}}{\mathrm{d}t}\right|_i+\left.\frac{\mathrm{d}\boldsymbol{R}_r}{\mathrm{d}t}\right|_i \tag{2.16}$$

在式(2.16)中，等号右边的第一项表示动坐标系相对定坐标系的相对速度；等号右边的第二项可写为

$$\left.\frac{\mathrm{d}\boldsymbol{R}_r}{\mathrm{d}t}\right|_i=\left.\frac{\mathrm{d}(R_{rx}\boldsymbol{e}_1+R_{ry}\boldsymbol{e}_2+R_{rz}\boldsymbol{e}_3)}{\mathrm{d}t}\right|_i \tag{2.17}$$

由于动系 $Oxyz$ 相对定系 $Ox_iy_iz_i$ 有转动，且转动的角速度为 $\boldsymbol{\omega}$，因此动系的基底 $\boldsymbol{e}_1$，$\boldsymbol{e}_2$ 和 $\boldsymbol{e}_3$ 的方向相对于定系 $Ox_iy_iz_i$ 也是随时间变化的，于是有

$$\left.\frac{\mathrm{d}\boldsymbol{R}_r}{\mathrm{d}t}\right|_i=\frac{\mathrm{d}R_{rx}}{\mathrm{d}t}\boldsymbol{e}_1+\frac{\mathrm{d}R_{ry}}{\mathrm{d}t}\boldsymbol{e}_2+\frac{\mathrm{d}R_{rz}}{\mathrm{d}t}\boldsymbol{e}_3+R_{rx}\frac{\mathrm{d}\boldsymbol{e}_1}{\mathrm{d}t}+R_{ry}\frac{\mathrm{d}\boldsymbol{e}_2}{\mathrm{d}t}+R_{rz}\frac{\mathrm{d}\boldsymbol{e}_3}{\mathrm{d}t} \tag{2.18}$$

式(2.18)中的前三项与动系的运动无关，仅表示位置向量 $\boldsymbol{R}_r$ 相对动系随时间的变化率，称其为相对变化率，表示为

$$\left.\frac{\mathrm{d}\boldsymbol{R}_r}{\mathrm{d}t}\right|_r=\frac{\mathrm{d}R_{rx}}{\mathrm{d}t}\boldsymbol{e}_1+\frac{\mathrm{d}R_{ry}}{\mathrm{d}t}\boldsymbol{e}_2+\frac{\mathrm{d}R_{rz}}{\mathrm{d}t}\boldsymbol{e}_3 \tag{2.19}$$

式(2.18)中的后三项与转动的角速度 $\boldsymbol{\omega}$ 有关。为了求这三项，首先要求 $\boldsymbol{e}_1$，$\boldsymbol{e}_2$ 和 $\boldsymbol{e}_3$ 的变化率。由于动系的基 $\boldsymbol{e}_1$，$\boldsymbol{e}_2$ 和 $\boldsymbol{e}_3$ 可以看成在定系中运动的向径，如图 2.2 所示，以角速率 $\boldsymbol{\omega}$ 运动的向径 $\boldsymbol{r}$ 的速度向量可以表示为

$$\boldsymbol{V}=\frac{\mathrm{d}\boldsymbol{r}}{\mathrm{d}t}=\boldsymbol{\omega}\times\boldsymbol{r} \tag{2.20}$$

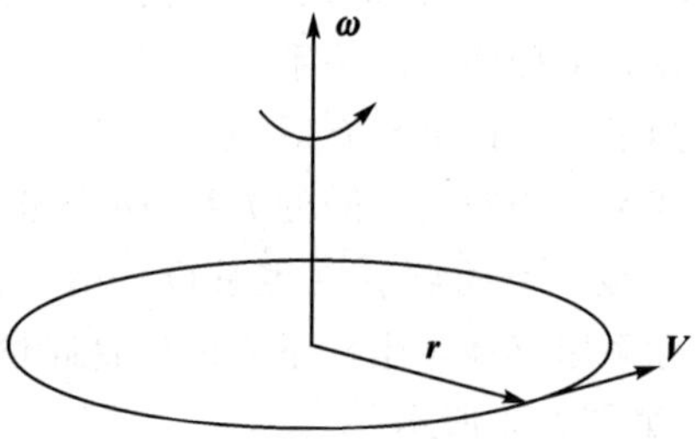

图 2.2　线速度与角速度系间的关系

根据式(2.20)，向径 $\boldsymbol{e}_1$，$\boldsymbol{e}_2$ 和 $\boldsymbol{e}_3$ 的变化率与角速度的关系为

$$\frac{\mathrm{d}\boldsymbol{e}_i}{\mathrm{d}t}=\boldsymbol{\omega}\times\boldsymbol{e}_i,\qquad i=1,2,3 \tag{2.21}$$

将式(2.21)代入式(2.18)中的后三项，得

$$\begin{aligned}R_{rx}\frac{\mathrm{d}\boldsymbol{e}_1}{\mathrm{d}t}+R_{ry}\frac{\mathrm{d}\boldsymbol{e}_2}{\mathrm{d}t}+R_{rz}\frac{\mathrm{d}\boldsymbol{e}_3}{\mathrm{d}t}&=R_{rx}\boldsymbol{\omega}\times\boldsymbol{e}_1+R_{ry}\boldsymbol{\omega}\times\boldsymbol{e}_2+R_{rz}\boldsymbol{\omega}\times\boldsymbol{e}_3\\&=\boldsymbol{\omega}\times(R_{rx}\boldsymbol{e}_1+R_{ry}\boldsymbol{e}_2+R_{rz}\boldsymbol{e}_3)\\&=\boldsymbol{\omega}\times\boldsymbol{R}_r\end{aligned} \tag{2.22}$$

将式(2.19)和式(2.22)代入式(2.18)中，得

$$\left.\frac{\mathrm{d}\boldsymbol{R}_r}{\mathrm{d}t}\right|_i=\left.\frac{\mathrm{d}\boldsymbol{R}_r}{\mathrm{d}t}\right|_r+\boldsymbol{\omega}\times\boldsymbol{R}_r \tag{2.23}$$

式(2.23)描述了同一个向量相对于不同参考坐标系关于时间的导数关系。只有当两个参考坐标系没有相对转动，即 $\boldsymbol{\omega}=0$ 的条件下，二者才相等。有时将等号左边称为向量的绝对变化率，右边的第一项称为向量的相对变化率，即式(2.23)描述了向量的相对变化率和绝对变化率间的关系。

将式(2.23)代入式(2.16)中，得

$$\left.\frac{\mathrm{d}\boldsymbol{R}_i}{\mathrm{d}t}\right|_i = \left.\frac{\mathrm{d}\boldsymbol{R}_{ir}}{\mathrm{d}t}\right|_i + \left.\frac{\mathrm{d}\boldsymbol{R}_r}{\mathrm{d}t}\right|_r + \boldsymbol{\omega} \times \boldsymbol{R}_r \tag{2.24}$$

式(2.24)具有重要的物理意义，等号左边表示动点相对定系 $Ox_iy_iz_i$ 的速度，当定系 $Ox_iy_iz_i$ 相对惯性空间没有运动时，就是动点 p 的绝对速度。等号右边第一项表示动系 $Oxyz$ 的坐标原点相对定系 $Ox_iy_iz_i$ 的运动速度，实际代表了动系 $Oxyz$ 相对定系 $Ox_iy_iz_i$ 的运动速度，当两个坐标系原点重合时，有 $\left.\frac{\mathrm{d}\boldsymbol{R}_{ir}}{\mathrm{d}t}\right|_i=0$；等号右边第二项表示动点 p 相对动系 $Oxyz$ 的速度，即相对速度；等号右边第三项表示动系 $Oxyz$ 相对定系 $Ox_iy_iz_i$ 转动引起的动点 p 在动系 $Oxyz$ 上重合点的速度。等号右边第一项和第三项的和又称为牵连速度。

2.5　空间直角坐标系的坐标变换

在导航系统中，常需要将向量在不同空间直角坐标系下进行投影，且同一向量在不同空间直角坐标系下的投影间存在一定的关系，描述这一关系的变换称为坐标变换。常用的坐标变换有两种表式方法，一种是方向余弦法，另一种是欧拉角法，二者的本质是一样的。

2.5.1　方向余弦法

设空间直角坐标系 $Oxyz$ 的基底为 $\boldsymbol{i}_1,\boldsymbol{i}_2$ 和 $\boldsymbol{i}_3$，$Ox_1y_1z_1$ 的基底为 $\boldsymbol{e}_1,\boldsymbol{e}_2$ 和 $\boldsymbol{e}_3$，一个向量 $\boldsymbol{r}$ 在两个坐标系的投影分别为 $[r_x \quad r_y \quad r_z]^{\mathrm{T}}$ 和 $[r_{x_1} \quad r_{y_1} \quad r_{z_1}]^{\mathrm{T}}$，如图 2.3 所示，于是有

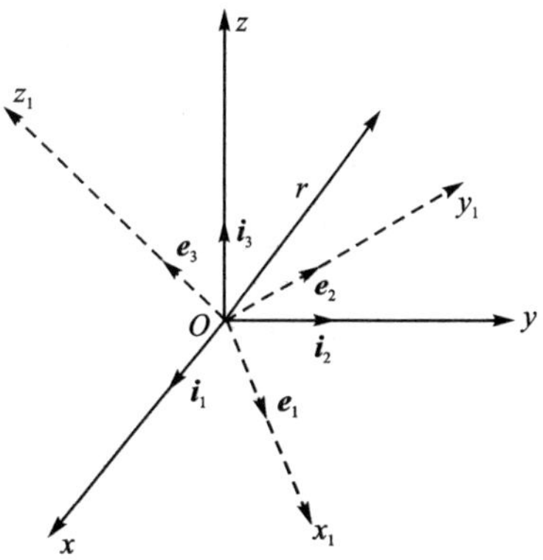

图 2.3　两坐标系的关系

$$\boldsymbol{r} = r_x\boldsymbol{i}_1 + r_y\boldsymbol{i}_2 + r_z\boldsymbol{i}_3 = r_{x_1}\boldsymbol{e}_1 + r_{y_1}\boldsymbol{e}_2 + r_{z_1}\boldsymbol{e}_3 \tag{2.25}$$

根据式(2.3)和式(2.4)的关系，分别用 $\boldsymbol{e}_1,\boldsymbol{e}_2$ 和 $\boldsymbol{e}_3$ 乘以 $r_x\boldsymbol{i}_1+r_y\boldsymbol{i}_2+r_z\boldsymbol{i}_3=r_{x_1}\boldsymbol{e}_1+r_{y_1}\boldsymbol{e}_2+r_{z_1}\boldsymbol{e}_3$ 的两端，可得

$$r_{x_1} = r_x\boldsymbol{e}_1 \cdot \boldsymbol{i}_1 + r_y\boldsymbol{e}_1 \cdot \boldsymbol{i}_2 + r_z\boldsymbol{e}_1 \cdot \boldsymbol{i}_3 \tag{2.26a}$$

$$r_{y_1} = r_x\boldsymbol{e}_2 \cdot \boldsymbol{i}_1 + r_y\boldsymbol{e}_2 \cdot \boldsymbol{i}_2 + r_z\boldsymbol{e}_2 \cdot \boldsymbol{i}_3 \tag{2.26b}$$

$$r_{z_1} = r_x\boldsymbol{e}_3 \cdot \boldsymbol{i}_1 + r_y\boldsymbol{e}_3 \cdot \boldsymbol{i}_2 + r_z\boldsymbol{e}_3 \cdot \boldsymbol{i}_3 \tag{2.26c}$$

将式(2.26)写成矩阵的形式为

$$\begin{bmatrix} r_{x_1} \\ r_{y_1} \\ r_{z_1} \end{bmatrix} = \begin{bmatrix} \boldsymbol{e}_1 \cdot \boldsymbol{i}_1 & \boldsymbol{e}_1 \cdot \boldsymbol{i}_2 & \boldsymbol{e}_1 \cdot \boldsymbol{i}_3 \\ \boldsymbol{e}_2 \cdot \boldsymbol{i}_1 & \boldsymbol{e}_2 \cdot \boldsymbol{i}_2 & \boldsymbol{e}_2 \cdot \boldsymbol{i}_3 \\ \boldsymbol{e}_3 \cdot \boldsymbol{i}_1 & \boldsymbol{e}_3 \cdot \boldsymbol{i}_2 & \boldsymbol{e}_3 \cdot \boldsymbol{i}_3 \end{bmatrix} \begin{bmatrix} r_x \\ r_y \\ r_z \end{bmatrix} = \boldsymbol{C} \begin{bmatrix} r_x \\ r_y \\ r_z \end{bmatrix} \tag{2.27}$$

式(2.27)为同一向量在两个空间直角坐标系下投影的变换关系，即从 $Oxyz$ 坐标系到 $Ox_1y_1z_1$ 坐标系的变换关系，$\boldsymbol{C}$ 为两个坐标系间的变换矩阵。

由于两个坐标系间的变换矩阵 $\boldsymbol{C}$ 中的元素为

$$C_{ij} = \boldsymbol{e}_i \cdot \boldsymbol{i}_j = |\boldsymbol{e}_i|\,|\boldsymbol{i}_j|\cos\alpha_{ij} = \cos\alpha_{ij}, \qquad i,j=1,2,3 \tag{2.28}$$

式中，α_{ij} 为$\boldsymbol{e}_i$ 和$\boldsymbol{i}_j$ 间的夹角，即两个坐标轴间的夹角。由于坐标变换矩阵 $\boldsymbol{C}$ 中的每一个元素都是不同坐标轴间夹角的余弦值，因此该变换矩阵又称为方向余弦矩阵。

2.5.2 欧拉角法

设空间直角坐标系 $Ox_1y_1z_1$（简称坐标系 1）绕 Oz 轴旋转 β_1 角后得到坐标系 $Ox_2y_2z_2$（简称坐标系 2），空间一向量 $\boldsymbol{r}$ 在两个坐标系的投影分别为$[r_{x_1} \quad r_{y_1} \quad r_{z_1}]^{\mathrm{T}}$ 和$[r_{x_2} \quad r_{y_2} \quad r_{z_2}]^{\mathrm{T}}$，如图 2.4 所示。由于绕 Oz 轴进行旋转，因此在 Oz 轴的投影没有变化，即有 $r_{z_1}=r_{z_2}$。将两个坐标系旋转关系沿 Oz 轴投影到平面，如图 2.5 所示。

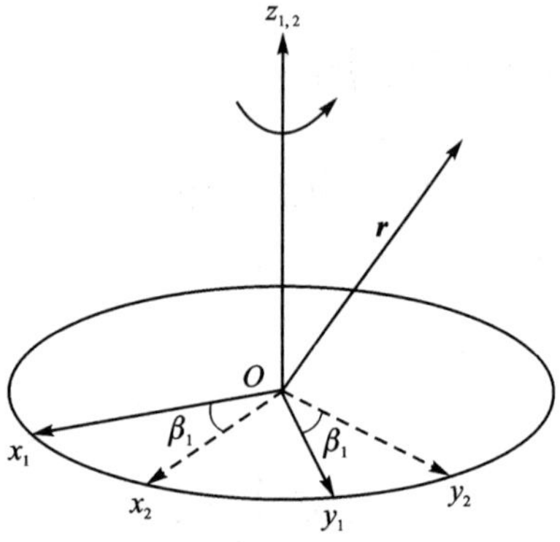

图 2.4 两坐标系的旋转关系

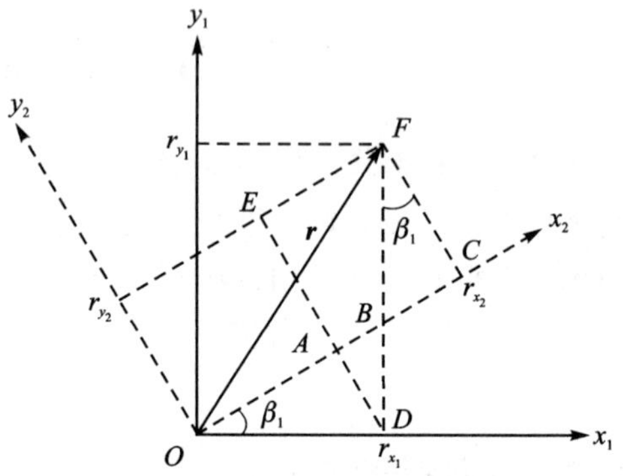

图 2.5 两坐标系的变换关系

根据图 2.5 所示的关系，有

$$\begin{aligned} r_{x_2} &= OA + AB + BC \\ &= OD\cos\beta_1 + BD\sin\beta_1 + BF\sin\beta_1 \\ &= r_{x_1}\cos\beta_1 + r_{y_1}\sin\beta_1 \end{aligned} \tag{2.29a}$$

$$\begin{aligned} r_{y_2} &= DE - DA \\ &= DF\cos\beta_1 - OD\sin\beta_1 \\ &= r_{y_1}\cos\beta_1 - r_{x_1}\sin\beta_1 \end{aligned} \tag{2.29b}$$

$$r_{z_2} = r_{z_1} \tag{2.29c}$$

将式(2.29)写成矩阵形式，有

$$\begin{bmatrix} r_{x_2} \\ r_{y_2} \\ r_{z_2} \end{bmatrix} = \begin{bmatrix} \cos\beta_1 & \sin\beta_1 & 0 \\ -\sin\beta_1 & \cos\beta_1 & 0 \\ 0 & 0 & 1 \end{bmatrix} \begin{bmatrix} r_{x_1} \\ r_{y_1} \\ r_{z_1} \end{bmatrix} = \boldsymbol{C}_1^2 \begin{bmatrix} r_{x_1} \\ r_{y_1} \\ r_{z_1} \end{bmatrix} \tag{2.30}$$

式(2.30)描述了两个坐标系间的变换关系，其中，$\boldsymbol{C}_1^2$ 表示从坐标系 1 到坐标系 2 的变换矩阵，矩阵中每一个元素仍然是两坐标轴间夹角的余弦值，因此$\boldsymbol{C}_1^2$ 与方向余弦矩阵的本质是相同的。

按照上述过程再次绕 Oz 轴旋转β_2 角后得到坐标系 $Ox_3y_3z_3$（简称坐标系 3），向量 $\boldsymbol{r}$ 在坐标系 $Ox_3y_3z_3$ 的投影为$[r_{x_3} \quad r_{y_3} \quad r_{z_3}]^{\mathrm{T}}$，于是有

$$\begin{bmatrix} r_{x_3} \\ r_{y_3} \\ r_{z_3} \end{bmatrix} = \begin{bmatrix} \cos\beta_2 & \sin\beta_2 & 0 \\ -\sin\beta_2 & \cos\beta_2 & 0 \\ 0 & 0 & 1 \end{bmatrix} \begin{bmatrix} r_{x_2} \\ r_{y_2} \\ r_{z_2} \end{bmatrix} = \boldsymbol{C}_2^3 \begin{bmatrix} r_{x_2} \\ r_{y_2} \\ r_{z_2} \end{bmatrix} \tag{2.31}$$

式中，$\boldsymbol{C}_2^3$ 表示从坐标系 2 到坐标系 3 的变换矩阵。

按照上述过程再连续旋转 $\beta_3,\beta_4,\cdots,\beta_m$ 角后得到坐标系 $Ox_my_mz_m$（简称坐标系 m），可依次得到旋转变换矩阵 $\boldsymbol{C}_3^4$，$\boldsymbol{C}_4^5$，$\cdots$，$\boldsymbol{C}_{m-1}^m$，向量 $\boldsymbol{r}$ 在坐标系 $Ox_my_mz_m$ 的投影为 $[r_{x_m} \quad r_{y_m} \quad r_{z_m}]^{\mathrm{T}}$，于是有

$$\begin{bmatrix} r_{x_m} \\ r_{y_m} \\ r_{z_m} \end{bmatrix} = \begin{bmatrix} \cos\beta_m & \sin\beta_m & 0 \\ -\sin\beta_m & \cos\beta_m & 0 \\ 0 & 0 & 1 \end{bmatrix} \begin{bmatrix} r_{x_{m-1}} \\ r_{y_{m-1}} \\ r_{z_{m-1}} \end{bmatrix} = \boldsymbol{C}_{m-1}^m \begin{bmatrix} r_{x_{m-1}} \\ r_{y_{m-1}} \\ r_{z_{m-1}} \end{bmatrix} \tag{2.32}$$

根据上述过程以及式(2.30)～式(2.32)可得出 $[r_{x_1} \quad r_{y_1} \quad r_{z_1}]^{\mathrm{T}}$ 和 $[r_{x_m} \quad r_{y_m} \quad r_{z_m}]^{\mathrm{T}}$ 的关系为

$$\begin{bmatrix} r_{x_m} \\ r_{y_m} \\ r_{z_m} \end{bmatrix} = \boldsymbol{C}_{m-1}^m \cdots \boldsymbol{C}_2^3 \boldsymbol{C}_1^2 \begin{bmatrix} r_{x_1} \\ r_{y_1} \\ r_{z_1} \end{bmatrix} = \boldsymbol{C}_1^m \begin{bmatrix} r_{x_1} \\ r_{y_1} \\ r_{z_1} \end{bmatrix} \tag{2.33}$$

式(2.33)描述了绕 Oz 轴旋转 $m-1$ 次得到的两个坐标系的变换矩阵。同理，分别绕 Ox 轴和 Oy 轴旋转 β_1 角后，两个坐标系的变换关系有

$$\begin{bmatrix} r_{x_2} \\ r_{y_2} \\ r_{z_2} \end{bmatrix} = \begin{bmatrix} 1 & 0 & 0 \\ 0 & \cos\beta_1 & \sin\beta_1 \\ 0 & -\sin\beta_1 & \cos\beta_1 \end{bmatrix} \begin{bmatrix} r_{x_1} \\ r_{y_1} \\ r_{z_1} \end{bmatrix} = \boldsymbol{C}_1^2 \begin{bmatrix} r_{x_1} \\ r_{y_1} \\ r_{z_1} \end{bmatrix} \tag{2.34}$$

$$\begin{bmatrix} r_{x_2} \\ r_{y_2} \\ r_{z_2} \end{bmatrix} = \begin{bmatrix} \cos\beta_1 & 0 & -\sin\beta_1 \\ 0 & 1 & 0 \\ \sin\beta_1 & 0 & \cos\beta_1 \end{bmatrix} \begin{bmatrix} r_{x_1} \\ r_{y_1} \\ r_{z_1} \end{bmatrix} = \boldsymbol{C}_1^2 \begin{bmatrix} r_{x_1} \\ r_{y_1} \\ r_{z_1} \end{bmatrix} \tag{2.35}$$

综上所述，可以获得如下定理：

定理 1： 如果将每一次旋转称为基本旋转，则两坐标系间的任何复杂的角位置关系都可看成有限次基本旋转的复合，两坐标系间的变换矩阵等于每一次基本旋转确定的矩阵的连乘，连乘顺序根据每一次基本旋转的先后次序从右向左排列。

2.5.3　空间直角坐标系间变换矩阵的性质

无论是方向余弦法，还是欧拉角法获得两个空间直角坐标系间的变换矩阵都是正交矩阵。设矩阵 $\boldsymbol{C}$ 为正交矩阵，C_{ij} 为正交矩阵 $\boldsymbol{C}$ 的元素，$i,j=1,2,3$，于是有以下三条重要性质。

（1）正交矩阵的乘积仍是正交矩阵

矩阵 $\boldsymbol{A}$ 和 $\boldsymbol{B}$ 为正交矩阵，则 $\boldsymbol{AB}$ 也为正交矩阵。

（2）正交矩阵的每一个元素都等于其代数余子式

矩阵中每一个元素都可通过其代数余子式来计算，即

$$
\begin{aligned}
C_{11} &= C_{22}C_{33} - C_{23}C_{32} \\
C_{12} &= C_{23}C_{31} - C_{21}C_{33} \\
C_{13} &= C_{21}C_{32} - C_{22}C_{31} \\
C_{21} &= C_{32}C_{13} - C_{33}C_{12} \\
C_{22} &= C_{33}C_{11} - C_{31}C_{13} \\
C_{23} &= C_{31}C_{12} - C_{32}C_{11} \\
C_{31} &= C_{12}C_{23} - C_{13}C_{22} \\
C_{32} &= C_{13}C_{21} - C_{11}C_{23} \\
C_{33} &= C_{11}C_{22} - C_{12}C_{21}
\end{aligned}
\tag{2.36}
$$

根据式(2.36)可知，只要已知正交矩阵的任意两行(或两列)就可以计算出矩阵的另外一行(或一列)元素。

(3) 正交矩阵的逆矩阵等于矩阵的转置

正交矩阵 $\boldsymbol{C}$ 的逆矩阵为

$$\boldsymbol{C}^{-1} = \boldsymbol{C}^{\mathrm{T}} \tag{2.37}$$

根据式(2.37)，式(2.33)中的矩阵 $\boldsymbol{C}_1^m$ 为坐标系 1 到坐标系 m 的坐标变换矩阵，由于$\boldsymbol{C}_1^m$是正交矩阵，它的逆矩阵$(\boldsymbol{C}_1^m)^{-1}=(\boldsymbol{C}_1^m)^{\mathrm{T}}=\boldsymbol{C}_m^1$ 为坐标系 m 到坐标系 1 的变换矩阵，即

$$\begin{bmatrix} r_{x_1} \\ r_{y_1} \\ r_{z_1} \end{bmatrix} = \boldsymbol{C}_m^1 \begin{bmatrix} r_{x_m} \\ r_{y_m} \\ r_{z_m} \end{bmatrix} \tag{2.38}$$

2.5.4 方向余弦矩阵微分方程

不失一般性，任意空间直角坐标系绕着任意旋转轴进行 $m-1$ 次旋转得到一个新的空间直角坐标系，其中将初始时刻的坐标系定义为静坐标系，记为 1 系，将每次旋转得到的新坐标系称为动坐标系，记为 m 系，于是空间任意向量 $\boldsymbol{r}$ 在两个坐标系下存在如下关系：

$$\boldsymbol{r}^m = \boldsymbol{C}_1^m \boldsymbol{r}^1 \tag{2.39}$$

矩阵$\boldsymbol{C}_1^m$ 既可以利用方向余弦法获得，也可以利用欧拉角法获得，而且该矩阵是一个以时间为自变量的连续函数。因此，对式(2.39)两边关于时间求导，有

$$\dot{\boldsymbol{r}}^m = \dot{\boldsymbol{C}}_1^m \boldsymbol{r}^1 + \boldsymbol{C}_1^m \dot{\boldsymbol{r}}^1 \tag{2.40}$$

根据 2.4 节中向量绝对变化率与相对变化率间的关系，向量 $\boldsymbol{r}$ 的导数满足如下关系式：

$$\left.\frac{\mathrm{d}\boldsymbol{r}}{\mathrm{d}t}\right|_1 = \left.\frac{\mathrm{d}\boldsymbol{r}}{\mathrm{d}t}\right|_m + \boldsymbol{\omega}_{1m} \times \boldsymbol{r} \tag{2.41}$$

式中，$\boldsymbol{\omega}_{1m}$ 为 m 系相对 1 系转动的角速度。

将式(2.41)投影到 m 系，得

$$\left.\frac{\mathrm{d}\boldsymbol{r}}{\mathrm{d}t}\right|_1^m = \left.\frac{\mathrm{d}\boldsymbol{r}}{\mathrm{d}t}\right|_m^m + \boldsymbol{\omega}_{1m}^m \times \boldsymbol{r}^m = \dot{\boldsymbol{r}}^m + \boldsymbol{\omega}_{1m}^m \times \boldsymbol{r}^m \tag{2.42}$$

将式(2.42)代入式(2.40)中，整理得

$$\dot{\boldsymbol{r}}^m = \dot{\boldsymbol{C}}_1^m \boldsymbol{r}^1 + \boldsymbol{C}_1^m \left.\frac{\mathrm{d}\boldsymbol{r}}{\mathrm{d}t}\right|_1^1$$

$$=\dot{\boldsymbol{C}}_1^m \boldsymbol{r}^1+\boldsymbol{C}_1^m \boldsymbol{C}_m^1 \left.\frac{\mathrm{d} \boldsymbol{r}}{\mathrm{d} t}\right|_1^m$$

$$=\dot{\boldsymbol{C}}_1^m \boldsymbol{r}^1+\dot{\boldsymbol{r}}^m+\boldsymbol{\omega}_{1m}^m \times \boldsymbol{r}^m \tag{2.43}$$

对式(2.43)进一步整理,得

$$\dot{\boldsymbol{C}}_1^m \boldsymbol{r}^1=-\boldsymbol{\omega}_{1m}^m \times \boldsymbol{C}_1^m \boldsymbol{r}^1 \tag{2.44}$$

于是可得方向余弦矩阵的微分方程为

$$\dot{\boldsymbol{C}}_1^m=-\boldsymbol{\omega}_{1m}^m \boldsymbol{C}_1^m=-\boldsymbol{\Omega}_{1m}^m \boldsymbol{C}_1^m \tag{2.45}$$

式中,$\boldsymbol{\Omega}_{1m}^m$ 为由旋转角速度 $\boldsymbol{\omega}_{1m}^m$ 构成的反对称矩阵。

2.6　微分方程的数值积分算法

由于惯性导航系统通过测量载体的加速度并一次积分得到载体的速度,再次积分得到载体位置,在此过程中还需对其他微分方程进行求解(位置矩阵微分方程、姿态矩阵微分方程和四元数微分方程等),这些微分方程无法获得解析解或精确解,而只能求数值解,因此,在惯性导航系统的解算过程中需要用到数值积分算法。

由于用数字计算机求解微分方程是在每个步长 Δt 内根据 t_i 时刻的值对 $t_{i+1}=t_i+\Delta t$ 时刻的值进行修正,因此不管微分方程的个数有多少,求解的方法都相同。

设有微分方程

$$\dot{\boldsymbol{y}}(t)=\boldsymbol{f}(\boldsymbol{y}(t), t) \tag{2.46}$$

式中,t 是自变量,这里指时间;$y(t)$为随时间变化的量,即变系数。给定 $y(t)$在一系列时间离散点 $t_0<t_1<t_2<\cdots<t_n$ 的值 $y(t_0), y(t_1), y(t_2), \cdots, y(t_n)$以及 $y(t)$的初始条件 $y(t_0)=y_0$,求解 $y=y(t)$在 $y_k=y(t_0+k\Delta t)$的值,$k=0,1,2,\cdots,n$。设进行数值积分的步长为 Δt,它可以是定步长,也可以是变步长。本书只讨论定步长的情况。数值积分解法的几何意义如图 2.6 所示。

由微分中值定理和图 2.6 可知,积分算法的实质就是求平均斜率,即图中与 AB 线平行的 $y=y(t)$的切线(切点为 D)的斜率,该平均斜率为

$$\dot{y}(t_i+\mu\Delta t)=\frac{y(t_{i+1})-y(t_i)}{\Delta t}=K, \qquad i=0,1,2,\cdots,n \tag{2.47}$$

式中,$0<\mu<1$;点 A 的坐标为(t_i, y_i);点 B 的坐标为(t_{i+1}, y_{i+1});点 D 的坐标为$(t_i+\mu\Delta t, y(t_i+\mu\Delta t))$。从图 2.6 中可以看出,$y(t_i+\mu\Delta t)$的数值解为

$$y(t_i+\mu\Delta t)=y(t_i)+\mu\Delta t K \tag{2.48}$$

显然平均斜率 K 求得越准确,式(2.48)的计算精度也越高。不同的数值积分算法就是求平均值 K 的方法不同。常用的数值积分算法有一阶欧拉法、二阶龙格-库塔法和四阶龙格-库塔法。

2.6.1　一阶欧拉法

一阶欧拉算法的几何意义如图 2.7 所示。从图 2.7 中可知,点(t_i, y_i)的斜率就近似地当作平均斜率。由式(2.48)可得一阶欧拉法的数值解为

$$y_{i+1}=y_i+\Delta t\boldsymbol{f}(t_i,y_i) \tag{2.49}$$

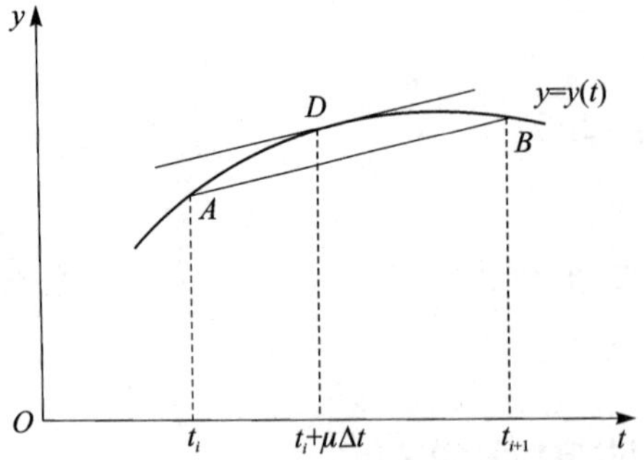

图 2.6 微分方程数值解法的几何意义

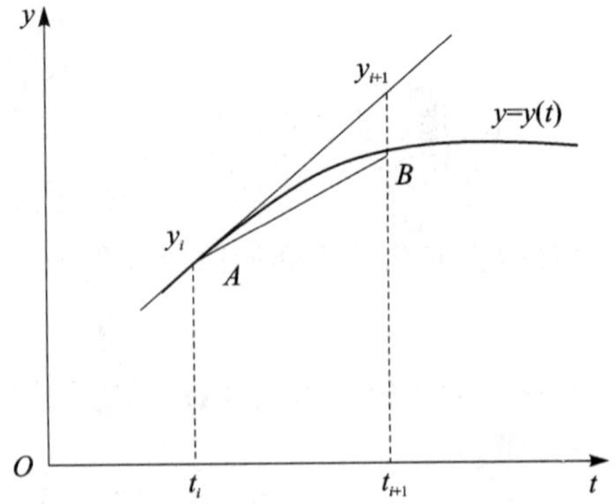

图 2.7 一阶欧拉法的几何意义

2.6.2 二阶龙格-库塔法

将一阶欧拉法进行改进，使求得的平均斜率更精确一些，则可得二阶龙格-库塔法，其几何意义如图 2.8 所示。由图 2.8 可以看出，在用一阶欧拉法计算点(x_i,y_i)处斜率$K_1=f(t_i,y_i)$的基础上，可得t_{i+1}点处y_{i+1}的预测值为

$$\hat{y}_{i+1}=y_i+\Delta tK_1 \tag{2.50}$$

进而根据式(2.50)可求得t_{i+1}点预测值$\hat{y}_{i+1}$处的斜率为$K_2=f(t_{i+1},\hat{y}_{i+1})$，然后求$t_i$和$t_{i+1}$两个时刻的平均斜率，为

$$K=\frac{1}{2}(K_1+K_2) \tag{2.51}$$

该平均斜率比一阶欧拉法所求的斜率更接近于真实的平均斜率。于是，二阶龙格-库塔法的数值解为

$$y_{i+1}=y_i+\Delta tK=y_i+\frac{\Delta t}{2}(K_1+K_2) \tag{2.52}$$

2.6.3 四阶龙格-库塔法

四阶龙格-库塔法的实质就是在(t_i,y_i)之间多求几个斜率值，进而加权求平均，从而得到更精确的平均斜率。如图 2.9 所示，四阶龙格-库塔法在t_i与t_{i+1}的中点$t_{i+\frac{1}{2}}=t_i+\frac{\Delta t}{2}$处增加一个计算点，在该点求两次预测值与斜率值。

根据二阶龙格-库塔法的计算过程可得四阶龙格-库塔法的求解步骤为

(1) 计算斜率K_1

根据点t_i的值y_i可计算点(t_i,t_{i+1})处的斜率为

$$K_1=\boldsymbol{f}(t_i,y_i) \tag{2.53}$$

然后根据K_1对点$t_{i+\frac{1}{2}}$的值进行一次预测，即

$$\hat{y}_{i+\frac{1}{2}}=y_i+\frac{\Delta t}{2}K_1 \tag{2.54}$$

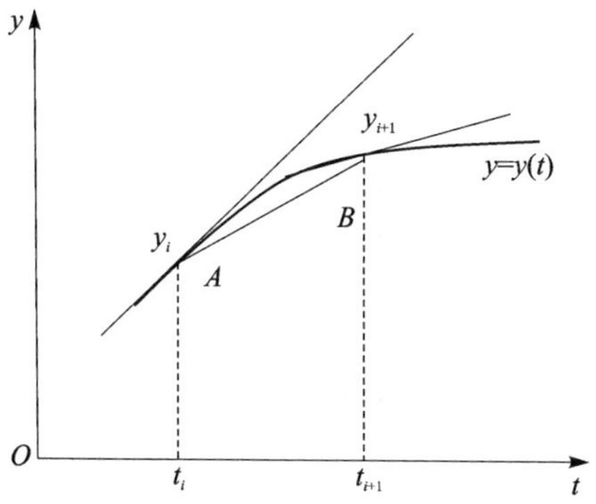

图 2.8　二阶龙格-库塔法的几何意义

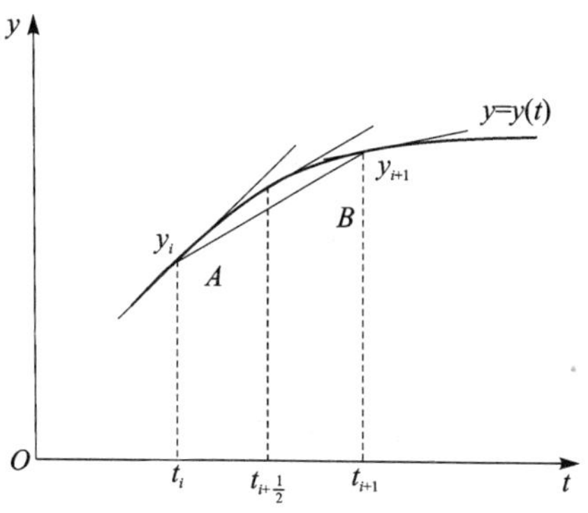

图 2.9　四阶龙格-库塔法的几何意义

(2) 计算斜率 K_2

在点 $t_{i+\frac{1}{2}}$ 处，计算预测值式(2.54)的斜率 K_2 为

$$K_2 = \boldsymbol{f}(t_{i+\frac{1}{2}}, \hat{y}_{i+\frac{1}{2}}) \tag{2.55}$$

然后利用 K_2 再次对点 $t_{i+\frac{1}{2}}$ 的值进行预测，即

$$\hat{y}_{i+\frac{1}{2}} = y_i + \frac{\Delta t}{2} K_2 \tag{2.56}$$

(3) 计算斜率 K_3

在点 $t_{i+\frac{1}{2}}$ 处，计算预测值式(2.56)的斜率 K_3 为

$$K_3 = \boldsymbol{f}(t_{i+\frac{1}{2}}, \hat{y}_{i+\frac{1}{2}}) \tag{2.57}$$

并以斜率 K_3 对点 t_{i+1} 的值再次进行预测，得

$$\hat{y}_{i+1} = y_i + \Delta t K_3 \tag{2.58}$$

(4) 计算斜率 K_4

在点 t_{i+1} 处，计算预测值式(2.58)的斜率 K_4 为

$$K_4 = \boldsymbol{f}(t_{i+1}, \hat{y}_{i+1}) \tag{2.59}$$

在取平均斜率时，认为 K_2 和 K_3 对平均斜率的影响较大，因此将 K_2 和 K_3 的加权系数取为 2，而将 K_1 和 K_4 的加权系数取为 1，从而可得四阶龙格-库塔法斜率的加权平均值，即平均斜率为

$$K = \frac{1}{6}(K_1 + 2K_2 + 2K_3 + K_4) \tag{2.60}$$

最后可得 t_{i+1} 时的四阶龙格-库塔法数值解为

$$y_{i+1} = y_i + \frac{\Delta t}{6}(K_1 + 2K_2 + 2K_3 + K_4) \tag{2.61}$$

2.6.4　三种数值积分算法的适用性分析

数值积分实际上是对曲线与坐标轴间所包围面积进行累加求和的过程，数值积分解的精度与积分步长和平均斜率的计算精度有关，一阶欧拉法和二阶龙格-库塔法的物理意义分别如

图 2.10 和图 2.11 所示。

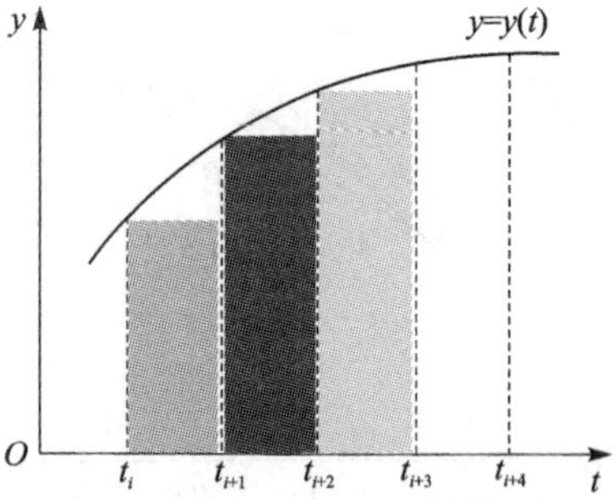

图 2.10 一阶欧拉法的物理意义

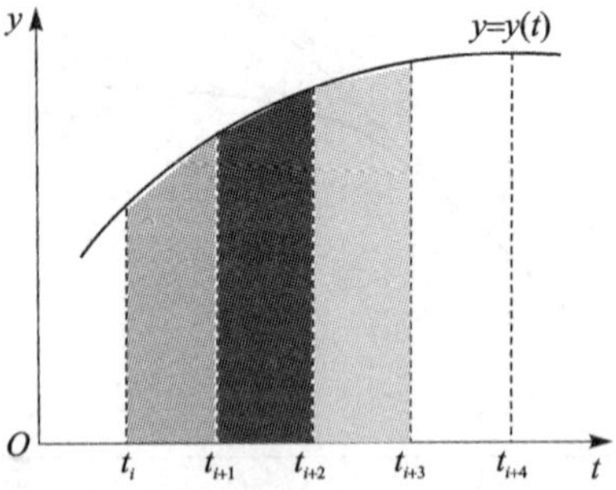

图 2.11 二阶龙格-库塔法的物理意义

对比图 2.10 和图 2.11 可以看出，在相同积分步长下，一阶欧拉法的每一步计算误差为矩形阴影区域与曲线所夹的三角形的面积；而二阶龙格-库塔法的每一步计算误差为梯形阴影区域与曲线所夹区域的面积，二阶龙格-库塔法的计算精度明显优于一阶欧拉法。因此，根据一阶欧拉法、二阶龙格-库塔法和四阶龙-格库塔法的计算过程可知，四阶龙格-库塔法的计算精度最高，二阶龙格-库塔法的精度次之，一阶欧拉法的精度最低；但一阶欧拉法的计算复杂度最低，四阶龙格库塔法的计算复杂度最高。

在实际应用中，在选择数值积分算法时，须根据实际应用情况在计算复杂度和计算精度间进行折中。例如，当积分步长非常小或 $y=y(t)$ 变化比较缓慢时，可选用一阶欧拉法或二阶龙格-库塔法；当积分步长较大或 $y=y(t)$ 变化剧烈时，可以选用四阶龙格-库塔法。

2.7 地球数学模型和相关导航参数

针对在地球上或地球表面附近的航行载体，导航所需要的即时位置和速度等基本参数主要是相对于地球而言的。为描述运载体相对于地球的位置和速度变化，须对地球这一凹凸起伏的球体进行数学描述，建立能够表征地球这一自然形体的数学模型。

2.7.1 地球几何形状及其数学模型

地球自然表面是一个起伏不平、十分不规则的表面，有高山、丘陵和平原；又有江河湖海。地球表面约有 71%的面积为海洋，29%的面积是大陆与岛屿。陆地上最高点与海洋中最深处相差近 20 km。这种不规则的真实地球体无法用数学模型来表达，所以在导航中无法用数学模型来描述地球形状。因此，必须找一个能够逼近真实地球自然表面的规则曲面来代替地球的自然表面，进而建立地球的数学模型。1873 年，德国大地测量学家利斯廷[①]创立了大地水准面概念，即假设海水面处于静止平衡状态下，将其延伸到大陆下面，构成一个遍及全球的闭合曲面，该曲面就是大地水准面，如图 2.12 所示。大地水准面所包围的形体叫做大地水准体。但地球形状不规则，各处质量不均匀，大地水准体还只是一个近似的旋转椭球体，仍不能用数学模型来表达。因此，在测量各处地球自然表面到大地水准面距离的基础上，采用偏差平方和

① 利斯廷(Johann Benedict Listing，1808.7.25—1882.12.24)。

最小准则，将大地水准体用一个有确定参数的旋转椭球体来逼近，这种旋转椭球体称为参考旋转椭球体，简称参考椭球或椭球(Ellipsoid)，如图 2.13 所示。

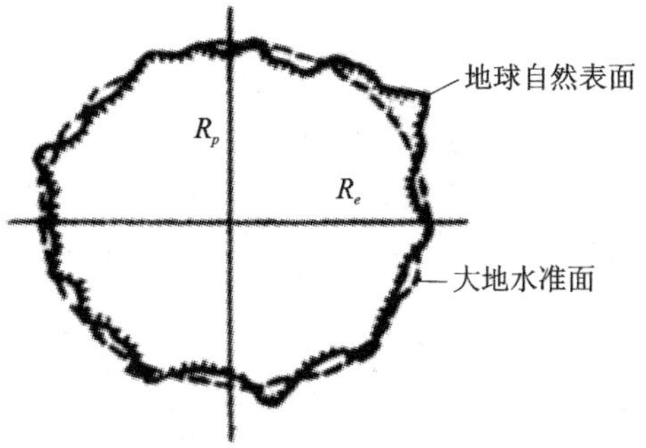

图 2.12 大地水准面与自然地球表面

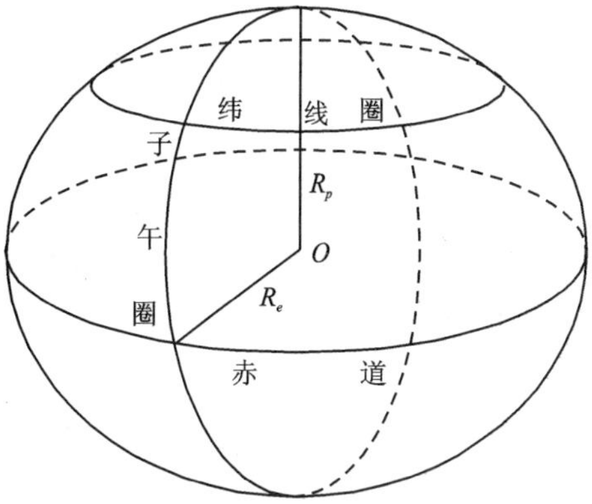

图 2.13 参考椭球体

参考椭球的数学模型为

$$\frac{x^2+y^2}{R_e^2}+\frac{z^2}{R_p^2}=1$$

参考椭球的形状和大小由 6 个基本几何参数(或称元素)来决定，它们是椭球的长半轴 R_e(赤道平面半径)、短半径 R_p(极轴半径)、极曲率半径 R_c、扁率(椭圆度)f、第一偏心率 e 和第二偏心率 e'，其中扁率、极半径和偏心率分别为

扁率
$$f=\frac{R_e-R_p}{R_e} \tag{2.62a}$$

极曲率半径
$$R_c=\frac{R_e^2}{R_p} \tag{2.62b}$$

第一偏心率
$$e=\frac{\sqrt{R_e^2-R_p^2}}{R_e} \tag{2.62c}$$

第二偏心率
$$e'=\frac{\sqrt{R_e^2-R_p^2}}{R_p} \tag{2.62d}$$

上述 6 个参数中，R_e，R_p 和 R_c 称为长度元素；扁率 f 描述了椭球体的扁平程度，当 $R_e=R_p$ 时，$f=0$，椭球变为球体；当 R_p 减小时，扁率 f 增大，则椭球变扁；偏心率 e 和 e' 描述了椭圆焦点离开中心的距离与椭圆半径之比，它们也反映了椭球的扁平程度，偏心率越大，椭球越扁。只要给定一个长度参数和其他任意一个参数就可以确定椭球的形状和大小。在导航定位和大地测量中常用长半径 R_e 和扁率 f 来描述地球的几何形状。

为了简化书写和方便运算，常引入两个辅助函数，即

第一辅助函数
$$W_1=\sqrt{1-e^2\sin^2 L}$$

第二辅助函数
$$W_2=\sqrt{1+e'^2\cos^2 L}$$

式中，L 为地理纬度。

对式(2.62a)、式(2.62c)和式(2.62d)进一步整理，可得

$$1-e^2=1-\frac{R_e^2-R_p^2}{R_e^2}=\left(1-\frac{R_e-R_p}{R_e}\right)^2=(1-f)^2 \tag{2.63}$$

$$e'^2=\frac{R_e^2-R_p^2}{R_p^2}=\frac{\dfrac{R_e^2-R_p^2}{R_e^2}}{1-\dfrac{R_e^2-R_p^2}{R_e^2}}=\frac{e^2}{1-e^2} \tag{2.64}$$

到目前为止,各国采用的参考椭球体已有十余种,世界上部分参考椭球的参数如表 2.1 所列。我国采用克拉索夫斯基椭球参数建立了北京坐标系(1954 年);采用 1975 年国际椭球参数建立了国家大地坐标系(1980 年)。而全球定位系统(GPS)采用的是 WGS-84 系椭球参数。

表 2.1　世界上部分参考椭球参数

名　称	R_e/m	$1/f$	使用国家或地区
克拉索夫斯基(1940)	6 378 245	298.3	苏联
1975 年国际会议推荐的参考椭球	6 378 140	298.257	中国
贝塞尔(1841)	6 377 397	299.15	日本及中国台湾省
克拉克(1866)	6 378 206	294.98	北美
海福特(1910)	6 378 388	297.00	欧洲、北美及中东
WGS-84(1984)	6 378 137	298.257 563	全球①
CGCS 2000	6 378 137	298.257 222	中国②

2.7.2　经线和经度

从北极点到南极点,可以画出许多南北方向的与地球赤道垂直的大圆圈,构成这些圆圈的线段,就叫经线。19 世纪上半叶,很多国家以通过本国天文台的子午线为本初子午线,导致在世界上同时存在几条本初子午线,为航海及大地测量带来了诸多不便,无法实现全球导航和大地测量。1884 年10 月 13 日,在华盛顿召开的国际天文学家会议决定,以经过英国伦敦东南格林尼治的经线为本初子午线,作为计算地理的起点和世界标准"时区"点,如图 2.14 所示。

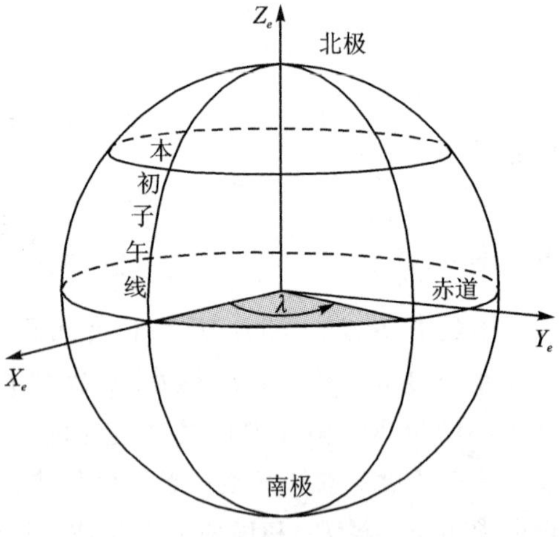

图 2.14　本初子午线和经度

① WGS-84 系美国国防部地图局于 1984 年制定的全球大地坐标系。

② 国家大地坐标系是我国当前最新的国家大地坐标系,英文名称为 China Geodetic Coordinate System 2000,英文缩写为 CGCS 2000。CGCS 2000 是以全球参考基准为背景、全国统一且协调一致的坐标系统,是全球地心坐标系在我国的具体体现。

2.7.3　垂线、纬度和高度

到 16 世纪初，圆球理论取代了圆盘理论，以南极点和北极点这两个定点为基准利用一个平面把地球平均划分成南北两部分，分界线称为赤道，赤道至南北两极的距离一样长，把赤道与两极之间均分为 90 等份，从赤道起直至极点，赤道是 0°，极点是 90°，如图 2.14 所示。纬度的确立是导航进步的主要标志。

地球上某一点纬度的定义为该点垂线和赤道平面的夹角，由于地球不是一个圆球，而是一个椭球，因此对于地球上的某点，垂线和纬度就有多种定义方式，垂线和纬度的定义有以下四种，其示意图如图 2.15 所示。

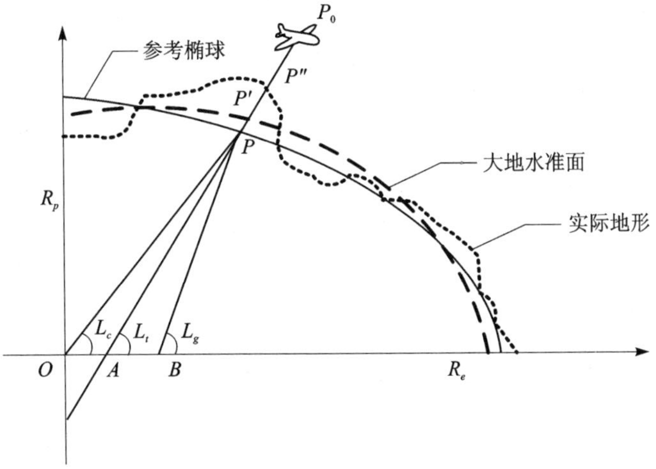

图 2.15　地球形状与垂线、纬度和高度

1. 地心垂线和地心纬度

从参考椭球上点 P 到地球中心的连线 PO 称为地心垂线，也叫几何垂线，PO 与赤道平面的夹角 L_c 称为地心纬度。

2. 引力垂线和引力纬度

参考椭球上点 P 所在处的质量受地球引力 $\boldsymbol{F}_G$ 作用的方向线称为引力垂线，它与赤道平面的夹角 L_G 为引力纬度。引力垂线一般不通过地心，但由于引力纬度和地心纬度差别很小，一般不使用引力纬度，因此在本书中将默认引力垂线和地心垂线重合。

3. 地理(测地)垂线和地理(测地)纬度

参考椭球上点 P 的法线 PA 为地理垂线；PA 与赤道平面的夹角 L_t 称为地理纬度。在大地测量、地图绘制和精确导航中都采用地理纬度。在导航定位中，除特别说明外，纬度均指地理纬度 L_t，且用 L 来表示。

4. 天文垂线和天文纬度

参考椭球上点 P 法线方向对应的大地水准面点 P' 的重力方向(铅垂线)称为天文垂线或重力垂线。天文垂线与赤道平面的夹角在子午面内的分量可用天文测量的方法测定，故称为天文纬度 L_g。图中假设天文垂线在子午面内，则 PB 表示天文垂线。惯性导航中加速度计的工作是以天文纬度为基础的。实测的重力方向(大地水准面的垂直方向)与该点在参考椭球处的法线方向也不一致，这种偏差称为垂线偏斜。常用南北方向和东西方向的两个偏斜角(ε 和 η)来表示垂线偏斜，ε 就是天文纬度与地理纬度的夹角。垂线偏斜一般为角秒数量级，最大不超过 20 角秒。由于地理纬度 L_t 与天文纬度 L_g 的差别很小，因此在研究惯性导航定位时，并不严格区分它们。但与重力加速度有关的精密导航方法(例如高精度惯性导航)必须考虑这种影响。

由于地心纬度 L_c 和地理纬度 L 之间存在偏差 $\Delta L = L - L_c$，将这一偏差称为垂线偏差，在研究惯性导航时不能忽略该偏差，该偏差可以近似为

$$\Delta L \approx f\sin 2L$$

当 $L=45°$ 时，有最大垂线偏差为 $\Delta L \approx 11'(1'' \approx 30\ \text{m})$。

常用的高度主要有飞行高度、绝对高度和相对高度等。在图 2.15 中，若载体在点 P_0，P_0PA 为点 P_0 对应的参考椭球上点 P 的法线，P_0PA 交地球真实地形线于点 P''，交大地水准线于点 P'，则 PP_0 称为飞行高度(或简称高度)，P_0P' 称为海拔高度或绝对高度 h，P_0P'' 为相对高度，$P'P''$ 为当地海拔，PP' 为大地起伏。大地起伏同样是大地测量工作所需测量的参数。点 P_0 大气压力相对于标准大气压力换算的高度称为气压高度，在气压分布和温度分布标准化的条件下，气压高度相当于绝对高度。

不论哪种高度，高度是当地大地水准面法线方向的长度。但大地水准面法线不易用数学模型描述，因此常用参考椭球面上当地法线来代替，上述各种高度定义都是在这种前提下确定的。

2.7.4 参考椭球体的法线长度和法截线曲率半径

过椭球面上任意一点可作一条垂直于椭球面的法线，包含这条法线的平面叫做法截面，法截面同椭球面的交线称为法截线(或法截弧)。包含椭球面一点的法线，可作无数多个法截面，相应有无数条法截线，例如子午圈等。不包含法线的平面与椭球面的截线称为斜截线，如平行于赤道平面的平行圈(纬线圈)等。椭球面上的法截线曲率半径不同于球面上的法截线曲率半径都等于圆球的半径，而是不同方向的法截线的曲率半径都不相同。在过椭球面任意一点 P 处(法线为 PQ)的所有法截线中，有两条特殊方向的法截线，一条是过南北两极的法截线，即子午圈；另一条是与子午圈垂直的法截线，称为卯酉圈，其示意图如图 2.16 所示。子午圈曲率半径和卯酉圈曲率半径称为在点 P 的主曲率半径。

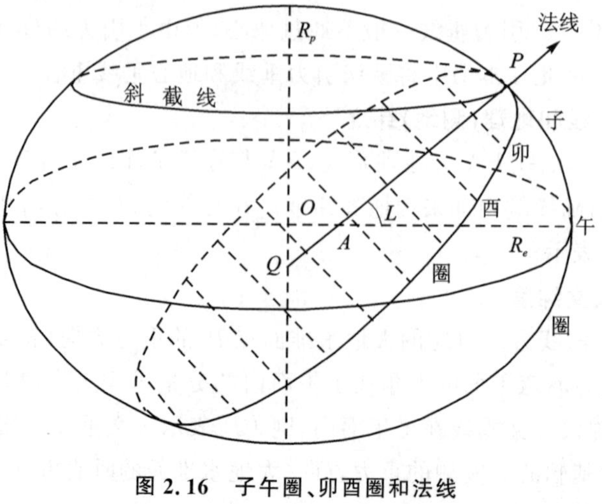

图 2.16 子午圈、卯酉圈和法线

1. 法线长的关系式

为了求椭球面上任一点 P 处法线长度的关系式，建立如图 2.17 所示的平面直角坐标系 Oxz。过点 P 作法线 PQ，与椭圆的长轴交于点 A，与椭圆的短轴交于点 Q；过点 P 作子午圈的切线 PB，它与 x 轴的夹角为 $90°+L$。由于曲线在点 P 处切线的斜率等于曲线在该点处的一阶导数，则有

$$\frac{\mathrm{d}z}{\mathrm{d}x}=\tan(90°+L)=-\cot L \tag{2.65}$$

式(2.65)描述了 x，z 与 L 间的关系，因此只要对子午圈方程求导，便可求得法线长度的关系式。

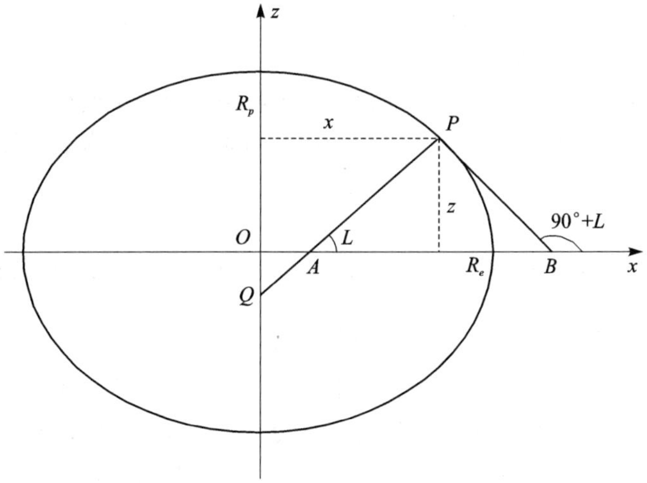

图 2.17　x，z 与 L 间的关系

由椭圆方程

$$\frac{x^2}{R_e^2}+\frac{z^2}{R_p^2}=1 \tag{2.66}$$

对 x 求导数，得

$$\frac{2x}{R_e^2}+\frac{2z}{R_p^2}\frac{\mathrm{d}z}{\mathrm{d}x}=0 \tag{2.67}$$

对式(2.67)进行整理，得

$$z=-\frac{R_p^2}{R_e^2}\frac{x}{\dfrac{\mathrm{d}z}{\mathrm{d}x}} \tag{2.68}$$

将式(2.62c)和式(2.65)代入式(2.68)中，得

$$z=x(1-e^2)\tan L \tag{2.69}$$

将式(2.62c)、式(2.63)和式(2.69)和代入椭圆方程式(2.66)中并进行整理，得到以纬度 L 为参数的参数方程为

$$x=\frac{R_e}{\sqrt{1-e^2\sin^2 L}}\cos L=\frac{R_e}{W_1}\cos L \tag{2.70a}$$

$$z=\frac{R_e(1-e^2)}{\sqrt{1-e^2\sin^2 L}}\sin L=\frac{R_e(1-e^2)}{W_1}\sin L=\frac{R_e(1-f)^2}{W_1}\sin L \tag{2.70b}$$

在图 2.17 中,设 $PQ=R_N$,于是有

$$x=PQ\cos L=R_N\cos L \tag{2.71a}$$

$$z=PA\sin L \tag{2.71b}$$

对比式(2.70)和式(2.71),可得

$$PQ=R_N=\frac{R_e}{W_1} \tag{2.72a}$$

$$PA=R_N(1-e^2)=R_N(1-f)^2 \tag{2.72b}$$

$$AQ=PQ-PA=R_Ne^2=R_N(2f-f^2) \tag{2.72c}$$

2. 任意方向法截线曲率半径

任一点的子午圈和卯酉圈是该点所有法截线中特殊的两条法截线,它们是平面曲线,可以根据平面曲线的曲率半径公式计算出子午圈和卯酉圈曲率半径。为了求得子午圈和卯酉圈的曲率半径,可以先求任意方向法截线的曲率半径。任意方向的法截线方程可以通过椭球面与法截面方程联立求解,它是一条平面曲线。

如图 2.18 所示,建立以椭球中心为原点的空间直角坐标系 $OXYZ$,其椭球面方程为

$$\frac{X^2}{R_e^2}+\frac{Y^2}{R_e^2}+\frac{Z^2}{R_p^2}=1 \tag{2.73}$$

在椭球面上任取一点 P,过点 P 平行圈上任意一点的同方向法截线的形状是一样的,因此为推导公式简便,取点 P 位于本初子午面上,PQ 为过点 P 的法线;P_1PP_2 为过点 P 的任意方向法截线,其方位角为 φ。只要求得法截线 P_1PP_2 的方程就可以计算该法截线的曲率半径。

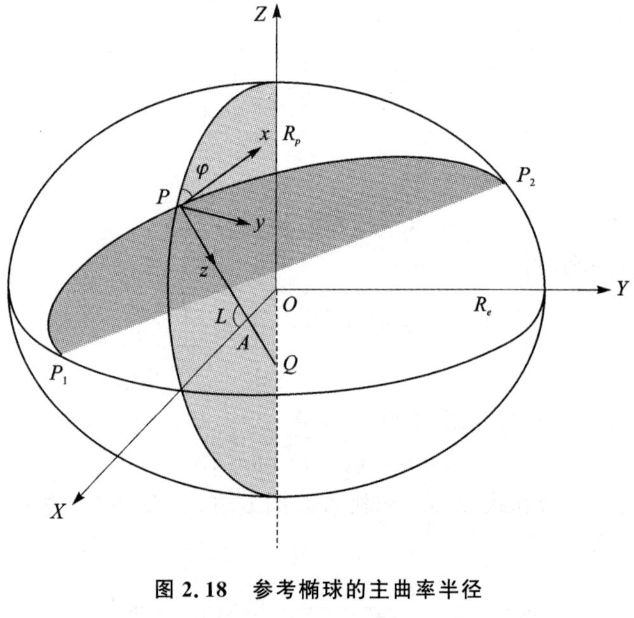

图 2.18 参考椭球的主曲率半径

为简化法截线 P_1PP_2 方程的计算过程,重新建立一个坐标系,并使某一坐标面与该法截

面重合；同时，为了便于计算曲率半径，取新坐标系的原点与点 P 重合，并取一个坐标轴与点 P 的法线重合。这一重新建立的坐标系为 $Pxyz$，其中 x 轴为点 P 的切线方向；z 轴为点 P 的法线方向，y 轴与 x 轴和 z 轴满足右手定则，如图 2.18 所示。在这个新坐标系中，所求的法截面的方程为 $y=0$。为了将它与椭球面方程联立求解，还必须求出椭球面在新坐标系 $Pxyz$ 中的方程。为计算椭球面在新坐标系下的方程，可通过坐标系平移和旋转变换来实现。

在图 2.18 中，由于 PQ 是点 P 的法线，根据式(2.72)可知 $PQ=R_N$，$PA=R_N(1-e^2)$，因此可得点 P 在 $OXYZ$ 坐标系下的坐标为

$$\begin{bmatrix}X\\Y\\Z\end{bmatrix}=\begin{bmatrix}R_N\cos L\\0\\R_N(1-e^2)\sin L\end{bmatrix}\tag{2.74}$$

由图 2.18 可以看出，为使坐标系 $Pxyz$ 和坐标系 $OXYZ$ 重合，首先将点 P 平移至点 O，使点 P 和点 O 重合；然后，绕 z 轴旋转 $-\varphi$，使坐标面 xPz 与子午面重合；最后再绕 y 轴旋转 $90°+L$。

根据两坐标系变换间的关系和上述旋转过程，可得两个坐标系 $Pxyz$ 和 $OXYZ$ 下坐标间的关系为

$$\begin{aligned}\begin{bmatrix}X\\Y\\Z\end{bmatrix}&=C(90°+L)C(-\varphi)\begin{bmatrix}x\\y\\z\end{bmatrix}+\begin{bmatrix}R_N\cos L\\0\\R_N(1-e^2)\sin L\end{bmatrix}\\&=\begin{bmatrix}\cos(90°+L)&0&-\sin(90°+L)\\0&1&0\\\sin(90°+L)&0&\cos(90°+L)\end{bmatrix}\begin{bmatrix}\cos\varphi&\sin\varphi&0\\-\sin\varphi&\cos\varphi&0\\0&0&1\end{bmatrix}\begin{bmatrix}x\\y\\z\end{bmatrix}+\begin{bmatrix}R_N\cos L\\0\\R_N(1-e^2)\sin L\end{bmatrix}\\&=\begin{bmatrix}-\sin L\cos\varphi&\sin L\sin\varphi&-\cos L\\\sin\varphi&\cos\varphi&0\\\cos L\cos\varphi&-\cos L\sin\varphi&-\sin L\end{bmatrix}\begin{bmatrix}x\\y\\z\end{bmatrix}+\begin{bmatrix}R_N\cos L\\0\\R_N(1-e^2)\sin L\end{bmatrix}\end{aligned}\tag{2.75}$$

根据式(2.75)，可得椭球的参数方程为

$$X=-(x\cos\varphi-y\sin\varphi)\sin L-z\cos L+R_N\cos L\tag{2.76a}$$

$$Y=x\sin\varphi+y\sin\varphi\tag{2.76b}$$

$$Z=(x\cos\varphi-y\sin\varphi)\cos L-z\sin L+R_N(1-e^2)\sin L\tag{2.76c}$$

将式(2.73)两边同时乘以 R_e^2，得

$$X^2+Y^2+\frac{R_e^2Z^2}{R_p^2}-R_e^2=0\tag{2.77}$$

根据式(2.62d)有 $\dfrac{R_e^2}{R_p^2}=1+e'^2$；根据式(2.72a)有 $R_e^2=R_N^2W_1^2=R_N^2(1-e^2\sin^2L)$，将这些关系式代入式(2.77)中，得椭球面的方程为

$$X^2+Y^2+Z^2+e'^2Z^2-R_N^2(1-e^2\sin^2L)=0\tag{2.78}$$

将式(2.76)代入式(2.78)中并整理，得

$$x^2+y^2+z^2-2R_Nz+e'^2[(x\cos\varphi-y\sin\varphi)\cos L-z\sin L]^2=0\tag{2.79}$$

在坐标系 $Pxyz$ 中，由于任意方向法截面取的与坐标面 xPz 重合，其法截面的方程为 $y=$

0，于是任意方向法截线的方程为

$$x^2+z^2-2R_N z+e'^2(x\cos\varphi\cos L-z\sin L)^2=0 \tag{2.80}$$

由式(2.80)可知，任意方向的法截线是一条平面曲线，其方程可表示为 $z=f(x)$，该平面曲线的曲率半径公式为

$$R_\varphi=\frac{\left[1+\left(\frac{\mathrm{d}z}{\mathrm{d}x}\right)_P^2\right]^{\frac{3}{2}}}{\left(\frac{\mathrm{d}^2z}{\mathrm{d}x^2}\right)_P} \tag{2.81}$$

在图 2.18 中，由于点 P 是坐标原点，而且 z 轴和 x 轴分别是法截线的法线和切线，于是有 $z_P=0$ 和 $x_P=0$，且 $\left(\frac{\mathrm{d}z}{\mathrm{d}x}\right)_P=0$，于是该平面的曲率半径简化为

$$R_\varphi=\frac{1}{\left(\frac{\mathrm{d}^2z}{\mathrm{d}x^2}\right)_P} \tag{2.82}$$

对比式(2.81)和式(2.82)，通过新建立坐标系 $Pxyz$，使得任意方向法截线曲率半径的解算变简单了。$\left(\frac{\mathrm{d}^2z}{\mathrm{d}x^2}\right)_P$ 为在点 P 处任意方向法截线的曲率。将式(2.80)对 x 连续求导，并将 $z_P=0$，$x_P=0$ 和 $\left(\frac{\mathrm{d}z}{\mathrm{d}x}\right)_P=0$ 代入，得点 P 处任意方向法截线的曲率为

$$2-2R_N\left(\frac{\mathrm{d}^2z}{\mathrm{d}x^2}\right)_P+2e'^2\cos^2\varphi\cos^2L=0 \tag{2.83}$$

于是有

$$\left(\frac{\mathrm{d}^2z}{\mathrm{d}x^2}\right)_P=\frac{1+e'^2\cos^2\varphi\cos^2L}{R_N} \tag{2.84}$$

进而有点 P 处任意方向法截线的曲率半径，为

$$R_\varphi=\frac{R_N}{1+e'^2\cos^2\varphi\cos^2L} \tag{2.85}$$

式(2.85)表明，任意方向法截线的曲率半径 R_φ 不仅与纬度 L 有关，还与法截线的方位角 φ 有关，但与该点的经度无关。一旦任意点确定了，纬度 L 就确定了，在该点处的 R_N 和 $\cos L$ 都是常值，曲率半径仅随法截线方位角 φ 的变化而变化。虽然在公式推导时将点 P 取在本初子午线上，但由于 R_φ 与经度无关，因此 R_φ 在全球都是适用的。

3. 主曲率半径

在图 2.16 和图 2.18 中，过椭球面任意一点 P 处的所有法截线中，有两条特殊方向的法截线，一条是过南北两极的法截线，其法截线的方位角 $\varphi=0°$(或 $\varphi=180°$)，即子午圈；另一条是与子午圈垂直的法截线，其法截线的方位角 $\varphi=90°$(或 $\varphi=270°$)，即卯酉圈。

将法截线的方位角 $\varphi=0°$、式(2.63)、式(2.64)和式(2.72a)代入式(2.85)中并进行整理，可得子午面的曲率半径为

$$R_{\varphi=0}=R_M=\frac{R_N}{1+e'^2\cos^2L}=\frac{R_e(1-e^2)}{(1-e^2\sin^2L)^{\frac{3}{2}}}=\frac{R_e(1-f)^2}{[\cos^2L+(1-f)^2\sin^2L]^{\frac{3}{2}}} \tag{2.86}$$

式(2.86)是纬度 L 的函数，$R_{\varphi}=0$ 随着纬度的增大而增大。在赤道上，子午面曲率半径 R_M 小于赤道半径 R_e；在极点上，子午面曲率半径 R_M 等于极曲率半径 R_c；当 $0°<L<90°$ 时，子午面曲率半径 R_M 随纬度的增大而增大，其值介于 $R_e(1-f)^2$ 和 R_c 之间，子午面曲率半径的变化规律如表 2.2 所列。

表 2.2　子午面曲率半径的变化规律

纬度 L	子午面曲率半径 R_M	说　明
$L=0°$	$R_{\varphi=0}=R_e(1-e^2)=R_e(1-f)^2$	在赤道上，R_M 小于赤道半径 R_e
$0°<L<90°$	$R_e(1-f)^2<R_{\varphi}<R_c$	R_M 随纬度的增大而增大，其值介于 $R_e(1-f)^2$ 和 R_c 之间
$L=90°$	$R_{\varphi=0}=\dfrac{R_e}{\sqrt{1-e^2}}=\dfrac{R_e}{1-f}=R_c$	在极点上，R_M 等于极曲率半径 R_c

将法截线的方位角 $\varphi=90°$ 代入式(2.85)中，可得卯酉圈曲率半径为

$$R_{\varphi=90}=R_N \tag{2.87}$$

在式(2.72)中，曾设图 2.17 中 $PQ=R_N$，因此可知卯酉圈曲率半径正好等于法线在椭球面和短轴之间的长度。将式(2.63)和式(2.72a)代入式(2.87)，并进行整理，得

$$R_{\varphi=90}=R_N=\frac{R_e}{\sqrt{1-e^2\sin^2L}}=\frac{R_e}{\sqrt{\cos^2L+(1-f)^2\sin^2L}} \tag{2.88}$$

式(2.88)也是纬度 L 的函数，随着纬度的增大而增大。在赤道上，卯酉圈曲率半径 R_N 等于赤道半径 R_e，卯酉圈即为赤道；在极点上，卯酉圈即为子午圈，R_N 等于极曲率半径 R_c；当 $0°<L<90°$ 时，R_N 随纬度的增大而增大，其值介于 R_e 和 R_c 之间，卯酉圈曲率半径的变化规律如表 2.3 所列。

表 2.3　卯酉圈曲率半径的变化规律

纬度 L	卯酉圈曲率半径 R_N	说　明
$L=0°$	$R_{\varphi=0}=R_e$	在赤道上，R_N 等于 R_e，卯酉圈即为赤道
$0°<L<90°$	$R_e<R_{\varphi}<R_c$	R_N 随纬度的增大而增大，其值介于 R_e 和 R_c 之间
$L=90°$	$R_{\varphi=0}=\dfrac{R_e}{\sqrt{1-e^2}}=\dfrac{R_e}{1-f}=R_c$	在极点上，卯酉圈即为子午圈，R_N 等于极曲率半径 R_c

通过对比分析式(2.86)和式(2.88)以及表 2.2 和表 2.3，可以看出椭球面上一点 P，沿子午面由赤道向北极移动时，子午面曲率半径和卯酉圈曲率半径的端点 Q 也随之移动，子午面曲率半径 R_M 的端点轨迹为一条曲线 Q_0QQ_N，卯酉圈曲率半径 R_N 的端点轨迹是在椭球的短轴上由椭球的中心 O 向下移动至 Q_N 的一段直线，分别如图 2.19(a)和图 2.19(b)所示。在图 2.19(a)中，当点 P 从 $P_{0°}$ 点逆时针旋转 360°时，子午面曲率半径 R_M 的端点轨迹为一条在椭球中心附近的星形曲线 $Q_{0°}Q_NQ_{180°}Q_SQ_{0°}$；在图 2.19(b)中，当点 P 从点 $P_{0°}$ 逆时针旋转 360°时，卯酉圈曲率半径 R_N 的端点轨迹是在椭球的短轴上移动的一段直线，先从点 O 向下移动至点 Q_N，然后从点 Q_N 移动至点 Q_S，再从点 Q_S 移动至点 O。

对比式(2.86)和式(2.88)，有

$$R_N \geqslant R_M \tag{2.89}$$

而且当且仅当 $L=90°$ 时，$R_N=R_M$。

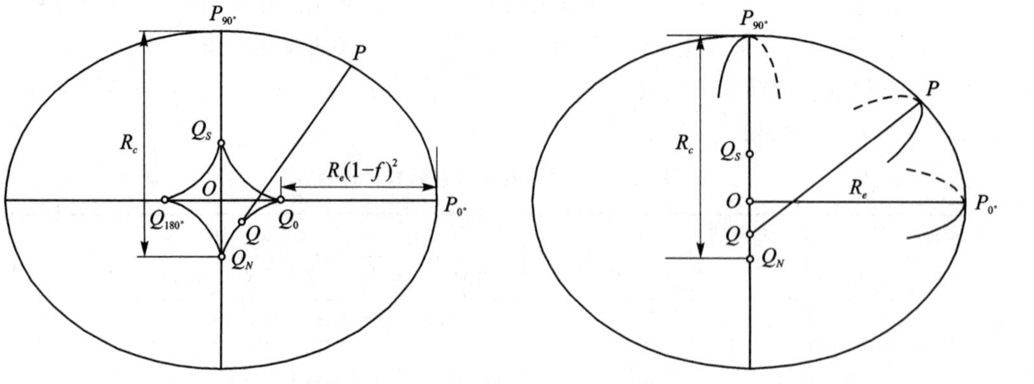

(a) 子午面曲率半径R_M的端点轨迹　　(b) 卯酉圈曲率半径R_N的端点轨迹

图 2.19　主曲率半径端点的运动轨迹

为了方便计算，将式(2.86)和式(2.88)进一步整理，得

$$R_M=\frac{R_e(1-f)^2}{[\cos^2L+(1-f)^2\sin^2L]^{\frac{3}{2}}}=R_e(1-f)^2[1-(2-f)f\sin^2L]^{-\frac{3}{2}} \tag{2.90}$$

$$R_N=\frac{R_e}{\sqrt{\cos^2L+(1-f)^2\sin^2L}}=R_e[1-(2-f)f\sin^2L]^{-\frac{1}{2}} \tag{2.91}$$

令 $u=(2-f)f\sin^2L$，并记 $f_1(u)=(1-u)^{-\frac{3}{2}}$，$f_2(u)=(1-u)^{-\frac{1}{2}}$，采用麦克劳林级数①对 $f_1(u)$和 $f_2(u)$展开，得

$$f_1'(u)=-\frac{3}{2}(-1)(1-u)^{-\frac{5}{2}}=\frac{3}{2}(1-u)^{-\frac{5}{2}}$$

$$f_1''(u)=\frac{3}{2}\left(-\frac{5}{2}\right)(-1)(1-u)^{-\frac{7}{2}}=\frac{15}{4}(1-u)^{-\frac{7}{2}}$$

$$\vdots$$

$$f_2'(u)=-\frac{1}{2}(-1)(1-u)^{-\frac{3}{2}}=\frac{1}{2}(1-u)^{-\frac{3}{2}}$$

$$f_2''(u)=\frac{1}{2}\left(-\frac{3}{2}\right)(-1)(1-u)^{-\frac{5}{2}}=\frac{3}{4}(1-u)^{-\frac{5}{2}}$$

$$\vdots$$

于是有

$$\begin{aligned}f_1(u)&=f_1(0)+\frac{1}{1!}f_1'(0)u+\frac{1}{2!}f_1''(0)u^2+\cdots\\&=1+\frac{3}{2}u+\frac{15}{8}u^2+\cdots\end{aligned} \tag{2.92}$$

$$\begin{aligned}f_2(u)&=f_2(0)+\frac{1}{1!}f_2'(0)u+\frac{1}{2!}f_2''(0)u^2+\cdots\\&=1+\frac{1}{2}u+\frac{3}{8}u^2+\cdots\end{aligned} \tag{2.93}$$

①　麦克劳林级数是泰勒级数的特殊形式，是在自变量等于零时求得的泰勒级数。

将式(2.92)和式(2.93)的结果分别代入式(2.90)和式(2.91)中,得

$$
\begin{aligned}
R_M &= R_e(1-f)^2\left[1+\frac{3}{2}(2-f)f\sin^2 L+\cdots\right] \\
&= R_e(1-2f+f^2)\left(1+3f\sin^2 L-\frac{3}{2}f^2\sin^2 L+\cdots\right) \\
&= R_e\left[1+3f\sin^2 L-2f+f^2\left(1-\frac{15}{2}\sin^2 L\right)+\cdots\right] \\
R_N &= R_e\left[1+\frac{1}{2}(2-f)f\sin^2 L+\cdots\right] \\
&= R_e\left(1+f\sin^2 L-\frac{1}{2}f^2\sin^2 L+\cdots\right)
\end{aligned}
$$

略去关于 f 的二阶(含)以上小量,得

$$R_M = R_e(1-2f+3f\sin L) \tag{2.94}$$

$$R_N = R_e(1+f\sin^2 L) \tag{2.95}$$

对应的曲率为

$$\frac{1}{R_M} = [R_e(1-2f+3f\sin^2 L)]^{-1} \approx \frac{1}{R_e}(1+2f-3f\sin^2 L) \tag{2.96}$$

$$\frac{1}{R_N} = [R_e(1+f\sin^2 L)]^{-1} \approx \frac{1}{R_e}(1-f\sin^2 L) \tag{2.97}$$

过椭球面上任一点 P 处的纬线圈和卯酉圈之间的关系如图 2.20 所示,纬线圈的曲率半径为

$$R_L = PC = PQ\cos L = R_N\cos L \tag{2.98}$$

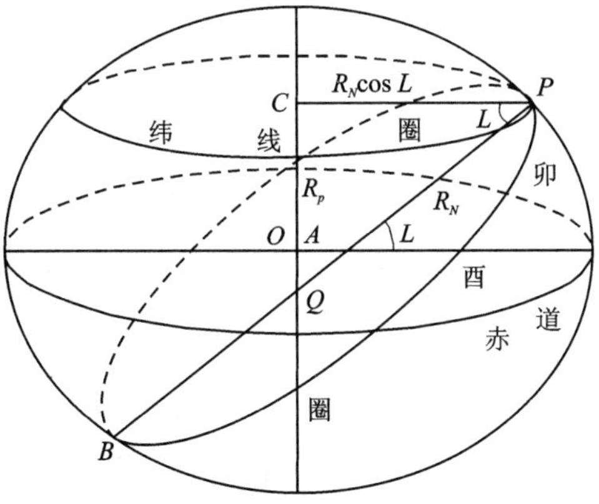

图 2.20　卯酉圈曲率半径和纬线圈曲率半径

2.7.5　地球重力加速度和自转角速度

在研究载体运动时,通常将重力加速度视为常量,即用 $\boldsymbol{g}=9.8\ \mathrm{m/s^2}$ 代替任意纬度的重力加速度;把地球自转角速度视为常量,近似取值为 $\boldsymbol{\omega}_{ie}=15°/\mathrm{h}$。但在惯性导航系统中,重力加速度 $\boldsymbol{g}$ 和地球自转角速度 $\boldsymbol{\omega}_{ie}$ 是两个使用频率很高的参数,它们的取值直接影响导航系统的位置、姿态和航向精度,因此必须精确给出它们的大小。

1. 重力和重力加速度

所谓重力是指由地球的质量和转动对地球表面物体所产生的作用力，它是地球引力和地球自转所引起的离心力的矢量和。所谓的重力加速度是指单位质量物体所受重力的大小。

根据牛顿万有引力定律，在具有一定物体质量的两个物体间必然有万有引力，引力的大小与两个物体的质量的乘积成正比，与距离的平方成反比。地球对质量为 m 的任意质点的引力为 $\boldsymbol{F}_G = m\boldsymbol{g}_m$，其中，$\boldsymbol{g}_m$ 为地球的引力加速度，也就是单位质量所受的引力。需要注意的是，这个引力加速度是在没有考虑地球转动情况下求得的。当考虑地球自转时，质点还要产生方向与向心加速度方向相反、大小与质量成正比的离心力，即

$$\boldsymbol{F} = -m\boldsymbol{\omega}_{ie} \times (\boldsymbol{\omega}_{ie} \times R_N)$$

此时，质点所受的引力 $\boldsymbol{F}_G$ 和离心力 $\boldsymbol{F}$ 的矢量和即重力，为 $\boldsymbol{F}_g = \boldsymbol{F}_G + \boldsymbol{F} = m\boldsymbol{g}$，即重力与质点的质量成正比。单位质量所受的重力即为重力加速度，它是引力加速度 $\boldsymbol{g}_m$ 和负方向的地球转动向心加速度 $-\boldsymbol{\omega}_{ie} \times (\boldsymbol{\omega}_{ie} \times R_N)$ 的合成，即

$$\boldsymbol{g} = \boldsymbol{g}_m - \boldsymbol{\omega}_{ie} \times (\boldsymbol{\omega}_{ie} \times R_N) \tag{2.99}$$

地球周围空间的物体都受到地球重力的作用，地球重力在地球周围形成重力场。下面简要地讨论一下重力加速度的物理意义。如图 2.21(a)所示，地球表面一个质点 P，其质量为 m。它可以放在另一个物体上，这时它受到了物体的约束反力 $\boldsymbol{T}$(它也可以悬挂在一根细线上，这时它受到的是线的拉力 $\boldsymbol{T}$)。质点 P 还受到万有引力 $m\boldsymbol{g}_m$。在这两个力的作用下质点随地球以向心加速度 $\boldsymbol{\omega}_{ie} \times (\boldsymbol{\omega}_{ie} \times R_N)$ 运动，即

$$\boldsymbol{T} + m\boldsymbol{g}_m = m\boldsymbol{\omega}_{ie} \times (\boldsymbol{\omega}_{ie} \times R_N) \tag{2.100}$$

根据式(2.100)可得

$$\frac{\boldsymbol{T}}{m} = \boldsymbol{\omega}_{ie} \times (\boldsymbol{\omega}_{ie} \times R_N) - \boldsymbol{g}_m \tag{2.101}$$

再取 $\boldsymbol{g} = -\dfrac{\boldsymbol{T}}{m}$，则有式(2.99)。从图 2.21 可以看出，重力加速度沿着地球上的质点所受的约束反力或拉力的方向，并与其反向，它又可看成地球引力加速度 $\boldsymbol{g}_m$ 与向量 $-\boldsymbol{\omega}_{ie} \times (\boldsymbol{\omega}_{ie} \times R_N)$ 的合向量。重力加速度矢量反映的是沿垂线偏离地形引力线的情况，即地垂线的方向正是沿着重力加速度 $\boldsymbol{g}$ 的方向，而水平面则与 $\boldsymbol{g}$ 垂直。$\boldsymbol{g}$ 与 $\boldsymbol{g}_m$ 之间有个很小的夹角 $\Delta\theta$，而且 $\Delta\theta$ 与地理纬度 L 有关。当 $L=45°$时，$\Delta\theta \approx 10$ 角分。

图 2.21(b)给出了 $\boldsymbol{\omega}_{ie}$，R_N，$\boldsymbol{\omega}_{ie} \times R_N$ 和 $\boldsymbol{\omega}_{ie} \times (\boldsymbol{\omega}_{ie} \times R_N)$ 间的关系，于是有

$$|\boldsymbol{\omega}_{ie} \times R_N| = \boldsymbol{\omega}_{ie} R_N \sin(90° - L) = \boldsymbol{\omega}_{ie} R_N \cos L = \boldsymbol{\omega}_{ie} R_L$$

$$|\boldsymbol{\omega}_{ie} \times (\boldsymbol{\omega}_{ie} \times R_N)| = \boldsymbol{\omega}_{ie}\boldsymbol{\omega}_{ie} R_L \sin 90° = \boldsymbol{\omega}_{ie}^2 R_L$$

由于所用的参考椭球不同以及地球某点附近构成物质的密度和分布不同，重力加速度的大小和方向也会改变，而且重力加速度的大小是纬度的函数。

按照克拉索夫斯基椭球，其椭球表面的重力加速度计算公式为

$$\boldsymbol{g}(L) = 9.780\,49 \times (1 + 0.005\,302\,9\sin^2 L - 0.000\,005\,9\sin^2 2L)\,\text{m/s}^2 \tag{2.102}$$

按照 WGS—84 全球大地坐标系，其椭球表面的重力加速度计算公式为

$$\boldsymbol{g}(L) = 9.780\,326\,771\,4 \times \frac{1 + 0.001\,931\,851\,386\,39\sin^2 L}{\sqrt{1 - 0.006\,694\,379\,990\,13\sin^2 L}}\,\text{m/s}^2 \tag{2.103}$$

按照 CGCS 2000 大地坐标系，其椭球表面的重力加速度计算公式为

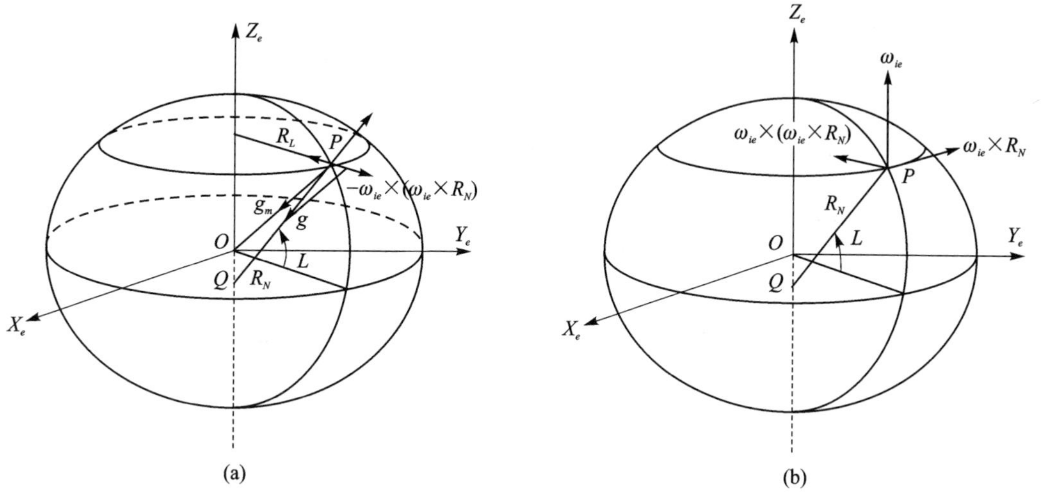

图 2.21　地球重力矢量图

$$\boldsymbol{g}(L)=9.780\ 325\ 334\ 9\times(1+0.005\ 302\ 44\sin^2 L-0.000\ 005\ 82\sin^2 2L)\mathrm{m/s^2} \tag{2.104}$$

此外，我国 1980 大地坐标系建立时用的是 1979 年国际地球物理与大地测量联合会推荐的公式，即

$$\boldsymbol{g}(L)=9.780\ 327\times(1+0.005\ 302\ 45\sin^2 L-0.000\ 005\ 8\sin^2 2L)\mathrm{m/s^2} \tag{2.105}$$

在很多应用中，不需要知道重力加速度的精确信息，利用下式假设的重力加速度随高度的变化关系就足够了，即

$$\boldsymbol{g}(h)=\boldsymbol{g}_0\frac{R_N^2}{(R_N+h)^2}\approx g_0\left(1-\frac{2h}{R_N}\right) \tag{2.106}$$

式中，$\boldsymbol{g}_0$ 为椭球表面的重力加速度，可利用相应的模型来计算，例如分别由式(2.102)、式(2.103)、式(2.104)和式(2.105)计算得到不同椭球体模型下的 $\boldsymbol{g}_0$。

2. 计时标准和地球自转角速度

描述物体运动时，除了空间的概念以外，还要引入时间的概念。时间和空间是物质存在的基本形式。时间表示物质运动的连续性，空间表示物质运动的广延性。在惯性导航系统中，陀螺仪和加速度计所能测量的角速度和加速度已经达到了很高的精度。因此，具有明确的时间单位，运动的角速度和加速度才有确切的意义。

众所周知，地球自转轴有着非常稳定、均匀和连续转动的特性，且一天转动一周，永不停息。然而，地球的这种自转运动，人们是难以察觉的。如果想观察地球的运动，必须用地球以外的星体作为参考系。为了科学地观测地球的自转现象，通常把太阳或恒星取作参考基准。

如果以恒星作为参考体，观察的地球自转运动正好是一个恒星日转动一周。如果将恒星日分成 24 等分，则对应 1 个恒星时地球由西向东转的角度为 15°，即地球自转角速度为 15°/恒星时。

如果以太阳作为参考体观察地球自转运动，则将地球相对太阳正好自转一周的时间，称为一个真太阳日。地球除了自转以外，还要沿着椭圆形轨道绕太阳公转，太阳位于该椭圆的一个焦点上，因此在一年中，日地距离不断改变。根据开普勒第二定律，行星在轨道上运动时它和太阳所联结的直线在相同时间内所划过的面积相等,因此可知地球在轨道上做的是不等速运动,导致一年之内真太阳日的长度不断改变,一年中最长和最短的太阳日约差 51 s,不宜选做计时单位。为此,天文学家假想了一个太阳,并把它称为平太阳,它每年和真太阳同时从春分点出发,在天赤道(地球赤道不断向外扩大,一直延伸到无限大,这个无限的圆就是天赤道)上从西向东匀速运行,这个速度相当于真太阳在黄道(黄道与天赤道有 23 度 26 分的交角)上运行的平均速度,最后和真太阳同时回到春分点。这个假想的太阳连续两次上中天的时间间隔,叫做一个平太阳日,这也相当于把一年中真太阳日的平均称为平太阳日,并且把 1/24 平太阳日取为 1 平太阳时。通常所谓的“日”和“时”,就是平太阳日和平太阳时的简称。

由恒星观察的地球自转运动,是地球的真正周期,15°/恒星时是真正的地球自转角速度。但目前科学技术和日常生活中采用的计时单位不是恒星时,而是平太阳时。一个平太阳时对应地球自转的角速度却不是 15°,那么究竟依据什么时间来确定地球的自转角速度,恒星时和平太阳时之间又有什么样的关系呢?

从观察地球公转一周来计时,需 365.242 2 个平太阳日,而同一时间需 366.242 2 个恒星日,可见恒星时要比平太阳时短。这是由于地球自转运动的同时,还绕太阳公转所造成的。如图 2.22 所示,当地球在公转轨道点 A 时,地球上的点 P 正对着太阳,同时又对着某颗恒星。如果地球没有公转运动,仅仅停在点 A,那么地球上的物体随地球自转运动一周后,又对着太阳和某颗恒星。但由于地球自转运动的同时,还绕着太阳公转运动,第二天地球由点 A 运动到点 B 时,此时地球上的点 P 正好对着某颗恒星,但并不对着太阳。地球需要多转一个角度,运动到点 C 时,地球上的点 P 才能对着太阳,它所多转的角度也就是地球由点 A 公转到点 B 的角度。这样一个平太阳日比恒星日约长 3 分 56 秒,地球转动的角度也大于 360°。如果以平太阳日作为计时基准,则一个恒星日等于 23 时 56 分 4 秒平太阳时。由此可计算出地球自转角速度的大小,即

$$\begin{aligned}\boldsymbol{\omega}_{ie} &= 15°/\text{恒星时} = 360°/23\text{时}\ 56\text{分}\ 4\text{秒平太阳时} \\ &= 15.041\ 069\ 4°/\text{时(以下均指平太阳时)} \\ &= 7.292\ 115\ 8 \times 10^{-5}\ \text{rad/s}\end{aligned}$$

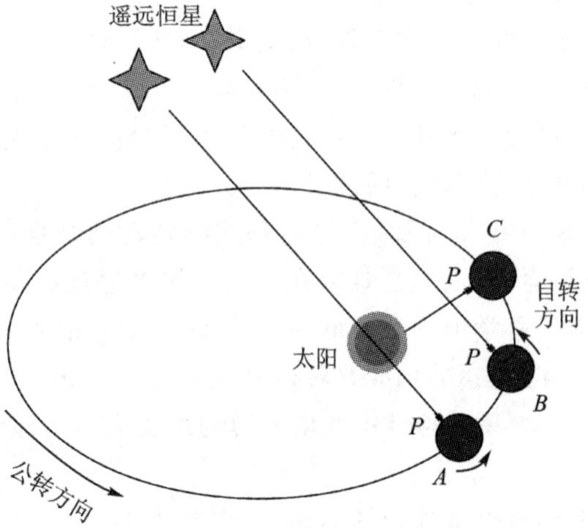

图 2.22　恒星日和平太阳日的关系

1979 年国际时间局公布的地球自转角速度为 $\boldsymbol{\omega}_{ie}=7.292\ 114\ 925\times10^{-5}$ rad/s。实践证明，在惯导系统的误差分析、初始对准和位置计算中，都要非常准确地给出地球自转角速度的值；否则，系统运行中会出现发散和超差等问题。

2.7.6　地球上定位的两种坐标方法及其转换

地球导航的定位方法，除了短距离航行或着陆飞行等某些特殊情况采用相对地面上某点的相对定位方法以外，一般都以地球中心为原点，采用某种与地球相固连的坐标系作为基准的定位方法。常用的坐标系有两种，即空间直角坐标系定位方法和经纬度与高度的定位方法。

1. 空间直角坐标系定位方法

坐标系原点为参考椭球的中心，X_e 轴和 Y_e 轴位于赤道平面，X_e 轴通过零子午线（有时将空间直角坐标系定义为 Y_e 轴通过零子午线），Z_e 轴与椭球极轴一致，地面上空载体 P_0 的坐标可以用 x，y 和 z 来表示，其示意图如图 2.23 所示。

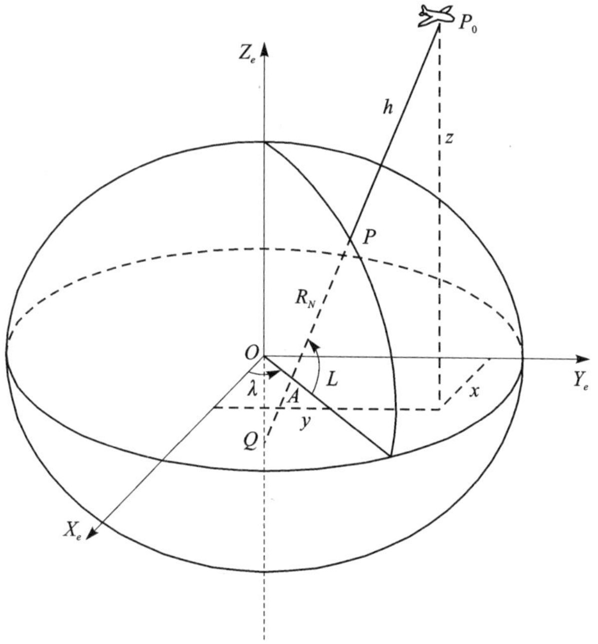

图 2.23　地球上两种定位方法

空间直角坐标系在某些长距离无线电定位系统、全球卫星定位系统(GPS)以及导弹和空间载体的定位方法中经常用到。

2. 经纬度和高度的定位方法

利用与椭球固连的直角坐标系和椭球本身作为基准，根据载体的高度和所在地面的经纬度，就可确定载体 P_0 相对于椭球的位置，其示意图如图 2.23 所示。

3. 两种定位方法的变换

导航计算中有时需要将两种定位方法的定位参数进行相互变换。

(1) 从经纬度和高度变换为空间直角坐标系

如果已知载体的经度 λ、纬度 L 和高度 h，则有

$$x = P_0 Q \cos L \cos \lambda \tag{2.107}$$

$$y = P_0 Q \cos L \sin \lambda \tag{2.108}$$

根据高度的定义和式(2.72a)可知

$$P_0 Q = P_0 P + PQ = h + R_N \tag{2.109}$$

将式(2.109)分别代入式(2.107)和式(2.108)中，得

$$x = (h + R_N) \cos L \cos \lambda \tag{2.110}$$

$$y = (h + R_N) \cos L \sin \lambda \tag{2.111}$$

根据图 2.23 中的几何关系和式(2.72b)，可得

$$z = [R_N (1 - f)^2 + h] \sin L \tag{2.112}$$

综上所述，式(2.110)、式(2.111)和式(2.112)即为从经纬高变换为空间直角坐标系的变换公式。

(2) 从空间直角坐标系和高度变换为经纬度

根据式(2.110)和式(2.111)可得

$$\lambda = \arctan \frac{y}{x} \tag{2.113}$$

如果 $h=0$，根据式(2.110)、式(2.111)和式(2.112)可得

$$L = \arctan\left(\frac{z}{(1-f)^2 \sqrt{x^2 + y^2}}\right) \quad 或 \quad L = \arctan\left(\frac{R_e^2 z}{R_p^2 \sqrt{x^2 + y^2}}\right) \tag{2.114}$$

若 $h \neq 0$，则因 L 还与 R_N 有关，而 R_N 本身又是纬度的函数，所以求不出 L 的解析显式。但当 h 已知且不太大时，可用以下近似式求纬度，即

$$L \approx \arctan\left[\left(\frac{R_e + h}{R_p + h}\right)^2 \frac{z}{\sqrt{x^2 + y^2}}\right] \tag{2.115}$$

当 $h = 10$ km，$L = 45°$时，式(2.115)的近似式误差 $\Delta L = 0.003\,5''$，相当于南北方向的距离误差为 10 cm。因此，对大气层内近地载体导航来讲，如果 h 已知，则采用近似式求纬度是合适的。

图 2.23 中点 P 所在的子午面如图 2.24 所示，根据$\triangle P_0 QB$ 的关系可知

$$\cos L = \frac{\sqrt{x^2 + y^2}}{R_N + h}$$

于是有

$$h = \frac{\sqrt{x^2 + y^2}}{\cos L} - R_N \tag{2.116}$$

利用式(2.115)和式(2.116)从直角坐标 x，y 和 z 中计算高度 h 和纬度时，由于高度 h 和纬度 L 相互包含，不利于计算，通常采用迭代法，先求出纬度 L，再求高度 h，即

$$(h + R_N)_{i+1} = \frac{x}{\cos L_i \cos \lambda} \tag{2.117a}$$

$$R_{N_{i+1}} = \frac{R_e}{[\cos^2 L_i + (1-f)^2 \sin^2 L_i]^{\frac{1}{2}}} \tag{2.117b}$$

$$L_{i+1} = \arctan \frac{(h + R_N)_{i+1}}{(h + R_N)_{i+1} - (h + R_N)_{i+1} (2f - f^2)} \frac{z}{\sqrt{x^2 + y^2}} \tag{2.117c}$$

式中，下标 i 指第 i 次迭代；L_0 可从式(2.114)中求得。迭代 k 次，获得稳定的高度值为

$$h=(h+R_N)_k-R_{N_k} \tag{2.118}$$

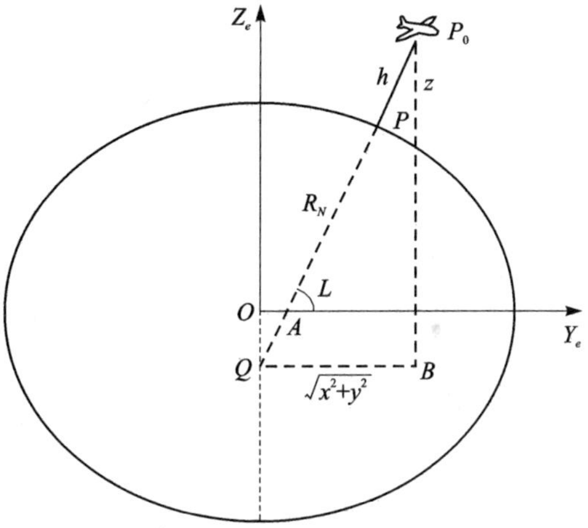

图 2.24　图 2.23 中 P 点所在的子午面

2.8　角动量定理与陀螺仪基本特性

陀螺仪是惯性测量元件，是惯性导航系统的核心元件。陀螺仪技术的发展促进了惯性技术的飞速发展，陀螺仪的性能决定了惯性导航系统的性能。根据陀螺仪的不同实现原理，陀螺仪分为机械转子陀螺、激光陀螺、光纤陀螺、微机械陀螺和原子陀螺等，为了更好地理解和掌握惯性导航基本原理，本节主要介绍与陀螺仪有关的基础知识，并以双自由度机械转子陀螺仪为例来介绍陀螺仪的基本特性。

2.8.1　定点转动刚体的角动量

如图 2.25 所示，刚体受外力 $\boldsymbol{F}$ 作用绕点 O 转动，刚体上任意一个质点 c_i 到点 O 的向径为 $\boldsymbol{r}_i$，则作用在质点 c_i 上的力矩为

$$\boldsymbol{M}_i=\boldsymbol{r}_i\times\boldsymbol{F}_i \tag{2.119}$$

假设刚体受外力 $\boldsymbol{F}$ 作用绕点 O 转动时的转动角速度为 $\boldsymbol{\omega}$，质点 c_i 的瞬时转动线速度为 $\boldsymbol{v}_i$，质点 c_i 的质量为 m_i，则质点 c_i 的动量对点 O 的矩称为刚体对点 O 的角动量（或动量矩），即

$$\boldsymbol{h}_i=\boldsymbol{r}_i\times m_i\boldsymbol{v}_i \tag{2.120}$$

式中，$m_i\boldsymbol{v}_i$ 为质点 c_i 的动量。

刚体内所有质点的动量对点 O 之矩的总和称为刚体对点 O 轴的角动量（或动量矩），即

$$\boldsymbol{H}=\sum\boldsymbol{r}_i\times m_i\boldsymbol{v}_i \tag{2.121}$$

动量矩表征质点矢径扫过面积速度的大小或刚体定轴转动的剧烈程度。

刚体绕点 O 转动时，刚体内任意一个质点瞬时转动的线速度 $\boldsymbol{v}_i$ 与瞬时转动的角速度 ω 间的关系为

$$\boldsymbol{v}_i=\boldsymbol{\omega}\times\boldsymbol{r}_i \tag{2.122}$$

将式(2.122)代入式(2.121)中,得

$$\boldsymbol{H}=\sum\boldsymbol{r}_i\times m_i(\boldsymbol{\omega}\times\boldsymbol{r}_i)=\sum m_iR_i(\boldsymbol{\omega}\times\boldsymbol{r}_i)=-\sum m_i\boldsymbol{R}_i\boldsymbol{R}_i\boldsymbol{\omega} \tag{2.123}$$

式中,$\boldsymbol{R}_i$ 为由向量 $\boldsymbol{r}_i$ 构成的反对称矩阵。

如图 2.26 所示,以点 O 作为坐标系原点,取空间直角坐标系 $Oxyz$ 与刚体固连。当刚体转动时该坐标系也跟着转动,故为动坐标系。

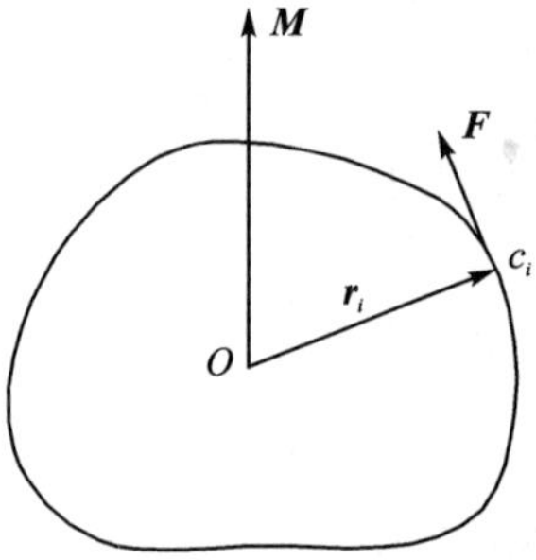

图 2.25　绕固定点转动刚体的力和力矩

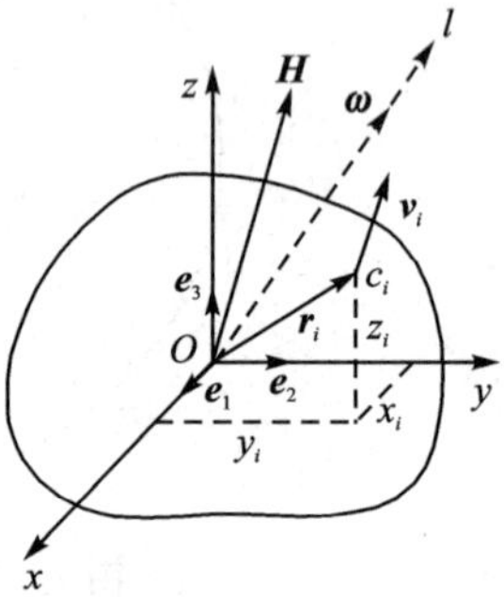

图 2.26　绕固定点转动刚体的角动量

设坐标系 $Oxyz$ 的基底矢量为 $\boldsymbol{e}_1,\boldsymbol{e}_2$ 和 $\boldsymbol{e}_3$;角速度 $\boldsymbol{\omega}$ 在动坐标系上的投影为 ω_x,ω_y 和 ω_z;任意质点 c_i 在动坐标系的投影为 x_i,y_i 和 z_i,则 $\boldsymbol{\omega}$ 和 $\boldsymbol{r}_i$ 在坐标系 $Oxyz$ 中可分别表示为

$$\boldsymbol{\omega}=\omega_x\boldsymbol{e}_1+\omega_y\boldsymbol{e}_2+\omega_z\boldsymbol{e}_3 \tag{2.124}$$

$$\boldsymbol{r}_i=x_i\boldsymbol{e}_1+y_i\boldsymbol{e}_2+z_i\boldsymbol{e}_3 \tag{2.125}$$

将式(2.124)和式(2.125)代入式(2.123)中,经整理得

$$\begin{aligned}\boldsymbol{H}&=\sum\boldsymbol{r}_i\times m_i(\boldsymbol{\omega}\times\boldsymbol{r}_i)\\&=\begin{bmatrix}\sum m_i({y_i}^2+{z_i}^2) & -\sum m_ix_iy_i & -\sum m_ix_iz_i\\ -\sum m_ix_iy_i & \sum m_i({x_i}^2+{z_i}^2) & -\sum m_iy_iz_i\\ -\sum m_ix_iz_i & -\sum m_iy_iz_i & \sum m_i({x_i}^2+{y_i}^2)\end{bmatrix}\begin{bmatrix}\omega_x\\ \omega_y\\ \omega_z\end{bmatrix}\\&=\begin{bmatrix}J_x & -J_{xy} & -J_{xz}\\ -J_{xy} & J_y & -J_{yz}\\ -J_{xz} & -J_{yz} & J_z\end{bmatrix}\begin{bmatrix}\omega_x\\ \omega_y\\ \omega_z\end{bmatrix}\end{aligned} \tag{2.126}$$

式中,J_x,J_y 和 J_z 分别为刚体对于 x,y 和 z 轴的转动惯量(刚体内所有质点的质量与其到某轴距离平方乘积的总和,称为刚体对该轴的转动惯量);J_{xy},J_{yz} 和 J_{xz} 分别为刚体对于 xy,yz 和 xz 的惯量积。

在图 2.27 中,取动坐标系 $Oxyz$ 与刚体固连,刚体相对动坐标系的位置不随时间而改变,因此刚体对各动坐标轴的转动惯量和惯量积保持不变。如果刚体具有对称轴,则对称轴是刚体的惯性主轴,刚体对该轴的惯量积为零;如果刚体具有对称平面,则垂直于对称平面的任意轴均为刚体的惯性主轴,刚体对这些轴的惯量积为零。如果所取的动坐标系与刚体不固连,刚体相对动坐标系的位置将随时间而改变,此时刚体对各动坐标轴的转动惯量和惯量积均随时间而改变;只有在二者相对位置改变,而动坐标系各坐标轴始终是刚体惯性主轴的情况下,刚

体对各坐标轴的转动惯量才保持为常数，惯量积才等于零。

在求解具体问题时，把动坐标系各轴取得与刚体的惯性主轴重合，而使刚体对各动坐标轴的惯量积都等于零，于是式(2.126)变为

$$\boldsymbol{H}=\begin{bmatrix} J_x & 0 & 0 \\ 0 & J_y & 0 \\ 0 & 0 & J_z \end{bmatrix}\begin{bmatrix} \omega_x \\ \omega_y \\ \omega_z \end{bmatrix}=J_x\omega_x+J_y\omega_y+J_z\omega_z \tag{2.127}$$

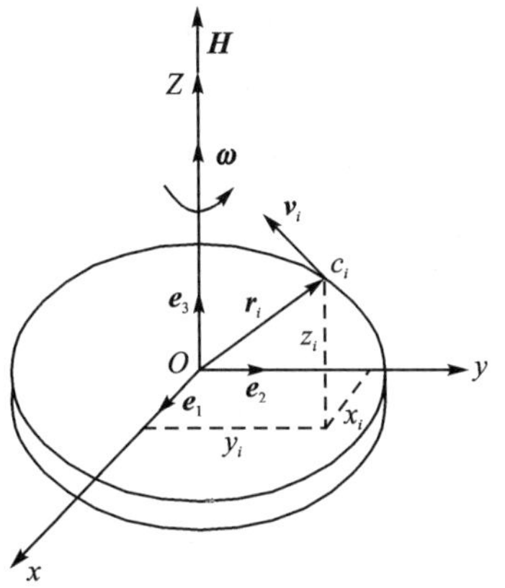

图 2.27　陀螺转子的角动量

陀螺电动机一般是内定子，外转子结构，主要部分呈空心圆柱形状。通常取坐标系原点 O 与陀螺仪的支撑中心重合，Oz 轴与转子自转轴重合，Ox 轴和 Oy 轴位于转子的赤道平面内，如图 2.27 所示。因此，自转轴是转子的惯性主轴，包含自转轴的任何平面都是转子的对称平面，因此垂直于自转轴的任意轴均是转子的惯性主轴，于是式(2.127)变为

$$\boldsymbol{H}=J_z\omega_z \tag{2.128}$$

式(2.128)即为转子角动量或陀螺角动量。转子角动量的方向与转子自转角速度的方向一致，大小等于转子极转动惯量 J_z 与转子自转角速度的乘积。陀螺转子角动量表示转子绕自转轴高速旋转而产生的角动量。正是因为陀螺仪的转子具有一定的自转角动量，从而表现出陀螺特性。

2.8.2　角动量定理

角动量定理(或称为动量矩定理)是定点刚体动力学的一个基本定理，它描述了刚体角动量的变化率与作用在刚体上的外力矩之间的关系。

对于绕固定点 O 转动的刚体，其角动量的变化率为角动量对时间的一阶导数，即

$$\begin{aligned}\frac{\mathrm{d}\boldsymbol{H}}{\mathrm{d}\boldsymbol{t}}&=\frac{\mathrm{d}}{\mathrm{d}\boldsymbol{t}}\left(\sum \boldsymbol{r}_i\times m_i\boldsymbol{v}_i\right)\\&=\sum\frac{\mathrm{d}\boldsymbol{r}_i}{\mathrm{d}\boldsymbol{t}}\times m_i\boldsymbol{v}_i+\sum\boldsymbol{r}_i\times m_i\frac{\mathrm{d}\boldsymbol{v}_i}{\mathrm{d}\boldsymbol{t}}\\&=\sum\boldsymbol{v}_i\times m_i\boldsymbol{v}_i+\sum\boldsymbol{r}_i\times m_i\boldsymbol{a}_i\\&=\sum\boldsymbol{r}_i\times\boldsymbol{F}_i=\boldsymbol{M}\end{aligned} \tag{2.129}$$

式(2.129)即为刚体的角动量定理。该定理表明，刚体对任一定点的角动量 $\boldsymbol{H}$ 对时间的导数 $\frac{\mathrm{d}\boldsymbol{H}}{\mathrm{d}\boldsymbol{t}}$ 等于绕同一点作用于刚体的外力矩 $\boldsymbol{M}$，即力矩使刚体角动量发生改变。

2.8.3　刚体定点转动的欧拉动力学方程

角动量定理虽然反映了定点转动刚体的动力学规律，但在许多应用领域中直接用它来研究定点转动的动力学问题却十分困难。这是因为上述角动量定理是在定坐标系(或惯性坐标系)中描述的。刚体定点转动的结果使得刚体相对定坐标系的位置随时间改变，刚体对各定坐

系坐标轴的转动惯量和惯量积随之变化，使角动量表达式过于复杂。因此，在研究定点转动刚体的动力学问题时，通常采用动坐标系，而且取动坐标系各坐标轴与刚体的惯性主轴重合，使刚体对各坐标轴的转动惯量保持为常数，惯量积等于零，从而刚体的角动量的表达式就比较简单了。

如图 2.28 所示，刚体绕固定点 O 转动，取定坐标系（或惯性系）$Ox_iy_iz_i$ 和动坐标系 $Oxyz$，动坐标系与刚体固连，动坐标系的基底矢量为 $\boldsymbol{e}_1$，$\boldsymbol{e}_2$ 和 $\boldsymbol{e}_3$。假设刚体以瞬时角速度 $\boldsymbol{\omega}$ 相对定坐标系转动，动坐标系也以角速度 $\boldsymbol{\omega}$ 相对定坐标系转动，而且 $\boldsymbol{\omega}$ 在空间的瞬时位置随时间不断改变，动坐标系的转动角速度 $\boldsymbol{\omega}$ 在动坐标系中可表示为

$$\boldsymbol{\omega}=\omega_x\boldsymbol{e}_1+\omega_y\boldsymbol{e}_2+\omega_z\boldsymbol{e}_3 \tag{2.130}$$

式中，ω_x，ω_y 和 ω_z 分别为 $\boldsymbol{\omega}$ 在动坐标系各坐标轴上的投影。

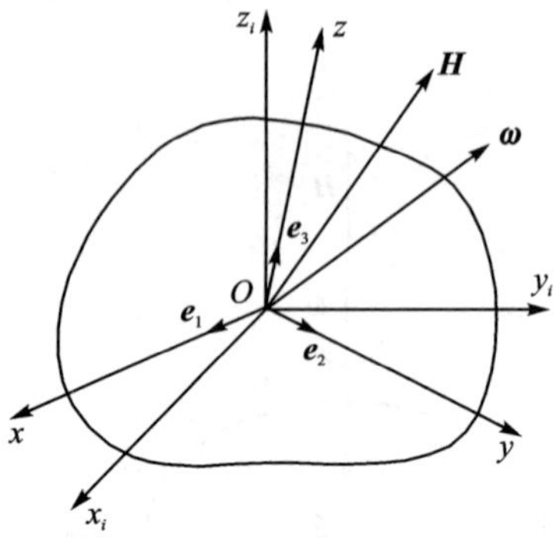

图 2.28　陀螺转子的角动量

假设刚体对定点 O 的角动量为 $\boldsymbol{H}$，在外力矩的作用下 $\boldsymbol{H}$ 的大小和方向都随时间而改变，即 $\boldsymbol{H}$ 在空间的瞬时位置将随时间不断变化。刚体角动量在动坐标系下可表示为

$$\boldsymbol{H}=H_x\boldsymbol{e}_1+H_y\boldsymbol{e}_2+H_z\boldsymbol{e}_3 \tag{2.131}$$

式中，H_x，H_y 和 H_z 分别为 $\boldsymbol{H}$ 在动坐标系各坐标轴上的投影。

相对定坐标系 $Ox_iy_iz_i$，H_x，H_y 和 H_z 以及 $\boldsymbol{e}_1$，$\boldsymbol{e}_2$ 和 $\boldsymbol{e}_3$ 都随时间而改变，即在定坐标系中角动量 $\boldsymbol{H}$ 对时间的导数即为角动量 $\boldsymbol{H}$ 的绝对导数，在动坐标系中角动量 $\boldsymbol{H}$ 对时间的导数即为角动量 $\boldsymbol{H}$ 的相对导数。根据 2.4 节中向量的绝对变化率与相对变化率的关系，角动量 $\boldsymbol{H}$ 的绝对导数和相对导数有如下关系：

$$\left.\frac{\mathrm{d}\boldsymbol{H}}{\mathrm{d}t}\right|_i=\left.\frac{\mathrm{d}\boldsymbol{H}}{\mathrm{d}t}\right|_r+\boldsymbol{\omega}\times\boldsymbol{H} \tag{2.132}$$

将式(2.129)代入式(2.132)中，得刚体定点转动的欧拉动力学方程为

$$\left.\frac{\mathrm{d}\boldsymbol{H}}{\mathrm{d}t}\right|_r+\boldsymbol{\omega}\times\boldsymbol{H}=\boldsymbol{M} \tag{2.133}$$

作用在刚体的外力矩 $\boldsymbol{M}$ 在动坐标系中的投影可表示为

$$\boldsymbol{M}=M_x\boldsymbol{e}_1+M_y\boldsymbol{e}_2+M_z\boldsymbol{e}_3 \tag{2.134}$$

式中，M_x，M_y 和 M_z 分别为 $\boldsymbol{M}$ 在动坐标系各坐标轴上的投影。于是刚体定点转动的欧拉动力学方程式的分量表达式为

$$\frac{\mathrm{d}H_x}{\mathrm{d}t}+H_z\omega_y-H_y\omega_z=M_x \tag{2.135a}$$

$$\frac{\mathrm{d}H_y}{\mathrm{d}t}+H_x\omega_z-H_z\omega_x=M_y \tag{2.135b}$$

$$\frac{\mathrm{d}H_z}{\mathrm{d}t}+H_y\omega_x-H_x\omega_y=M_z \tag{2.135c}$$

2.8.4 陀螺仪的基本特性

陀螺仪的特性主要有进动性、稳定性(定轴性)和章动性。

1. 双自由度陀螺仪的进动性

如图 2.29(a)所示,陀螺仪的转动方向与外力矩的作用方向是不一致的,二者呈现相互垂直的特性,称这一特性为陀螺仪的进动性,并将陀螺仪绕着与外力矩方向相垂直方向的转动称为进动。陀螺进动角速度的方向取决于角动量的方向和外力矩的方向,即角动量沿最短路径趋向外力矩的方向,可根据右手定则来确定,如图 2.29(b)所示。如图 2.29(c)所示,陀螺进动角速度为

$$\omega = \lim_{\Delta t \to 0} \frac{\Delta \theta}{\Delta t} = \lim_{\Delta t \to 0} \frac{\arctan \dfrac{\boldsymbol{M} \Delta t}{\boldsymbol{H}(t)}}{\Delta t} \approx \lim_{\Delta t \to 0} \frac{\boldsymbol{M} \Delta t}{\boldsymbol{H}(t) \Delta t} = \frac{\boldsymbol{M}}{\boldsymbol{H}} \tag{2.136}$$

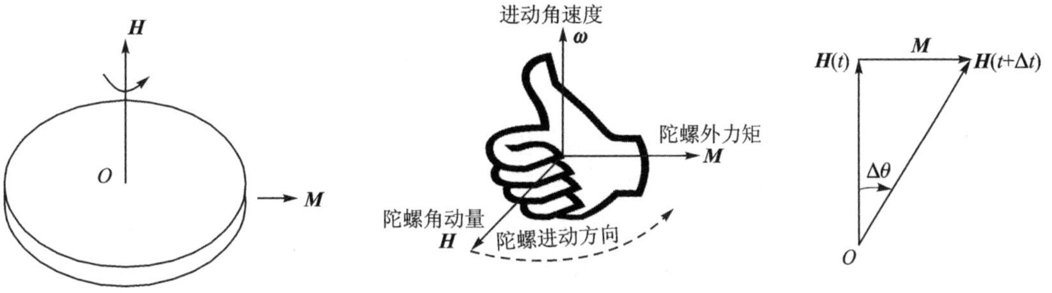

(a) 角动量和外力矩的关系　(b) 陀螺进动方向　(c) 陀螺进动示意图

图 2.29　外力矩作用下的陀螺仪进动

进动性是双自由度陀螺的一个基本特性。双自由度陀螺仪受外力矩作用时,若外力矩作用在内环轴上,则陀螺仪绕外环轴进动,如图 2.30(a)所示;若外力矩作用在外环轴上,则陀螺仪绕内环轴进动,如图 2.30(b)所示。

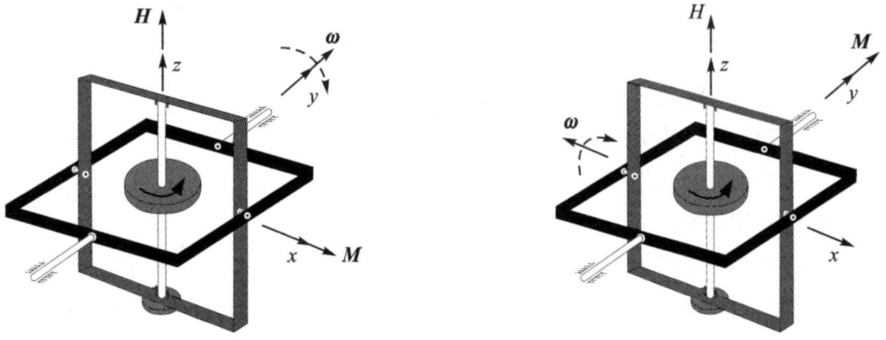

(a) 外力矩作用在内环轴　(b) 外力矩作用在外环轴

图 2.30　双自由度陀螺仪在外力矩作用下的进动

角动量定理描述了刚体定点转动的运动规律。在陀螺仪中转子的运动属于刚体的定点转动,因此陀螺仪的角动量即转子的角动量。陀螺的角动量 $\boldsymbol{H}$ 通常是由陀螺电动机驱动转子高速旋转而产生的。当陀螺仪进入正常工作状态,转子的转速达到额定数值,角动量 $\boldsymbol{H}$ 的大小

为一常值。如果外力矩 $\boldsymbol{M}$ 通过内环轴或外环轴作用在陀螺仪上，由于陀螺仪的结构特点，该外力矩不会通过转子自转轴传递到转子上使转子的转速发生改变，因此不会使角动量 $\boldsymbol{H}$ 的大小发生改变。但角动量定理表明，在外力矩 $\boldsymbol{M}$ 的作用下，角动量 $\boldsymbol{H}$ 在惯性空间中将出现变化率。既然角动量 $\boldsymbol{H}$ 在惯性空间中出现变化率，也就意味着角动量 $\boldsymbol{H}$ 在惯性空间中的方向发生了改变。

2. 双自由度陀螺仪的稳定性(定轴性)

双自由度陀螺仪具有抵抗干扰力矩，保持其自转轴相对惯性空间具有方位稳定的特性，称为陀螺仪的稳定性，也常称为定轴性。陀螺仪的稳定性或定轴性是双自由度陀螺仪的又一基本特性。

如果陀螺仪不受外力矩作用，则根据角动量定理有

$$\frac{\mathrm{d}\boldsymbol{H}}{\mathrm{d}\boldsymbol{t}}=0 \tag{2.137}$$

由式(2.137)可以看出，此时陀螺仪的角动量 $\boldsymbol{H}$ 为常数，即此时陀螺的角动量 $\boldsymbol{H}$ 在惯性空间既无大小的改变，也无方向的改变，自转轴相对惯性空间处在原来给定的方位上。而且不管安装陀螺仪的基座如何转动，自转轴相对惯性空间仍然处在原来给定的方位上，称该特性为陀螺仪的稳定性或定轴性。但是，在实际的陀螺仪中，由于结构和工艺的不尽完善，总是不可避免地存在干扰力矩，这些干扰力矩作用在陀螺仪上，依然会使陀螺仪产生进动，使自转轴相对惯性空间偏离原来给定的方位。在干扰力矩作用下陀螺自转轴的方位偏离运动称为陀螺漂移，简称漂移。在干扰力矩作用下产生的陀螺进动角速度即为漂移角速度，进动方向即为漂移的方向。假设陀螺的角动量为 $\boldsymbol{H}$，作用在陀螺上的干扰力矩为$\boldsymbol{M}_d$，则漂移角速度为

$$\boldsymbol{\omega}_d=\frac{\boldsymbol{M}_d}{\boldsymbol{H}} \tag{2.138}$$

进一步分析式(2.138)，虽然在干扰力矩作用下陀螺会产生漂移，但只要陀螺仪的角动量足够大，陀螺漂移的角速度 $\boldsymbol{\omega}_d$ 很小，则在一定的时间内，自转轴相对惯性空间的方位变化是很微小的。在干扰力矩的作用下，陀螺仪以进动的形式做缓慢漂移，这是陀螺仪稳定性的一种表现。陀螺仪的角动量越大，陀螺漂移越缓慢，陀螺仪的稳定性就越高。

如果作用在陀螺仪的干扰力矩是一种数值很大而作用时间非常短的冲击力矩，那么自转轴将在原来的空间方位附近做锥形振荡运动，称这种振荡运动为陀螺章动，简称章动。在冲击力矩作用下陀螺仪以章动的形式做高频、微幅振荡，这是陀螺仪稳定性的又一表现。陀螺角动量越大，则章动振幅就越小，陀螺仪的稳定性就越高。

3. 陀螺仪的表观运动

由于陀螺仪转动的自转轴相对惯性空间具有方位稳定性，而地球以其自转角速度绕地轴相对惯性空间转动，导致陀螺仪自转轴相对地球存在转动，这种相对运动称为陀螺仪的“表观运动”。如果观察者以地球作为参考基准就能看到这种表观运动；如果观察者以惯性空间的恒星为参考基准，就看不到这种相对运动，只能看到相对恒星的漂移运动。例如，当在地球北极处放置一个高精度的二自由度陀螺仪，并使其外环轴处于当地垂线位置，自转轴处于当地水平位置时，俯视该陀螺仪会看到：陀螺自转轴在水平面内相对地球做顺时针转动，每 24 小时转动一周，如图 2.31 所示；当在地球赤道处放置一个高精度的二自由度陀螺仪，并使其外环轴处于水平南北位置，自转轴处于当地水平位置时，将会看到：陀螺仪自转轴在东西方向的垂直平

面内相对地球转动，每 24 小时转动一周，如图 2.32 所示。

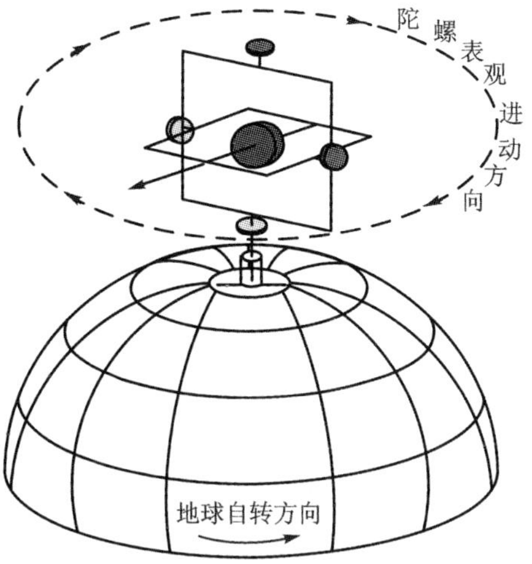

图 2.31　在地球北极处的陀螺仪表现进动

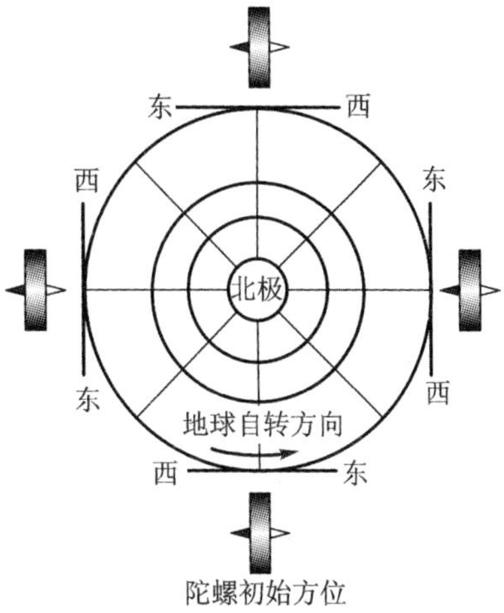

图 2.32　在地球赤道处的陀螺仪表现进动

当在地球任意纬度处放置一个高精度的二自由度陀螺仪，并在初始时刻使其自转轴处于当地垂线位置时，将会看到：陀螺仪自转轴逐渐偏离当地垂线，而相对地球作圆锥面轨迹的转动，每 24 小时转动一周，如图 2.33(a)所示；当使陀螺仪自转轴处于当地子午线位置时，将会看到：陀螺仪自转轴逐渐偏离当地子午线，相对地球作圆锥面轨迹的转动，每 24 小时转动一周，如图 2.33(b)所示。

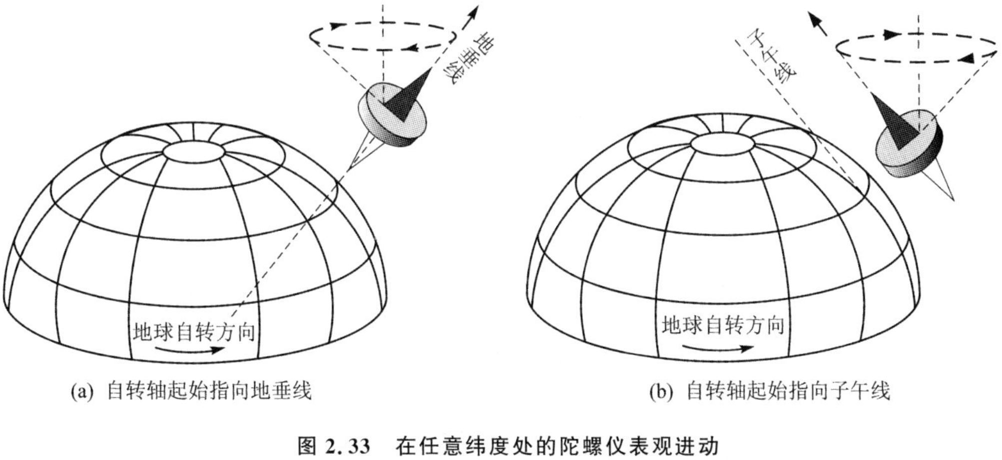

(a) 自转轴起始指向地垂线　　(b) 自转轴起始指向子午线

图 2.33　在任意纬度处的陀螺仪表观进动

这种表观运动所引起的陀螺仪自转轴偏离当地垂线或当地子午线的误差，又称为陀螺仪的“表观误差”。因此，如果要使陀螺仪自转轴始终重现当地垂线或当地子午线，则必须对陀螺仪施加一定的控制力矩或修正力矩，以使其自转轴始终跟踪当地垂线或当地子午线相对惯性空间的方位变化。在此基础上，建立以当地垂线和子午线为基准的传感器测量基准。

2.9 惯性稳定平台

利用陀螺的基本特性直接或间接地使某一物体相对地球或惯性空间保持给定的或给定规律改变起始位置的一种装置称为惯性稳定平台。惯性稳定平台可为一些传感器或系统提供安装和测量基准，例如加速度计、雷达天线和照相机等。对于惯性导航系统中的惯性平台，简单地说它的功能就是为加速度计测量提供一个基准，例如使三个加速度计的测量轴稳定在东、北和天方向上。对于运动载体(如飞机、导弹、舰船、火箭和车辆等)的惯性导航系统，惯性平台必须保持与水平面平行，方位指北或与北向有一已知夹角。为了达到这一目的，要求惯性平台既要抵抗干扰保持空间的方位稳定，还要因地球运动和载体运动引起当地水平面和北向相对惯性空间转动时，使平台按照计算机的指令相对惯性空间转动以跟踪水平面和地理北向。为了达到这一要求，惯性平台有几何稳定和空间积分两种工作状态，其中几何稳定状态是指平台不受基座运动和干扰力矩影响，相对惯性空间保持方位稳定的工作状态；空间积分状态是指在指令角速度控制下，平台相对惯性空间以给定规律转动的工作状态。

按惯性稳定轴数目可以将惯性平台分为单轴惯性稳定平台、双轴惯性平台以及三轴惯性稳定平台，而且平台中的陀螺仪可以是双自由度陀螺仪，也可以是单自由度陀螺仪。由于惯导系统的稳定平台必须是三轴稳定平台，不可能是单轴惯性稳定平台和双轴惯性稳定平台，因此本书先以单轴惯性稳定平台为例介绍惯性稳定平台的组成和工作原理，然后介绍三轴稳定平台的工作原理。

2.9.1 单轴惯性稳定平台

由双自由度陀螺仪构成的单轴惯性稳定平台如图 2.34 所示，它包括一个平台台体、一个双自由度陀螺仪、一个力矩器、一个信号器、一个放大器、一个稳定电机和一个减速器组成。平台可绕稳定轴相对基座转动，双自由度陀螺仪安装在平台上，外环轴与稳定轴平行，内环轴装有力矩器，外环轴装有信号器。信号器、放大器和稳定电机构成了平台的稳定回路。

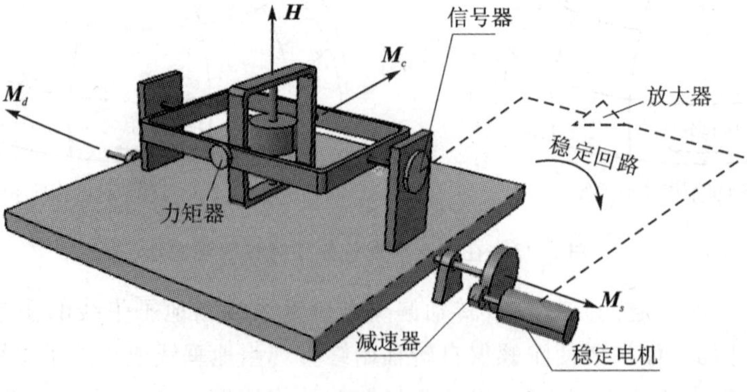

图 2.34 单轴惯性稳定平台

1. 几何稳定状态

理想状态下，双自由度陀螺的外环与平台平行。当干扰力矩 $\boldsymbol{M}_d$ 沿平台稳定轴作用在平台上时，引起平台绕稳定轴以 $\dot{\boldsymbol{\theta}}_p$ 转动，偏离原来空间位置一个 $\boldsymbol{\theta}_p$ 角。但因为双自由度陀螺具有稳定性(或定轴性)，其外环轴并不转动。此时外环与平台不再平行，装在外环轴上的信号器就会有信号输出。该信号经过放大器放大后，送给稳定电机，稳定电机根据信号的相位和大小给出一个具有一定方向和一定大小的稳定力矩 $\boldsymbol{M}_s$，并通过减速器作用到平台上，抵消掉干扰力矩的作用，使平台的稳定轴保持方位稳定。

当稳定回路给出的稳定力矩 $\boldsymbol{M}_s$ 完全抵消了干扰力矩 $\boldsymbol{M}_d$ 时，平台绕稳定轴不再偏转，此时有

$$\boldsymbol{M}_s = K\boldsymbol{\theta}_p = \boldsymbol{M}_d \tag{2.139}$$

式中，K 为平台稳定回路的放大系数；$\boldsymbol{\theta}_p$ 为平台绕稳定轴相对惯性空间的偏转角，即陀螺仪外环相对平台的转角。

对式(2.139)进行整理，可得平台绕稳定轴的稳定误差角为

$$\boldsymbol{\theta}_p = \frac{\boldsymbol{M}_d}{K} \tag{2.140}$$

由式(2.140)可以看出，当作用在平台上的干扰力矩一定时，平台稳定误差角与平台稳定回路的放大系数成反比。为使平台有足够高的精度，即误差角足够小，稳定回路应具有足够大的放大系数。如内环轴上有干扰力矩时，陀螺绕外环轴进动。外环与平台不再保持平行，于是安装在外环轴上的信号器有信号输出，经过稳定回路作用在平台上，平台随陀螺外环轴的转动而向相同的方向转动，从而偏离原来的空间位置，这是平台的漂移误差，漂移角速度为

$$\boldsymbol{\omega} = \frac{\boldsymbol{M}_{id}}{\boldsymbol{H}} \tag{2.141}$$

式中，$\boldsymbol{M}_{id}$ 为陀螺内环轴上的干扰力矩。

综上所述，单轴惯性稳定平台是以陀螺仪转子为测量基准，并通过稳定回路实现的。作用在平台上的干扰力矩由稳定回路承受，具有很高的抗干扰能力；但是作用在陀螺仪内环轴上的干扰力矩却会引起陀螺仪的漂移，并通过稳定回路引起平台的漂移。

2. 空间积分状态

要使平台绕稳定轴以给定的指令角速度 $\boldsymbol{\omega}_c$ 相对惯性空间转动以跟踪空间某一变化的基准，例如跟踪水平面或子午面，则应给陀螺仪内环轴上的力矩器输入一个指令电流 $\boldsymbol{I}_c$，其大小与指令角速度 $\boldsymbol{\omega}_c$ 成比例。该电流使力矩器产生一个沿陀螺仪内环轴方向的指令力矩 $\boldsymbol{M}_c$，在 $\boldsymbol{M}_c$ 的作用下，陀螺仪绕外环轴进动。由于此时平台基座没有运动，因此陀螺仪绕外环轴相对平台的转动角速度就等于陀螺仪在 $\boldsymbol{M}_c$ 的作用下绕外环轴相对惯性空间的进动角速度 $\dot{\boldsymbol{\theta}}$。于是，陀螺仪绕外环轴转动了一个 $\boldsymbol{\theta}$ 角。该角度被外环轴上的信号器检测到并转换为电信号，经放大器放大后输给稳定电机，稳定电机经减速器带动平台转动，稳定平台绕稳定轴相对惯性空间以角速度 $\dot{\boldsymbol{\theta}}_p$ 转动。因为 $\dot{\boldsymbol{\theta}}$ 和 $\dot{\boldsymbol{\theta}}_p$ 的方向相同，因此只有 $\dot{\boldsymbol{\theta}}$ 和 $\dot{\boldsymbol{\theta}}_p$ 大小相等时，$\dot{\boldsymbol{\theta}}$ 才能达到要求的 $\boldsymbol{\omega}_c$。

上述过程可用如下方程来描述，即

$$\dot{\boldsymbol{\theta}} = \frac{\boldsymbol{M}_c}{\boldsymbol{H}} = \frac{K_t\boldsymbol{I}_c}{\boldsymbol{H}} = \frac{K_tK_i}{\boldsymbol{H}}\boldsymbol{\omega}_c \tag{2.142}$$

式中，K_t 为力矩器的传递系数；K_i 为指令电流转换为指令角速度的比例系数。

由式(2.142)可以看出，$\dot{\boldsymbol{\theta}}$ 与指令角速度 $\boldsymbol{\omega}_c$ 成比例或与指令电流 $\boldsymbol{I}_c$ 成比例。因此，只要

控制指令电流 $\boldsymbol{I}_c$ 的大小就可以控制 $\dot{\boldsymbol{\theta}}$ 的大小，从而控制 $\dot{\boldsymbol{\theta}}_p$ 的大小。当选取$\dfrac{K_tK_i}{\boldsymbol{H}}=1$ 时，正好使平台转动的角速度 $\dot{\boldsymbol{\theta}}_p$ 等于指令角速度 $\boldsymbol{\omega}_c$，于是有

$$\boldsymbol{\theta}_p=\int\boldsymbol{\omega}_c\mathrm{d}t \tag{2.143}$$

说明平台绕稳定轴相对惯性空间转过的角度是指令角速度的积分，因此称这种工作状态为空间积分状态。

2.9.2 三轴惯性稳定平台

作为惯性导航系统的稳定平台，为了使平台不受干扰地跟踪与地球有关的坐标系(如地理坐标系)，平台必须有相互垂直的三个轴，即惯性平台是一个三轴稳定平台，而且三轴平台绝不是三个单轴平台的简单叠加，它有其特殊性，也就是说它必须通过一定的关系有机地联系在一起；否则，它将毫无实用价值。三轴稳定平台可以采用三个单自由度的陀螺仪作为敏感元件，也可采用两个双自由度陀螺仪作为敏感元件。采用两个双自由度陀螺仪作为敏感元件的三轴稳定平台结构示意图如图 2.35 所示。

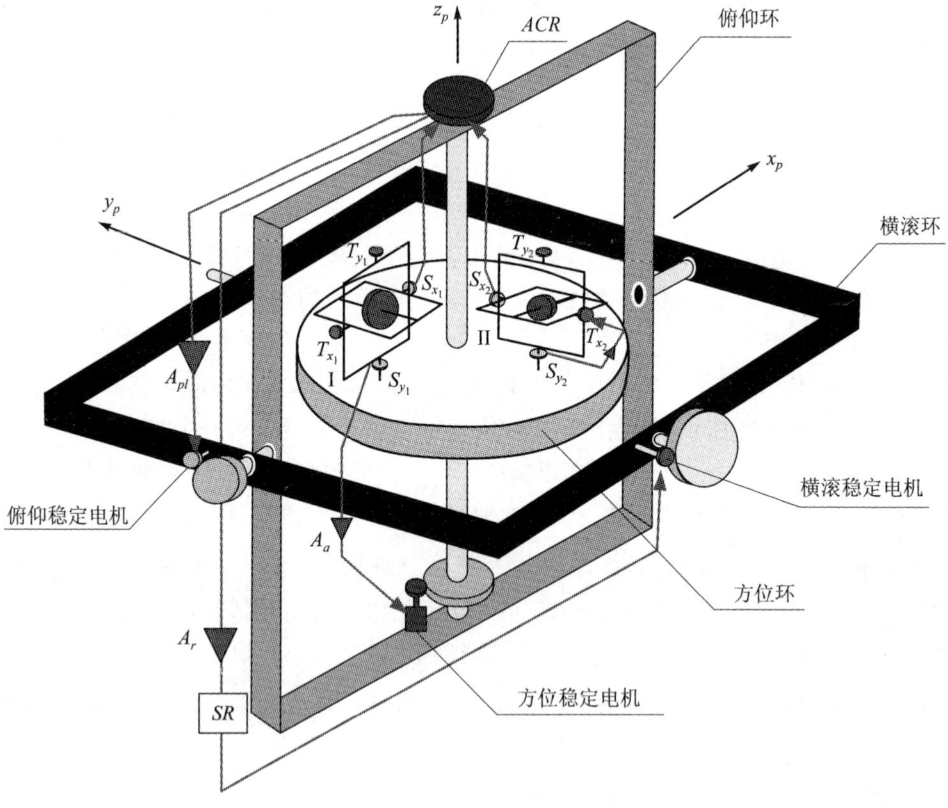

图 2.35 三轴惯性稳定平台的构成

在图 2.35 中，假设两个陀螺仪的外环轴均平行于平台的方位轴安装，内环轴则平行于平台的台面。在正常工作状态下，两个陀螺仪的转子轴也平行于平台的台面，且相互之间保持垂

直的关系，也即两个陀螺仪的内环轴保持垂直的关系。两个陀螺仪的内环轴作为平台绕两个水平轴稳定的基准，而两个陀螺外环轴之一，作为平台绕方位轴稳定的基准。

平台的方位稳定回路由陀螺Ⅰ外环轴上的信号器 S_{y1}、放大器 A_a、平台方位轴上的稳定电机 M_a 等组成。当干扰力矩作用在平台的方位轴上时，平台绕方位轴转动偏离原有的方位，而平台上的陀螺却具有稳定性。这样，平台相对陀螺外环出现了偏转角度。陀螺Ⅰ外环轴上的信号器 S_{y1} 便有信号输出，经过放大器放大后送至平台方位轴上的稳定电机，方位稳定电机给出稳定力矩作用到平台方位轴上，从而抵消掉作用在平台方位轴上的干扰力矩，使平台绕方位轴保持稳定。同理，给陀螺Ⅰ内环轴上的力矩器 T_{x1} 输入与指令角速度大小成比例的电流，也可实现方位稳定轴的空间积分要求。

平台的水平稳定回路由两个陀螺Ⅰ和Ⅱ内环轴上的信号器 S_{x1} 和 S_{x2}、方位轴上的坐标分解器(Azimuth Coordinate Resolver，ACR)、放大器 A_r 和 A_{pi} 以及平台俯仰轴和横滚轴上的稳定电机 M_{pi} 和 M_r 组成。水平稳定回路若正常工作，必须依靠方位坐标分解器平衡并协调两个陀螺信号器的输出。

(1) 方位坐标分解器

由三个单轴平台直接叠加组成的三轴平台，只能在各环架处于中立位置，也就是方位环、俯仰环、横滚环、飞机机体对应的坐标系 $ox_ay_az_a$，$ox_{pi}y_{pi}z_{pi}$，$ox_ry_rz_r$ 和 $ox_by_bz_b$ 同名轴相重合时(如 x_a，x_{pi}，x_r，x_b 重合)，才能正常工作在几何稳定状态和空间积分状态下，否则无法平衡干扰和跟踪参考坐标系。图 2.35 中的方位坐标分解器就是专门解决这一矛盾的。在具体讨论方位坐标分解器之前，首先研究三个单轴平台的简单叠加为什么会出现矛盾，本质是什么？

图 2.36(a)表示航向为零($\psi=0°$)时，即方位环相对俯仰环没有转角，此时图 2.36(a)的陀螺仪Ⅱ感受沿横滚轴(纵轴)方向作用的干扰力矩，信号器 S_{x2} 输出信号经横滚放大器 A_r 放大后给横滚轴稳定电机，产生沿纵向稳定力矩。陀螺仪Ⅰ感受沿俯仰轴(横向)方向作用的干扰力矩，经信号器 S_{x1}，放大器 A_{pi} 和俯仰轴稳定电机，产生沿横向稳定力矩。这时它们实质上构成了两个单轴稳定平台，保证 x_r 和 y_{pi} 两个轴的稳定。同时，如分别给两个陀螺仪的外环轴力矩器输入与指令角速度成比例的电流，平台也可保证工作在空间积分状态。

如果飞机航向改变 90°，即横滚环和俯仰环随平台基座绕方位轴顺时针转 90°，而方位环保持不动(由方位稳定回路的工作特性保证)。这样平台台体以及台体上陀螺仪的轴向相对地球坐标系的位置不变，如图 2.36(b)所示，x_r 和 y_{pi} 随飞机转动了 90°，而陀螺仪Ⅰ、Ⅱ的角动量方向同 $\psi=0°$时一样。在这个新的位置上，要使平台对横滚轴和俯仰轴上的干扰作用仍然保持稳定，陀螺仪Ⅱ应与俯仰放大器 A_{pi} 和俯仰轴稳定电机配合工作，而陀螺仪Ⅰ应该与横滚放大器 A_r 和横滚轴稳定电机配合工作；否则，会出现不协调现象，即横滚轴上的干扰力矩会引起俯仰轴上的稳定电机工作，俯仰轴上的干扰力矩会引起横滚轴稳定电机的工作。这样两个稳定轴上稳定回路的对应工作关系被搞乱。即使给两个陀螺仪的力矩器加上与指令角速度大小成比例的电流，也无法实现两个稳定轴的空间积分工作状态。

为了保证这个航向上，两个稳定回路仍能协调工作，可以将陀螺仪的输出信号与放大器、稳定电机之间的联系加以改变，例如接成如图 2.36(c)所示那样，则可保证工作正常。但当航向变化不是 90°时，例如是从 0°～90°之间任意一个角度，换接两个稳定回路的做法也不能解决问题。只有使两个陀螺信号器的输出，经过一个特殊装置处理之后，再送至相应的放大器和稳定电机，才能解决问题。该特殊装置称为方位坐标分解器。

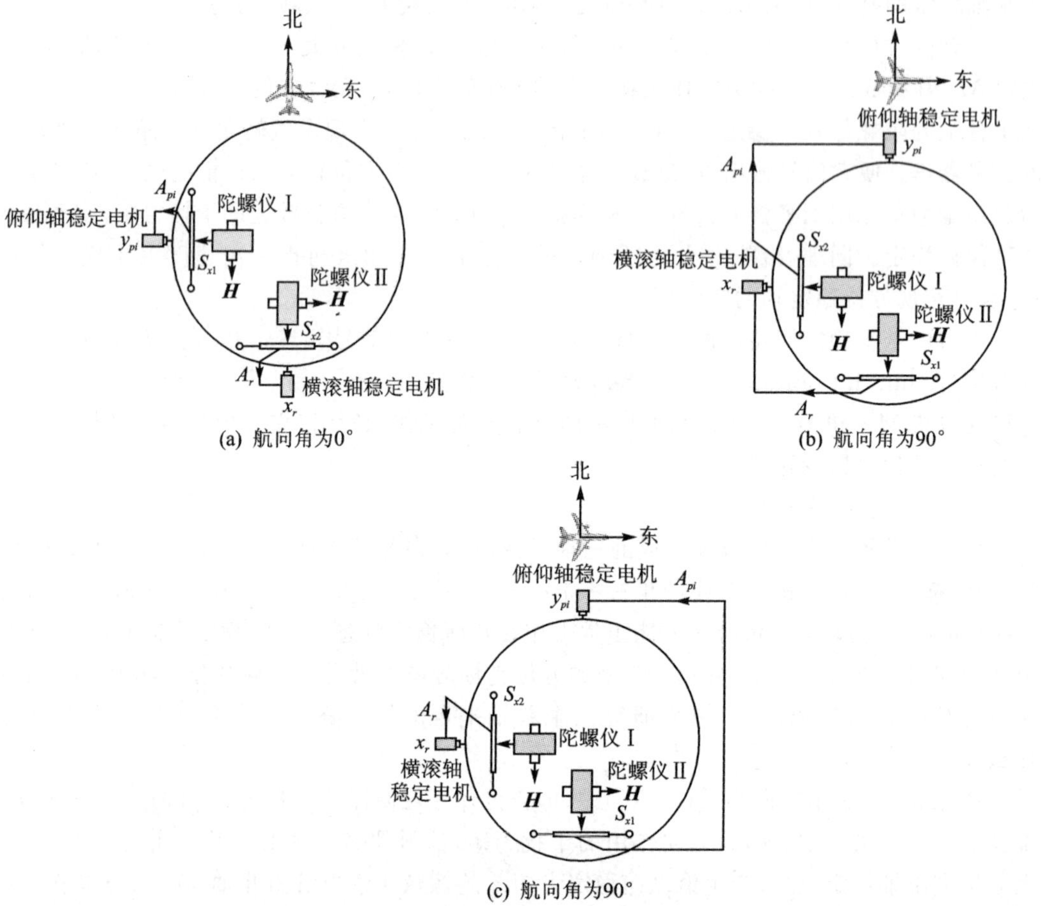

图 2.36　航向变化时陀螺与稳定电机的相对位置

方位坐标分解器所实现的数学关系是一个正余弦变压器。两个水平回路陀螺仪 I、II 信号器的输出，不是各自直接控制俯仰放大器和横滚放大器的输入，而是同时对两个放大器输入端分配信号，即一个信号器要控制两个放大器输入和两个稳定电机的工作。只有这样，三轴平台才能协调工作。由于沿方位轴的信号并不受航向变化的影响，因此不必进行信号分配。

(2) 正割分解器

当载体有一定的俯仰角 ϑ 时，载体带动横滚环转动 ϑ，俯仰环和平台不动。此时若沿横滚轴有干扰角速度 $\boldsymbol{\omega}_{rx}$ 存在，由于陀螺仪的输入轴位于平台上，仅能敏感平行于输入轴方向的分量 $\boldsymbol{\omega}_{rx}\cos\vartheta$。由于陀螺仪感受的角速度比实际的少，所以陀螺仪信号器输出的转角以及电压都会减小，横滚稳定回路不能正常工作。为解决该问题，在外横滚稳定回路中乘以 $\sec\vartheta$，以抵消上述 $\cos\vartheta$ 的影响。实现这一功能的装置称为正割分解器(Secant Resolver，SR)。方位坐标分解器和正割分解器的原理示意图如图 2.37 所示。

关于三轴惯性稳定平台更详细的介绍请阅读相关的书籍和文献。

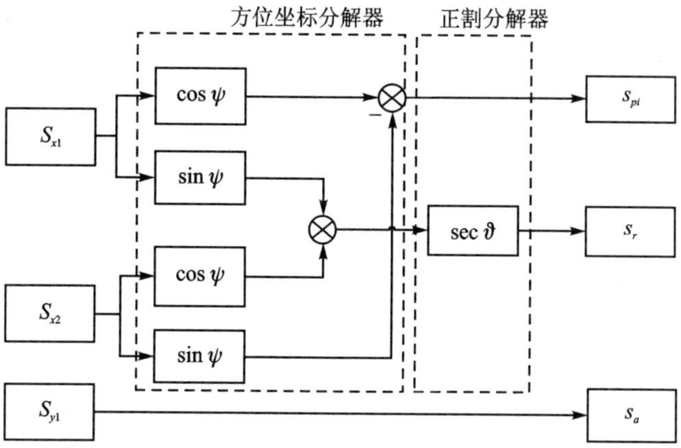

图 2.37　方位坐标分解器和正割分解器原理示意图

2.10　舒勒摆原理与舒勒调整可实现性

为了进行导航,需要给出一个导航基准。载体在地球附近导航时,常用的导航基准是水平面以及与水平面垂直的地垂线方向。水平面基准可以由惯性平台来提供,地垂线基准如何实现呢?众所周知,一个数学摆可以给出地垂线的方向。在载体静止或匀速直线运动条件下,地垂线可以用单摆等简单方法来确定,但是当受到加速度的作用时,这种数学摆就会偏离地垂线的方向,而且加速度越大,单摆偏离地垂线越严重。地平仪中的液体开关就是仿照这一原理制成的。不受载体加速度干扰的摆是否存在呢?这就是德国科学家舒勒(M. Schuler)在 1923 年提出的舒勒摆。

2.10.1　用物理摆实现舒勒摆的原理

物理摆的工作原理如图 2.38 所示。为了简化分析,设地球为球体,其半径为 R_e,且不转动。飞行器沿子午面飞行,加速度为 a,略去飞行器的高度。

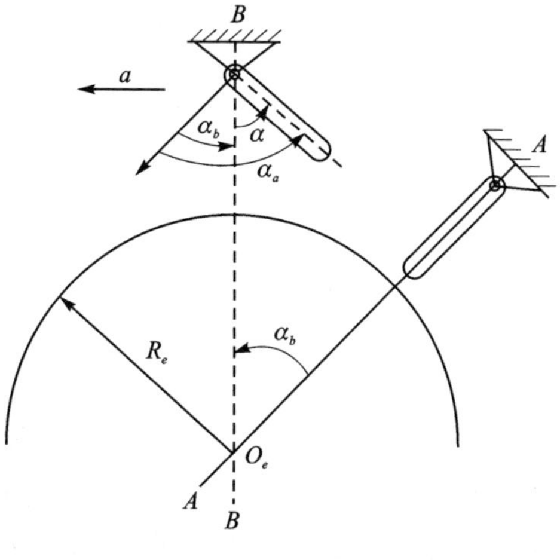

图 2.38　物理摆的工作原理

设飞行器的起始垂线为 AA，经过一小段飞行后到达新位置的垂线为 BB。由于飞行器存在加速度，摆线偏离 BB 线的角度为 α，而 BB 线偏离 AA 线的角度为 α_b，并有

$$\alpha_a = \alpha_b + \alpha \tag{2.144}$$

$$\ddot{\alpha}_a = \ddot{\alpha}_b + \ddot{\alpha} \tag{2.145}$$

设物理摆的重心到悬挂点的长度（摆长）为 l，质量为 m，于是物理摆的运动方程式为

$$J\ddot{\alpha}_a = mal\cos\alpha - mgl\sin\alpha \tag{2.146}$$

根据图 2.2 所示的角速度与线速度间的关系，可得图 2.38 中角加速度与线加速度的关系为

$$\ddot{\alpha}_b = \frac{a}{R_e} \tag{2.147}$$

考虑到 α 为小角度，有 $\cos\alpha = 1$ 和 $\sin\alpha = \alpha$。将式(2.144)、式(2.145)和式(2.147)代入式(2.146)，则有

$$\ddot{\alpha} + \frac{mgl}{J}\alpha = \left(\frac{ml}{J} - \frac{1}{R_e}\right)a \tag{2.148}$$

从式(2.148)中可以看出，当

$$\frac{ml}{J} - \frac{1}{R_e} = 0$$

时，物理摆的运动就与加速度 a 无关，即不再受加速度的干扰。进而可以写成

$$\frac{ml}{J} = \frac{1}{R_e} \tag{2.149}$$

通常称式(2.149)为舒勒调整条件。对于数学摆，由于 $J = ml^2$，则舒勒调整条件变为

$$\frac{1}{l} = \frac{1}{R_e} \quad \text{或} \quad l = R_e \tag{2.150}$$

即摆长等于地球的半径。

当满足舒勒条件后，式(2.148)可写为

$$\ddot{\alpha} + \frac{g}{R_e}\alpha = 0 \tag{2.151}$$

式(2.151)表示了一个无阻尼震荡运动。令 $\omega_s^2 = \dfrac{g}{R_e}$，则有

$$T_s = \frac{2\pi}{\omega_s} = 2\pi\sqrt{\frac{R_e}{g}} \tag{2.152}$$

式中，ω_s 为舒勒频率；T_s 为舒勒周期。将 $R_e = 6\ 370$ km，$g = 9.8\ \text{m/s}^2$ 代入式(2.152)，可得 $T_s = 84.4$ min。

下面来讨论一下舒勒摆的物理意义。由于 $\ddot{\alpha}_b = \dfrac{a}{R_e}$ 为由飞行器线运动 a 引起的地垂线方向变化的角加速度，而 $\dfrac{ml}{J}a$ 则为物理摆在加速度 a 作用下绕其悬挂点运动的角加速度，当二者相等时，物理摆对加速度 a 不敏感。如果物理摆初始时指向地垂线，则不论飞行器怎样运动，物理摆将永远指向地垂线；如果物理摆初始时偏离地垂线 α_0 角，则它就围绕地垂线以舒勒周期做不衰减的振荡。

物理摆的原理如图 2.39 所示，其中图 2.39(a)为原理图；图 2.39(b)为简化后的原理图。从图 2.39(b)中可进一步看出舒勒调整条件的物理意义，当物理摆满足舒勒调整条件后即变成一个与加速度无关而只与初始条件有关的二阶自由振荡系统。

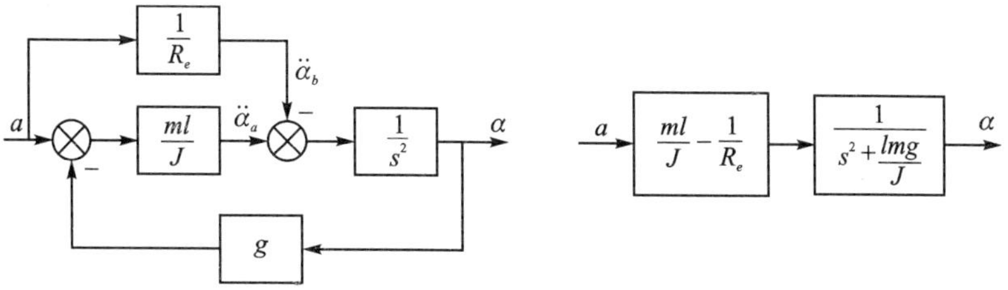

(a) 原理图　　(b) 简化图

图 2.39　物理摆的原理图

2.10.2　舒勒调整的可实现性

根据舒勒摆的原理可知，当一个摆的固有振荡周期为 84.4 min，它指示地垂线的性能就不受载体运动的干扰。舒勒摆原理虽然早在 20 世纪 20 年代就已被发现，但在很长时间内一直未能实现。随着惯性技术和计算机技术的发展，舒勒调整成为可能。

1. 用物理摆实现舒勒调整

根据式(2.149)可知

$$l=\frac{J}{mR_e} \tag{2.153}$$

由于 R 很大，则物理摆的摆长 l 应非常小。设物理摆为一个半径 $r=0.5$ m 的圆环，并忽略圆环的厚度，认为环的质量集中在圆环上。根据式(2.153)有

$$l=\frac{mr^2}{mR_e}=\frac{r^2}{R_e}=0.04\ \mu\text{m} \tag{2.154}$$

这样的摆长实际加工起来是非常困难的，甚至是无法实现的。

2. 用数学摆实现舒勒调整

根据式(2.150)可知 $l=R_e$，即数学摆的摆长等于地球半径，摆锤处于地球中心，这从原理上就是不可能实现的。

3. 用陀螺摆实现舒勒调整

在实际应用中，真正可以实现舒勒摆的是陀螺摆，如图 2.40 所示，陀螺摆通过增大陀螺电机的转速达到舒勒周期。陀螺摆的固有振动周期为

$$T_s=2\pi\sqrt{\frac{H}{mgl}}=2\pi\sqrt{\frac{J\omega}{mgl}} \tag{2.155}$$

式中，ω 为转子自转角速度。

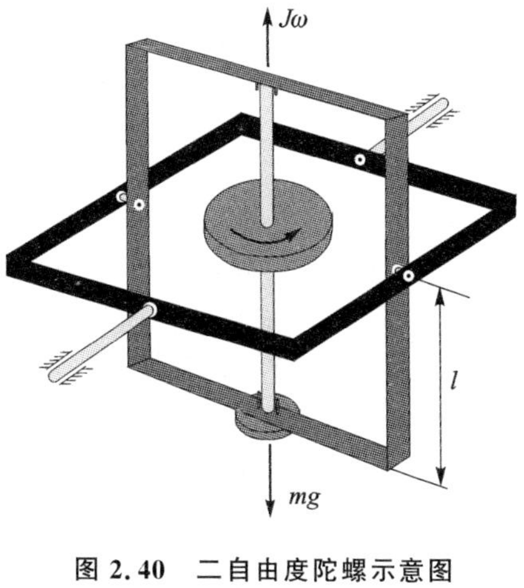

图 2.40　二自由度陀螺示意图

2.10.3 单轴惯导系统原理和舒勒调整实现

虽然用单摆和物理摆等简单方法无法实现舒勒调整，但惯导系统却很容易实现舒勒调整。以单自由度平台惯导系统为例，来说明当载体有运动加速度时，系统平台误差角的对应变化情况和舒勒调整条件。

在图 2.34 所示的单轴惯性平台的基础上，沿平台稳定轴安装一只加速度计并形成修正回路，给安装在平台上的双自由度陀螺仪施加指令力矩实现平台按指令规律进行跟踪就形成了单轴惯性导航系统，其示意图如图 2.41 所示。双自由度陀螺仪的外环轴是平台稳定轴的敏感轴。为了讨论问题方便，假设地球为球体且不转动，载体在地球表面沿子午线等高度向北运动，载体可以俯仰，但无横滚和偏航动作。惯性平台安装一个北向加速度计 A_N，且与载体纵轴方向一致，即加速度计的输入轴沿平台 y_p 轴，可以测量载体沿纵向的加速度计分量 a_N；陀螺仪的输入沿平台 x_p 轴，可以测量沿载体横轴的角速度分量 ω_x。再加上一个计算机就构成了单轴的惯性导航系统。

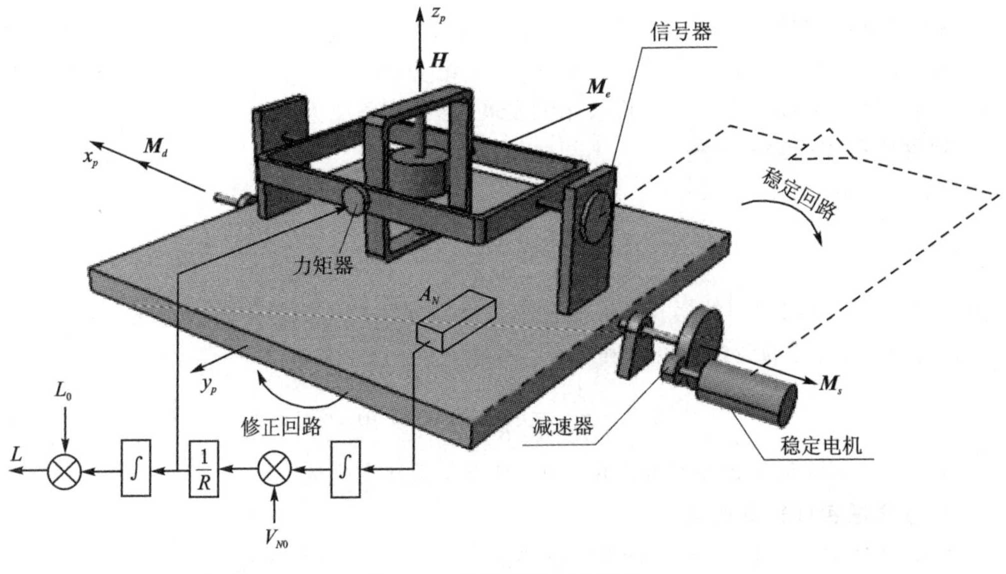

图 2.41 单轴惯性导航系统

为了保证加速度计的测量精度，航行过程中稳定平台必须时刻处于水平状态，且 y_p 轴始终指北，即平台的水平轴与当地的地理系水平轴始终重合或平行。如图 2.42 所示，假设载体运动前，已经将平台精确地调整到当地水平面内（初始对准过程），即图中的点 A，y_p 轴指向北，平台保持水平；但随着载体的运动，沿子午线从点 A 运动到点 B，由于地球是圆的且陀螺仪具有空间方位稳定性，如果不对平台进行控制，平台不再与当地水平面保持平行。因此，为了保证惯导系统与当地水平面保持平行（即平台系与地理系重合），平台必须经历平动和转动两种运动过程。平动过程：当平台从点 A 运动到点 B 时，由于双自由度陀螺仪具有空间稳定性，通过平台的稳定回路使平台从点 A 平移至点 B 且空间方位不变，如图 2.42 中点 B 处的虚线框所示；转动过程：为使平台与当地水平保持平行，必须使平台逆时针转动一个角度，到点 B 的实线框所示的位置，它由平台的修正回路来实现。

如图 2.41 所示，由陀螺仪的信号器、放大器和稳定电机组成了单轴惯导系统的稳定回路，它的任务是隔离飞机俯仰角运动和抵消沿平台稳定轴方向的干扰力矩，保证平台轴相对惯性空间稳定；由加速度计、积分器、除法器和陀螺力矩器构成了平台的修正回路，它的任务给陀螺提供施矩信号并通过力矩器给陀螺施加指令力矩，使平台工作在空间积分状态下，以跟踪由于载体运动导致的地垂线偏离运动，保证平台始终保持与当地水平面平行。前者是使陀螺仪工作在几何稳定状态下，后者是使陀螺仪工作在空间积分状态下。因此，惯导系统跟踪地理坐标系的过程是陀螺仪几何稳定状态和空间积分状态的综合运用的过程。单轴平台惯导系统稳定回路和修正回路的原理如图 2.43 所示。

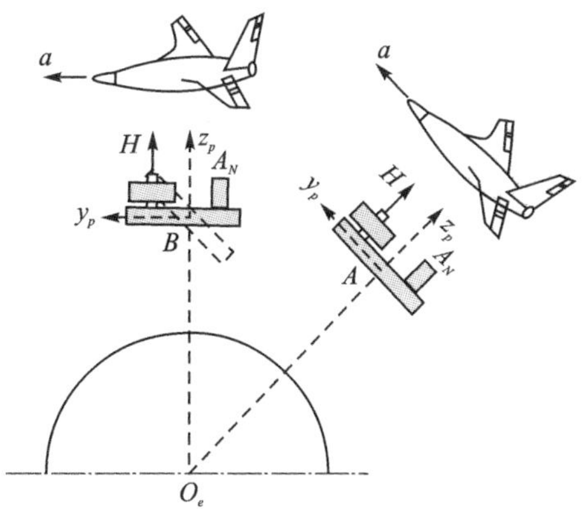

图 2.42 惯性平台运动与地垂线跟踪

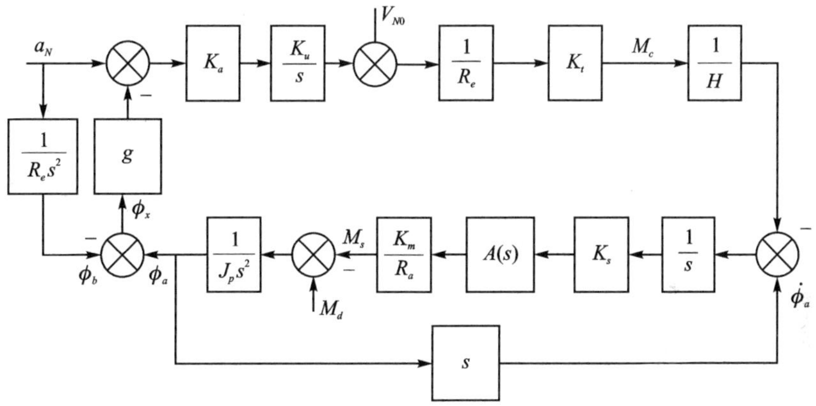

图 2.43 单轴平台惯导系统稳定回路和修正回路的原理图

当平台以加速度 a_N 向北运动时，平台通过稳定回路中的陀螺仪、信号器、放大器和稳定电机的传递函数$\dfrac{1}{s}$，K_s，$A(s)$和$\dfrac{K_m}{R_a}$实现稳定力矩 M_s 和干扰力矩 M_d 的抵消，保持平台方位稳定；当载体有线加速度 a_N 时，地垂线方向不断变化，变化的角速度为$\dfrac{V_n}{R_e}$；同时，经加速度计信号器输出与 a_N 成比例的电信号，积分后输出与飞行速度 V_N 成比例的电信号，该信号经除法器后，输给陀螺的力矩器，给陀螺施加指令力矩 M_c。该信号与地垂线的转动角速度$\dfrac{V_n}{R_e}$成比例，在指令力矩 M_c 的作用下，通过稳定回路工作，使平台绕平台稳定轴 x_p 轴负向进动，进动的角速度等于指令角速度$-\dfrac{V_n}{R_e}$，从而使平台跟踪地平面转动。K_a 为加速度计传递系数；K_u 为积分器传递系数；K_t 为陀螺力矩器传递系数；R_e 为地球半径。受载体线加速度 a_N 的影响，平台运动过程中偏离地垂线角度为 ϕ_b，它是在 a_N 作用下$\dfrac{1}{R_e s^2}$环节输出的角度，即$\phi_b=$

$\frac{a_N}{R_e s^2}$；在指令力矩 M_c、稳定力矩 M_s 和干扰力矩 M_d 的联合作用下，平台转动了角度 ϕ_a，当 $\phi_x=\phi_a-\phi_b=0$ 时，平台才真正水平。如果 $\phi_x\neq 0$，平台偏离水平面 ϕ_x 角，则加速度计感受到重力加速度的分量为 $g\sin\phi_x$，从而形成反馈回路。

通过上述分析可知，修正回路的工作最终要借助稳定回路完成。但由于稳定回路是快速跟踪系统，它的过渡过程只有零点几秒的数量级，而修正回路是一个周期长达 84.4 min 的慢速跟踪系统，二者可以彼此独立工作，相互不影响。因此，在研究修正回路时，可以将其中的稳定回路用静态的传递函数 $\frac{1}{s}$ 代替，于是简化后的单轴惯性导航系统原理如图 2.44 所示。

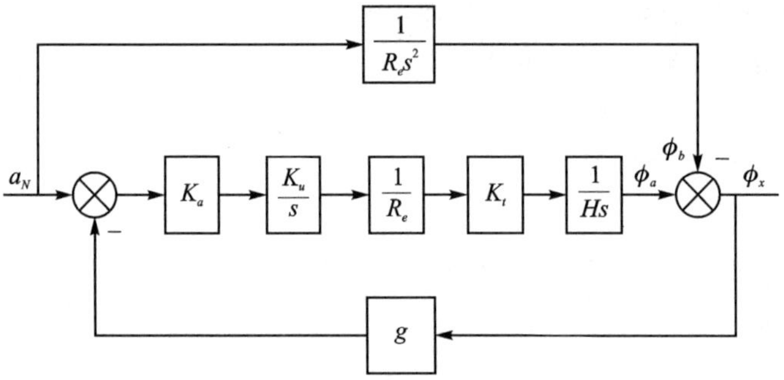

图 2.44　单轴惯性导航系统原理图

假设载体在子午面内向北飞行，a_N 为北向加速度。加速度计敏感到 a_N 并将其输出至积分器，完成一次积分运算；积分器的输出到下一环节进行 $\frac{1}{R_e}$ 的运算获得角速度信号，再将角速度信号输至陀螺力矩器；力矩器的输出用以操纵平台的稳定回路。陀螺仪及平台的整个特性可简化为 $\frac{1}{Hs}$ 环节。稳定回路带动平台转动 ϕ_a 角；而地垂线改变的角度为 $\phi_b=a_N\frac{1}{R_e s^2}$，于是有 $\phi_x=\phi_a-\phi_b$，其中 ϕ_x 为平台偏离地垂线的角度。由于平台偏离地垂线 ϕ_x 角，则加速度计还感受一个与重力加速度 g 的分量相反的加速度 $-g\phi_x$。

根据图 2.44 可知，单轴惯导系统的平台误差角 ϕ_x 为

$$(a_N-g\phi_x)\frac{K_aK_uK_M}{R_eHs^2}-\frac{a_N}{R_es^2}=\phi_x \tag{2.156}$$

对式(2.156)中的 ϕ_x 进行二阶微分，整理得

$$\ddot{\phi}_x+g\frac{K_aK_uK_M}{R_eH}\phi_x=\left(\frac{K_aK_uK_M}{R_eH}-\frac{1}{R_e}\right)a_N \tag{2.157}$$

由式(2.157)可以看出，ϕ_x 的变化与运动加速度 a_N 的大小有关，因此当载体有运动加速度时，平台是不稳定的，不能始终保持当地水平。显然这样的平台系统不能作为惯性导航系统加速度计的测量基准。由式(2.157)还可以看出，当

$$\frac{K_aK_uK_M}{R_eH}-\frac{1}{R_e}=0 \tag{2.158}$$

时，ϕ_x 的变化与运动加速度 a_N 无关，即不再受到加速度 a_N 的干扰。

根据式(2.158)可知，单自由度平台惯导系统满足舒勒调整的条件为

$$\frac{K_a K_u K_M}{H}=1 \tag{2.159}$$

将式(2.159)代入式(2.157)中,并令 $K=\frac{1}{R_e}$,整理得

$$\ddot{\phi}_x+gK\phi_x=0 \quad 或 \quad s^2+\frac{g}{R_e}=0 \tag{2.160}$$

式(2.160)表示了以舒勒周期为自振周期的二阶无阻尼运动。式(2.159)所表示的舒勒调整条件可以通过计算机来实现,这才真正使得用舒勒摆构成惯性导航系统具有现实可能性。

根据式(2.160),可以获得此时平台误差角 ϕ_x 的时域解,即

$$\phi_x(t)=\phi_x(0)\cos\sqrt{gK}\,t+\frac{\dot{\phi}_x(0)}{\sqrt{gK}}\sin\sqrt{gK}\,t \tag{2.161}$$

式中,$\phi_x(0)$和 $\dot{\phi}_x(0)$分别为 $\phi_x(t)$的初始偏角和初始偏离角速度。

由式(2.161)可以看出,当没有初始平台偏角和初始偏离角速度,即 $\phi_x(0)=\dot{\phi}_x(0)=0$ 时,平台始终精确地保持在当地水平,不受运动加速度 a_N 的任何影响;当平台有初始偏角或初始偏离角速度,即 $\phi_x(0)\neq 0$ 或 $\dot{\phi}_x(0)\neq 0$ 时,$\phi_x(t)$为无阻尼振荡,即平台绕平面作振荡,该振荡的频率就是舒勒频率,振荡周期为 84.4 min,如图 2.45 所示。

当满足舒勒调整条件,即 $K_a K_u K_M=H$ 时,不论 a_N 为何值,图 2.44 中两条前向回路的作用将始终互相抵消,恒有 $\phi_a-\phi_b=0$。只要精确初始对准使 $\phi_x(0)=0$,则平台将始终跟踪当地水平面,反馈回路将不起作用。此时,图 2.44 所示的惯导系统可以简化为理想条件下的惯导系统,其原理如图 2.46 所示。

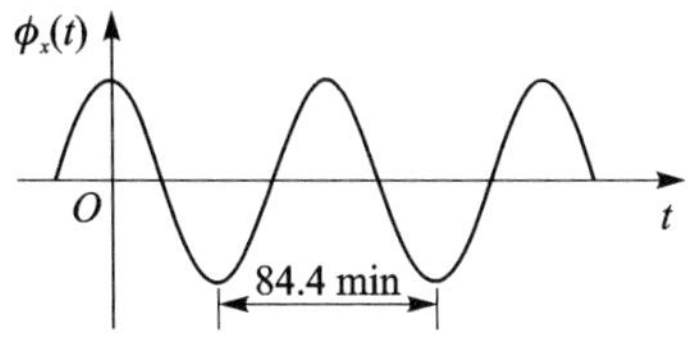

图 2.45　舒勒振荡

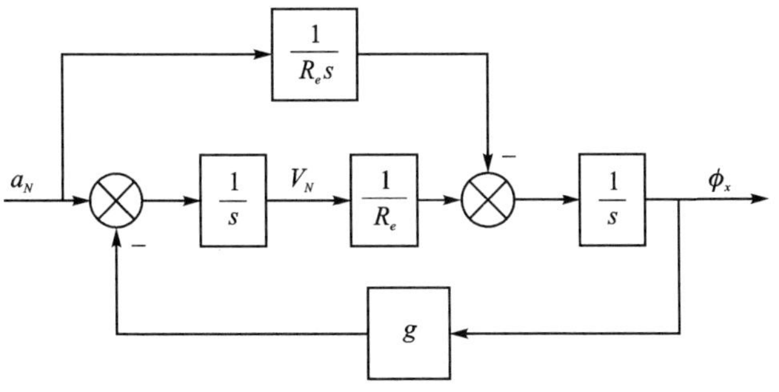

图 2.46　理想条件下的惯导系统原理图

思考与练习题

2-1　如何理解牛顿力学定律是惯性技术发展的基础?

2-2　举例说明向量内积和向量叉积的物理含义。

2-3　举例说明向量绝对变化率与相对变化率间的关系、作用和物理含义。

2-4　分析两种空间直角坐标系变换间的关系及其在实际应用中的优缺点。

2-5　举例说明不同数值积分算法的实现过程、物理意义和实际应用中的适用性。

2-6　描述地球形状的方法有几种？哪些方法可以用解析式表示？

2-7　为什么参考椭球模型成为描述地球形状的常用数学模型？

2-8　常用参考椭球体模型间的关系是什么？

2-9　描述参考椭球模型的参数有哪些，这些参数间的关系是什么？

2-10　有几种描述地球垂线、维度和高度的方法？

2-11　为什么说沿子午圈和卯酉圈的曲率半径是主曲率半径？

2-12　分析并举例说明主曲率半径与维度变化间的关系。

2-13　我国使用的大地坐标系有几种？在什么情况下需要使用两种导航定位参数的变换关系？

2-14　分析陀螺仪进动性、定轴性、章动和表观运动的物理机理。

2-15　列举利用陀螺仪固有特性解决实际生产、生活中问题的实例。

2-16　惯性稳定平台有几种工作状态？它们之间的关系和作用是什么？

2-17　分析垂向测量基准与舒勒摆间的关系。

2-18　为什么说惯导系统可以提供三维空间的测量基准，并说明其实现原理。

第 3 章　惯性导航的基本原理

3.1　概　述

根据牛顿力学定律可知，载体从起点运动到终点的过程中，通过测量载体的加速度 $\boldsymbol{a}$，对其进行一次积分可以获得载体的速度，二次积分获得载体的位置，即

$$v(t)=v(0)+\int_0^t \boldsymbol{a}(t)\mathrm{d}t \tag{3.1}$$

$$X(t)=X(0)+\int_0^t \boldsymbol{v}(t)\mathrm{d}t \tag{3.2}$$

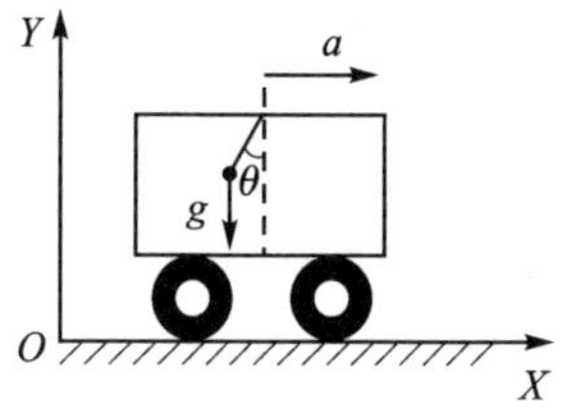

图 3.1　载体定位原理图

式中，$\boldsymbol{a}(t)=\boldsymbol{g}\tan\theta$。

在三维空间中，利用惯性定律实现载体导航定位时还需要建立导航基准以及一系列坐标系，在此基础上建立惯性导航基本方程。

3.2　惯性导航系统常用的坐标系和载体姿态角

3.2.1　惯性导航中各种坐标系的必要性

只有在相对意义下，物体的运动和在空间的位置才有意义。为确定载体在空间的位置、速度和姿态等导航参数，定义空间的参考基准——坐标系是必要的。惯性导航中常用的坐标系可分为惯性坐标系与非惯性坐标系两类。惯性导航与其他类型导航方案（如无线电导航、天文导航和地形辅助导航等）的根本不同之处在于其导航原理是建立在牛顿力学定律（也可称为惯性定律）的基础上的，“惯性导航”也因此得名。由于牛顿力学定律仅在惯性空间内成立，因此引入惯性坐标系作为惯导基本原理的坐标基准是必要的。此外，对载体进行导航的主要目的是实时确定载体的导航参数，例如载体的姿态、位置和速度等，而且这些参数是通过各个坐标系间的关系来确定的。这些坐标系与惯性坐标系不同，它们根据导航的实际需要来选取，例如地球坐标系、地理坐标系、导航坐标系、平台坐标系、载体坐标系和计算坐标系等。这些坐标系统称为非惯性坐标系。

3.2.2　惯性导航中的常用坐标系

在惯性导航中常用的坐标系有惯性坐标系、地球坐标系、地理坐标系、导航坐标系、平台坐标系、载体坐标系和计算坐标系。

1. 惯性坐标系 $O_ix_iy_iz_i$（简称 i 系）

惯性坐标系是符合牛顿力学定律的坐标系，即是绝对静止或只做匀速直线运动的坐标系。

由于宇宙空间中的万物都处于运动之中，因此想寻找绝对的惯性坐标系是不可能的，只能根据导航的需要来选取惯性坐标系。惯性坐标系是惯性敏感元件测量的基准。常用的惯性坐标系有地心惯性坐标系、日心惯性坐标系、地球卫星轨道惯性坐标系和起飞点（或发射点）惯性坐标系等，其中日心惯性坐标系是用于研究太空中星际间导航定位问题时而建立的惯性基准。

天文观测显示，地球绕太阳公转，其公转速度为 29.79 km/s，地心和日心距离为 1.496×10^8 km，公转周期为 365.242 2 日，向心加速度为 6.05×10^{-4} g，公转角速度为 0.041 °/h。虽然地球公转向心加速度和公转角速度数值较大，但对于地球表面或近地的载体而言有相同大小的向心加速度和公转角速度，即载体相对于地球是静止的。因此，在对地球表面或近地的载体进行导航定位时，可以将惯性参考坐标系原点取在地球的中心，记为 O_i，它不参与地球的自转。由于在进行导航计算时无须在这个坐标系中分解任何向量，因此惯性坐标系的坐标轴指向本无关紧要，但习惯上将 O_iz_i 轴选为沿地轴指向北极，而 O_ix_i 和 O_iy_i 轴则在地球的赤道平面内并指向空间内的任意两颗恒星，且满足右手定则。

2. 地球坐标系 $O_ex_ey_ez_e$（简称 e 系）

地球坐标系是固连在地球上的坐标系，它相对惯性坐标系以地球自转角速率 ω_e 旋转，$\omega_e=15.041\ 07$ °/h。地球坐标系的原点在地球中心 O_e，O_ez_e 轴与 O_ez_i 轴重合，$O_ex_ey_e$ 在赤道平面内，O_ex_e 轴指向本初子午线（格林威治经线），O_ey_e 轴指向东经 90°方向。

3. 地理坐标系 $O_gx_gy_gz_g$（简称 g 系）

地理坐标系是用来表示飞行器所在位置的东向、北向和垂线方向的坐标系。地理坐标系的原点 O_g 选在飞行器重心在地表的投影处，O_gx_g 指向东，O_gy_g 指向北，O_gz_g 沿垂线方向指向天（东北天）。对于地理坐标系，在不同的文献中往往有不同的取法。这些坐标系的不同之处仅在于坐标轴的正向的指向不同，例如还有北西天、北东地等取法。坐标轴指向不同仅使向量在坐标系中的投影分量及其正负号有所不同，并不影响导航基本原理的阐述及导航参数计算结果的正确性。本书中的地理坐标系选用东北天坐标系，而且为了讨论问题方便，常将地理坐标系的原点 O_g 选在飞行器重心处。

4. 导航坐标系 $O_nx_ny_nz_n$（简称 n 系）

导航坐标系是在导航时根据导航系统工作的需要而选取的作为导航基准的坐标系。当把导航坐标系选得与地理坐标系相重合时，可将这种导航坐标系称为指北方位系统。为了适应在极区附近导航的需要，往往将导航坐标系的 z_n 轴仍选得与 z_g 轴重合，而使 x_n 与 x_g 及 y_n 与 y_g 之间相差一个自由方位角或游动方位角 α，这种导航坐标系可称为自由方位系统或游动自由方位系统，有些文献中将其称为游动方位坐标系 $O_wx_wy_wz_w$（简称为 w 系）。

5. 平台坐标系 $O_px_py_pz_p$（简称 p 系）

平台坐标系是用惯导系统来复现导航坐标系时所获得的坐标系。平台坐标系的坐标原点 O_p 位于飞行器的重心处。当惯导系统不存在误差时（理想情况下），平台坐标系与导航坐标系相重合；当惯导系统出现误差时，平台坐标系就要相对导航坐标系出现误差角，如图 3.2 所

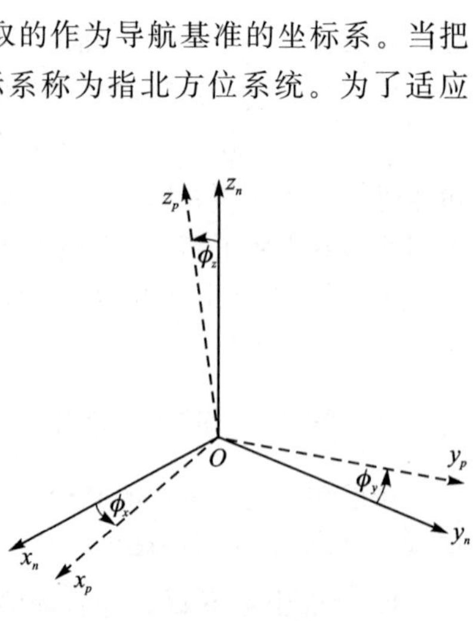

图 3.2　平台坐标系与导航坐标系

示。对于平台惯导系统，平台坐标系是通过平台台体来实现的；对于捷联惯导系统，平台坐标系则是通过存储在计算机中的方向余弦矩阵来实现的，因此又叫做"数学平台"。对于平台惯导系统，平台坐标系与导航坐标系之间的误差是由平台的加工、装配工艺不完善，敏感元件误差以及初始对准误差等因素造成的；对于捷联惯导系统，该误差则是由算法误差、敏感元件误差以及初始对准误差等造成的。

6. 载体坐标系 $O_bx_by_bz_b$（简称 b 系）

载体坐标系是固连在载体上的坐标系。载体坐标系的坐标原点 O_b 位于载体的重心处，根据实际需要确定载体坐标轴的指向，通常与地理坐标系的坐标轴指向相对应，例如地理坐标选为东北天，载体坐标系选为右前上。飞机的载体坐标系可以定义为右前上或前左上，前者 O_bx_b 轴是沿载体横轴指向右，O_by_b 轴沿载体纵轴指向前，O_bz_b 轴垂直于 Ox_by_b 平面，并沿飞行器的竖轴指向上（见图 3.3(a)）；后者 O_bx_b 轴沿载体横轴指向前，O_by_b 轴沿载体纵轴指向左，O_bz_b 轴垂直于 Ox_by_b 平面，并沿飞行器的竖轴指向上。舰船的载体坐标系的坐标轴指向常选为前左下，即 O_bx_b 轴沿载体横轴指向前，O_by_b 轴沿载体纵轴指向左，O_bz_b 轴垂直于 Ox_by_b 平面，并沿载体的竖轴指向下。导弹的载体坐标系常选为前上右，即 O_bx_b 轴沿载体纵轴指向弹头方向，O_by_b 轴垂直于 O_bx_b 方向，在导弹的主对称平面内，向上为正，O_bz_b 轴与 O_bx_b 轴和 O_by_b 轴构成右手直角坐标系，沿载体纵轴指向右（见图 3.3(b)）。

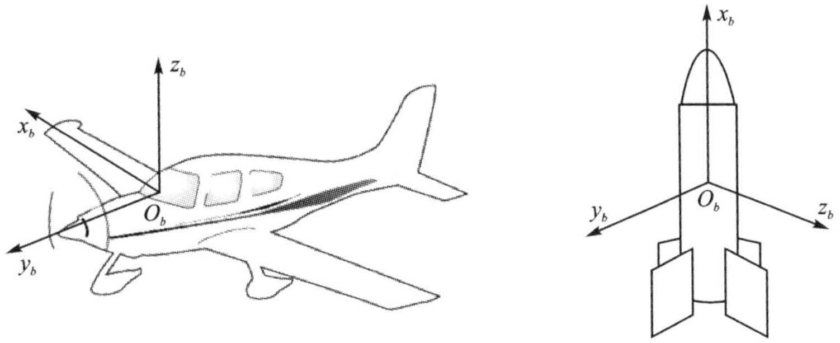

图 3.3　载体坐标系

7. 计算坐标系 $O_cx_cy_cz_c$（简称 c 系）

惯性导航系统利用本身计算的载体位置来描述导航坐标系时，坐标系因惯导系统有位置误差而有误差，这种坐标系称为计算坐标系。一般它在描述惯导误差和推导惯导误差方程时使用。

综上所述，各种坐标系的示意图如图 3.4 所示，其中 P 为飞行器所在位置沿 z_g 轴投影在地球表面上的一点，PO 为飞行器的高度。为了方便起见，图中将载体坐标系的 Oz_b 轴取在与 Oz_g 轴相重合的位置上；也可以将地理坐标系、导航坐标系和游动方位坐标系的坐标原点选在点 P 处。同时，常常将地球表示为圆球，于是点 O_e 和点 Q 重合，$QP=O_eP=R_e$。

3.2.3　载体姿态角

描述载体坐标系 $O_bx_by_bz_b$ 与导航坐标系 $O_nx_ny_nz_n$ 间关系的欧拉角（也称姿态角）有三个，它们是载体纵轴 O_by_b 在水平面内投影与 O_ny_n 轴的夹角 ψ_g、载体纵轴 O_by_b 与水平面的

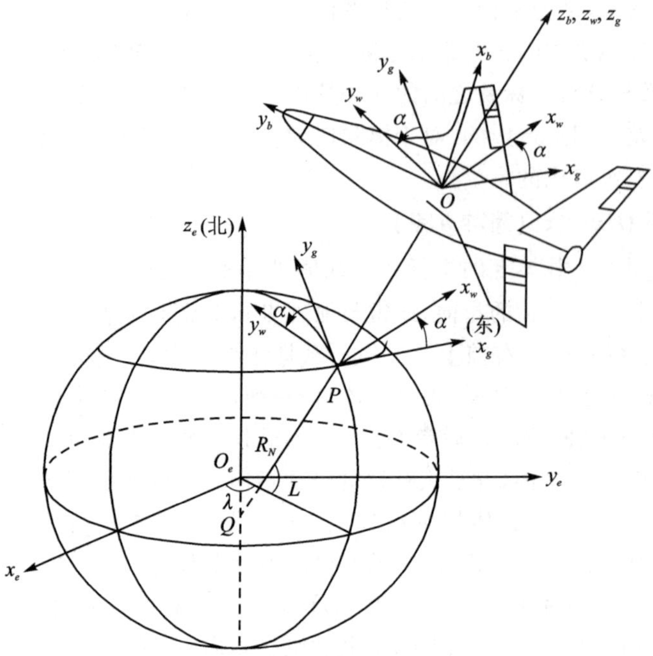

图 3.4　各种坐标系的示意图

夹角 ϑ 和绕载体纵轴 O_by_b 旋转的角度 γ，其关系如图 3.5 所示。

根据图 3.5 所示关系，载体纵轴 O_by_b 与水平面的夹角 ϑ 是载体的俯仰角，绕载体纵轴 O_by_b 旋转的角度 γ 是载体的滚动角（或倾斜角、横滚角），但载体纵轴 O_by_b 在水平面内投影与 O_ny_n 轴的夹角 ψ_g 与载体航向角 ψ（载体纵轴 O_by_b 在水平面内投影与 O_gy_g 轴的夹角）间相差一个方位角 α。

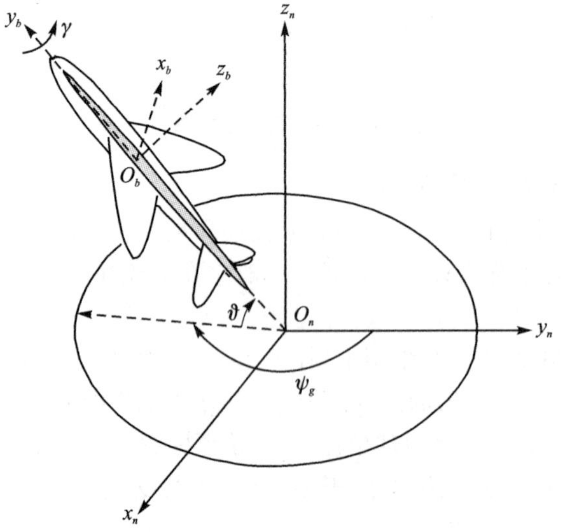

图 3.5　载体姿态角示意图

描述坐标系间变化的姿态角都是有正方向的，姿态角正方向是根据右手定则来确定的，即右手握住旋转轴，拇指指向旋转轴，四指指向方向为姿态角的正方向。根据右手定则，载体俯

仰角 ϑ 的正方向是绕 O_nx_n 轴的正方向旋转时获得的角度，即载体纵轴抬头为正，低头为负；滚动角 γ 的正方向是 O_ny_n 轴的正方向旋转时获得的角度，即面向载体纵轴逆时针为正，顺时针为负；载体纵轴 O_by_b 在水平面内投影与 O_ny_n 轴的夹角 ψ_g 的正方向为绕 O_nz_n 轴的正方向旋转时获得的角度，即北偏西为正。但在一些实际应用中也定义载体的航向角为北偏东为正，即绕 O_nz_n 轴的负方向旋转时获得的角度。姿态角正方向的示意图如图 3.6 所示。

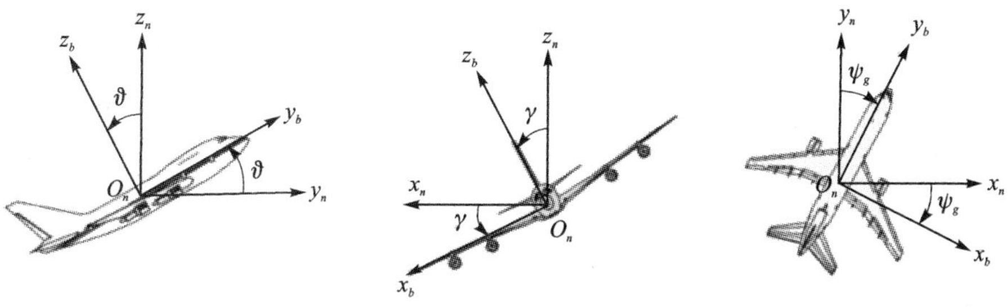

(a) ϑ角正向 (b) γ角正向 (c) ψ_g角正向(北偏东)

图 3.6 载体姿态角的正方向示意图

载体纵轴 O_by_b 在水平面内投影与 O_ny_n 轴的夹角 ψ_g 与载体航向角 ψ 无论定义是北偏西为正，还是北偏东为正，只是影响航向角的符号，不影响后续计算，为方便讨论，本书中采用北偏西为 ψ_g 和 ψ 的正方向，即绕 O_nz_n 轴正方向旋转时获得的角度为正方向，于是载体真实航向角 ψ 与 ψ_g 关系为①

$$\psi=\psi_g+\alpha$$

当导航坐标系 $O_nx_ny_nz_n$ 取为地理坐标系 $O_gx_gy_gz_g$ 时，$\alpha=0$，此时的 ψ_g 就是载体的真实航向角；当导航坐标系 $O_nx_ny_nz_n$ 取为游动方位坐标系 $O_wx_wy_wz_w$ 时，$\psi_g+\alpha$ 才是载体的真实航向角。

3.3 惯导系统的分类

在牛顿第二定律的基础上，建立了导航基准和常用坐标系，并给出了惯性导航基本方程。只要获得载体相对于地理坐标系的对地加速度，对其进行一次积分得到载体的速度，二次积分得到载体的位置。

3.3.1 根据惯导系统选取的导航坐标系分类

按照采用导航坐标系的不同，惯导系统还可以分两大类，即当地水平惯导系统和空间稳定惯导系统。

1. 当地水平惯导系统

采用当地水平坐标系作为导航坐标系，则导航系的两个轴 x_n 和 y_n 保持在水平面内，z_n 轴与 z_g 轴重合。两个水平轴可指向不同的方位，当 x_n 轴和 y_n 轴分别与当地的地理坐标系

① 在实际应用中，如采用北偏东为 ψ_g 和 ψ 的正方向，等同于绕 O_nz_n 轴正方向转动了 $-\psi_g$ 和 $-\psi$，于是可直接将 $-\psi_g$ 和 $-\psi$ 代入计算，于是有 $\psi=\psi_g-\alpha$。

x_g 轴(地理东向)和 y_g 轴(地理北向)重合时,即导航坐标系模拟当地的地理坐标系,称该系统为指北方位惯导系统(简称指北方位系统)。当 y_n 轴不跟踪地理北向,而与北向存在某个角度 α(称为方位角),则导航坐标系模拟游动方位坐标系。根据方位角 α 的变化规律不同,系统又分为自由方位惯导系统(简称为自由方位系统)和游动自由方位惯导系统(简称为游动自由方位系统)。

2. 空间稳定惯导系统

导航坐标系采用惯性坐标系,x_i 和 y_i 轴处于地球赤道平面内,但不随地球转动,z_i 轴与地轴重合指向北极,即惯导平台稳定在惯性空间。这种惯导平台只有稳定回路,不需要跟踪回路。由于空间稳定惯导系统不太适合在地球表面进行定位,因此本书仅分析当地水平面惯导系统的算法和原理。

3.3.2 根据惯导系统实现的结构分类

按实现结构,惯性导航系统可分为平台惯导系统和捷联惯导系统(Strapdown Inertial Navigation System,SINS)两大类。平台惯导系统把加速度计放在实体导航平台上,导航平台由陀螺保持稳定跟踪当地的地理坐标系;捷联式惯导是把加速度计和陀螺仪直接固连在载体上,导航平台的功能由计算机来完成,并跟踪当地的地理坐标系,有时也称作"数学平台"。二者除了有无实体导航平台的区别外,其他导航计算基本相同,其原理图分别如图 3.7 和图 3.8 所示。

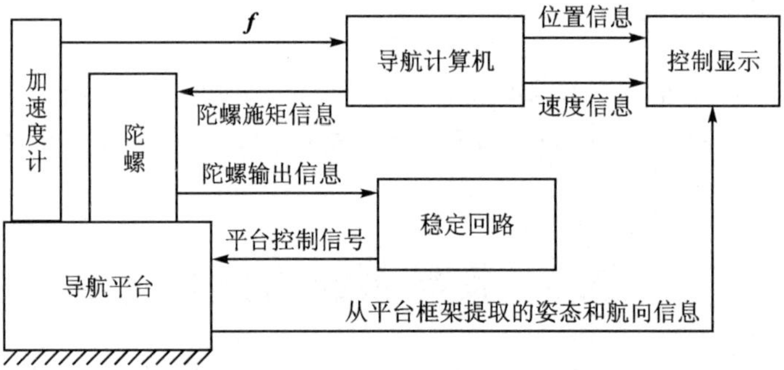

图 3.7 平台惯导系统原理框图

由图 3.7 可以看出,一组加速度计安装在惯性平台上,敏感载体的对地加速度信息提供给导航计算机。导航计算机根据加速度信息和由控制台给定的初始条件进行导航计算,获得载体的运动参数和导航参数,并将其输出到显示器上;同时形成对平台控制的指令角速率信息,施加给平台上的一组陀螺仪,通过平台的稳定回路控制平台精确跟踪选定的导航坐标系。此外,从平台框架轴上的角传感器来获得载体的姿态信息并输出到显示器上。

由图 3.8 可以看出,在捷联惯导系统中,数学平台(捷联姿态矩阵)取代了实体平台。将惯性测量单元(Inertial Measuring Unit,IMU)中陀螺和加速度的输出值提供给导航计算机,完成数学平台的计算,并将加速度计输出的信号 $\boldsymbol{f}^b$ 变换为 $\boldsymbol{f}^n$(上标 n 表示在导航系上的投影),进而完成导航参数的解算。

在平台惯导系统中,惯性平台成为系统结构的主体,其体积和重量约占整个系统的一半,而安装在平台上的陀螺仪和加速度计却仅为平台重量的 1/7 左右。此外,平台本身又是一个

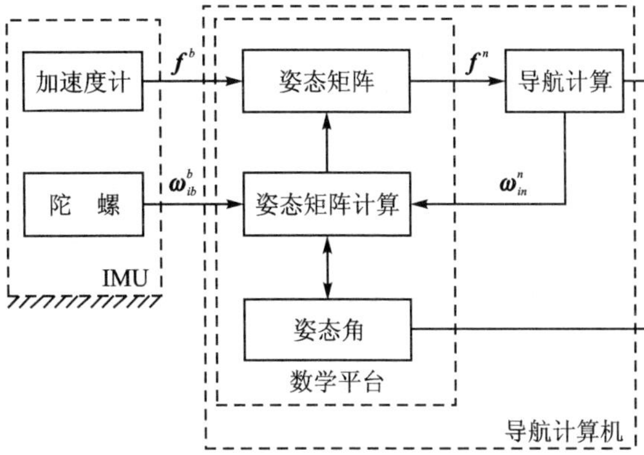

图 3.8　捷联惯导系统原理框图

精度高且结构十分复杂的机电控制系统，其加工制造成本约占整个系统费用的 2/5。特别是由于结构复杂，故障率较高，使其在实际应用中受到了很大的限制。因此，在 20 世纪 50 年代开展平台惯导系统研究的同时，人们开始了对捷联惯导系统的研究。捷联惯导系统是把惯性传感器直接固联在载体上，用计算机软件实现的“数学平台”取代复杂的机械平台，用计算机来完成导航平台功能的惯性导航系统。由于惯性仪表直接固联在载体上，省去了机电式的导航平台，从而给系统带来了许多优点。

(1) 硬件和软件的复杂程度

由于捷联系统省去了导航平台框架及相连的伺服装置，简化了硬件，整个系统的体积、重量和成本大大降低。

(2) 可靠性

由于捷联惯导系统省去了导航平台，减少了机械构件，且惯性传感器多余度配置方案容易实施，提高了系统的性能和可靠性。

(3) 成本与可维护性

惯性仪表便于安装维护，加之模块设计简化了维修和部件更换。此外，捷联惯导系统比平台惯导系统具有更长的平均故障间隔时间。

(4) 导航信息更丰富

捷联惯导系统可以提供载体所要求的全部惯性基准信号，特别是可以直接给出载体轴向的线加速度和角速度信息，而平台系统则无法直接给出。而且对于载体的姿态，捷联系统能以很高的速率和精度以数字形式提供；而平台系统则通过框架间安装的同步器来获得，还需要把它们分解到机体轴上，同样，加速度信息也要分解到机体轴上，这样就会带来传递误差。因此，从姿态和加速度的信息的精度和完整性上看，捷联系统要比平台系统优越。

但惯性传感器直接固联在载体上，也带来了一些新的问题。

(1) 惯性传感器工作环境恶劣

惯性传感器固联在载体上，直接承受载体的振动和冲击。特别是陀螺仪直接测量载体的角运动，高性能歼击机角速度可达 400°/s，陀螺的测量范围为 0.01°/h～400°/s，量程高达 10^8，这就要求捷联陀螺有大的施矩速度和高性能的再平衡回路。

(2) 初始对准精度与系统精度

决定系统精度的重要原因之一是惯导系统的初始基准建立的准确性。平台惯导系统的陀螺安装在平台上，可以相对重力加速度和地球自转轴方向任意定位，且便于完成惯性传感器的误差标定；但捷联惯导系统不具备这个条件，捷联惯导系统的传感器安装到载体上以后再标定非常困难，因此要求惯性传感器有较高的参数稳定性。

在系统的精度方面，由于捷联惯导系统是靠计算机来实现平台的功能，因此其算法误差比平台系统要大些。一般要求软件误差不应超过系统误差的10%。此外，由于惯性传感器工作在较恶劣的动态环境(例如高角速率等)中，捷联惯导系统往往存在着不可忽视的动态误差。

综上所述，捷联惯导系统与平台系统相比，虽然精度略差，但可靠性高、体积小、重量轻以及成本低，在实际工程中已被广泛应用。

3.4 惯性导航基本方程及其矩阵表示法

虽然不同惯性导航系统(如平台惯性导航系统、捷联惯性导航系统和无陀螺捷联惯性导航系统)的实现方式不同，但它们都遵循牛顿第二定律，有共同的惯导基本方程。下面以平台惯导系统为例给出惯性导航系统的基本方程。

3.4.1 惯导基本方程

平台惯导系统存在实际的物理平台，加速度计和陀螺仪安装在平台上，因此，在研究飞行器(将飞行器看成刚体)的运动时，利用平台来复现导航坐标系。为了导航的需要，选取一个平台系(用下标“p”来表示)，其原点取在飞行器的重心处。设 $\boldsymbol{R}$ 为平台系的原点在惯性坐标系内的向径，即 O_eO_p，如图3.9所示。

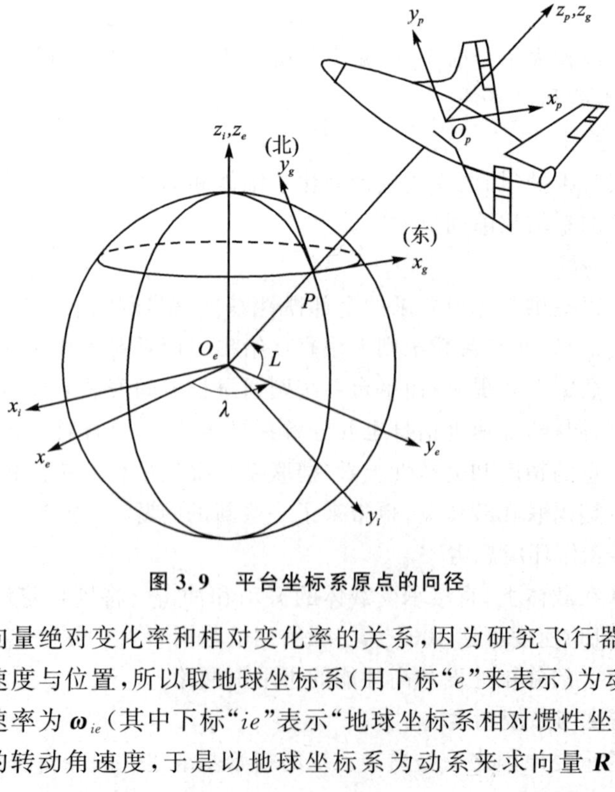

图3.9 平台坐标系原点的向径

根据2.4节中向量绝对变化率和相对变化率的关系，因为研究飞行器的运动通常要相对地球确定飞行器的速度与位置，所以取地球坐标系(用下标“e”来表示)为动系。地球坐标系相对惯性坐标系的角速率为 $\boldsymbol{\omega}_{ie}$(其中下标“ie”表示“地球坐标系相对惯性坐标系”)，即地球坐标系相对惯性坐标系的转动角速度，于是以地球坐标系为动系来求向量 $\boldsymbol{R}$ 的绝对变率。根据

式(2.23)可得

$$\left.\frac{\mathrm{d}\boldsymbol{R}}{\mathrm{d}t}\right|_i=\left.\frac{\mathrm{d}\boldsymbol{R}}{\mathrm{d}t}\right|_e+\boldsymbol{\omega}_{ie}\times\boldsymbol{R} \tag{3.3}$$

令 $\boldsymbol{V}_{ep}=\left.\frac{\mathrm{d}\boldsymbol{R}}{\mathrm{d}t}\right|_e$，于是有

$$\left.\frac{\mathrm{d}\boldsymbol{R}}{\mathrm{d}t}\right|_i=\boldsymbol{V}_{ep}+\boldsymbol{\omega}_{ie}\times\boldsymbol{R} \tag{3.4}$$

式中，$\boldsymbol{V}_{ep}$ 为平台坐标系原点相对地球坐标系的速度向量，即地速向量。

对式(3.4)再次求绝对变率，可得

$$\left.\frac{\mathrm{d}^2\boldsymbol{R}}{\mathrm{d}t^2}\right|_i=\left.\frac{\mathrm{d}\boldsymbol{V}_{ep}}{\mathrm{d}t}\right|_i+\left.\frac{\mathrm{d}}{\mathrm{d}t}(\boldsymbol{\omega}_{ie}\times\boldsymbol{R})\right|_i \tag{3.5}$$

由于地球自转角速率可近似地看作常量，则有

$$\left.\frac{\mathrm{d}\boldsymbol{\omega}_{ie}}{\mathrm{d}t}\right|_i=0 \tag{3.6}$$

于是式(3.5)可写为

$$\left.\frac{\mathrm{d}^2\boldsymbol{R}}{\mathrm{d}t^2}\right|_i=\left.\frac{\mathrm{d}\boldsymbol{V}_{ep}}{\mathrm{d}t}\right|_i+\boldsymbol{\omega}_{ie}\times\left.\frac{\mathrm{d}\boldsymbol{R}}{\mathrm{d}t}\right|_i \tag{3.7}$$

将式(3.4)代入式(3.7)中，整理得

$$\begin{aligned}\left.\frac{\mathrm{d}^2\boldsymbol{R}}{\mathrm{d}t^2}\right|_i&=\left.\frac{\mathrm{d}\boldsymbol{V}_{ep}}{\mathrm{d}t}\right|_i+\boldsymbol{\omega}_{ie}\times(\boldsymbol{V}_{ep}+\boldsymbol{\omega}_{ie}\times\boldsymbol{R})\\&=\left.\frac{\mathrm{d}\boldsymbol{V}_{ep}}{\mathrm{d}t}\right|_i+\boldsymbol{\omega}_{ie}\times\boldsymbol{V}_{ep}+\boldsymbol{\omega}_{ie}\times(\boldsymbol{\omega}_{ie}\times\boldsymbol{R})\end{aligned} \tag{3.8}$$

由于加速度计和陀螺安装在物理平台上，而且载体的对地速度的各个分量是在平台坐标系上给出的，即 $\boldsymbol{V}_{ep}$ 要在平台坐标系上进行投影，因此在计算式(3.8)中的 $\left.\frac{\mathrm{d}\boldsymbol{V}_{ep}}{\mathrm{d}t}\right|_i$ 时，应取平台坐标系作为动系，于是有

$$\left.\frac{\mathrm{d}\boldsymbol{V}_{ep}}{\mathrm{d}t}\right|_i=\left.\frac{\mathrm{d}\boldsymbol{V}_{ep}}{\mathrm{d}t}\right|_p+\boldsymbol{\omega}_{ip}\times\boldsymbol{V}_{ep} \tag{3.9}$$

由于平台坐标系相对惯性坐标系的角速度由平台坐标系相对于地球坐标系运动产生的角速度和地球相对于惯性坐标系的自转角速度两部分构成，因此有

$$\boldsymbol{\omega}_{ip}=\boldsymbol{\omega}_{ie}+\boldsymbol{\omega}_{ep} \tag{3.10}$$

将式(3.9)和式(3.10)代入式(3.8)中，整理得

$$\left.\frac{\mathrm{d}^2\boldsymbol{R}}{\mathrm{d}t^2}\right|_i=\left.\frac{\mathrm{d}\boldsymbol{V}_{ep}}{\mathrm{d}t}\right|_p+(2\boldsymbol{\omega}_{ie}+\boldsymbol{\omega}_{ep})\times\boldsymbol{V}_{ep}+\boldsymbol{\omega}_{ie}\times(\boldsymbol{\omega}_{ie}\times\boldsymbol{R}) \tag{3.11}$$

惯性导航遵循牛顿第二定律，而且惯导方程与加速度计有着密切的联系。下面进一步研究加速度计与式(3.11)的关系。设在平台上或载体上装有加速度计(其示意图如图 3.10 所示)，加速度计中的质量块的质量为 m，根据牛顿第二定律，有

$$\boldsymbol{F}=m\left.\frac{\mathrm{d}^2\boldsymbol{R}}{\mathrm{d}t^2}\right|_i \tag{3.12}$$

式中，$\boldsymbol{F}$ 为作用于加速度计质量块上的外力。进一步可得

$$\boldsymbol{F}=\boldsymbol{F}_s+m\boldsymbol{g}_m \tag{3.13}$$

式中，$\boldsymbol{F}_s$ 表示作用在质量块上的弹簧拉力，它与弹簧的变形成正比；而 $m\boldsymbol{g}_m$ 为作用在质量块上的万有引力。将式(3.13)代入式(3.12)中，可得

$$\boldsymbol{F}_s+m\boldsymbol{g}_m=m\left.\frac{\mathrm{d}^2\boldsymbol{R}}{\mathrm{d}t^2}\right|_i \tag{3.14}$$

式(3.14)两边同除以 m，得

$$\left.\frac{\mathrm{d}^2\boldsymbol{R}}{\mathrm{d}t^2}\right|_i=\frac{\boldsymbol{F}_s}{m}+\boldsymbol{g}_m \tag{3.15}$$

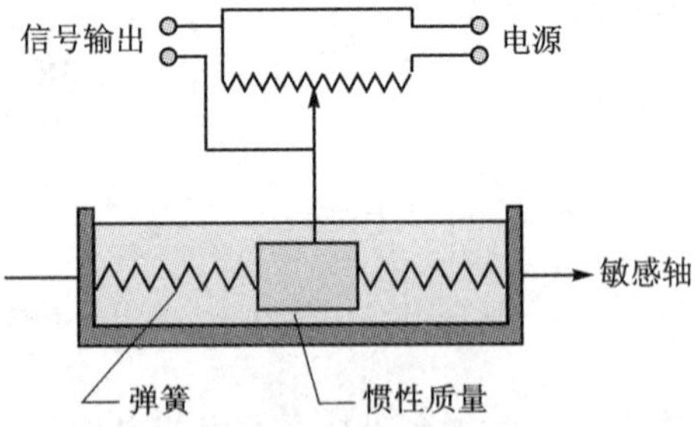

图 3.10　加速度计示意图

式中，$\left.\frac{\mathrm{d}^2\boldsymbol{R}}{\mathrm{d}t^2}\right|_i$ 为加速度计的质量块所承受的绝对加速度，也即载体或平台坐标系原点的绝对加速度；$\boldsymbol{g}_m$ 为万有引力加速度；$\frac{\boldsymbol{F}_s}{m}$ 为非引力加速度。

令 $\boldsymbol{f}=\frac{\boldsymbol{F}_s}{m}$，它表示单位质量块质量所承受的弹簧拉力，将其称为比力(Specific Force)。由于比力 $\boldsymbol{f}$ 的大小与弹簧变形成正比，因此加速度计实质上测量的并非是载体的加速度，而是比力。这是惯导理论中最重要的基本概念之一。

将式(3.15)代入式(3.11)中，得

$$\boldsymbol{f}+\boldsymbol{g}_m=\left.\frac{\mathrm{d}\boldsymbol{V}_{ep}}{\mathrm{d}t}\right|_p+(2\boldsymbol{\omega}_{ie}+\boldsymbol{\omega}_{ep})\times\boldsymbol{V}_{ep}+\boldsymbol{\omega}_{ie}\times(\boldsymbol{\omega}_{ie}\times\boldsymbol{R}) \tag{3.16}$$

令 $\dot{\boldsymbol{V}}_{ep}=\left.\frac{\mathrm{d}\boldsymbol{V}_{ep}}{\mathrm{d}t}\right|_p$，整理式(3.16)得

$$\dot{\boldsymbol{V}}_{ep}=\boldsymbol{f}-(2\boldsymbol{\omega}_{ie}+\boldsymbol{\omega}_{ep})\times\boldsymbol{V}_{ep}+\boldsymbol{g}_m-\boldsymbol{\omega}_{ie}\times(\boldsymbol{\omega}_{ie}\times\boldsymbol{R}) \tag{3.17}$$

式中，$\dot{\boldsymbol{V}}_{ep}$ 表示在平台坐标系上观测的地速向量的导数，它也正是惯导中所要求的量。

根据 2.7.5 小节地球重力场的成因和物理意义，可知 $\boldsymbol{g}=\boldsymbol{g}_m-\boldsymbol{\omega}_{ie}\times(\boldsymbol{\omega}_{ie}\times\boldsymbol{R})$ 为重力加速度。因此，式(3.17)可写为

$$\dot{\boldsymbol{V}}_{ep}=\boldsymbol{f}-(2\boldsymbol{\omega}_{ie}+\boldsymbol{\omega}_{ep})\times\boldsymbol{V}_{ep}+\boldsymbol{g}=\boldsymbol{f}-\boldsymbol{a}_B+\boldsymbol{g} \tag{3.18}$$

式(3.18)为向量形式的惯导基本方程。惯导基本方程中的每一项都有其实际的物理意义，其中 $\dot{\boldsymbol{V}}_{ep}$ 为平台系相对地球的加速度向量，即对地加速度，由于平台固连在载体上，因此 $\dot{\boldsymbol{V}}_{ep}$ 就是载体相对于地球的加速度；$\boldsymbol{f}$ 为比力向量，是加速度计的实际输出值；$-(2\boldsymbol{\omega}_{ie}+\boldsymbol{\omega}_{ep})\times\boldsymbol{V}_{ep}$ 为地球自转和载体相对地球运动而产生的有害加速度，其中 $2\boldsymbol{\omega}_{ie}\times\boldsymbol{V}_{ep}$ 是载体的相对速度 $\boldsymbol{V}_{ep}$ 与牵连角速度 $\boldsymbol{\omega}_{ie}$ 引起的哥式加速度；$\boldsymbol{\omega}_{ep}\times\boldsymbol{V}_{ep}$ 为法向加速度；$\boldsymbol{g}$ 为重力加速度向量，是引力 $\boldsymbol{g}_m$(确切讲是引力加速度)和负方向的地球转动向心加速度(单位质量的离心惯性力)$-\boldsymbol{\omega}_{ie}\times(\boldsymbol{\omega}_{ie}\times\boldsymbol{R})$的合成，也是一种有害加速度。在计算 $\dot{\boldsymbol{V}}_{ep}$ 时需要将有害加速度 $\boldsymbol{a}_B=(2\boldsymbol{\omega}_{ie}+\boldsymbol{\omega}_{ep})\times\boldsymbol{V}_{ep}$ 和 $\boldsymbol{g}$ 从 $\boldsymbol{f}$ 中消除。

3.4.2　惯导基本方程的矩阵表示法

导航坐标系是根据导航系统工作的需要而选取的作为导航基准的坐标系，是一个理想的

导航平台；而平台坐标系是用惯导系统来复现导航坐标系时所获得的坐标系。对于平台惯导系统，平台坐标系是利用实际的物理平台实现的；对于捷联惯导系统，平台坐标系是由数学平台实现的。在理想情况下，平台坐标系 $O_p x_p y_p z_p$ 和 $O_n x_n y_n z_n$ 是重合的。因此，为后续讨论方便，在导航坐标系下讨论惯导基本方程的投影形式。首先将导航坐标系 $O_n x_n y_n z_n$ 的 z_n 轴的正向选为沿 $-\boldsymbol{g}$ 的方向，即指向天（若取 z_n 指向地，则只要将向量沿 z_n 轴的投影变号即可）。由于 x_n 和 y_n 轴在水平面中的指向不影响惯导基本方程表达式，因此这里先暂不做具体规定，在 3.5 节中详细讨论。为了书写方便，将 V_{enx}^n，V_{eny}^n 和 V_{enz}^n 简写为 V_x^n，V_y^n 和 V_z^n，表示向量对地速度 V_{en} 在导航坐标系的 x_n 轴、y_n 轴和 z_n 轴的投影。根据 2.3.2 节两个向量叉乘的矩阵表示式(2.11)，惯导基本方程(3.18)可写为

$$\begin{bmatrix}\dot{V}_x^n\\ \dot{V}_y^n\\ \dot{V}_z^n\end{bmatrix}=\begin{bmatrix}f_x^n\\ f_y^n\\ f_z^n\end{bmatrix}-\begin{bmatrix}0 & -(2\omega_{iez}^n+\omega_{enz}^n) & 2\omega_{iey}^n+\omega_{eny}^n\\ 2\omega_{iez}^n+\omega_{enz}^n & 0 & -(2\omega_{iex}^n+\omega_{enx}^n)\\ -(2\omega_{iey}^n+\omega_{eny}^n) & 2\omega_{iex}^n+\omega_{enx}^n & 0\end{bmatrix}\begin{bmatrix}V_x^n\\ V_y^n\\ V_z^n\end{bmatrix}+\begin{bmatrix}0\\ 0\\ -g\end{bmatrix} \tag{3.19}$$

式中，ω_{iex}^n 为地球坐标系（e 系）相对于惯性坐标系（i 系）的转动角速度在导航坐标系（n 系）上投影的 x 轴分量，其他量的上下角标含义类同；f_x^n，f_y^n，f_z^n 为比力 $\boldsymbol{f}$ 在导航坐标系上的三个投影；$\boldsymbol{g}^n=[0\quad 0\quad -g]^{\mathrm{T}}$，$g$ 为当地重力加速度的数值。

3.5　惯导系统原理与力学方程编排

利用惯导系统复现导航坐标系 $O_n x_n y_n z_n$ 时获得了平台坐标 $O_p x_p y_p z_p$，平台惯导系统是利用实际物理平台来实现的，而捷联惯导系统是利用数学平台来实现的。在惯导系统实现的过程中，用物理平台或数学平台描述的平台坐标系 $O_p x_p y_p z_p$ 来复现导航坐标系 $O_n x_n y_n z_n$，理想情况下二者是重合的，而且导航坐标系 $O_n x_n y_n z_n$ 取法不同会得到不同的惯性导航系统方案。当导航坐标系 $O_n x_n y_n z_n$ 取为地理坐标系 $O_g x_g y_g z_g$ 时，获得的惯导系统方案为指北方位系统；当导航坐标系 $O_n x_n y_n z_n$ 取为游动方位坐标系 $O_w x_w y_w z_w$ 时，获得的惯导系统方案为自由方位系统或游动自由方位系统，二者的区别是给方位陀螺仪施加的指令角速度大小不同。

3.5.1　指北方位系统

对于指北方位系统，导航坐标系 $O_n x_n y_n z_n$ 与地理坐标系 $O_g x_g y_g z_g$ 重合。因 y_n 轴指向地理北，这种惯导系统便由此而得名，即将地理坐标系 $O_g x_g y_g z_g$ 作为导航坐标系 $O_n x_n y_n z_n$ 的惯导系统为指北方位系统，平台坐标系 $O_p x_p y_p z_p$ 跟踪地理坐标系 $O_g x_g y_g z_g$，理想情况下二者是重合的，其坐标系关系如图 3.11 所示。

对于指北方位系统，导航平台要跟踪当地的地理坐标系。对于平台惯导系统，需要根据平台指令角速度的大小给陀螺施加力矩，使平台跟踪地理坐标系；对于捷联惯导系统，则要把地理坐标系相对惯性系的转动角速度输入到“数学平台”的计算程序中去，来实现导航平台的功能。因此，需要计算地理坐标系相对惯性系的转动角速度。

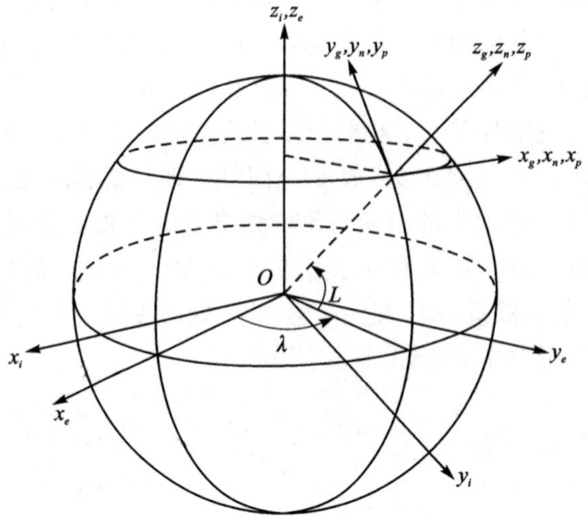

图 3.11　指北方位系统坐标系

平台跟踪地理坐标系的角速度 $\boldsymbol{\omega}_{ig}^{g}$ 由两部分构成，一部分是地球坐标系相对惯性坐标系的转动角速度在地理坐标系的投影 $\boldsymbol{\omega}_{ie}^{g}$；另一部分是载体运动引起的导航坐标系相对地球坐标系的角速度在地理坐标系的投影 $\boldsymbol{\omega}_{eg}^{g}$（也称为位置角速度），即 $\boldsymbol{\omega}_{ig}^{g}=\boldsymbol{\omega}_{ie}^{g}+\boldsymbol{\omega}_{eg}^{g}$。对于指北方位系统，为了保证平台跟踪地理坐标系，需要给平台施加角速度 $\boldsymbol{\omega}_{in}^{n}$（也称为平台指令角速度，就是地理坐标系相对惯性坐标系的转动角速度 $\boldsymbol{\omega}_{ig}^{g}$）。根据图 3.12 可知，由地球转动引起的地理坐标系的角速度为

$$\omega_{iex}^{g}=0 \tag{3.20a}$$

$$\omega_{iey}^{g}=\omega_{ie}\cos L \tag{3.20b}$$

$$\omega_{iez}^{g}=\omega_{ie}\sin L \tag{3.20c}$$

根据图 2.2 和图 3.13 可知，由飞行器运动引起的经度和纬度的变化率分别为

$$\dot{\lambda}=\frac{V_x^g}{R_N\cos L} \tag{3.21}$$

$$\dot{L}=\frac{V_y^g}{R_M} \tag{3.22}$$

根据图 3.12 和图 3.13 以及式(3.21)和式(3.22)，由飞行器运动引起的地理坐标系相对地球坐标系的角速度为

$$\omega_{egx}^{g}=-\dot{L}=-\frac{V_y^g}{R_M} \tag{3.23a}$$

$$\omega_{egz}^{g}=\dot{\lambda}\cos L=\frac{V_x^g}{R_N} \tag{3.23b}$$

$$\omega_{egz}^{g}=\dot{\lambda}\sin L=\frac{V_x^g}{R_N}\tan L \tag{3.23c}$$

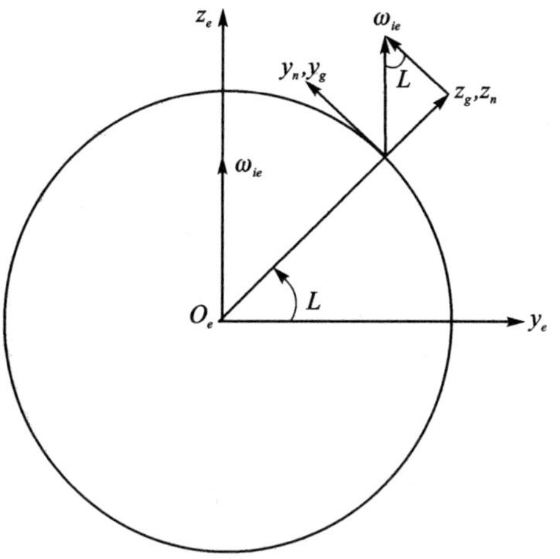

图 3.12　地球自转角速度在导航系投影

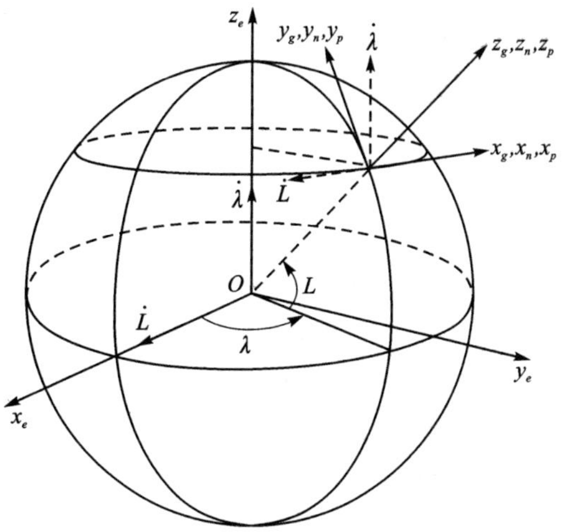

图 3.13　经纬度变化率和位置角速度关系

将式(3.20)和式(3.23)求和，得到地理坐标系(或导航坐标系)的运动角速度 $\boldsymbol{\omega}_{ig}^{g}$，即指北方位系统的平台指令角速度。

$$\omega_{igx}^{g}=\omega_{iex}^{g}+\omega_{egx}^{g}=-\frac{V_y^g}{R_M} \tag{3.24a}$$

$$\omega_{igy}^{g}=\omega_{iey}^{g}+\omega_{egy}^{g}=\omega_{ie}\cos L+\frac{V_x^g}{R_N} \tag{3.24b}$$

$$\omega_{igz}^{g}=\omega_{iez}^{g}+\omega_{egz}^{g}=\omega_{ie}\sin L+\frac{V_x^g}{R_N}\tan L \tag{3.24c}$$

将式(3.20)和式(3.23)代入式(3.19)，于是指北方位系统的惯导基本方程为

$$\dot{V}_x^g=f_x^g+\left(2\omega_{ie}\sin L+\frac{V_x^g}{R_N}\tan L\right)V_y^g-\left(2\omega_{ie}\cos L+\frac{V_x^g}{R_N}\right)V_z^g=f_x^g-a_{Bx}^g \tag{3.25a}$$

$$\dot{V}_y^g=f_y^g-\left(2\omega_{ie}\sin L+\frac{V_x^g}{R_N}\tan L\right)V_x^g-\frac{V_y^g}{R_M}V_z^g=f_y^g-a_{By}^g \tag{3.25b}$$

$$\dot{V}_z^g=f_x^g+\left(2\omega_{ie}\cos L+\frac{V_x^g}{R_N}\right)V_x^g+\frac{V_y^g}{R_M}V_y^g-g=f_z^g-a_{Bz}^g-g \tag{3.25c}$$

式中，对于平台惯导系统，f_x^g，f_y^g 和 f_z^g 可以通过沿平台轴安装的三个加速度计直接测得；对于捷联系统，沿载体坐标系安装的三个加速度计测量的沿载体坐标系的比力分量 f_x^b，f_y^b 和 f_z^b 需经过坐标转换才可获得 f_x^g，f_y^g 和 f_z^g；a_{Bx}^g，a_{By}^g 和 a_{Bz}^g 为进行导航计算所必须消除的有害加速度分量，它们可由计算机算出。

根据式(3.25)计算出 $\dot{V}_x^g$，$\dot{V}_y^g$ 和 $\dot{V}_z^g$，对其进行一次积分可以得到载体的对地速度，即

$$V_x^g(t)=V_x^g(0)+\int_0^t\dot{V}_x^g(t)\mathrm{d}t \tag{3.26a}$$

$$V_y^g(t)=V_y^g(0)+\int_0^t\dot{V}_y^g(t)\mathrm{d}t \tag{3.26b}$$

$$V_z^g(t)=V_z^g(0)+\int_0^t\dot{V}_z^g(t)\mathrm{d}t \tag{3.26c}$$

对式(3.21)、式(3.22)和式(3.26c)进行一次积分得到载体的水平位置和高度为

$$\lambda(t)=\lambda(0)+\int_0^t \dot{\lambda}(t)\mathrm{d}t \tag{3.27}$$

$$L(t)=L(0)+\int_0^t \dot{L}(t)\mathrm{d}t \tag{3.28}$$

$$h(t)=h(0)+\int_0^t V_z^g(t)\mathrm{d}t \tag{3.29}$$

式中，$\lambda(0)$，$L(0)$和$h(0)$分别为经度、纬度和高度的初始值。

由于导航平台跟踪当地的地理坐标系，对于平台惯导系统，可直接从平台框架上的角度传感器(同步器)来读取载体的航向角ψ、俯仰角ϑ和横滚角γ信号；而对于捷联惯导系统，需要通过数学平台——捷联姿态矩阵来计算载体的航向角ψ、俯仰角ϑ和横滚角γ。

根据上述原理和计算公式，可画出指北方位系统水平通道的导航原理方框图(见图3.14)。从式(3.24c)和图3.14中可以看出，采用指北方位系统进行导航时，由于平台要跟踪地理北向，而当飞行器在高纬度地区或极区飞行时，方位的变化较快，因此要求平台具有较快的跟踪角速度，如表3.1所列(取$V_x^g=300$ m/s)。对于平台惯导系统，则要求陀螺有较大的力矩器系数，这就造成了硬件上的困难；对于捷联惯导系统，较快的方位变化要求计算机有较快的计算速度，特别是当$L\to 90°$时，$\omega_{igz}^g\to\infty$，计算机无法完成计算。因此，指北方位系统不适合在高纬度地区使用，通常要求在$L\leqslant 70°$的区域内使用。

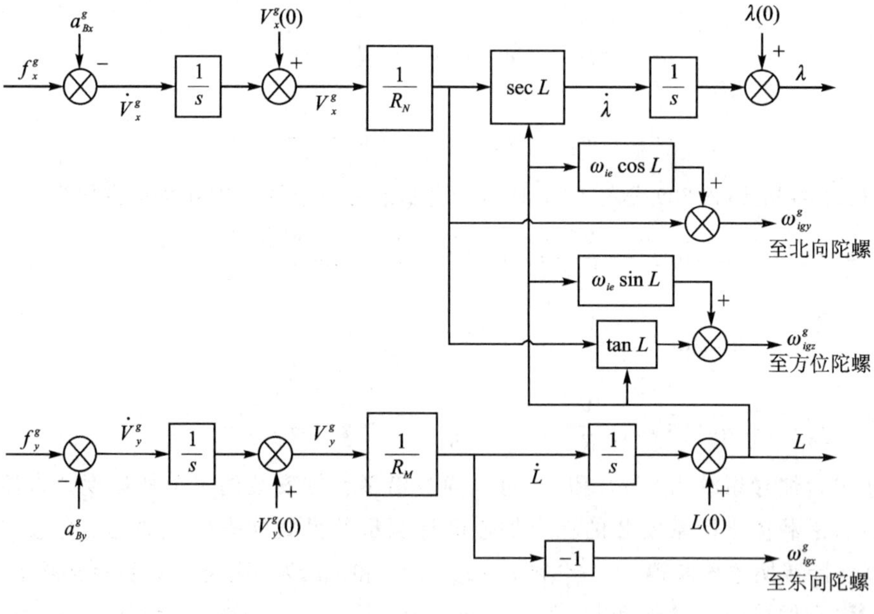

图3.14 指北方位系统的导航原理方框图

由表3.1可以看出，在高纬度地区，主要影响方位陀螺施矩或计算困难的原因是存在ω_{egz}^g项，为了克服这一缺点，在实际中可以使$\omega_{igz}^g=0$或$\omega_{egz}^g=0$，即不给方位陀螺施加力矩或给方位陀螺力矩器施加有限的指令角速度，只跟踪地球自身的转动，此时导航坐标系y_n轴不再跟踪地理北向y_g，而与地理北向y_g存在一个方位角，于是得到了与指北方位系统不同的惯导系统实现方案，即自由方位系统或游动自由方位系统。

表 3.1　方位陀螺平台指令角速度大小与纬度的关系

$L/(°)$	$\omega_{iez}^{g}=\omega_{ie}\sin L/(°/h)$	$\omega_{egz}^{g}=\frac{V_x^g}{R_N}\tan L/(°/h)$	$\omega_{igz}^{g}=\omega_{iez}^{g}+\omega_{egz}^{g}/(°/h)$
45	10.6	9.7	20.3
80	14.9	54.9	69.8
85	14.98	110.7	125.68

3.5.2　自由方位系统

给水平陀螺施加指令角速度控制导航平台水平；同时，为了避免在高纬度地区出现方位陀螺指令角速度计算值趋于无穷大而造成给方位陀螺施加力矩困难（平台惯导系统）或计算机计算溢出（捷联惯导系统）的风险，不再将导航坐标系 $O_nx_ny_nz_n$ 取为地理坐标系 $O_gx_gy_gz_g$，而是将导航坐标系 $O_nx_ny_nz_n$ 取为游动方位坐标系 $O_wx_wy_wz_w$，即平台跟踪游动方位坐标系 $O_wx_wy_wz_w$。在选取平台坐标系时，取平台指令角速度 $\omega_{inz}^{n}=0$，即平台系的 z_p 轴相对惯性坐标系统不转动，稳定在惯性空间，这样就不需要给控制平台 z_p 轴转动的方位陀螺施加力矩，从而克服了指北方位系统在高纬度地区使用时的困难。然而由于平台相对惯性空间绕 z_p 轴不转动，则相对地理坐标系就存在着表观运动，即 y_p 轴不再指北，而与 y_g 轴之间存在着自由方位角 α_f，此时的平台坐标系要模拟的导航坐标系为游动方位坐标系 $O_wx_wy_wz_w$，理想情况下二者是重合的，如图 3.15 所示。

此时的平台指令角速度由三部分构成，即

$$\boldsymbol{\omega}_{iw}^{w}=\boldsymbol{\omega}_{ie}^{w}+\boldsymbol{\omega}_{ew}^{w}=\boldsymbol{\omega}_{ie}^{w}+\boldsymbol{\omega}_{eg}^{w}+\boldsymbol{\omega}_{gw}^{w} \tag{3.30}$$

根据 2.5.2 节两个坐标系间的变换关系矩阵式(2.30)、2.5.3 节两个坐标系间变换矩阵的性质式(2.37)以及图 3.16 所示的游动方位坐标系和地理坐标系间的关系可知，两个坐标系间的变换为

$$\boldsymbol{C}_{g}^{w}=\begin{bmatrix}\cos\alpha_f & \sin\alpha_f & 0\\ -\sin\alpha_f & \cos\alpha_f & 0\\ 0 & 0 & 1\end{bmatrix} \tag{3.31}$$

$$\boldsymbol{C}_{w}^{g}=\begin{bmatrix}\cos\alpha_f & -\sin\alpha_f & 0\\ \sin\alpha_f & \cos\alpha_f & 0\\ 0 & 0 & 1\end{bmatrix} \tag{3.32}$$

其中，式(3.31)为从地理坐标系到游动方位坐标系的变换矩阵；式(3.32)为式(3.31)的转置矩阵，即从游动方位坐标系到地理坐标系的变换矩阵。

将式(3.31)代入式(3.30)，可得

$$\boldsymbol{\omega}_{iw}^{w}=\boldsymbol{C}_{g}^{w}(\boldsymbol{\omega}_{ie}^{g}+\boldsymbol{\omega}_{eg}^{g})+\boldsymbol{\omega}_{gw}^{w} \tag{3.33}$$

将式(3.24)代入式(3.33)，可得

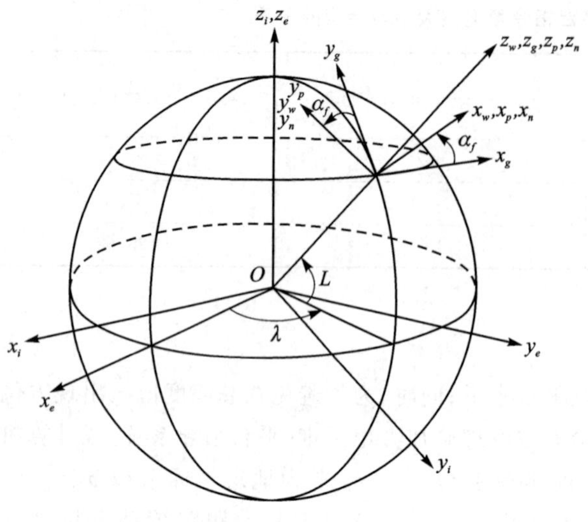

图 3.15　自由方位系统的平台坐标系

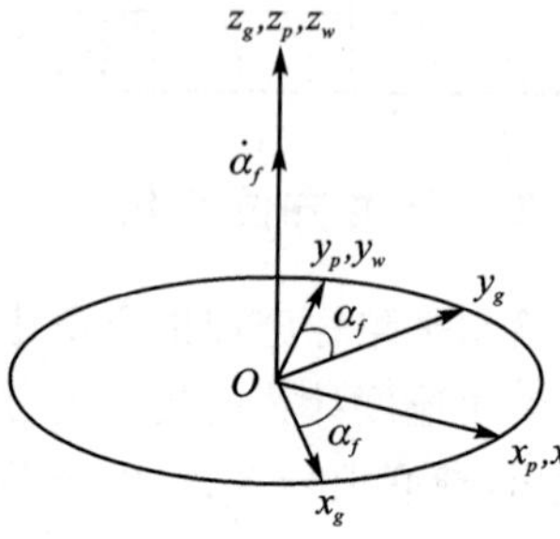

图 3.16　两坐标系的关系

$$\begin{bmatrix}\omega_{iwx}^{w}\\ \omega_{iwy}^{w}\\ \omega_{iwz}^{w}\end{bmatrix}=\begin{bmatrix}\cos\alpha_f & \sin\alpha_f & 0\\ -\sin\alpha_f & \cos\alpha_f & 0\\ 0 & 0 & 1\end{bmatrix}\begin{bmatrix}-\dfrac{V_y^g}{R_M}\\ \omega_{ie}\cos L+\dfrac{V_x^g}{R_N}\\ \omega_{ie}\sin L+\dfrac{V_x^g}{R_N}\tan L\end{bmatrix}+\begin{bmatrix}0\\0\\ \dot{\alpha}_f\end{bmatrix} \tag{3.34}$$

由于不对方位陀螺施矩，而且由于 z_w 轴与 z_g 轴重合，$\omega_{iez}^{g}=\omega_{iez}^{w}=\omega_{ie}\sin L$，于是有

$$\omega_{iwz}^{w}=\omega_{iez}^{w}+\omega_{egz}^{w}+\omega_{gwz}^{w}=\omega_{ie}\sin L+\frac{V_x^g}{R_N}\tan L+\dot{\alpha}_f=0 \tag{3.35}$$

整理式(3.35)可得

$$\dot{\alpha}_f=\omega_{gwz}^{w}=-\omega_{ie}\sin L-\frac{V_x^g}{R_N}\tan L \tag{3.36}$$

对式(3.36)进行积分可得自由方位角为

$$\alpha_f=\alpha_f(0)-\int_0^t\left(\omega_{ie}\sin L+\frac{V_x^g}{R_N}\tan L\right)\mathrm{d}t \tag{3.37}$$

式中，$\alpha_f(0)$为自由方位角的初始值。

通过分析式(3.35)和式(3.37)，这种系统不给方位陀螺仪施加任何指令角速度(即不施加控制力矩)，因而平台方位轴相对惯性空间某一方向稳定不动，由于地球的自转和载体的运动，使平台方位相对地理坐标系的 $O_g y_g$ 轴(真北方向)就有任意夹角 α_f，其大小与载体所在处的纬度和载体的速度有关，这正是称为“自由方位”的道理，因此称这种惯导系统为自由方位系统。

为了利用指北方位系统的解算过程，利用式(3.32)将在游动方位坐标系下获得加速度计的输出值变换到地理坐标系下，即

$$\begin{bmatrix}f_x^g\\ f_y^g\\ f_z^g\end{bmatrix}=\boldsymbol{C}_w^g\begin{bmatrix}f_x^w\\ f_y^w\\ f_z^w\end{bmatrix} \tag{3.38}$$

由于导航平台跟踪游动方位坐标系，对于平台惯导系统，可直接从平台框架上的角度传感器(同步器)读取载体纵轴在水平面内投影与平台纵轴间的夹角 ψ_g、俯仰角 ϑ 和横滚角 γ 信号；而对于捷联惯导系统，需要通过数学平台——捷联姿态矩阵来计算平台航向角 ψ_g、俯仰角 ϑ 和横滚角 γ。进而根据图 3.17 所示的关系，计算出载体的航向角(载体纵轴在水平面内投影与真北方向的夹角)为

$$\psi = \psi_g - \alpha_f \tag{3.39a}$$

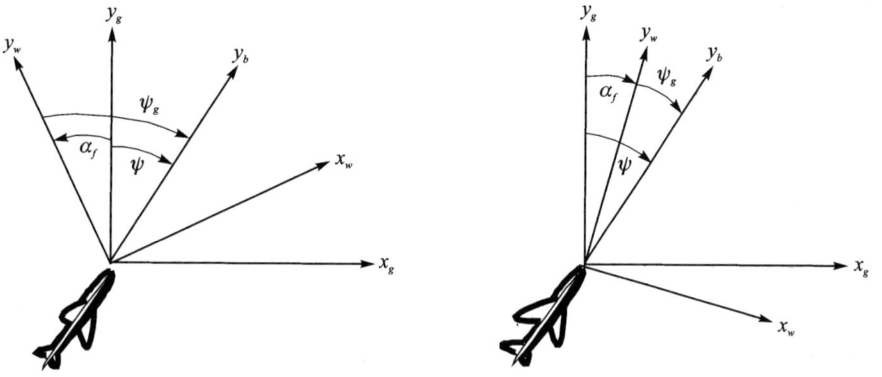

(a) α_f为正　　　　(b) α_f为负

图 3.17　载体航向角和自由方位角间的关系(航向角北偏东为正)

值得注意的是，图 3.17 和式(3.39a)所示的载体纵轴在水平面内的投影与平台纵轴间的夹角 ψ_g 和载体航向角 ψ 的正方向都是北偏东为正。当取 ψ_g 和 ψ 都是北偏西为正时，载体航向角和自由方位角间的关系如图 3.18 所示，式(3.39a)应变为

$$\psi = \psi_g + \alpha_f \tag{3.39b}$$

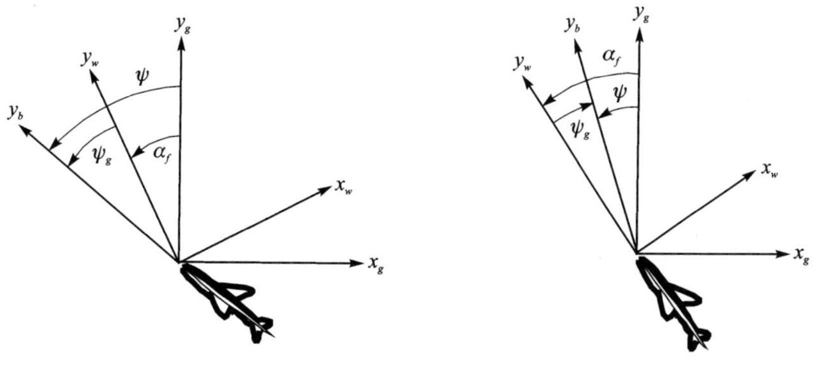

(a) ψ_g为正　　　　(b) ψ_g为负

图 3.18　载体航向角和自由方位角间的关系(航向角北偏西为正)

于是，利用指北方位系统的导航参数计算过程，可完成自由方位系统水平通道的导航计算，其原理图如图 3.19 所示。

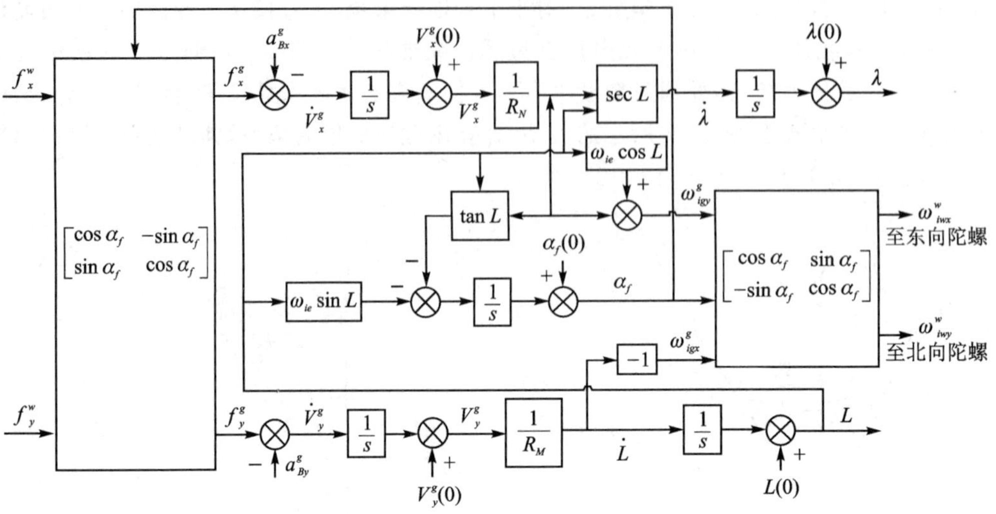

图 3.19　自由方位系统的导航原理方框图

3.5.3　游动自由方位系统

游动自由方位系统选取的导航坐标系 $O_n x_n y_n z_n$ 仍为游动方位坐标系 $O_w x_w y_w z_w$，方位陀螺力矩器上所施加的指令不同于指北方位系统，也不同于自由方位系统，对方位陀螺力矩器上要施加有限的指令角速度，即对方位陀螺施加补偿地球自转角速度垂直分量的控制力拒

$$\omega_{iwz}^w = \omega_{iez}^w = \omega_{ie}\sin L \tag{3.40}$$

因此，导航平台绕 z_w 轴只跟踪地球自身的转动，平台相对地球绕垂直轴的角速度为 0，即在地球静基座上工作时，平台方位相对地球没有表观运动。而此时，导航平台不跟踪由载体运动而引起的载体相对地球运动产生的位置角速度垂直分量，于是有

$$\omega_{ewz}^w = \omega_{iwz}^w - \omega_{iez}^w = 0 \tag{3.41}$$

此时，$O_w y_w$ 轴与地理坐标系的 $O_g y_g$ 轴（真北方向）之间仍存在一夹角 α_m，称为游动自由方位角。

根据式(3.24c)和式(3.40)以及图 3.16 的关系，可知

$$\omega_{iwz}^w = \omega_{iez}^w + \omega_{ewz}^w = \omega_{ie}\sin L + \frac{V_x^g}{R_N}\tan L + \dot{\alpha}_m = \omega_{ie}\sin L \tag{3.42}$$

对式(3.42)进一步整理，得游动自由方位角的变化率为

$$\dot{\alpha}_m = -\frac{V_x^g}{R_N}\tan L \tag{3.43}$$

对式(3.43)积分，可得游动自由方位角为

$$\alpha_m = \alpha_m(0) - \int_0^t \left(\frac{V_x^g}{R_N}\tan L\right)\mathrm{d}t \tag{3.44}$$

式中，$\alpha_m(0)$ 为游动自由方位角的初始值。

分析式(3.42)和式(3.44)，由于给方位陀螺仪施加有限的指令角速度，使导航平台跟踪地球自转，当载体具有东西向速度时，平台在方位上将产生角速度，而且平台方位角 α_m 将随东西向速度的大小和方向发生变化，当载体的东西向速度不变时，方位角 α_m 是常值。

游动自由方位系统导航参数计算过程与自由方位系统相似，二者的导航参数计算过程都是将加速度在游动方位坐标系下输出的比力信号转换到地理坐标系下，并按照指北方位系统的力学方程编排进行导航参数计算，然后将地理坐标系下的速度 $\boldsymbol{V}^g$ 和平台指令角速度 $\boldsymbol{\omega}_{ig}^g$ 在转换到游动方位坐标系，其计算过复杂。在实际应用中，自由方位系统和游动自由方位系统通常采用更为简单的方法——方向余弦法，来实现导航参数的解算。

3.6　基于方向余弦矩阵的惯性导航方法

3.5 节介绍的惯性导航原理是导航平台跟踪地理坐标系或游动方位坐标系，进而计算出载体的对地加速度 $\dot{V}_x^n$ 和 $\dot{V}_y^n$，进行两次积分，从而完成导航参数的计算。指北方位系统，理想的平台系和地理坐标系是重合的，通过两次积分计算导航参数的过程是相对简单的。但对于自由方位系统和游动自由方位系统则首先要将沿平台坐标系测量的比力转换到地理坐标系上，而且经度、纬度和自由方位角或游动自由方位角的变化率比较复杂，导致通过积分计算经度、纬度和方位角时比较繁琐。本节介绍一种更为简便的方法，特别适用于自由方位系统和游动自由方位系统的方法——方向余弦法。对于方向余弦法，可以由 $\dot{\boldsymbol{V}}^n$ 经一次积分求得 $\boldsymbol{V}^n$，进而计算方向余弦矩阵微分方程，通过求方向余弦矩阵微分方程的数值解来计算导航参数。由于采用方向余弦法为导航计算带来许多便利，因此对于自由方位系统或游动方位系统多采用方向余弦法，而且指北方位系统也可采用方向余弦法。

3.6.1　位置矩阵

在惯导系统实现的过程中，导航坐标系 $O_nx_ny_nz_n$ 取法不同会得到不同的惯性导航系统方案，而理想情况下平台系 $O_px_py_pz_p$ 和导航坐标系 $O_nx_ny_nz_n$ 重合，因此在描述载体相对于地球的位置变化关系时，实际上是导航坐标系 $O_nx_ny_nz_n$ 和地球坐标系 $O_ex_ey_ez_e$ 两个空间直角坐标系间的变换关系。根据 2.5 节两个空间直角坐标系的变换关系可知，导航坐标系 $O_nx_ny_nz_n$ 与地球坐标系 $O_ex_ey_ez_e$ 之间的转动关系（虽然两个坐标系的坐标原点不重合，但可以通过平移使它们重合，从而得到其转动关系）可表示为

$$\begin{bmatrix} x_n \\ y_n \\ z_n \end{bmatrix} = \boldsymbol{C}_e^n \begin{bmatrix} x_e \\ y_e \\ z_e \end{bmatrix} \tag{3.45}$$

式中，$\boldsymbol{C}_e^n$ 为由地球坐标系转换到导航坐标系的方向余弦矩阵；$[x_n \quad y_n \quad z_n]^{\mathrm{T}}$ 和 $[x_e \quad y_e \quad z_e]^{\mathrm{T}}$ 为同一向量分别在导航坐标系和地球坐标系下的投影。$\boldsymbol{C}_e^n$ 是描述载体位置参数经度 λ、纬度 L 和方位角 α 的函数，通常又将该变换矩阵称为位置矩阵。此外，通过该变换矩阵还可以确定方位角 α，当方位角 α 分别为 0，α_f 和 α_m 时，惯性导航系统方案分别为指北方位系统、自由方位系统和游动自由方位系统。

根据 2.5.2 小节得到的结论，任意两坐标系间的任何复杂的角位置关系都可看成有限次基本旋转的复合，两坐标系间的变换矩阵等于每一次旋转确定的基本旋转矩阵的连乘，连乘顺序根据每一次旋转的先后次序从右向左排列。位置矩阵 $\boldsymbol{C}_e^n$ 可通过如下的顺序转动来实现：

$$x_ey_ez_e \xrightarrow[\lambda]{\text{绕 } z_e \text{ 轴}} x_e^1y_e^1z_e^1 \xrightarrow[90^\circ - L]{\text{绕 } y_e^1 \text{ 轴}} x_e^2y_e^2z_e^2 \xrightarrow[90^\circ]{\text{绕 } z_e^2 \text{ 轴}} x_gy_gz_g \xrightarrow[\alpha]{\text{绕 } z_g \text{ 轴}} x_ny_nz_n$$

上述转动过程描述了从地球坐标系到导航坐标系间的变换关系，如图 3.20(a)所示。为清楚起见，将绕 y_e^1 轴转动$(90°-L)$的坐标关系在子午面内表现出来，如图 3.20(b)所示。将这些坐标系平移至坐标原点 O 时的坐标变换关系如图 3.20(c)所示。

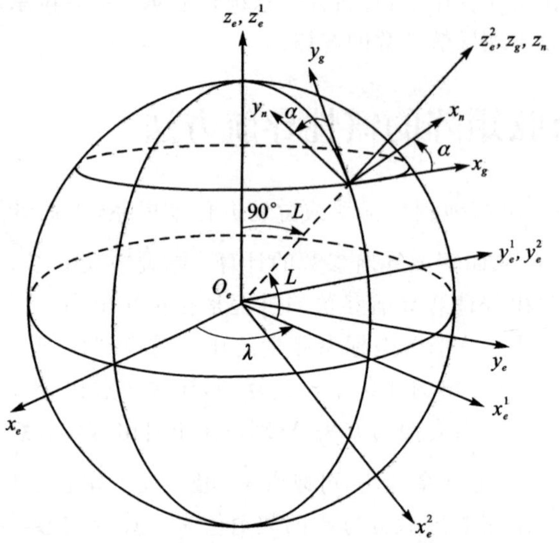

(a) 从地球坐标系到平台坐标系的变换过程

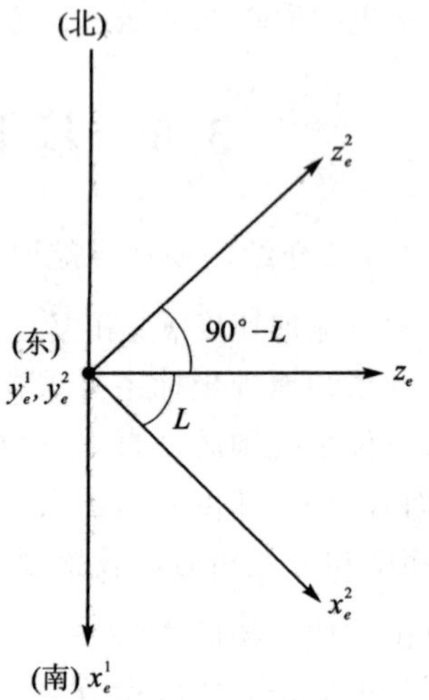

(b) 在子午面内表示绕 y_e^1 轴的转动

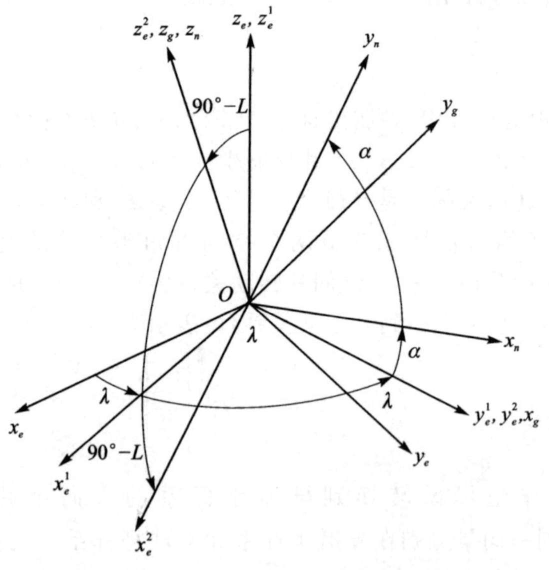

(c) 将各坐标系平移至原点 O 时的坐标转换关系

图 3.20 地球坐标系与平台坐标系的转换关系

将上述每一次转动过程中获得变换矩阵进行连乘，连乘顺序按其获得先后顺序从右向左排列，于是有

$$\begin{bmatrix} x_n \\ y_n \\ z_n \end{bmatrix} = \begin{bmatrix} \cos\alpha & \sin\alpha & 0 \\ -\sin\alpha & \cos\alpha & 0 \\ 0 & 0 & 1 \end{bmatrix} \begin{bmatrix} 0 & 1 & 0 \\ -1 & 0 & 0 \\ 0 & 0 & 1 \end{bmatrix} \begin{bmatrix} \sin L & 0 & -\cos L \\ 0 & 1 & 0 \\ \cos L & 0 & \sin L \end{bmatrix} \begin{bmatrix} \cos\lambda & \sin\lambda & 0 \\ -\sin\lambda & \cos\lambda & 0 \\ 0 & 0 & 1 \end{bmatrix} \begin{bmatrix} x_e \\ y_e \\ z_e \end{bmatrix}$$

$$= \begin{bmatrix} -\sin\alpha\sin L\cos\lambda - \cos\alpha\sin\lambda & -\sin\alpha\sin L\sin\lambda + \cos\lambda\cos\alpha & \sin\alpha\cos L \\ -\cos\alpha\sin L\cos\lambda + \sin\alpha\sin\lambda & -\cos\alpha\sin L\sin\lambda - \sin\alpha\cos\lambda & \cos\alpha\cos L \\ \cos L\cos\lambda & \cos L\sin\lambda & \sin L \end{bmatrix} \begin{bmatrix} x_e \\ y_e \\ z_e \end{bmatrix}$$

$$= \boldsymbol{C}_e^n \begin{bmatrix} x_e \\ y_e \\ z_e \end{bmatrix} \tag{3.46}$$

式(3.46)中 $\boldsymbol{C}_e^n$ 可记为

$$\boldsymbol{C}_e^n = \begin{bmatrix} C_{11} & C_{12} & C_{13} \\ C_{21} & C_{22} & C_{23} \\ C_{31} & C_{32} & C_{33} \end{bmatrix}$$

$$= \begin{bmatrix} -\sin\alpha\sin L\cos\lambda - \cos\alpha\sin\lambda & -\sin\alpha\sin L\sin\lambda + \cos\lambda\cos\alpha & \sin\alpha\cos L \\ -\cos\alpha\sin L\cos\lambda + \sin\alpha\sin\lambda & -\cos\alpha\sin L\sin\lambda - \sin\alpha\cos\lambda & \cos\alpha\cos L \\ \cos L\cos\lambda & \cos L\sin\lambda & \sin L \end{bmatrix} \tag{3.47}$$

对于式(3.47)，当导航坐标系 $O_nx_ny_nz_n$ 取为地理坐标系 $O_gx_gy_gz_g$ 时，方位角 $\alpha=0$，$\boldsymbol{C}_e^n=\boldsymbol{C}_e^g$；当导航坐标系 $O_nx_ny_nz_n$ 取为游动方位坐标系 $O_wx_wy_wz_w$ 时，方位角 $\alpha\neq0$，$\boldsymbol{C}_e^n=\boldsymbol{C}_e^w$。

3.6.2　位置矩阵微分方程

方向余弦矩阵 $\boldsymbol{C}_e^n$ 的变化是由平台坐标系相对地球坐标系运动的角速度(又称为位置角速度)ω_{en}^n 所引起的，而且它是位置的函数，通常称该矩阵为位置矩阵。更新位置矩阵 $\boldsymbol{C}_e^n$ 也可以获得位置信息，因此需要计算位置矩阵的导数 $\dot{\boldsymbol{C}}_e^n$。根据 2.5.4 小节方向余弦矩阵微分方程的一般表达式，有

$$\dot{\boldsymbol{C}}_e^n = -\boldsymbol{\Omega}_{en}^n\boldsymbol{C}_e^n \tag{3.48}$$

式中，$\boldsymbol{\Omega}_{en}^n$ 为由位置角速度 $\boldsymbol{\omega}_{en}^n$ 构成的反对称矩阵。

为了进一步理解位置矩阵 $\boldsymbol{C}_e^n$ 变化率和位置角速度 $\boldsymbol{\omega}_{en}^n$ 间的关系，下面再给出另外一种位置矩阵微分方程的推导过程。

设 t 时刻的位置矩阵为 $\boldsymbol{C}_e^n(t)$，$(t+\Delta t)$时刻的位置矩阵为 $\boldsymbol{C}_e^n(t+\Delta t)$，两个矩阵的转动关系可以描述为

$$x_ny_nz_n(t) \xrightarrow[\Delta\theta_x,\Delta\theta_y,\Delta\theta_z]{\text{分别绕 } x,y \text{ 和 } z \text{ 轴}} x_ny_nz_n(t+\Delta t)$$

根据上述转动关系，可得两个矩阵的变化关系为

$$\boldsymbol{C}_e^n(t+\Delta t) = \begin{bmatrix} \cos\Delta\theta_z & \sin\Delta\theta_z & 0 \\ -\sin\Delta\theta_z & \cos\Delta\theta_z & 0 \\ 0 & 0 & 1 \end{bmatrix} \begin{bmatrix} \cos\Delta\theta_y & 0 & -\sin\Delta\theta_y \\ 0 & 1 & 0 \\ \sin\Delta\theta_y & 0 & \cos\Delta\theta_y \end{bmatrix} \begin{bmatrix} 1 & 0 & 0 \\ 0 & \cos\Delta\theta_x & \sin\Delta\theta_x \\ 0 & -\sin\Delta\theta_x & \cos\Delta\theta_x \end{bmatrix} \boldsymbol{C}_e^n(t) \tag{3.49}$$

当 $\Delta\theta_x$，$\Delta\theta_y$ 和 $\Delta\theta_z$ 为小量时，有 $\sin\Delta\theta=\Delta\theta$ 和 $\cos\Delta\theta=1$，于是式(3.49)可写为

$$\boldsymbol{C}_e^n(t+\Delta t)=\begin{bmatrix}1 & \Delta\theta_z & 0\\ -\Delta\theta_z & 1 & 0\\ 0 & 0 & 1\end{bmatrix}\begin{bmatrix}1 & 0 & -\Delta\theta_y\\ 0 & 1 & 0\\ \Delta\theta_y & 0 & 1\end{bmatrix}\begin{bmatrix}1 & 0 & 0\\ 0 & 1 & \Delta\theta_x\\ 0 & -\Delta\theta_x & 1\end{bmatrix}\boldsymbol{C}_e^n(t) \tag{3.50}$$

对式(3.50)进一步整理，并忽略二阶项，得

$$\boldsymbol{C}_e^n(t+\Delta t)\approx\begin{bmatrix}1 & \Delta\theta_z & -\Delta\theta_y\\ -\Delta\theta_z & 1 & \Delta\theta_x\\ \Delta\theta_y & -\Delta\theta_x & 1\end{bmatrix}\boldsymbol{C}_e^n(t)=\boldsymbol{C}_e^n(t)-\begin{bmatrix}0 & -\Delta\theta_z & \Delta\theta_y\\ \Delta\theta_z & 0 & -\Delta\theta_x\\ -\Delta\theta_y & \Delta\theta_x & 0\end{bmatrix}\boldsymbol{C}_e^n(t) \tag{3.51}$$

对式(3.51)进一步整理，并两边取极限，有

$$\dot{\boldsymbol{C}}_e^n(t)=\lim_{\Delta t\to 0}\frac{\boldsymbol{C}_e^n(t+\Delta t)-\boldsymbol{C}_e^n(t)}{\Delta t}=-\lim_{\Delta t\to 0}\begin{bmatrix}0 & -\dfrac{\Delta\theta_z}{\Delta t} & \dfrac{\Delta\theta_y}{\Delta t}\\ \dfrac{\Delta\theta_z}{\Delta t} & 0 & -\dfrac{\Delta\theta_x}{\Delta t}\\ -\dfrac{\Delta\theta_y}{\Delta t} & \dfrac{\Delta\theta_x}{\Delta t} & 0\end{bmatrix}\boldsymbol{C}_e^n(t)$$

$$=-\begin{bmatrix}0 & -\omega_{enz}^n & \omega_{eny}^n\\ \omega_{enz}^n & 0 & -\omega_{enx}^n\\ -\omega_{eny}^n & \omega_{enx}^n & 0\end{bmatrix}\boldsymbol{C}_e^n(t)=-\boldsymbol{\Omega}_{en}^n\boldsymbol{C}_e^n(t) \tag{3.52}$$

对比式(3.48)与式(3.52)，两种方法获得的位置矩阵矩阵微分方程是一致的，后者体现了位置角速度与位置矩阵变化率间的关系。通过更新位置矩阵，可以确定经度、纬度和方位角。

3.6.3 由位置矩阵确定经度、纬度和方位角

载体运动，位置角速度 $\boldsymbol{\omega}_{en}^n$ 就会更新，位置矩阵微分方程也会更新。利用2.6节微分方程的数值积分算法对位置矩阵微分方程积分，实时更新位置矩阵。由矩阵 $\boldsymbol{C}_e^n$ 的元素便可以单值地确定经度 λ、纬度 L 和方位角 α 的真值。为了达到该目的，首先要规定经度 λ、纬度 L 和方位角 α 的定义域。在实际应用中，通常经度 λ 的定义域为(−180°,180°)，纬度 L 的定义域为(−90°,90°)，方位角 α 的定义域为(0°,360°)。对于平台坐标系的任一位置，都有唯一的经度 λ、纬度 L 和方位角 α 与之相对应。进而可根据 $\boldsymbol{C}_e^n$ 的元素值进行反三角函数运算来确定 λ，L 和 α。由于反三角函数是多值函数，所以应先求其主值。根据式(3.47)，经度 λ、纬度 L 和方位角 α 的主值计算公式分别为

$$\lambda_{主}=\arctan\frac{C_{32}}{C_{31}} \tag{3.53}$$

$$L_{主}=\arcsin C_{33}\quad 或\quad L_{主}=\arctan\frac{C_{33}}{\sqrt{C_{31}^2+C_{32}^2}} \tag{3.54}$$

$$\alpha_{主}=\arctan\frac{C_{13}}{C_{23}} \tag{3.55}$$

当反三角函数的主值确定后，应根据反三角函数的主值域与 λ，L 和 α 的定义域及 C_e^n 的有关元素的正负号来确定 λ，L 和 α 的真值。

1. 求纬度的真值 L

由于反正弦函数的主值域为(−90°,90°),与 L 的定义域是一致的,因此有

$$L = L_{主} \tag{3.56}$$

2. 求经度的真值 λ

由于反正切函数的主值域为(−90°,90°),它与经度 λ 的定义域不一致,因此需要在 λ 的定义域内确定经度的真值 λ。

由式(3.47)和式(3.53),将 C_{32} 与 C_{31} 代入式(3.53)中,可得

$$\lambda_{主} = \arctan\frac{C_{32}}{C_{31}} = \arctan\frac{\cos L\sin\lambda}{\cos L\cos\lambda} \tag{3.57}$$

由于在 L 的定义域(−90°,90°)内 $\cos L$ 永远为正,则 $\cos\lambda$ 与 C_{31} 同号。利用 C_{31} 与 $\lambda_{主}$ 的正负值可在 λ 的定义域内确定经度的真值 λ,其关系图如图 3.21 所示。

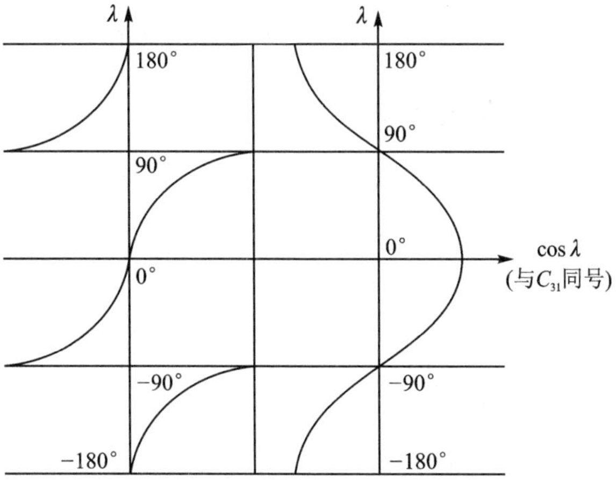

图 3.21　经度的真值 λ 与 cos λ 的关系

由图 3.21 可以得出

$$\lambda = \begin{cases} \lambda_{主}, & C_{31} > 0 \\ \lambda_{主} + \pi, & C_{31} < 0 \text{ 且 } \lambda_{主} < 0 \\ \lambda_{主} - \pi, & C_{31} < 0 \text{ 且 } \lambda_{主} > 0 \end{cases} \tag{3.58}$$

根据式(3.58),可以通过计算机软件程序来计算出经度的真值 λ。

3. 求方位角的真值 α

同理,由式(3.47)和式(3.55),将 C_{13} 与 C_{23} 代入式(3.55)中,有

$$\alpha_{主} = \arctan\frac{C_{13}}{C_{23}} = \arctan\frac{\sin\alpha\cos L}{\cos\alpha\cos L} \tag{3.59}$$

显然 C_{23} 与 $\cos\alpha$ 同号。游动方位角的真值 α 与 $\cos\alpha$ 的关系如图 3.22 所示。

从图 3.22 中可以得出

$$\alpha = \begin{cases} \alpha_{主}, & C_{23} > 0 \text{ 且 } \alpha_{主} > 0 \\ \alpha_{主} + 2\pi, & C_{23} > 0 \text{ 且 } \alpha_{主} < 0 \\ \alpha_{主} + \pi, & C_{23} < 0 \end{cases} \tag{3.60}$$

根据式(3.60),可以通过计算机的软件程序计算出方位角的真值 α。

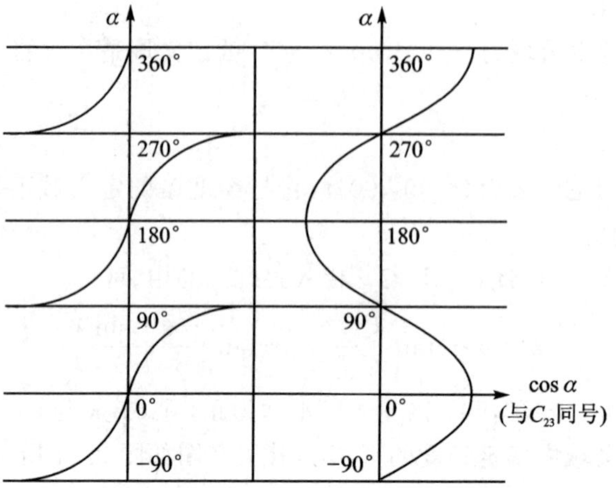

图 3.22 游动方位角的真值 α 与 cos α 的关系

3.6.4 指北方位系统的方向余弦法

导航坐标系 $O_nx_ny_nz_n$ 取为地理坐标系 $O_gx_gy_gz_g$，且方位角 $\alpha=0$，于是位置矩阵式(3.47)变为

$$C_e^n=C_e^g=\begin{bmatrix}C_{11}&C_{12}&C_{13}\\C_{21}&C_{22}&C_{23}\\C_{31}&C_{32}&C_{33}\end{bmatrix}=\begin{bmatrix}-\sin\lambda&\cos\lambda&0\\-\sin L\cos\lambda&-\sin L\sin\lambda&\cos L\\\cos L\cos\lambda&\cos L\sin\lambda&\sin L\end{bmatrix}\tag{3.61}$$

地球自转引起的位置角度为

$$\boldsymbol{\omega}_{ie}^g=\begin{bmatrix}\omega_{iex}^g\\\omega_{iey}^g\\\omega_{iez}^g\end{bmatrix}=C_e^g\begin{bmatrix}0\\0\\\omega_{ie}\end{bmatrix}=\begin{bmatrix}0\\\omega_{ie}\cos L\\\omega_{ie}\sin L\end{bmatrix}\tag{3.62}$$

式(3.62)和式(3.20)是一致的。

根据式(3.23)和式(3.48)更新位置矩阵式(3.61)，进而根据式(3.53)～式(3.58)计算载体的位置信息，即经度 λ 和纬度 L。

3.6.5 自由方位系统的方向余弦法

导航坐标系 $O_nx_ny_nz_n$ 取为游动方位坐标系 $O_wx_wy_wz_w$，且方位角 $\alpha=\alpha_f$，即不给方位陀螺施加力矩时，导航坐标系 $O_wx_wy_wz_w$ 的 O_wz_w 轴稳定在惯性空间，则相对地理坐标系就存在着表观运动，y_w 轴与 y_g 轴之间存在着自由方位角 α_f，于是位置矩阵式(3.47)变为

$$C_e^n=C_e^w=\begin{bmatrix}C_{11}&C_{12}&C_{13}\\C_{21}&C_{22}&C_{23}\\C_{31}&C_{32}&C_{33}\end{bmatrix}$$

$$=\begin{bmatrix}-\sin\alpha_f\sin L\cos\lambda-\cos\alpha_f\sin\lambda&-\sin\alpha_f\sin L\sin\lambda+\cos\lambda\cos\alpha_f&\sin\alpha_f\cos L\\-\cos\alpha_f\sin L\cos\lambda+\sin\alpha_f\sin\lambda&-\cos\alpha_f\sin L\sin\lambda-\sin\alpha_f\cos\lambda&\cos\alpha_f\cos L\\\cos L\cos\lambda&\cos L\sin\lambda&\sin L\end{bmatrix}\tag{3.63}$$

1. 位置角速度 $\boldsymbol{\omega}_{ew}^{w}$

位置速率 $\boldsymbol{\omega}_{ew}^{w}$ 是由飞行器的速度（相对与当地基准坐标系的运动速度，简称地速）引起的。通过惯导方程求得 $\dot{V}_x^w$，$\dot{V}_y^w$ 和 $\dot{V}_z^w$，进行一次积分后可得 V_x^w，V_y^w 和 V_z^w。由于平台坐标系与地理坐标系之间相差一个自由方位角 α_f，可通过坐标变换来计算。

根据式(3.35)有

$$\boldsymbol{\omega}_{ewz}^{w}=\frac{V_x^n}{R_N}\tan L+\dot{\alpha}_f=-\boldsymbol{\omega}_{ie}\sin L \tag{3.64}$$

式(3.64)表明，为了不给方位陀螺施加力矩，由载体运动产生的平台相对于地球的位置角速度沿 z_w 轴的分量需要克服地球自转的角速度沿 z_w 的分量。

获得对地水平速度后，根据式(3.32)有

$$\begin{bmatrix} V_x^g \\ V_y^g \end{bmatrix}=\begin{bmatrix} \cos\alpha_f & -\sin\alpha_f \\ \sin\alpha_f & \cos\alpha_f \end{bmatrix}\begin{bmatrix} V_x^w \\ V_y^w \end{bmatrix} \tag{3.65}$$

根据式(3.31)以及指北方位系统的位置角速度式(3.23)可计算出游动方位系统的水平位置角速度为

$$\begin{bmatrix} \omega_{ewx}^{w} \\ \omega_{ewy}^{w} \end{bmatrix}=\boldsymbol{C}_g^w\begin{bmatrix} \omega_{enx}^{g} \\ \omega_{eny}^{g} \end{bmatrix}=\begin{bmatrix} \cos\alpha_f & \sin\alpha_f \\ -\sin\alpha_f & \cos\alpha_f \end{bmatrix}\begin{bmatrix} 0 & -\dfrac{1}{R_M} \\ \dfrac{1}{R_N} & 0 \end{bmatrix}\begin{bmatrix} V_x^g \\ V_y^g \end{bmatrix} \tag{3.66}$$

将式(3.65)代入式(3.66)中，整理得

$$\begin{aligned}\begin{bmatrix} \omega_{ewx}^{w} \\ \omega_{ewy}^{w} \end{bmatrix}&=\begin{bmatrix} \cos\alpha_f & \sin\alpha_f \\ -\sin\alpha_f & \cos\alpha_f \end{bmatrix}\begin{bmatrix} 0 & -\dfrac{1}{R_M} \\ \dfrac{1}{R_N} & 0 \end{bmatrix}\begin{bmatrix} \cos\alpha_f & -\sin\alpha_f \\ \sin\alpha_f & \cos\alpha_f \end{bmatrix}\begin{bmatrix} V_x^w \\ V_y^w \end{bmatrix}\\ &=\begin{bmatrix} -\left(\dfrac{1}{R_M}-\dfrac{1}{R_N}\right)\sin\alpha_f\cos\alpha_f & -\left(\dfrac{\sin^2\alpha_f}{R_N}+\dfrac{\cos^2\alpha_f}{R_M}\right) \\ \dfrac{\cos^2\alpha_f}{R_N}+\dfrac{\sin^2\alpha_f}{R_M} & \left(\dfrac{1}{R_M}-\dfrac{1}{R_N}\right)\sin\alpha_f\cos\alpha_f \end{bmatrix}\begin{bmatrix} V_x^w \\ V_y^w \end{bmatrix}\end{aligned} \tag{3.67}$$

令

$$\frac{1}{R_{xp}}=\frac{\cos^2\alpha_f}{R_N}+\frac{\sin^2\alpha_f}{R_M} \tag{3.68}$$

$$\frac{1}{R_{yp}}=\frac{\sin^2\alpha_f}{R_N}+\frac{\cos^2\alpha_f}{R_M} \tag{3.69}$$

$$\frac{1}{\tau_a}=\left(\frac{1}{R_M}-\frac{1}{R_N}\right)\sin\alpha_f\cos\alpha_f \tag{3.70}$$

于是有

$$\begin{bmatrix} \omega_{ewx}^{w} \\ \omega_{ewy}^{w} \end{bmatrix}=\begin{bmatrix} -\dfrac{1}{\tau_a} & -\dfrac{1}{R_{yp}} \\ \dfrac{1}{R_{xp}} & \dfrac{1}{\tau_a} \end{bmatrix}\begin{bmatrix} V_x^w \\ V_y^w \end{bmatrix} \tag{3.71}$$

称矩阵 $\begin{bmatrix} -\dfrac{1}{\tau_{\alpha}} & -\dfrac{1}{R_{yp}} \\ \dfrac{1}{R_{xp}} & \dfrac{1}{\tau_{\alpha}} \end{bmatrix}$ 为曲率矩阵；R_{xp} 和 R_{yp} 为自由曲率半径；$\dfrac{1}{\tau_{\alpha}}$为扭转挠率。当 $\alpha_f=0$ 时，有 $R_{yp}=R_M$，$R_{xp}=R_N$ 及 $\dfrac{1}{\tau_{\alpha}}=0$。

式(3.64)和式(3.71)为自由方位系统的位置角速度向量，将其代入位置矩阵微分方程(3.48)中可进一步更新位置矩阵。

2. 更新位置矩阵 $\boldsymbol{C}_e^w$

对于自由方位系统，方向余弦矩阵 $\boldsymbol{C}_e^w$ 的改变是由平台坐标系相对地球坐标系运动的角速率 $\boldsymbol{\omega}_{ew}^w$ 引起的。根据位置矩阵微分方程(3.48)，可得

$$\begin{bmatrix} \dot{C}_{11} & \dot{C}_{12} & \dot{C}_{13} \\ \dot{C}_{21} & \dot{C}_{22} & \dot{C}_{23} \\ \dot{C}_{31} & \dot{C}_{32} & \dot{C}_{33} \end{bmatrix} = -\begin{bmatrix} 0 & -\omega_{ewz}^w & \omega_{ewy}^w \\ \omega_{ewz}^w & 0 & -\omega_{ewx}^w \\ -\omega_{ewy}^w & \omega_{ewx}^w & 0 \end{bmatrix} \begin{bmatrix} C_{11} & C_{12} & C_{13} \\ C_{21} & C_{22} & C_{23} \\ C_{31} & C_{32} & C_{33} \end{bmatrix} \tag{3.72}$$

将式(3.64)和式(3.71)代入式(3.72)，并利用2.6节介绍的数值积分算法更新位置矩阵。进而根据式(3.53)～式(3.60)计算载体的位置和方位角信息，即经度 λ、纬度 L 和自由方位角 α_f。

3. 自由方位平台的指令角速度 $\boldsymbol{\omega}_{iw}^w$

根据指北方位系统的平台指令角速度式(3.24)、地理坐标系到游动方位坐标系转换矩阵式(3.31)和位置矩阵式(3.63)有

$$\begin{aligned} \begin{bmatrix} \omega_{iwx}^w \\ \omega_{iwy}^w \\ \omega_{iwz}^w \end{bmatrix} &= \begin{bmatrix} \omega_{iex}^w \\ \omega_{iey}^w \\ \omega_{iez}^w \end{bmatrix} + \begin{bmatrix} \omega_{ewx}^w \\ \omega_{ewy}^w \\ \omega_{ewz}^w \end{bmatrix} = \begin{bmatrix} \cos\alpha_f & \sin\alpha_f & 0 \\ -\sin\alpha_f & \cos\alpha_f & 0 \\ 0 & 0 & 1 \end{bmatrix} \begin{bmatrix} 0 \\ \omega_{ie}\cos L \\ \omega_{ie}\sin L \end{bmatrix} + \begin{bmatrix} \omega_{ewx}^w \\ \omega_{ewy}^w \\ \omega_{ewz}^w \end{bmatrix} \\ &= \begin{bmatrix} \omega_{ie}\cos L\sin\alpha_f \\ \omega_{ie}\cos L\cos\alpha_f \\ \omega_{ie}\sin L \end{bmatrix} + \begin{bmatrix} \omega_{ewx}^w \\ \omega_{ewy}^w \\ \omega_{ewz}^w \end{bmatrix} = \boldsymbol{C}_e^w \begin{bmatrix} 0 \\ 0 \\ \omega_{ie} \end{bmatrix} + \begin{bmatrix} \omega_{ewx}^w \\ \omega_{ewy}^w \\ \omega_{ewz}^w \end{bmatrix} \\ &= \begin{bmatrix} \omega_{ie}C_{13} \\ \omega_{ie}C_{23} \\ \omega_{ie}C_{33} \end{bmatrix} + \begin{bmatrix} \omega_{ewx}^w \\ \omega_{ewy}^w \\ \omega_{ewz}^w \end{bmatrix} \end{aligned} \tag{3.73}$$

根据式(3.63)可知，

$$C_{13}=\sin\alpha_f\cos L \tag{3.74}$$

$$C_{23}=\cos\alpha_f\cos L \tag{3.75}$$

$$C_{33}=\sin L \tag{3.76}$$

于是有

$$\cos^2 L=C_{13}^2+C_{23}^2 \tag{3.77}$$

$$\sin^2\alpha_f=\frac{C_{13}^2}{\cos^2 L}=\frac{C_{13}^2}{C_{13}^2+C_{23}^2} \tag{3.78}$$

$$\cos^2\alpha_f = \frac{C_{23}^2}{\cos^2 L} = \frac{C_{23}^2}{C_{13}^2 + C_{23}^2} \tag{3.79}$$

$$\sin\alpha_f\cos\alpha_f = \frac{C_{13}C_{23}}{\cos^2 L} = \frac{C_{13}C_{23}}{C_{13}^2 + C_{23}^2} \tag{3.80}$$

根据 2.7.4 小节参考椭球体主曲率半径式(2.94)～式(2.97)和式(3.76)，有

$$R_M = R_e(1-2f+3f\sin^2 L) = R_e(1-2f+3fC_{33}^2) \quad 或 \quad \frac{1}{R_M} = \frac{1}{R_e}(1+2f-3fC_{33}^2) \tag{3.81}$$

$$R_N = R_e(1+f\sin^2 L) = R_e(1+fC_{33}^2) \quad 或 \quad \frac{1}{R_N} = \frac{1}{R_e}(1-fC_{33}^2) \tag{3.82}$$

将式(3.77)～式(3.82)代入式(3.68)～式(3.70)和式(3.64)中，进一步整理得

$$\frac{1}{R_{xp}} = \frac{1}{R_e}(1-fC_{33}^2+2fC_{13}^2) \tag{3.83}$$

$$\frac{1}{R_{yp}} = \frac{1}{R_e}(1-fC_{33}^2+2fC_{23}^2) \tag{3.84}$$

$$\frac{1}{\tau_a} = \frac{2f}{R_e}C_{13}C_{23} \tag{3.85}$$

$$\omega_{ewz}^w = -\omega_{ie}C_{33} \tag{3.86}$$

将式(3.83)～式(3.85)代入式(3.71)便可求得位置速率 ω_{ewx}^w 及 ω_{ewy}^w，而位置速率的计算只需要进行简单的代数运算即可。于是自由方位系统的平台指令角速度式(3.73)变为

$$\begin{bmatrix}\omega_{iwx}^w \\ \omega_{iwy}^w \\ \omega_{iwz}^w\end{bmatrix} = \begin{bmatrix}\omega_{ie}C_{13}+\omega_{ewx}^w \\ \omega_{ie}C_{23}+\omega_{ewy}^w \\ \omega_{ie}C_{33}+\omega_{ewz}^w\end{bmatrix} = \begin{bmatrix}\omega_{ie}C_{13}+\omega_{ewx}^w \\ \omega_{ie}C_{23}+\omega_{ewy}^w \\ 0\end{bmatrix} \tag{3.87}$$

对于平台惯导系统，$\boldsymbol{\omega}_{iw}^w$ 用来控制平台，使之以给定的角速率转动；对于捷联系统，$\boldsymbol{\omega}_{iw}^w$ 要输送至“数学平台”的计算程序中，完成捷联姿态角速度的计算。

4. 自由方位系统的对地速度 $\boldsymbol{V}^w$

对于自由方位系统，惯导基本方程可写为

$$\dot{\boldsymbol{V}}^w = \boldsymbol{f}^w - (2\boldsymbol{\omega}_{ie}^w + \boldsymbol{\omega}_{ew}^w)\times\boldsymbol{V}^w + \boldsymbol{g}^w \tag{3.88}$$

将式(3.73)中的 $\boldsymbol{\omega}_{ie}^w$ 和 $\boldsymbol{\omega}_{ew}^w$ 代入式(3.88)中，整理得

$$\begin{bmatrix}\dot{V}_x^w \\ \dot{V}_y^w \\ \dot{V}_z^w\end{bmatrix} = \begin{bmatrix}f_x^w \\ f_y^w \\ f_z^w\end{bmatrix} - \begin{bmatrix}0 & -\omega_{ie}C_{33} & 2\omega_{ie}C_{23}+\omega_{ewy}^w \\ \omega_{ie}C_{33} & 0 & -(2\omega_{ie}C_{13}+\omega_{ewx}^w) \\ -(2\omega_{ie}C_{23}+\omega_{ewy}^w) & 2\omega_{ie}C_{13}+\omega_{ewx}^w & 0\end{bmatrix}\begin{bmatrix}V_x^w \\ V_y^w \\ V_z^w\end{bmatrix} + \begin{bmatrix}0 \\ 0 \\ -g\end{bmatrix} \tag{3.89}$$

式(3.89)可进一步写为

$$\dot{V}_x^w = f_x^w + \omega_{ie}C_{33}V_y^w - (2\omega_{ie}C_{23}+\omega_{ewy}^w)V_z^w = f_x^w - a_{Bx}^w \tag{3.90a}$$

$$\dot{V}_y^w = f_y^w - \omega_{ie}C_{33}V_x^w + (2\omega_{ie}C_{13}+\omega_{ewx}^w)V_z^w = f_y^w - a_{By}^w \tag{3.90b}$$

$$\dot{V}_z^w = f_z^w + (2\omega_{ie}C_{23}+\omega_{ewy}^w)V_x^w - (2\omega_{ie}C_{13}+\omega_{ewx}^w)V_y^w - g = f_z^w - a_{Bz}^w - g \tag{3.90c}$$

式(3.90)为进行精确计算的公式。在做简化分析时,认为 V_z^w 很小,略去与它有关的项,可得简化惯导基本方程,即

$$\dot{V}_x^w = f_x^w + \omega_{ie} C_{33} V_y^w \tag{3.91a}$$

$$\dot{V}_y^w = f_y^w - \omega_{ie} C_{33} V_x^w \tag{3.91b}$$

对式(3.90)或式(3.91)进行一次积分可得载体的对地速度为

$$V_x^w(t) = V_x^w(0) + \int_0^t \dot{V}_x^w(t)\mathrm{d}t \tag{3.92a}$$

$$V_y^w(t) = V_y^w(0) + \int_0^t \dot{V}_y^w(t)\mathrm{d}t \tag{3.92b}$$

$$V_z^w(t) = V_z^w(0) + \int_0^t \dot{V}_z^w(t)\mathrm{d}t \tag{3.92c}$$

在此基础上,利用式(3.64)和式(3.71)更新自由方位系统的位置角速度,利用式(3.72)更新位置矩阵微分方程,并利用数值积分法更新位置矩阵 $\boldsymbol{C}_e^w$,进而可根据式(3.53)～式(3.60)计算出经度 λ、纬度 L 和自由方位角 α_f。

综上所述,采用方向余弦法的自由方位系统惯导原理方块图如图 3.23 所示。

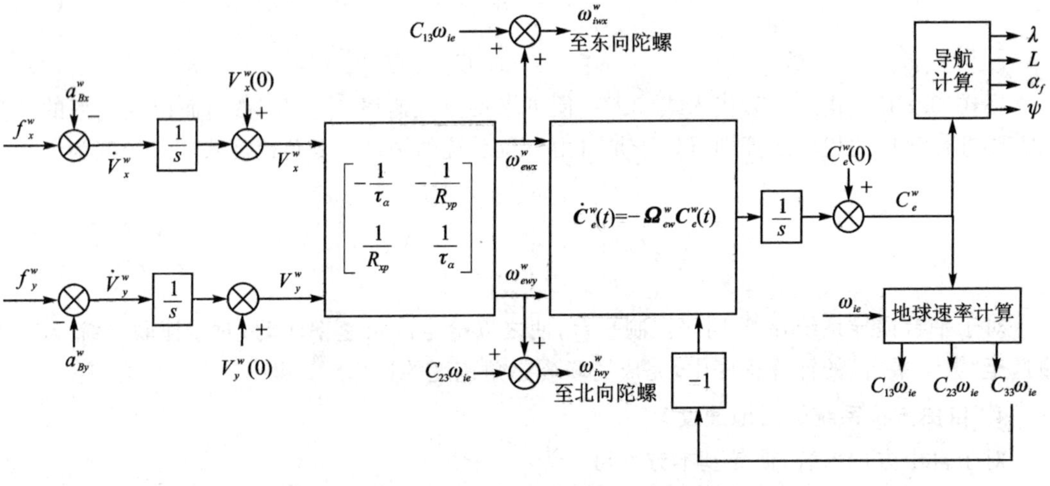

图 3.23 采用方向余弦法的自由方位系统惯导原理方块图

3.6.6 游动自由方位系统的方向余弦法

导航坐标系 $O_n x_n y_n z_n$ 仍取为游动方位坐标系 $O_w x_w y_w z_w$,且方位角 $\alpha = \alpha_m$,即对方位陀螺施加有限的力矩,要求方位跟踪地球自转,即

$$\omega_{iwz}^w = \omega_{iez}^w = \omega_{ie} \sin L \tag{3.93}$$

此时,导航系绕 $O_w z_w$ 轴只跟踪地球本身的转动,而不跟踪由载体运动速度而引起的当地地理坐标系相对惯性系的转动角速度,于是有

$$\omega_{ewz}^w = 0 \tag{3.94}$$

y_w 轴与地理坐标系的 y_g 轴之间仍存在一个随时间变化的游动自由方位角 α_m,于是位置矩阵变为

$$
\boldsymbol{C}_e^n=\boldsymbol{C}_e^w=\begin{bmatrix}C_{11} & C_{12} & C_{13}\\ C_{21} & C_{22} & C_{23}\\ C_{31} & C_{32} & C_{33}\end{bmatrix}
$$

$$
=\begin{bmatrix}-\sin\alpha_m\sin L\cos\lambda-\cos\alpha_m\sin\lambda & -\sin\alpha_m\sin L\sin\lambda+\cos\lambda\cos\alpha_m & \sin\alpha_m\cos L\\ -\cos\alpha_m\sin L\cos\lambda+\sin\alpha_m\sin\lambda & -\cos\alpha_m\sin L\sin\lambda-\sin\alpha_m\cos\lambda & \cos\alpha_m\cos L\\ \cos L\cos\lambda & \cos L\sin\lambda & \sin L\end{bmatrix} \tag{3.95}
$$

1. 游动自由方位系统的平台指令角速度 $\boldsymbol{\omega}_{iw}^w$

游动自由方位系统的水平位置角速度 ω_{ewx}^w 和 ω_{ewy}^w 的计算过程与自由方位系统的水平位置角速度计算过程完全一致，唯一不同的是方位角的差别，于是可得游动自由方位系统的水平位置角速度为

$$
\begin{bmatrix}\omega_{ewx}^w\\ \omega_{ewy}^w\end{bmatrix}=\begin{bmatrix}-\left(\dfrac{1}{R_M}-\dfrac{1}{R_N}\right)\sin\alpha_m\cos\alpha_m & -\left(\dfrac{\sin^2\alpha_m}{R_N}+\dfrac{\cos^2\alpha_m}{R_M}\right)\\ \dfrac{\cos^2\alpha_m}{R_N}+\dfrac{\sin^2\alpha_m}{R_M} & \left(\dfrac{1}{R_M}-\dfrac{1}{R_N}\right)\sin\alpha_m\cos\alpha_m\end{bmatrix}\begin{bmatrix}V_x^w\\ V_y^w\end{bmatrix}
$$

$$
=\begin{bmatrix}-\dfrac{1}{\tau_a} & -\dfrac{1}{R_{yp}}\\ \dfrac{1}{R_{xp}} & \dfrac{1}{\tau_a}\end{bmatrix}\begin{bmatrix}V_x^w\\ V_y^w\end{bmatrix}
$$

同理，游动自由方位系统的地球自转角速度在游动方位坐标系的投影为

$$
\begin{bmatrix}\omega_{iex}^w\\ \omega_{iey}^w\\ \omega_{iez}^w\end{bmatrix}=\boldsymbol{C}_e^w\begin{bmatrix}0\\ 0\\ \omega_{ie}^e\end{bmatrix}=\begin{bmatrix}\omega_{ie}\cos L\sin\alpha_m\\ \omega_{ie}\cos L\cos\alpha_m\\ \omega_{ie}\sin L\end{bmatrix}=\begin{bmatrix}\omega_{ie}C_{13}\\ \omega_{ie}C_{23}\\ \omega_{ie}C_{33}\end{bmatrix}
$$

于是，结合式(3.94)可得游动自由方位系统的平台指令角速度为

$$
\begin{bmatrix}\omega_{iwx}^w\\ \omega_{iwy}^w\\ \omega_{iwz}^w\end{bmatrix}=\begin{bmatrix}\omega_{iex}^w\\ \omega_{iey}^w\\ \omega_{iez}^w\end{bmatrix}+\begin{bmatrix}\omega_{ewx}^w\\ \omega_{ewy}^w\\ \omega_{ewz}^w\end{bmatrix}=\begin{bmatrix}\omega_{ie}C_{13}+\omega_{ewx}^w\\ \omega_{ie}C_{23}+\omega_{ewy}^w\\ \omega_{ie}C_{33}+\omega_{ewz}^w\end{bmatrix}=\begin{bmatrix}\omega_{ie}C_{13}+\omega_{ewx}^w\\ \omega_{ie}C_{23}+\omega_{ewy}^w\\ \omega_{ie}C_{33}\end{bmatrix} \tag{3.96}
$$

对比式(3.87)和式(3.94)可以看出，自由方位系统和游动自由方位系统的平台指令角速度除了 ω_{iwz}^w 不同外，ω_{iwx}^w 和 ω_{iwy}^w 的计算公式是一致的，仅是方位角大小不同。

2. 游动自由方位系统的更新位置矩阵 $\boldsymbol{C}_e^w$

方向余弦矩阵 C_e^w 的改变是由平台坐标系相对地球坐标系运动时产生的位置角速率 $\boldsymbol{\omega}_{ew}^w$ 引起的。根据位置矩阵微分方程(3.48)以及 $\boldsymbol{\omega}_{ew}^w$ 可更新位置矩阵微分方程为

$$
\begin{bmatrix}\dot C_{11} & \dot C_{12} & \dot C_{13}\\ \dot C_{21} & \dot C_{22} & \dot C_{23}\\ \dot C_{31} & \dot C_{32} & \dot C_{33}\end{bmatrix}=-\begin{bmatrix}0 & 0 & \omega_{ewy}^w\\ 0 & 0 & -\omega_{ewx}^w\\ -\omega_{ewy}^w & \omega_{ewx}^w & 0\end{bmatrix}\begin{bmatrix}C_{11} & C_{12} & C_{13}\\ C_{21} & C_{22} & C_{23}\\ C_{31} & C_{32} & C_{33}\end{bmatrix} \tag{3.97}
$$

利用 2.6 节介绍的数值积分算法更新位置矩阵。进而可根据式(3.53)～式(3.60)计算出

经度 λ、纬度 L 和自由方位角 α_m。

3. 游动自由方位系统的对地速度 $\boldsymbol{V}^w$

对于游动自由方位系统，惯导基本方程可写为

$$\dot{\boldsymbol{V}}^w=\boldsymbol{f}^w-(2\boldsymbol{\omega}_{ie}^w+\boldsymbol{\omega}_{ew}^w)\times\boldsymbol{V}^w+\boldsymbol{g}^w \tag{3.98}$$

将式(3.96)中的 $\boldsymbol{\omega}_{ie}^w$ 和 $\boldsymbol{\omega}_{ew}^w$ 代入式(3.98)，整理得

$$\begin{bmatrix}\dot{V}_x^w\\ \dot{V}_y^w\\ \dot{V}_z^w\end{bmatrix}=\begin{bmatrix}f_x^w\\ f_y^w\\ f_z^w\end{bmatrix}-\begin{bmatrix}0 & -2\omega_{ie}C_{33} & 2\omega_{ie}C_{23}+\omega_{ewy}^w\\ 2\omega_{ie}C_{33} & 0 & -(2\omega_{ie}C_{13}+\omega_{ewx}^w)\\ -(2\omega_{ie}C_{23}+\omega_{ewy}^w) & 2\omega_{ie}C_{13}+\omega_{ewx}^w & 0\end{bmatrix}\begin{bmatrix}V_x^w\\ V_y^w\\ V_z^w\end{bmatrix}+\begin{bmatrix}0\\ 0\\ -g\end{bmatrix} \tag{3.99}$$

式(3.99)可进一步写为

$$\dot{V}_x^w=f_x^w+2\omega_{ie}C_{33}V_y^w-(2\omega_{ie}C_{23}+\omega_{ewy}^w)V_z^w=f_x^w-a_{Bx}^w \tag{3.100a}$$

$$\dot{V}_y^w=f_y^w-2\omega_{ie}C_{33}V_x^w+(2\omega_{ie}C_{13}+\omega_{ewx}^w)V_z^w=f_y^w-a_{By}^w \tag{3.100b}$$

$$\dot{V}_z^w=f_z^w+(2\omega_{ie}C_{23}+\omega_{ewy}^w)V_x^w-(2\omega_{ie}C_{13}+\omega_{ewx}^w)V_y^w-g=f_z^w-a_{Bz}^w-g \tag{3.100c}$$

式(3.110)为进行精确计算的公式。在做简化分析时，认为 V_z^w 很小，略去与它有关的项，可得简化惯导基本方程，即

$$\dot{V}_x^w=f_x^w+2\omega_{ie}C_{33}V_y^w \tag{3.101a}$$

$$\dot{V}_y^w=f_y^w-2\omega_{ie}C_{33}V_x^w \tag{3.101b}$$

对式(3.100)进行一次积分可得载体的对地速度为

$$V_x^w(t)=V_x^w(0)+\int_0^t\dot{V}_x^w(t)\mathrm{d}t \tag{3.102a}$$

$$V_y^w(t)=V_y^w(0)+\int_0^t\dot{V}_y^w(t)\mathrm{d}t \tag{3.102b}$$

$$V_z^w(t)=V_z^w(0)+\int_0^t\dot{V}_z^w(t)\mathrm{d}t \tag{3.102c}$$

综上所述，采用方向余弦法的游动自由方位惯导系统原理方块图如图 3.24 所示。

对比图 3.23 和图 3.24 可以看出，自由方位系统和游动方位系统的水平通道解算原理框图除了 $C_{33}\omega_{ie}$ 的用途不一致(前者用于位置矩阵微分方程更新，后者用于方位陀螺施加指令角速度)外，其他功能几乎一致。进一步对比 3.6.5 小节和 3.6.6 小节的计算过程可以看出，当采用方向余弦法进行导航参数计算时，全部导航计算都可以化成代数运算，即全部三角函数均可由方向余弦矩阵 $\boldsymbol{C}_e^w$ 的元素的代数运算来表示；而 $\boldsymbol{C}_e^w$ 的元素可在即时修正中获得，不必在计算出纬度 L 及方位角 α 后获得，与 3.5 节介绍的方法相比，减少了计算量，提高了计算效率。

和指北方位系统相比，自由方位系统和游动自由方位系统可以实现全球导航，特别是游动自由方位系统只对方位陀螺施加有限的指令角速度，即地球转动角速度的垂直分量 $\omega_{ie}\sin L$，即便是在 $L=90°$，指令角速度 $\omega_{iwz}^w\approx15°/\mathrm{h}$，也不会给方位陀螺施加力矩造成困难。此外，当飞机直接飞过极点时，也不会产生工作上的困难，因为平台补偿了地球转动角速度的垂直分量，平台相对地球的方位仍然可以保持不变。游动自由方位系统还有一些其他优点，例如，相

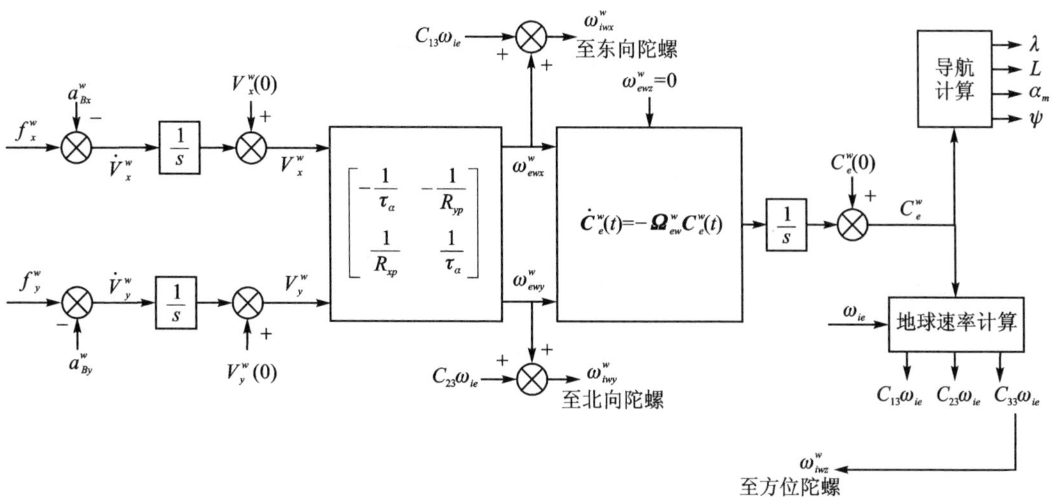

图 3.24　采用方向余弦法的游动自由方位系统惯导原理方块图

对指北方位系统，其方位对准不需要转动台体；相对自由方位系统，其计算量较小。因此，目前的平台惯导系统及捷联惯导系统中更多地采用了游动自由方位系统。

无论是自由方位系统，还是游动方位系统，导航平台跟踪游动方位坐标系，对于平台惯导系统，可直接从平台框架的角度传感器(同步器)中读取平台纵轴与载体纵轴间的夹角 ψ_g、俯仰角 ϑ 和横滚角 γ 信号；而对于捷联惯导系统，需要通过数学平台——捷联姿态矩阵来计算平台航向角 ψ_g、俯仰角 ϑ 和横滚角 γ，进而可以计算出载体的航向角为

$$\psi=\psi_g-\alpha(\psi_g \text{ 和 } \psi \text{ 的正方向是北偏东为正})$$

或

$$\psi=\psi_g+\alpha(\psi_g \text{ 和 } \psi \text{ 的正方向是北偏西为正})$$

综上所述，不论是指北方位系统、自由方位系统还是游动自由方位系统，导航平台都保持在水平面内，导航平台跟踪不同的水平基准就获得不同的导航系统方案，导航坐标系 $O_nx_ny_nz_n$ 取为地理坐标系 $O_gx_gy_gz_g$ 获得指北方位系统；导航坐标系 $O_nx_ny_nz_n$ 取为游动方位坐标系 $O_wx_wy_wz_w$ 获得自由方位系统或游动自由方位系统。三种导航方案的不同之处是给方位陀螺施加的指令角速度不一致，或者说平台坐标系 $O_px_py_pz_p$ 相对地理坐标系 $O_gx_gy_gz_g$ 在水平面内偏离的角速度不同，三种方案分别为 0、$\dot\alpha_f$ 和 $\dot\alpha_m$。在实际应用中，首先确定导航系统方案，其核心是确定平台方位轴指令角速度的计算方案，这也直接决定着力学方程编排方案。在确定了平台指令角速度后，利用惯性导航基本方程可计算出对地加速度和对地速度，其他参数计算还须借助方向余弦矩阵。因此，以下三个方程是各种平台惯导系统的重要方程，即

$$\dot{\boldsymbol V}^n_{en}=\boldsymbol f^n-(2\boldsymbol\omega^n_{in}+\boldsymbol\omega^n_{en})\times\boldsymbol V^n_{en}+\boldsymbol g^n=\boldsymbol f^n-\boldsymbol a^n_B+\boldsymbol g^n$$

$$\boldsymbol\omega^n_{in}=\boldsymbol\omega^n_{ie}+\boldsymbol\omega^n_{en}$$

$$\dot{\boldsymbol C}^n_e=-\boldsymbol\Omega^n_{en}\boldsymbol C^n_e$$

值得注意的是，在捷联惯导系统中用数学平台代替物理平台，但上述三个方程依然是捷联惯导系统中的重要方程，虽然它们计算过程有差别，但它们起到了物理作用是一致的，在学习和使用中须细心体会平台惯导和捷联惯导系统间的区别和联系。

3.7 惯导系统的高度通道

根据 2.10 节舒勒摆原理可知，惯导系统的水平通道在实现舒勒调整以后，就以舒勒周期振荡，因此其误差不会发散，而且在 3.5 节和 3.6 节给出了相应计算过程。但惯导系统的高度通道的误差是发散的。为解决该问题，需要在高度通道中引入外部信息进行阻尼。

3.7.1 惯导系统高度通道的稳定性分析

当飞行器沿垂直方向飞行时，其高度 h 就要发生变化。根据万有引力定律，可以写出在地球表面处的重力加速度 g_0 的近似值(忽略了地球自转引起的向心加速度)，即

$$g_0 = K\frac{M}{R_N^2} \tag{3.103}$$

式中，K 为单位质量的引力系数；M 为地球的质量。同理可得高度为 h 处的重力加速度为

$$g = K\frac{M}{(R_N + h)^2} = g_0\frac{R_N^2}{(R_N + h)^2} \tag{3.104}$$

当 $h \ll R_N$ 时，利用麦克劳林级数展开式(3.104)，得

$$g = g_0\left(1 + \left.\frac{-2R_N^2(R_N + h)}{(R_N + h)^4}\right|_{h=0} \cdot h + \cdots\right) \approx g_0\left(1 - \frac{2h}{R_N}\right) \tag{3.105}$$

根据惯导基本方程式(3.19)的第三个分量以及式(3.105)有

$$\dot{V}_z^n = f_z^n + (2\omega_{iey}^n + \omega_{eny}^n)V_x^n - (2\omega_{iex}^n + \omega_{enx}^n)V_y^n - g = f_z^n - a_{Bz}^n - g \tag{3.106}$$

在惯导系统实现时，当导航坐标系 $O_n x_n y_n z_n$ 取为地理坐标系 $O_g x_g y_g z_g$，则式(3.106)变为式(3.25c)；导航坐标系 $O_n x_n y_n z_n$ 取为游动方位坐标系 $O_w x_w y_w z_w$，则式(3.106)变为式(3.90c)或式(3.100c)。但由于指北方位系统的 $O_g z_g$ 和自由方位系统或游动自由方位系统的 $O_w z_w$ 没有变化，都重合于 $O_n z_n$ 轴，因此将三种惯导系统实现方案的高度通道在导航坐标系 $O_n x_n y_n z_n$ 下来描述，于是惯导系统高度通道的原理框图如图 3.25 所示。根据图 3.25 所示关系有

$$\ddot{h} = f_z^n - a_{Bz}^n - g = f_z^n - a_{Bz}^n - g_0 + \frac{2g_0}{R_N}h \tag{3.107}$$

式中，$\ddot{h} = \dot{V}_z^n$。

对图 3.25 进行结构变换可得图 3.26。由图 3.26 可以看出，高度通道为正反馈，所以该通道是不稳定的。

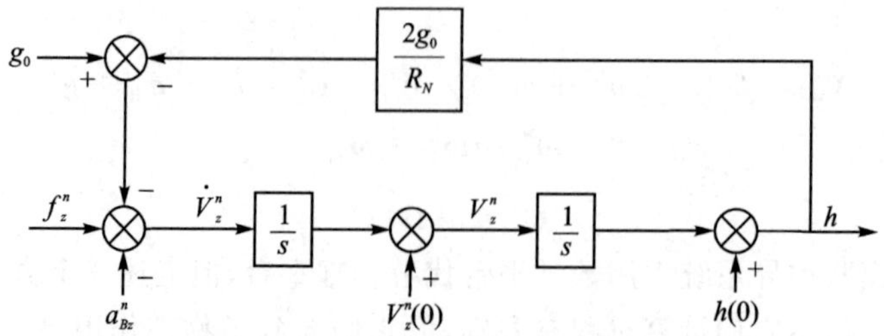

图 3.25 惯导系统高度通道原理方块图

由图 3.26 可得系统的特征方程为

$$s^2-\frac{2g_0}{R_N}=\left(s+\sqrt{\frac{2g_0}{R_N}}\right)\left(s-\sqrt{\frac{2g_0}{R_N}}\right)=0 \tag{3.108}$$

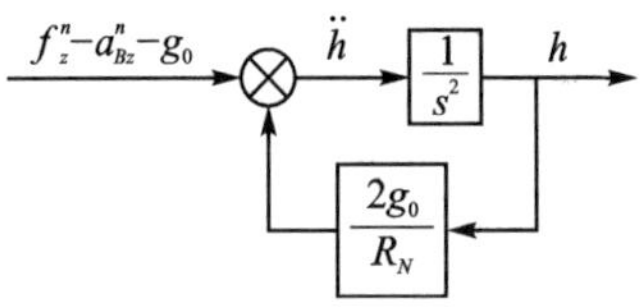

图 3.26 图 3.25 的结构变换

根据式(3.108),特征方程有一个正根 $s=\sqrt{\frac{2g_0}{R_N}}$。在高度通道的误差传播中具有与 $e^{\sqrt{\frac{2g_0}{R_N}}t}$ 成正比例的随时间按指数规律增长的分量。$t=\sqrt{\frac{R_N}{2g_0}}\approx 570$ s。显然,如果初始高度有误差 Δh_0,随时间的增长高度通道是发散的。若长时间使用则可能导致不可容许的误差。例如,当 $\Delta h_0=1$ m 时,$t=2$ h 后,$\Delta h\approx 150$ km。因此,对于高度通道必须引入外部信息予以阻尼。

3.7.2 惯导系统高度通道阻尼

为使惯导系统高度通道变为稳定的,可从气压高度表或大气数据中心获取高度信息 h_B,与惯导通道计算出的高度 h 及其速度 $V_z^n=\dot{h}$ 进行综合比较,乘以一定的阻尼系数,再反馈到输入端,从而对系统产生阻尼作用。根据引入阻尼后系统积分器的数量,高度通道阻尼通常有二阶阻尼系统和三阶阻尼系统,其原理方块图分别如图 3.27 和图 3.28 所示。

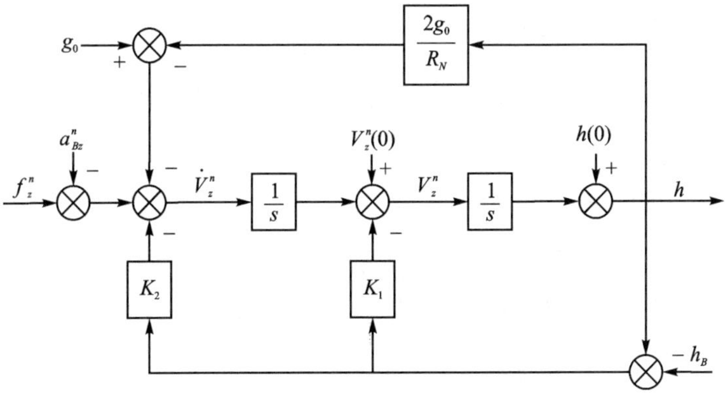

图 3.27 高度通道的二阶阻尼系统的原理方块图

根据图 3.27,以 V_z^n 和 h 为状态变量可写出二阶阻尼系统的状态方程,即

$$sV_z^n=f_z^n-a_{Bz}^n-g_0+\frac{2g_0}{R_N}h-K_2(h-h_B) \tag{3.109a}$$

$$sh=V_z^n-K_1(h-h_B) \tag{3.109b}$$

式中,K_1 和 K_2 为阻尼系数。

将式(3.109)写为矩阵的形式,有

$$\begin{bmatrix} s & K_2-\frac{2g_0}{R_N} \\ -1 & s+K_1 \end{bmatrix}\begin{bmatrix} V_z^p \\ h \end{bmatrix}=\begin{bmatrix} f_z^p-a_{Bz}^n-g_0+K_2h_B \\ K_1h_B \end{bmatrix} \tag{3.110}$$

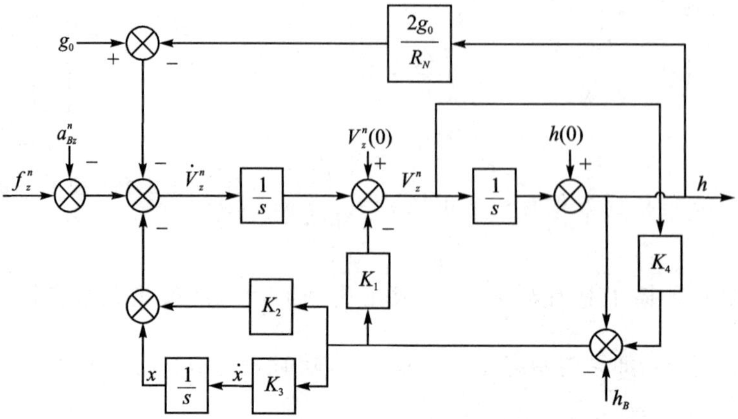

图 3.28 高度通道的三阶阻尼系统的原理方块图

根据式(3.110)可获得高度通道的二阶阻尼系统的特征方程,即

$$s(s+K_1)+K_2-\frac{2g_0}{R_N}=0 \tag{3.111}$$

通过合理地选择 K_1 和 K_2 的值,使特征方程(3.111)的特征根都位于左半平面,高度通道系统变为稳定系统。通常阻尼系数须满足 $K_1>K_2>\frac{2g_0}{R_N}$。

根据图 3.28,以 h,V_z^n 和 x 作为状态变量,可以写出三阶阻尼系统的状态方程,即

$$sh=V_z^n-K_1(h-h_B)-K_1K_4V_z^n \tag{3.112a}$$

$$sV_z^n=f_z^n-a_{Bz}^n-g_0+\frac{2g_0}{R_N}h-K_2(h-h_B)-x-K_2K_4V_z^n \tag{3.112b}$$

$$sx=K_3(h-h_B+K_4V_z^n) \tag{3.112c}$$

将式(3.112)写为矩阵的形式,有

$$\begin{bmatrix} s+K_1 & K_1K_4-1 & 0 \\ K_2-\frac{2g_0}{R_N} & s+K_2K_4 & 1 \\ -K_3 & -K_3K_4 & s \end{bmatrix}\begin{bmatrix} h \\ V_z^n \\ x \end{bmatrix}=\begin{bmatrix} K_1 \\ K_2 \\ -K_3 \end{bmatrix}h_B+\begin{bmatrix} 0 \\ f_z^p-a_{Bz}^n-g_0 \\ 0 \end{bmatrix} \tag{3.113}$$

根据式(3.113),可写出系统的特征方程,即

$$s^3+(K_1+K_2K_4)s^2+\left(K_3K_4+K_2+\frac{2g_0}{R_N}K_1K_4-\frac{2g_0}{R}\right)s+K_3=0 \tag{3.114}$$

参数 K_1,K_2,K_3 和 K_4 按性能要求选取,将 K_4 取为 0.5~0.8,K_1,K_2 和 K_3 按等跟条件设计,即高度通道的特征方程变为

$$\left(s+\frac{1}{\tau}\right)^3=0 \tag{3.115}$$

比较式(3.113)和式(3.114)的系数,可得

$$\begin{cases} K_1 = \dfrac{-2\omega_s^2 K_4 \tau^3 + 3\tau^2 - 3K_4\tau + K_4^2}{(1 - 2\omega_s^2 K_4^2)\tau^3} \\ K_2 = \dfrac{2\omega_s^2(\tau^3 - 3K_4\tau^2) + 3\tau - K_4}{(1 - 2\omega_s^2 K_4^2)\tau^3} \\ K_3 = \dfrac{1}{\tau^3} \end{cases} \tag{3.116}$$

式中，$\omega_s^2 = \dfrac{g}{R_N}$为舒勒频率。

选定 K_4 的数值，由式(3.116)便可设计出有阻尼高度通道的具体形式。

应当指出，除了采用阻尼系数方案来保证高度通道稳定外，还可以利用最优滤波的方案来抑制高度通道的发散。这里仅以阻尼系数方案来说明基本概念，在后面的系统设计过程中再详细介绍基于最优滤波算法的高度通道稳定系统。

思考与练习题

3-1　分析惯性导航系统中常用坐标系与大地坐标系间的关联关系？

3-2　惯性导航系统的实现方案有哪些？说明它们的优缺点和适用范围。

3-3　什么是惯性导航基本方程？说明方程各项的物理意义和产生机理。

3-4　说明比力和加速度间的关系。

3-5　归纳总结惯性导航系统力学方程编排公式，并指出惯导系统三大核心公式是什么？

3-6　说明平台指令角速度的作用和工作机理，并给出指北方位、自由方位和游动自由方位三种导航系统的平台指令角速度的表达式。

3-7　说明惯导垂直通道为什么是不稳定的？

3-8　实现惯导垂直通道稳定的方法有哪些？

3-9　说明惯导垂直通道阻尼回路的作用。

3-10　分析并说明导航坐标系在惯性导航系统中的作用和与地理坐标系间的关系。

第4章　捷联矩阵的即时更新

4.1　概　述

第3章介绍了惯导系统的基本工作原理，给出了三种惯导系统实现方案的力学方程编排。同时给出了惯性导航系统中的3个重要公式：

$$\dot{\boldsymbol{V}}_{en}^{n}=\boldsymbol{f}^{n}-(2\boldsymbol{\omega}_{in}^{n}+\boldsymbol{\omega}_{en}^{n})\times\boldsymbol{V}_{en}^{n}+\boldsymbol{g}^{n}=\boldsymbol{f}^{n}-\boldsymbol{a}_{B}^{n}+\boldsymbol{g}^{n}$$

$$\boldsymbol{\omega}_{in}^{n}=\boldsymbol{\omega}_{ie}^{n}+\boldsymbol{\omega}_{en}^{n}$$

$$\dot{\boldsymbol{C}}_{e}^{n}=-\boldsymbol{\Omega}_{en}^{n}\boldsymbol{C}_{e}^{n}$$

对于平台惯导系统，通过给陀螺施加指令角速度 $\boldsymbol{\omega}_{in}^{n}$ 使机械式物理平台跟踪某一导航基准，利用平台坐标系复现导航坐标系，并利用安装在物理平台上的加速度计的输出值——比力 $\boldsymbol{f}^{n}=[f_x^n \quad f_y^n \quad f_z^n]^{\mathrm{T}}$，计算载体的对地加速度 $\dot{\boldsymbol{V}}_{en}^{n}$，经一次积分获得载体的对地速度 $\boldsymbol{V}_{en}^{n}$，进而更新位置矩阵微分方程 $\dot{\boldsymbol{C}}_{e}^{n}$ 和位置矩阵 $\boldsymbol{C}_{e}^{n}$，计算出经度 λ、纬度 L 和方位角 α；姿态角通过安装在平台框架上的角度传感器读取。

对于捷联惯导系统，加速度计是沿机体坐标系 $Ox_by_bz_b$ 安装的，它只能测量沿载体坐标系的比力 $\boldsymbol{f}^{b}=[f_x^b \quad f_y^b \quad f_z^b]^{\mathrm{T}}$，为完成惯导参数解算须将 $\boldsymbol{f}^{b}=[f_x^b \quad f_y^b \quad f_z^b]^{\mathrm{T}}$ 转换为 $\boldsymbol{f}^{n}=[f_x^n \quad f_y^n \quad f_z^n]^{\mathrm{T}}$。实现由载体坐标系到导航坐标系的坐标转换的方向余弦矩阵 $\boldsymbol{C}_b^n$ 又称为捷联矩阵，即有 $\boldsymbol{f}^{n}=C_b^n\boldsymbol{f}^{b}$。此外，由于捷联矩阵 $\boldsymbol{C}_b^n$ 描述了载体坐标系相对导航坐标系的转动关系，即载体坐标系相对导航坐标系的姿态变化，于是可根据捷联矩阵 $\boldsymbol{C}_b^n$ 的元素单值地确定载体坐标系变化的姿态角，因此又将捷联矩阵 $\boldsymbol{C}_b^n$ 称为捷联姿态矩阵。

综上所述，在捷联惯导系统中，由于捷联矩阵 $\boldsymbol{C}_b^n$ 是由计算机软件实现且起到物理平台的作用（即利用捷联姿态矩阵复现导航坐标系，为加速度计提供测量基准，同时计算载体的姿态），因此也称捷联矩阵为“数学平台”。

由于捷联矩阵的重要性，且其起到了物理平台的作用，为了与第3章介绍的位置矩阵 $\boldsymbol{C}_e^n$ 进行区分，同时强调捷联矩阵的重要性，本书用 $\boldsymbol{T}_b^n$ 表示捷联矩阵。利用数学平台描述的平台坐标系 $O_px_py_pz_p$ 是复现导航坐标系 $O_nx_ny_nz_n$ 时所获得的坐标系，理想情况下二者是重合的，当系统存在误差，平台坐标系 $O_px_py_pz_p$ 与导航坐标系 $O_nx_ny_nz_n$ 不重合时，会存在一个由平台误差角构成的转换矩阵 $\boldsymbol{T}_n^p$。

对于捷联惯导系统，要解决的特殊性问题就是实时计算捷联矩阵，即进行捷联矩阵的即时更新。因此，本章将讨论常用的捷联矩阵即时更新算法的原理和实现过程，常用算法包括欧拉角法、方向余弦法和四元数法。

4.2　捷联矩阵与载体姿态角计算

根据3.2.3小节载体姿态角的定义以及载体姿态角正方向的规定，载体姿态角实际是描述载体坐标系相对于导航坐标系(理想的平台坐标系)的角位置关系。对于平台惯导系统,载体姿态角直接从平台框架上的角度传感器(同步器)读取;对于捷联惯导系统,载体姿态角是从捷联矩阵中计算。实际上,捷联矩阵是载体坐标系 $O_bx_by_bz_b$ 与导航坐标系 $O_nx_ny_nz_n$ 间的变换矩阵,导航坐标系 $O_nx_ny_nz_n$ 可取为地理坐标系 $O_gx_gy_gz_g$,也可取为游动方位坐标系 $O_wx_wy_wz_w$,导航坐标系 $O_nx_ny_nz_n$ 与载体坐标系 $O_bx_by_bz_b$ 间的关系如图 4.1 所示。

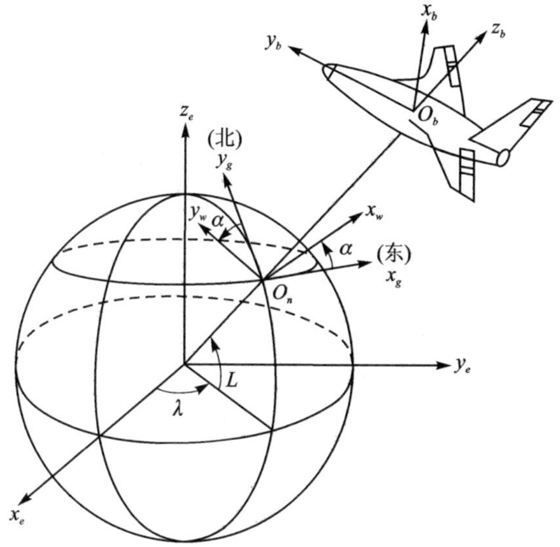

图 4.1　载体坐标系与导航坐标系间的关系

在图 4.1 中,描述载体坐标系 $O_bx_by_bz_b$ 与导航坐标系 $O_nx_ny_nz_n$ 间关系的欧拉角(也称姿态角)有 3 个:

(1) 载体纵轴 O_by_b 与水平面的夹角 ϑ 是载体的俯仰角。

(2) 绕载体纵轴 O_by_b 旋转的角度 γ 是载体的滚动角。

(3) 载体纵轴 O_by_b 在水平面内的投影与 O_ny_n 轴的夹角 ψ_g 与载体航向角 ψ 间的关系可根据图 3.18 和式(3.39b)所示关系给出①,即

$$\psi = \psi_g + \alpha \tag{4.1}$$

当导航坐标系 $O_nx_ny_nz_n$ 取为地理坐标系 $O_gx_gy_gz_g$ 时,$\alpha = 0$,此时的 ψ_g 就是载体的航向角;当导航坐标系 $O_nx_ny_nz_n$ 取为游动方位坐标系 $O_wx_wy_wz_w$ 时,$\alpha \neq 0$,须先从捷联矩阵 $\boldsymbol{T}_b^n$ 和位置矩阵 $\boldsymbol{C}_e^n$ 中分别计算出 ψ_g 和方位角 α,然后再计算出载体的航向角 ψ。

4.2.1　捷联矩阵

根据图 4.1 和图 4.2 所示的体坐标系 $O_bx_by_bz_b$ 与导航坐标系 $O_nx_ny_nz_n$ 间的关系、姿态角的定义以及 2.5.2 小节得到的结论(任意两坐标系间的任何复杂的角位置关系都可看成有限次基本旋转的复合,两坐标系间的变换矩阵等于每一次基本旋转确定的矩阵的连乘,连乘顺序根据每一次旋转的先后次序从右向左排列),导航坐标系 $O_nx_ny_nz_n$ 和载体坐标系 $O_bx_by_bz_b$

① 在实际应用中,如采用北偏东为 ψ_g 和 ψ 的正方向,等同于绕 O_nz_n 轴正方向转动了 $-\psi_g$ 和 $-\psi$,于是可直接将 $-\psi_g$ 和 $-\psi$ 代入计算,于是有 $\psi = \psi_g - \alpha$。

间的变换矩阵可通过如下旋转来获得，即

$$x_n y_n z_n \xrightarrow[\psi_g]{\text{绕}z_n\text{轴}} x_n^1 y_n^1 z_n^1 \xrightarrow[\vartheta]{\text{绕}x_n^1\text{轴}} x_n^2 y_n^2 z_n^2 \xrightarrow[\gamma]{\text{绕}y_n^2\text{轴}} x_b y_b z_b$$

其旋转关系如图 4.2 所示。

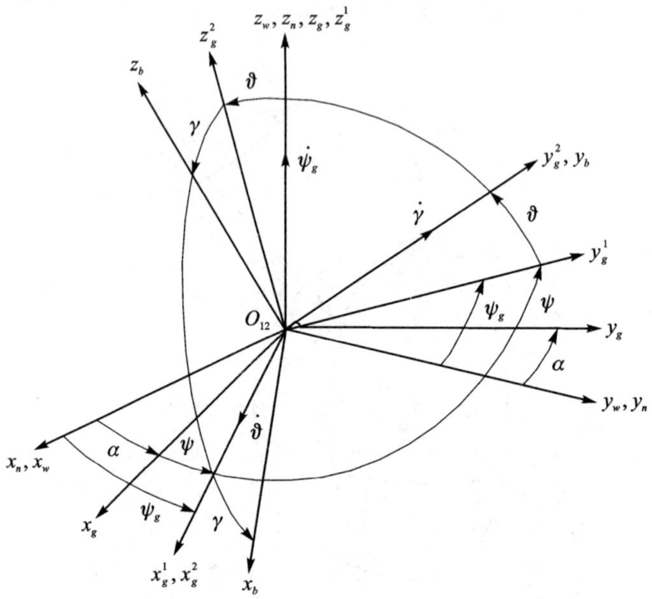

图 4.2　从导航坐标系到载体坐标系的转换关系

根据上述旋转顺序，可以得到导航坐标系 $O_n x_n y_n z_n$ 和载体坐标系 $O_b x_b y_b z_b$ 间的转换关系为

$$\begin{bmatrix} x_b \\ y_b \\ z_b \end{bmatrix} = \begin{bmatrix} \cos\gamma & 0 & -\sin\gamma \\ 0 & 1 & 0 \\ \sin\gamma & 0 & \cos\gamma \end{bmatrix} \begin{bmatrix} 1 & 0 & 0 \\ 0 & \cos\vartheta & \sin\vartheta \\ 0 & -\sin\vartheta & \cos\vartheta \end{bmatrix} \begin{bmatrix} \cos\psi_g & \sin\psi_g & 0 \\ -\sin\psi_g & \cos\psi_g & 0 \\ 0 & 0 & 1 \end{bmatrix} \begin{bmatrix} x_n \\ y_n \\ z_n \end{bmatrix} = \boldsymbol{T}_n^b \begin{bmatrix} x_n \\ y_n \\ z_n \end{bmatrix} \tag{4.2}$$

$$\boldsymbol{T}_n^b = \begin{bmatrix} \cos\gamma\cos\psi_g - \sin\gamma\sin\vartheta\sin\psi_g & \cos\gamma\sin\psi_g + \sin\gamma\sin\vartheta\cos\psi_g & -\sin\gamma\cos\vartheta \\ -\cos\vartheta\sin\psi_g & \cos\vartheta\cos\psi_g & \sin\vartheta \\ \sin\gamma\cos\psi_g + \cos\gamma\sin\vartheta\sin\psi_g & \sin\gamma\sin\psi_g - \cos\gamma\sin\vartheta\cos\psi_g & \cos\gamma\cos\vartheta \end{bmatrix} \tag{4.3}$$

根据正交矩阵的性质以及式(4.2)可得

$$\begin{bmatrix} x_n \\ y_n \\ z_n \end{bmatrix} = (\boldsymbol{T}_n^b)^{-1} \begin{bmatrix} x_b \\ y_b \\ z_b \end{bmatrix} = \boldsymbol{T}_b^n \begin{bmatrix} x_b \\ y_b \\ z_b \end{bmatrix} \tag{4.4}$$

进而根据式(4.3)，可知

$$\boldsymbol{T}_b^n = \begin{bmatrix} T_{11} & T_{12} & T_{13} \\ T_{21} & T_{22} & T_{23} \\ T_{31} & T_{32} & T_{33} \end{bmatrix}$$

$$
= \begin{bmatrix} \cos\gamma\cos\psi_g - \sin\gamma\sin\vartheta\sin\psi_g & -\cos\vartheta\sin\psi_g & \sin\gamma\cos\psi_g + \cos\gamma\sin\vartheta\sin\psi_g \\ \cos\gamma\sin\psi_g + \sin\gamma\sin\vartheta\cos\psi_g & \cos\vartheta\cos\psi_g & \sin\gamma\sin\psi_g - \cos\gamma\sin\vartheta\cos\psi_g \\ -\sin\gamma\cos\vartheta & \sin\vartheta & \cos\gamma\cos\vartheta \end{bmatrix} \tag{4.5}
$$

值得注意的是，在实际应用中，如采用北偏东为 ψ_g 的正方向时，则可直接将 $-\psi_g$ 代入式(4.2)、式(4.3)和式(4.5)中进行计算。

根据式(4.5)，可实现

$$
\begin{bmatrix} f^n \\ f^n \\ f^n \end{bmatrix} = \boldsymbol{T}_b^n \begin{bmatrix} f^b \\ f^b \\ f^b \end{bmatrix} \tag{4.6}
$$

于是加速度计沿机体坐标系输出的比力 $\boldsymbol{f}^b$ 就可以转换到导航标系上，得到 $\boldsymbol{f}^n$。进而利用第 3 章中介绍的方法来计算导航参数。

4.2.2　载体姿态角的计算

由式(4.5)可以看出捷联矩阵(或姿态矩阵)$\boldsymbol{T}_b^n$ 是载体纵轴 $O_b y_b$ 在水平面内的投影与 $O_n y_n$ 轴的夹角 ψ_g、俯仰角 ϑ 和滚动角 γ 的函数。由 $\boldsymbol{T}_b^n$ 的元素可以单值地确定 ψ_g、ϑ 和 γ，然后再由式(4.1)计算航向角 ψ，从而可求得载体的姿态角。

为了单值地确定 ψ_g，ϑ 和 γ 的真值，首先应给出它们的定义域。俯仰角 ϑ 的定义域为$(-90°,90°)$，滚动角 γ 的定义域为$(-180°,180°)$，ψ_g 的定义域为$(0°,360°)$。根据式(4.5)给出的矩阵 $\boldsymbol{T}_b^n$ 的元素，可以确定 ψ_g，ϑ 和 γ 的主值分别为

$$
\psi_{g_{主}} = \arctan\frac{-T_{12}}{T_{22}} \tag{4.7}
$$

$$
\vartheta_{主} = \arcsin T_{32} \quad 或 \quad \vartheta_{主} = \arctan\frac{T_{32}}{\sqrt{T_{31}^2 + T_{33}^2}} \tag{4.8}
$$

$$
\gamma_{主} = \arctan\frac{-T_{31}}{T_{33}} \tag{4.9}
$$

对式(4.7)～式(4.9)进行分析可以看出，由于俯仰角 ϑ 的定义域与反正弦函数或反正切函数的主值域是一致的，因此俯仰角的主值 $\vartheta_{主}$ 就是俯仰角的真值；而载体纵轴 $O_b y_b$ 在水平面内的投影与 $O_n y_n$ 轴的夹角 ψ_g 与滚动角 γ 的定义域与反正切函数的主值域不一致。因此，在计算出 $\psi_{g_{主}}$ 和 $\gamma_{主}$ 后还要根据 T_{22} 和 T_{33} 的符号来分别确定它们的真值，如图 4.3 和图 4.4 所示。

根据上述分析以及图 4.3 和图 4.4 可以确定航向角 ψ_g、俯仰角 ϑ 和滚动角的真值分别为

$$
\psi_g = \begin{cases} \psi_{g_{主}}, & T_{22} > 0 \text{ 且 } \psi_{g_{主}} > 0 \\ \psi_{g_{主}} + 2\pi, & T_{22} > 0 \text{ 且 } \psi_{g_{主}} < 0 \\ \psi_{g_{主}} + \pi, & T_{22} < 0 \end{cases} \tag{4.10}
$$

$$
\vartheta = \vartheta_{主} \tag{4.11}
$$

$$\gamma=\begin{cases}\gamma_{主}, & T_{33}>0\\ \gamma_{主}+\pi, & T_{33}<0 \text{ 且 } \gamma_{主}<0\\ \gamma_{主}-\pi, & T_{33}<0 \text{ 且 } \gamma_{主}>0\end{cases} \tag{4.12}$$

在式(4.7)～式(4.9)中，当俯仰角 $\vartheta=90°$时，有 $T_{22}=T_{33}=0$，无法计算 $\gamma_{主}$ 和 $\psi_{g主}$，这是一种特殊情况，该情况下的姿态角解算可参考文献[1]，本书也将在第 8 章进行详细讨论。当计算出载体纵轴 O_by_b 在水平面内的投影与 O_ny_n 轴的夹角 ψ_g 后，可以根据式(4.1)计算出自载体的航向角为

$$\psi=\psi_g+\alpha$$

在确定载体航向角时，航向角 ψ 的定义域为(0°,360°)。但由第 3 章可知，自由系统或游动自由系统的方位角 α 的定义域也为(0°,360°)，载体纵轴 O_by_b 在水平面内投影与 O_ny_n 轴的夹角 ψ_g 的定义域也是(0°,360°)，于是按式(4.1)计算出的载体航向角 ψ 的值就有可能处于(0°,720°)，超出了航向角 ψ 的定义域。为了使航向角 ψ 仍处于它的定义域中，需要做出如下判断：

$$\psi=\begin{cases}\psi, & \psi<360°\\ \psi-360°, & \psi>360°\end{cases} \tag{4.13}$$

综上所述，捷联矩阵 T_b^n 起到了物理平台的作用，其有两个作用，一是用它来实现坐标转换，将沿载体坐标系安装的加速度计输出的比力信号转换到导航坐标系上；二是根据捷联矩阵的元素确定载体的姿态角。此外，捷联惯导系统还可以输出载体的角速度和加速度用于系统控制，这也是捷联惯导系统的一大优点。

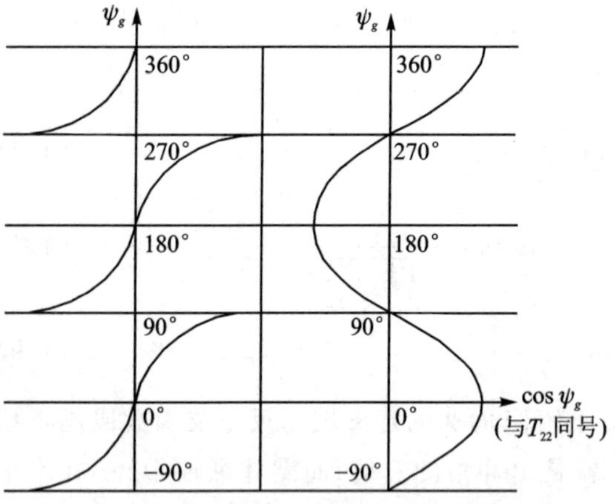

图 4.3 航向角真值 ψ_g 与 $\cos\psi_g$ 的关系

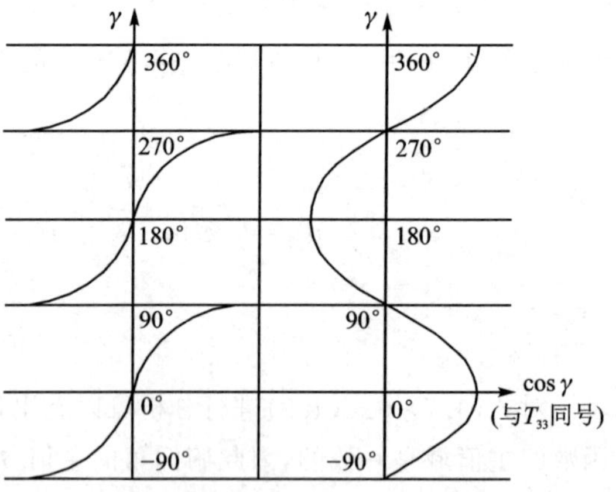

图 4.4 滚动角真值 γ 与 $\cos\gamma$ 的关系

4.3 捷联矩阵的即时更新

在捷联惯导系统中，捷联矩阵是核心，起到了物理平台的作用，实现比力信号的坐标转换和载体姿态角的计算。因此，需要对捷联矩阵进行实时更新。

4.3.1 欧拉角法

由图 4.2 可以看出，从导航坐标系依次转过 ψ_g、俯仰角 ϑ 和滚动角 γ，可得载体坐标系。

载体纵轴 $O_b y_b$ 在水平面内的投影与 $O_n y_n$ 轴的夹角 ψ_g 的变化率 $\dot{\psi}_g$、载体俯仰角的变化率 $\dot{\vartheta}$ 和载体滚动角的变化率 $\dot{\gamma}$ 的方向分别沿 z_n（z_n^1 轴）、x_n^1（x_n^2）轴和 y_n^2（y_b）轴。载体坐标系相对导航坐标系转动的角速度 ω_{nb}^b 与姿态角的变化率可表示为

$$\boldsymbol{\omega}_{nb}^b = \dot{\psi}_g + \dot{\vartheta} + \dot{\gamma} \tag{4.14}$$

根据图 4.2 的转动关系，可将 $\dot{\psi}_g$，$\dot{\vartheta}$ 和 $\dot{\gamma}$ 投影到载体坐标系，便可得到 $\dot{\psi}_g$，$\dot{\vartheta}$ 和 $\dot{\gamma}$ 与 $\boldsymbol{\omega}_{nb}^b$ 的关系，即

$$\begin{bmatrix} \omega_{nbx}^b \\ \omega_{nby}^b \\ \omega_{nbz}^b \end{bmatrix} = \begin{bmatrix} \cos\gamma & 0 & -\sin\gamma \\ 0 & 1 & 0 \\ \sin\gamma & 0 & \cos\gamma \end{bmatrix} \begin{bmatrix} 1 & 0 & 0 \\ 0 & \cos\vartheta & \sin\vartheta \\ 0 & -\sin\vartheta & \cos\vartheta \end{bmatrix} \begin{bmatrix} 0 \\ 0 \\ \dot{\psi}_g \end{bmatrix} + \begin{bmatrix} \cos\gamma & 0 & -\sin\gamma \\ 0 & 1 & 0 \\ \sin\gamma & 0 & \cos\gamma \end{bmatrix} \begin{bmatrix} \dot{\vartheta} \\ 0 \\ 0 \end{bmatrix} + \begin{bmatrix} 0 \\ \dot{\gamma} \\ 0 \end{bmatrix}$$

$$= \begin{bmatrix} -\sin\gamma\cos\theta & \cos\gamma & 0 \\ \sin\theta & 0 & 1 \\ \cos\gamma\cos\theta & \sin\gamma & 0 \end{bmatrix} \begin{bmatrix} \dot{\psi}_g \\ \dot{\vartheta} \\ \dot{\gamma} \end{bmatrix} \tag{4.15}$$

对式(4.15)实施矩阵求逆运算，可得

$$\begin{bmatrix} \dot{\psi}_g \\ \dot{\vartheta} \\ \dot{\gamma} \end{bmatrix} = \frac{1}{\cos\vartheta} \begin{bmatrix} -\sin\gamma & 0 & \cos\gamma \\ \cos\gamma\cos\vartheta & 0 & \sin\gamma\cos\vartheta \\ \sin\vartheta\sin\gamma & \cos\vartheta & -\sin\vartheta\cos\gamma \end{bmatrix} \begin{bmatrix} \omega_{nbx}^b \\ \omega_{nby}^b \\ \omega_{nbz}^b \end{bmatrix} \tag{4.16}$$

式(4.16)即为欧拉角微分方程。$\boldsymbol{\omega}_{nb}^b$ 须根据陀螺的输出值来计算。由于惯性器件(陀螺仪和加速度计)直接安装在载体上，陀螺仪输出值为载体系相对于惯性系的转动角速度 $\boldsymbol{\omega}_{ib}^b$，根据第 3 章介绍的平台指令角速度 $\boldsymbol{\omega}_{in}^n$ 可以计算出

$$\boldsymbol{\omega}_{nb}^b = \boldsymbol{\omega}_{ib}^b - \boldsymbol{T}_n^b \boldsymbol{\omega}_{in}^n \tag{4.17}$$

在平台惯导系统中，平台指令角速度用于给陀螺施加力矩，使平台跟踪当地水平；而在捷联惯导系统中，平台指令角速度用于更新数学平台的计算。$\boldsymbol{\omega}_{nb}^b$ 描述了载体坐标系相对导航坐标系的转动角速度，也称该角速度为载体角速度。

根据 2.6 节介绍的微分方程数值解法，对式(4.16)进行积分即可实时计算出 ψ_g，ϑ 和 γ，将它们代入式(4.5)便可实时更新捷联矩阵 $\boldsymbol{T}_b^n$。

对式(4.16)进行分析可以看出，通过欧拉角微分方程更新捷联矩阵 $\boldsymbol{T}_b^n$，只需要解三个微分方程，计算量小。但利用计算机进行数值积分时，需要进行超越函数的运算，这反而加大了计算的工作量。此外，当俯仰角 $\vartheta = 90°$时，有 $\cos\vartheta = 0$，式(4.16)将出现奇点，方程式退化，不能全姿态工作。因此，通过欧拉角法来更新捷联矩阵 $\boldsymbol{T}_b^n$ 在实际应用中有一定的局限性。

4.3.2　方向余弦法

捷联矩阵 $\boldsymbol{T}_b^n$ 的变化是由载体坐标系相对于导航坐标系运动的角速度 $\boldsymbol{\omega}_{nb}^b$ 引起的。根据 2.5.4 小节方向余弦矩阵微分方程的一般表达式可以获得捷联矩阵 $\boldsymbol{T}_b^n$ 的微分方程为

$$\dot{\boldsymbol{T}}_n^b = -\boldsymbol{\Omega}_{nb}^b \boldsymbol{T}_n^b \tag{4.18}$$

或
$$\dot{\boldsymbol{T}}_b^n = \boldsymbol{T}_b^n \boldsymbol{\Omega}_{nb}^b \tag{4.19}$$
式中，$\boldsymbol{\Omega}_{nb}^b$ 为由载体角速度 $\boldsymbol{\omega}_{nb}^b$ 构成的反对称矩阵。

为了进一步理解捷联矩阵 $\boldsymbol{T}_b^n$ 的变化率和载体角速度 $\boldsymbol{\omega}_{nb}^b$ 间的关系，下面再给出另外一种捷联矩阵 $\boldsymbol{T}_b^n$ 微分方程的推导过程。

设 t 时刻的捷联姿态矩阵为 $\boldsymbol{T}_n^b(t)$，$(t+\Delta t)$时刻的捷联姿态矩阵为 $\boldsymbol{T}_n^b(t+\Delta t)$。在式(4.2)的基础上，$\boldsymbol{T}_n^b(t)$分别绕 x 轴、y 轴和 z 轴转动 $\Delta\gamma$，$\Delta\vartheta$ 和 $\Delta\psi_g$，得到 $\boldsymbol{T}_n^b(t+\Delta t)$，两个矩阵的转动关系可以描述为

$$x_b y_b z_b(t) \xrightarrow[\Delta\vartheta,\Delta\gamma,\Delta\psi_g]{\text{分别绕 } x\text{、}y \text{ 和 } z \text{ 轴}} x_b y_b z_b(t+\Delta t)$$

根据上述转动关系，可得两个矩阵的变化关系为

$$\boldsymbol{T}_n^b(t+\Delta t) = \begin{bmatrix} \cos\Delta\psi_g & \sin\Delta\psi_g & 0 \\ -\sin\Delta\psi_g & \cos\Delta\psi_g & 0 \\ 0 & 0 & 1 \end{bmatrix} \begin{bmatrix} \cos\Delta\gamma & 0 & -\sin\Delta\gamma \\ 0 & 1 & 0 \\ \sin\Delta\gamma & 0 & \cos\Delta\gamma \end{bmatrix} \begin{bmatrix} 1 & 0 & 0 \\ 0 & \cos\Delta\vartheta & \sin\Delta\vartheta \\ 0 & -\sin\Delta\vartheta & \cos\Delta\vartheta \end{bmatrix} \boldsymbol{T}_n^b(t) \tag{4.20}$$

当 $\Delta\gamma$，$\Delta\vartheta$ 和 $\Delta\psi_g$ 为小量时，式(4.20)可写为

$$\boldsymbol{T}_n^b(t+\Delta t) = \begin{bmatrix} 1 & \Delta\psi_g & 0 \\ -\Delta\psi_g & 1 & 0 \\ 0 & 0 & 1 \end{bmatrix} \begin{bmatrix} 1 & 0 & -\Delta\gamma \\ 0 & 1 & 0 \\ \Delta\gamma & 0 & 1 \end{bmatrix} \begin{bmatrix} 1 & 0 & 0 \\ 0 & 1 & \Delta\vartheta \\ 0 & -\Delta\vartheta & 1 \end{bmatrix} \boldsymbol{T}_n^b(t) \tag{4.21}$$

进一步整理式(4.21)，并忽略二阶项，得

$$\boldsymbol{T}_n^b(t+\Delta t) \approx \begin{bmatrix} 1 & \Delta\psi_g & -\Delta\gamma \\ -\Delta\psi_g & 1 & \Delta\vartheta \\ \Delta\gamma & -\Delta\vartheta & 1 \end{bmatrix} \boldsymbol{T}_n^b(t) = \boldsymbol{T}_n^b(t) + \begin{bmatrix} 0 & \Delta\psi_g & -\Delta\gamma \\ -\Delta\psi_g & 0 & \Delta\vartheta \\ \Delta\gamma & -\Delta\vartheta & 0 \end{bmatrix} \boldsymbol{T}_n^b(t) \tag{4.22}$$

进一步整理式(4.22)，并两边取极限，有

$$\begin{aligned} \dot{\boldsymbol{T}}_n^b(t) &= \lim_{\Delta t\to 0} \frac{\boldsymbol{T}_n^b(t+\Delta t) - \boldsymbol{T}_n^b(t)}{\Delta t} = \lim_{\Delta t\to 0} \begin{bmatrix} 0 & \dfrac{\Delta\psi_g}{\Delta t} & -\dfrac{\Delta\gamma}{\Delta t} \\ -\dfrac{\Delta\psi_g}{\Delta t} & 0 & \dfrac{\Delta\vartheta}{\Delta t} \\ \dfrac{\Delta\gamma}{\Delta t} & -\dfrac{\Delta\vartheta}{\Delta t} & 0 \end{bmatrix} \boldsymbol{T}_n^b(t) \\ &= \begin{bmatrix} 0 & \omega_{nbz}^b & -\omega_{nby}^b \\ -\omega_{nbz}^b & 0 & \omega_{nbx}^b \\ \omega_{nby}^b & -\omega_{nbx}^b & 0 \end{bmatrix} \boldsymbol{T}_n^b(t) \end{aligned} \tag{4.23}$$

根据正交矩阵的性质以及式(4.4)，对式(4.23)两边同时取转置，于是有

$$\dot{\boldsymbol{T}}_b^n(t) = \boldsymbol{T}_b^n(t) \begin{bmatrix} 0 & -\omega_{nbz}^b & \omega_{nby}^b \\ \omega_{nbz}^b & 0 & -\omega_{nbx}^b \\ -\omega_{nby}^b & \omega_{nbx}^b & 0 \end{bmatrix} \tag{4.24}$$

对比式(4.18)和式(4.19)，式(4.23)和式(4.24)与式(4.18)和式(4.19)是一致的，后者的

推导过程更体现了载体角速度与捷联矩阵变化率间的关系。根据式(4.5)所示关系,式(4.24)可写为

$$\begin{bmatrix}\dot{T}_{11} & \dot{T}_{12} & \dot{T}_{13}\\ \dot{T}_{21} & \dot{T}_{22} & \dot{T}_{23}\\ \dot{T}_{31} & \dot{T}_{32} & \dot{T}_{33}\end{bmatrix}=\begin{bmatrix}T_{11} & T_{12} & T_{13}\\ T_{21} & T_{22} & T_{23}\\ T_{31} & T_{32} & T_{33}\end{bmatrix}\begin{bmatrix}0 & -\omega_{nbz}^{b} & \omega_{nby}^{b}\\ \omega_{nbz}^{b} & 0 & -\omega_{nbx}^{b}\\ -\omega_{nby}^{b} & \omega_{nbx}^{b} & 0\end{bmatrix} \tag{4.25}$$

利用第 2 章介绍的微分方程数值解法求解式(4.25)时,需要解 9 个微分方程。当 $\boldsymbol{T}_b^n$ 是正交矩阵时,根据正交矩阵的性质解 6 个微分方程就可以更新 $\boldsymbol{T}_b^n$。但由于陀螺误差和计算误差的存在,使计算得到的捷联矩阵失去正交性,给比力的变换带来误差,从而给整个导航参数解算带来误差。为了消除该误差,需要对计算出的捷联矩阵周期地进行正交化。矩阵的最优正交化就是找一个最接近计算矩阵的正交阵。最接近的概念是正交阵和计算阵的差值范数最小,即欧几里得空间的距离最短。用 $\hat{\boldsymbol{T}}_b^n$ 表示计算的捷联矩阵,$\boldsymbol{T}_b^n$ 表示正交化后的捷联矩阵。如果有

$$D_{\min}=\|\boldsymbol{T}_b^n-\hat{\boldsymbol{T}}_b^n\|^2 \tag{4.26}$$

则称 $\boldsymbol{T}_b^n$ 为 $\hat{\boldsymbol{T}}_b^n$ 的最优正交化捷联矩阵。

设 $D=\|\boldsymbol{T}_b^n-\hat{\boldsymbol{T}}_b^n\|^2\triangleq \mathrm{Tr}\left[(\boldsymbol{T}_b^n-\hat{\boldsymbol{T}}_b^n)^{\mathrm{T}}(\boldsymbol{T}_b^n-\hat{\boldsymbol{T}}_b^n)\right]$,于是根据 $\dfrac{\partial D}{\partial \boldsymbol{T}_b^n}=0$,可得

$$\boldsymbol{T}_b^n=\hat{\boldsymbol{T}}_b^n((\hat{\boldsymbol{T}}_b^n)^{\mathrm{T}}\hat{\boldsymbol{T}}_b^n)^{-\frac{1}{2}} \tag{4.27}$$

或

$$\boldsymbol{T}_b^n=(\hat{\boldsymbol{T}}_b^n(\hat{\boldsymbol{T}}_b^n)^{\mathrm{T}})^{\frac{1}{2}}(\hat{\boldsymbol{T}}_b^n)^{-\mathrm{T}} \tag{4.28}$$

由于对式(4.27)或式(4.28)直接求解很困难,因此在计算机上执行时通常采用迭代的方法来求解。

如果令 $\bar{\boldsymbol{T}}=(\hat{\boldsymbol{T}}_b^n)^{\mathrm{T}}\hat{\boldsymbol{T}}_b^n-\boldsymbol{I}$,则式(4.27)可写为

$$\boldsymbol{T}_b^n=\hat{\boldsymbol{T}}_b^n(\boldsymbol{I}+\bar{\boldsymbol{T}})^{-\frac{1}{2}}=\hat{\boldsymbol{T}}_b^n\left(\boldsymbol{I}-\frac{1}{2}\bar{\boldsymbol{T}}+\frac{1\times 3}{2\times 4}\bar{\boldsymbol{T}}^2-\frac{1\times 3\times 5}{2\times 4\times 6}\bar{\boldsymbol{T}}^3+\cdots\right) \tag{4.29}$$

取式(4.29)的前两项,则有

$$\boldsymbol{T}_b^n=\hat{\boldsymbol{T}}_b^n\left(\boldsymbol{I}-\frac{1}{2}\bar{\boldsymbol{T}}\right)=\hat{\boldsymbol{T}}_b^n\left(\boldsymbol{I}-\frac{1}{2}((\hat{\boldsymbol{T}}_b^n)^{\mathrm{T}}\hat{\boldsymbol{T}}_b^n-\boldsymbol{I})\right)=\frac{3}{2}\hat{\boldsymbol{T}}_b^n-\frac{1}{2}\hat{\boldsymbol{T}}_b^n(\hat{\boldsymbol{T}}_b^n)^{\mathrm{T}}\hat{\boldsymbol{T}}_b^n \tag{4.30}$$

如果令 $\tilde{\boldsymbol{T}}=\hat{\boldsymbol{T}}_b^n(\hat{\boldsymbol{T}}_b^n)^{\mathrm{T}}-\boldsymbol{I}$,则式(4.28)可写为

$$\boldsymbol{T}_b^n=(\boldsymbol{I}+\tilde{\boldsymbol{T}})^{\frac{1}{2}}(\hat{\boldsymbol{T}}_b^n)^{-\mathrm{T}}=\left(\boldsymbol{I}+\frac{1}{2}\tilde{\boldsymbol{T}}+\frac{1}{2\times 4}\tilde{\boldsymbol{T}}^2-\frac{1\times 3}{2\times 4\times 6}\tilde{\boldsymbol{T}}^3+\cdots\right)(\hat{\boldsymbol{T}}_b^n)^{-\mathrm{T}} \tag{4.31}$$

取式(4.31)的前两项,则有

$$\boldsymbol{T}_b^n=\left(\boldsymbol{I}+\frac{1}{2}\tilde{\boldsymbol{T}}\right)(\hat{\boldsymbol{T}}_b^n)^{-\mathrm{T}}=\left(\boldsymbol{I}+\frac{1}{2}(\hat{\boldsymbol{T}}_b^n(\hat{\boldsymbol{T}}_b^n)^{\mathrm{T}}-\boldsymbol{I})\right)(\hat{\boldsymbol{T}}_b^n)^{-\mathrm{T}}=\frac{1}{2}(\hat{\boldsymbol{T}}_b^n)^{-\mathrm{T}}+\frac{1}{2}\hat{\boldsymbol{T}}_b^n \tag{4.32}$$

式(4.30)和式(4.32)写成迭代形式,分别为

$$\hat{\boldsymbol{T}}_b^n(k+1)=\frac{3}{2}\hat{\boldsymbol{T}}_b^n(k)-\frac{1}{2}\hat{\boldsymbol{T}}_b^n(k)(\hat{\boldsymbol{T}}_b^n(k))^{\mathrm{T}}\hat{\boldsymbol{T}}_b^n(k),\quad k=0,1,2,\cdots,N \tag{4.33}$$

$$\hat{\boldsymbol{T}}_b^n(k+1)=\frac{1}{2}\left[((\hat{\boldsymbol{T}}_b^n(k))^{\mathrm{T}})^{-1}+\hat{\boldsymbol{T}}_b^n(k)\right],\quad k=0,1,2,\cdots,N \tag{4.34}$$

按照式(4.33)或式(4.34)进行迭代计算 2～3 次即可实现矩阵的正交化，即

$$\boldsymbol{T}_b^n=\hat{\boldsymbol{T}}_b^n(k+1) \tag{4.35}$$

采用方向余弦法的优点是直接计算出捷联矩阵 $\boldsymbol{T}_b^n$，且不存在应用局限性，可全姿态工作，但需要求解 9 个微分方程，而且捷联矩阵正交化的计算量大。

为了克服欧拉法和方向余弦法更新捷联矩阵的不足，下面介绍一种实际应用中常用的捷联矩阵即时更新方法——四元数法。

4.4 捷联矩阵即时更新的四元数方法

由理论力学的知识可知，绕定点转动的刚体的角位置可以通过依次转过 3 个欧拉角的 3 次转动来获得，也可以通过绕某一瞬时轴转过某个角度的一次转动获得。对于前者可采用方向余弦法解决定点转动的刚体的定位问题；对于后者可采用四元数(Quaternion)法来解决定位问题。威廉·卢云·哈密尔顿(William Rowan Hamilton，1805—1865)早在 1843 年就在数学中引入了四元数①，但由于这种数学工具的优越性尚未显示出来，所以直到 20 世纪 60 年代末这种方法还未获得实际应用。随着空间技术、计算技术，特别是捷联惯导技术的发展，四元数的优越性才日渐引起人们的重视。在最近几十年中，四元数理论才真正得到应用。为了更好地理解四元数与刚体转动时姿态变化的关系，本书仅简要地介绍在捷联惯导中所必需的最基本的四元数知识。

4.4.1 四元数的定义和性质

所谓四元数是指由一个实数单位 1 和三个虚数单位 $\boldsymbol{i}_1$，$\boldsymbol{i}_2$ 和 $\boldsymbol{i}_3$ 组成并具有下列形式实元的数：

$$\boldsymbol{Q}=q_0 1+q_1\boldsymbol{i}_1+q_2\boldsymbol{i}_2+q_3\boldsymbol{i}_3 \tag{4.36}$$

式中，q_0，q_1，q_2 和 q_3 为四个实数；1 是实数部分的基，可以略去不写；$\boldsymbol{i}_1$，$\boldsymbol{i}_2$ 和 $\boldsymbol{i}_3$ 为四元数的另三个基，四元数的基具有双重性质，即向量代数中的向量性质及复数运算中虚数的性质，因此有些文献中又将四元数称为超复数。四元数的共轭四元数记为 $\boldsymbol{Q}^*$：

$$\boldsymbol{Q}^*=q_0 1-q_1\boldsymbol{i}_1-q_2\boldsymbol{i}_2-q_3\boldsymbol{i}_3 \tag{4.37}$$

关于四元数及其基 $\boldsymbol{i}_1$，$\boldsymbol{i}_2$ 和 $\boldsymbol{i}_3$ 相乘的表示方法，为了区别向量运算中的点积符号"·"和叉积符号"×"，可以不用乘号或用"∘"来表示四元数的乘积。例如，两个四元数 $\boldsymbol{Q}_1$ 和 $\boldsymbol{Q}_2$ 的乘积可以表示为 $\boldsymbol{Q}_1\boldsymbol{Q}_2$ 或 $\boldsymbol{Q}_1\circ\boldsymbol{Q}_2$。于是四元数的基 1，$\boldsymbol{i}_1$，$\boldsymbol{i}_2$ 和 $\boldsymbol{i}_3$ 的双重性质如表 4.1 所列，即

---

① 19 世纪早期，人们认为在数学领域里不存在与一般算术代数不同的代数。但是年轻的数学家哈密顿却独树一帜，设想建立超复数系，定义这样两个有序实数四元数组(a,b,c,d)，(e,f,g,h)，当且仅当$a=e$，$b=f$，$c=g$ 和$d=h$ 时，两个四元数组是相等的。又用记号 l，i，j 和k 分别表示(1,0,0,0)，(0,1,0,0)，(0,0,1,0) 和(0,0,0,1)。但是按照普通代数的四则运算法则无法实现，如何规定其运算法则呢？1843 年 10 月 6 日晚饭后，哈密顿像往常一样和夫人到外边散步，当经过柏林城外皇家运河布鲁穆桥(现称为金雀花桥 Broom Bridge)进城时，突然想到$\boldsymbol{i}^2+\boldsymbol{j}^2+\boldsymbol{k}^2=\boldsymbol{ijk}=-1$。四元数$(a,b,c,d)$写成 $a+b\boldsymbol{i}+c\boldsymbol{j}+d\boldsymbol{k}$ 这样的形式，哈密顿经过认真思考，牺牲了代数运算的交换律，于是第一个非交换代数 —— 四元数代数诞生了。1843 年 11 月，哈密顿在爱尔兰科学院正式宣布他发明了四元数。

$$\boldsymbol{i}_1^2=\boldsymbol{i}_2^2=\boldsymbol{i}_3^2=-1,\quad \boldsymbol{i}_1\boldsymbol{i}_2=\boldsymbol{i}_3,\quad \boldsymbol{i}_2\boldsymbol{i}_1=-\boldsymbol{i}_3,$$
$$\boldsymbol{i}_2\boldsymbol{i}_3=\boldsymbol{i}_1,\quad \boldsymbol{i}_3\boldsymbol{i}_2=-\boldsymbol{i}_1,\quad \boldsymbol{i}_3\boldsymbol{i}_1=\boldsymbol{i}_2,\quad \boldsymbol{i}_1\boldsymbol{i}_3=-\boldsymbol{i}_2$$

表 4.1　四元数的乘积

		$\boldsymbol{Q}_2$			
		1	$\boldsymbol{i}_1$	$\boldsymbol{i}_2$	$\boldsymbol{i}_3$
$\boldsymbol{Q}_1$	1	1	$\boldsymbol{i}_1$	$\boldsymbol{i}_2$	$\boldsymbol{i}_3$
	$\boldsymbol{i}_1$	$\boldsymbol{i}_1$	-1	$\boldsymbol{i}_3$	$-\boldsymbol{i}_2$
	$\boldsymbol{i}_2$	$\boldsymbol{i}_2$	$-\boldsymbol{i}_3$	-1	$\boldsymbol{i}_1$
	$\boldsymbol{i}_3$	$\boldsymbol{i}_3$	$\boldsymbol{i}_2$	$-\boldsymbol{i}_1$	-1

四元数的表达方式有多种，主要有复数式、矢量式、三角式、指数式和矩阵等。

（1）复数式

$$\boldsymbol{Q}=q_0+q_1\boldsymbol{i}_1+q_2\boldsymbol{i}_2+q_3\boldsymbol{i}_3$$

（2）矢量式

$$\boldsymbol{Q}=q_0+\boldsymbol{q}$$

式中，q_0 为四元数的实部；$\boldsymbol{q}$ 为四元数 $\boldsymbol{Q}$ 的向量部分。$\boldsymbol{Q}$ 的共轭四元数为 $\boldsymbol{Q}^*=q_0-\boldsymbol{q}$，四元数向量部分的共轭数等于其变号，即 $\boldsymbol{q}^*=-\boldsymbol{q}$。

（3）三角式

$$\boldsymbol{Q}=\cos\frac{\theta}{2}+\boldsymbol{i}\sin\frac{\theta}{2}$$

式中，θ 为实数；$\boldsymbol{i}$ 为单位向量。

（4）指数式

$$\boldsymbol{Q}=\mathrm{e}^{i\frac{\theta}{2}}$$

（5）矩阵式

$$\boldsymbol{Q}=[q_0\quad q_1\quad q_2\quad q_3]^{\mathrm{T}}$$

设两个四元数为

$$\boldsymbol{Q}=q_0+q_1\boldsymbol{i}_1+q_2\boldsymbol{i}_2+q_3\boldsymbol{i}_3=q_0+\boldsymbol{q} \tag{4.38}$$

$$\boldsymbol{P}=p_0+p_1\boldsymbol{i}_1+p_2\boldsymbol{i}_2+p_3\boldsymbol{i}_3=p_0+\boldsymbol{p} \tag{4.39}$$

四元数具有如下性质：

① 两个四元数相等的条件是其对应的四个元数相等，即

$$q_0=p_0,\quad q_1=p_1,\quad q_2=p_2,\quad q_3=p_3 \tag{4.40}$$

② 两个四元数的和或差为另一四元数，其四个元数分别为两个四元数对应元数的和或差，即

$$\boldsymbol{Q}\pm\boldsymbol{P}=q_0\pm p_0+(q_1\pm p_1)\boldsymbol{i}_1+(q_2\pm p_2)\boldsymbol{i}_2+(q_3\pm p_3)\boldsymbol{i}_3 \tag{4.41}$$

③ 四元数乘以标量 a 得另一个四元数，其 4 个元数分别为原四元数对应元数乘以该标量 a，即

$$a\boldsymbol{Q}=aq_0+aq_1\boldsymbol{i}_1+aq_2\boldsymbol{i}_2+aq_3\boldsymbol{i}_3 \tag{4.42}$$

④ 四元数的负数为另一个四元数，其各元数分别为原四元数的对应元数取负号，即

$$-\boldsymbol{Q}=-q_0-q_1\boldsymbol{i}_1-q_2\boldsymbol{i}_2-q_3\boldsymbol{i}_3 \tag{4.43}$$

⑤ 零四元数的各元数均为零，即

$$\boldsymbol{Q}=0+0\boldsymbol{i}_1+0\boldsymbol{i}_2+0\boldsymbol{i}_3=0 \tag{4.44}$$

⑥ 两个四元数相乘得到一个新的四元数，即

$$\begin{aligned}\boldsymbol{QP}&=(q_0+q_1\boldsymbol{i}_1+q_2\boldsymbol{i}_2+q_3\boldsymbol{i}_3)(p_0+p_1\boldsymbol{i}_1+p_2\boldsymbol{i}_2+p_3\boldsymbol{i}_3)\\&=(q_0p_0-q_1p_1-q_2p_2-q_3p_3)+(q_0p_1+q_1p_0+q_2p_3-q_3p_2)\boldsymbol{i}_1\\&\quad+(q_0p_2+q_2p_0+q_3p_1-q_1p_3)\boldsymbol{i}_2+(q_0p_3+q_3p_0+q_1p_2-q_2p_1)\boldsymbol{i}_3\end{aligned} \tag{4.45}$$

将式(4.45)写为矩阵的形式，有

$$\boldsymbol{QP}=\begin{bmatrix}q_0 & -q_1 & -q_2 & -q_3\\ q_1 & q_0 & -q_3 & q_2\\ q_2 & q_3 & q_0 & -q_1\\ q_3 & -q_2 & q_1 & q_0\end{bmatrix}\begin{bmatrix}p_0\\p_1\\p_2\\p_3\end{bmatrix}=\boldsymbol{M}^*(Q)\begin{bmatrix}p_0\\p_1\\p_2\\p_3\end{bmatrix}=\begin{pmatrix}q_0 & -\boldsymbol{q}\\ \boldsymbol{q} & \boldsymbol{\Omega}(\boldsymbol{Q})\end{pmatrix}\begin{bmatrix}p_0\\p_1\\p_2\\p_3\end{bmatrix} \tag{4.46}$$

同理，根据式(4.45)和式(4.46)的结果，可获得 **PQ** 的结果为

$$\boldsymbol{PQ}=\begin{bmatrix}p_0 & -p_1 & -p_2 & -p_3\\ p_1 & p_0 & -p_3 & p_2\\ p_2 & p_3 & p_0 & -p_1\\ p_3 & -p_2 & p_1 & p_0\end{bmatrix}\begin{bmatrix}q_0\\q_1\\q_2\\q_3\end{bmatrix}=\boldsymbol{M}^*(P)\begin{bmatrix}q_0\\q_1\\q_2\\q_3\end{bmatrix}=\begin{pmatrix}p_0 & -\boldsymbol{p}\\ \boldsymbol{p} & \boldsymbol{\Omega}(\boldsymbol{P})\end{pmatrix}\begin{bmatrix}q_0\\q_1\\q_2\\q_3\end{bmatrix} \tag{4.47}$$

式中，$\boldsymbol{M}^*$ 为由四元数形成的 4 阶矩阵，第 1 列为四元数本身，第 1 行为四元数共轭数的转置，$\boldsymbol{\Omega}(*)$ 为矩阵 $\boldsymbol{M}^*$ 的核矩阵，其元素是由该四元数向量部分构成的反对称矩阵与其标量乘以单位矩阵的和，即

$$\boldsymbol{\Omega}(\boldsymbol{Q})=\begin{pmatrix}q_0 & -q_3 & q_2\\ q_3 & q_0 & -q_1\\ -q_2 & q_1 & q_0\end{pmatrix},\quad \boldsymbol{\Omega}(\boldsymbol{P})=\begin{pmatrix}p_0 & -p_3 & p_2\\ p_3 & p_0 & -p_1\\ -p_2 & p_1 & p_0\end{pmatrix}$$

通过对比分析式(4.46)和式(4.47)可知，两个四元数是不相等的，即 $\boldsymbol{QP}\neq\boldsymbol{PQ}$，两个四元数相乘不满足交换律。

4.4.2 四元数的运算

1. 四元数的运算法则

根据四元数的性质，四元数运算法则有：

加法交换律：$\boldsymbol{Q}+\boldsymbol{M}=\boldsymbol{M}+\boldsymbol{Q}$；

加法结合律：$(\boldsymbol{Q}+\boldsymbol{M})+\boldsymbol{P}=\boldsymbol{Q}+(\boldsymbol{M}+\boldsymbol{P})$；

数乘交换律：$a\boldsymbol{Q}=\boldsymbol{Q}a$；

数乘结合律：$(ab)\boldsymbol{Q}=a(b\boldsymbol{Q})$；

数乘加法分配率：$(a+b)\boldsymbol{Q}=a\boldsymbol{Q}+b\boldsymbol{Q}$

数乘分配率：$a(\boldsymbol{Q}+\boldsymbol{M})=a\boldsymbol{Q}+a\boldsymbol{M}$；

乘法结合律：$(\boldsymbol{QM})\boldsymbol{P}=\boldsymbol{Q}(\boldsymbol{MP})$；

乘法分配率：$\boldsymbol{Q}(\boldsymbol{M}+\boldsymbol{P})=\boldsymbol{QM}+\boldsymbol{QP}$，$(\boldsymbol{Q}+\boldsymbol{M})\boldsymbol{P}=\boldsymbol{QP}+\boldsymbol{MP}$。

虽然四元数的乘法无交换律，按式(4.46)和式(4.47)计算结果不相等，即 $\boldsymbol{PQ} \neq \boldsymbol{QP}$，但其标量部分与各因子相乘的顺序无关，即

$$(\boldsymbol{QP})_0 = (\boldsymbol{PQ})_0 = q_0 p_0 - q_1 p_1 - q_2 p_2 - q_3 p_3$$

式中，$(*)_0$ 表示括号内四元数的标量部分。进而可得

$$(\boldsymbol{QMP})_0 = (\boldsymbol{PQM})_0 = (\boldsymbol{MPQ})_0 \tag{4.48}$$

2. 四元数和与积的共轭数

根据四元数共轭的定义，有两四元数之和的共轭数等于其共轭之和，即

$$(\boldsymbol{Q} + \boldsymbol{P})^* = (q_0 + p_0 + \boldsymbol{q} + \boldsymbol{p})^* = q_0 + p_0 - \boldsymbol{q} - \boldsymbol{p} = \boldsymbol{Q}^* + \boldsymbol{P}^* \tag{4.49}$$

两个四元数乘积的共轭数等于这两个四元数的共轭数改变相乘顺序的乘积，即

$$\begin{aligned}(\boldsymbol{QP})^* &= [(q_0 + \boldsymbol{q})(p_0 + \boldsymbol{p})]^* \\ &= (q_0 p_0 - \boldsymbol{qp} + q_0 \boldsymbol{p} + p_0 \boldsymbol{q} + \boldsymbol{q} \times \boldsymbol{p})^* \\ &= q_0 p_0 - \boldsymbol{qp} - q_0 \boldsymbol{p} - p_0 \boldsymbol{q} + \boldsymbol{p} \times \boldsymbol{q} \\ &= (p_0 - \boldsymbol{p})(q_0 - \boldsymbol{q}) = \boldsymbol{P}^* \boldsymbol{Q}^* \end{aligned} \tag{4.50}$$

3. 四元数的大小

四元数的大小用四元数的范数或模来表示，即

$$N = \| \boldsymbol{Q} \| = \sqrt{\boldsymbol{QQ}^*} = \sqrt{\boldsymbol{Q}^* \boldsymbol{Q}} = \sqrt{q_0^2 + q_1^2 + q_2^2 + q_3^2} \tag{4.51}$$

由式(4.51)可见，当 $N = 0$ 时，应满足 $q_0 = q_1 = q_2 = q_3 = 0$，则 $\boldsymbol{Q} = 0$；当 $N = 1$ 时，称 $\boldsymbol{Q}$ 为单位四元数。

两个四元数的乘积的范数等于其范数的乘积，即

$$N_{QM} = \sqrt{(\boldsymbol{QM})(\boldsymbol{QM})^*} = \sqrt{\boldsymbol{QMM}^* \boldsymbol{Q}^*} = \sqrt{\boldsymbol{Q} N_M^2 \boldsymbol{Q}^*} = \sqrt{\boldsymbol{QQ}^* N_M^2} = N_Q N_M \tag{4.52}$$

4. 四元数的逆

设 $\boldsymbol{Q}$ 为非零四元数，则 $\boldsymbol{Q}$ 的范数 $N \neq 0$，且存在其逆。四元数的逆 $\boldsymbol{Q}^{-1}$ 定义为四元数的共轭数 $\boldsymbol{Q}^*$ 除以 $\boldsymbol{Q}$ 的模方，即

$$\boldsymbol{Q}^{-1} = \frac{\boldsymbol{Q}^*}{N^2} \tag{4.53}$$

根据四元数范数或模的定义，四元数的模方为

$$\boldsymbol{QQ}^* = \boldsymbol{Q}^* \boldsymbol{Q} = N^2 = q_0^2 + q_1^2 + q_2^2 + q_3^2 \tag{4.54}$$

于是有

$$\boldsymbol{Q} \frac{\boldsymbol{Q}^*}{N^2} = \frac{\boldsymbol{Q}^*}{N^2} \boldsymbol{Q} = 1 \tag{4.55}$$

即

$$\boldsymbol{QQ}^{-1} = \boldsymbol{Q}^{-1} \boldsymbol{Q} = 1 \tag{4.56}$$

由式(4.56)可见，$\boldsymbol{Q}$ 的逆 $\boldsymbol{Q}^{-1}$ 起着 $\boldsymbol{Q}$ 的倒数的作用。因为两个四元数乘积的范数等于其范数的乘积，即 $N_{Q^{-1}Q} = N_{Q^{-1}} N_Q = 1$，于是有

$$N_{Q^{-1}} = \frac{1}{N_Q} \tag{4.57}$$

即四元数的逆的范数等于其范数的倒数。

显然，单位四元数向量(无标量部分的单位四元数)的共轭数为其负数；其逆也等于它的负数。

5. 四元数的除法

四元数 $\boldsymbol{Q}$ 除以另一个四元数 $\boldsymbol{M}(\boldsymbol{M}\neq 0)$ 存在以下两种情况：

(1) 如果 $\boldsymbol{P}_1\boldsymbol{M}=\boldsymbol{Q}$，两边同时右乘 $\boldsymbol{M}^{-1}$，则有

$$\boldsymbol{P}_1\boldsymbol{M}\boldsymbol{M}^{-1}=\boldsymbol{Q}\boldsymbol{M}^{-1} \tag{4.58}$$

于是有

$$\boldsymbol{P}_1=\boldsymbol{Q}\boldsymbol{M}^{-1} \tag{4.59}$$

(2) 如果 $\boldsymbol{M}\boldsymbol{P}_2=\boldsymbol{Q}$，两边同时左乘 $\boldsymbol{M}^{-1}$，则有

$$\boldsymbol{M}^{-1}\boldsymbol{M}\boldsymbol{P}_2=\boldsymbol{M}^{-1}\boldsymbol{Q} \tag{4.60}$$

于是有

$$\boldsymbol{P}_2=\boldsymbol{M}^{-1}\boldsymbol{Q} \tag{4.61}$$

对比上述两种情况可以看出，四元数 $\boldsymbol{Q}$ 除以 $\boldsymbol{M}$ 不能以 $\dfrac{\boldsymbol{Q}}{\boldsymbol{M}}$ 表示，而要用 $\boldsymbol{Q}\boldsymbol{M}^{-1}$ 或 $\boldsymbol{M}^{-1}\boldsymbol{Q}$ 的不同情况加以区分，即分为右乘以 $\boldsymbol{M}^{-1}$ 或左乘以 $\boldsymbol{M}^{-1}$ 的两种情况。

由式(4.57)可知，四元数逆的范数等于其范数的倒数，于是式(4.59)和式(4.60)有

$$N_{P_1}=N_{P_2}=N_Q N_{M^{-1}}=N_{M^{-1}}N_Q=\frac{N_Q}{N_M} \tag{4.62}$$

4.4.3 四元数的三角表示法

四元数的表示法有多种形式，通常根据实际应用需求来选择不同的四元数的表示形式。为了用四元数来表示刚体的定点转动，需要采用四元数的三角表示法。下面给出四元数复数式与三角式表示之间的关系。

设复数形式的四元数为

$$\boldsymbol{Q}=q_0+q_1\boldsymbol{i}_1+q_2\boldsymbol{i}_2+q_3\boldsymbol{i}_3$$

设三角函数

$$\cos\theta=\frac{q_0}{N} \tag{4.63}$$

则有

$$\sin\theta=\sqrt{1-\cos^2\theta}=\frac{1}{N}\sqrt{q_1^2+q_2^2+q_3^2} \tag{4.64}$$

对于四元数 $\boldsymbol{Q}$ 的向量部分 $\boldsymbol{q}$，设其单位向量为 $\boldsymbol{i}$，显然有

$$\boldsymbol{i}=\frac{q_1\boldsymbol{i}_1+q_2\boldsymbol{i}_2+q_3\boldsymbol{i}_3}{\sqrt{q_1^2+q_2^2+q_3^2}} \tag{4.65}$$

根据式(4.63)～式(4.65)，四元数 Q 可以表示为

$$\boldsymbol{Q}=N\left(\frac{q_0}{N}+\frac{\sqrt{q_1^2+q_2^2+q_3^2}}{N}\cdot\frac{q_1\boldsymbol{i}_1+q_2\boldsymbol{i}_2+q_3\boldsymbol{i}_3}{\sqrt{q_1^2+q_2^2+q_3^2}}\right)=N(\cos\theta+\boldsymbol{i}\sin\theta) \tag{4.66}$$

式中，$0\leqslant\theta\leqslant 2\pi$。

当 $\boldsymbol{Q}$ 为单位四元数时，记为 $\hat{\boldsymbol{Q}}$，此时 $N=1$，且有 $\cos\theta=q_0$，$\sin\theta=\sqrt{q_1^2+q_2^2+q_3^2}$。如果根号取正值，则有 $0\leqslant\theta\leqslant\pi$。于是单位四元数 $\hat{\boldsymbol{Q}}$ 表示为

$$\hat{\boldsymbol{Q}} = \cos\theta + \boldsymbol{i}\sin\theta, \qquad 0 \leqslant \theta \leqslant \pi \tag{4.67}$$

对于非单位四元数，则有

$$\boldsymbol{Q} = N\hat{\boldsymbol{Q}} \tag{4.68}$$

4.4.4　矢量转动的四元数变换

定理 2： 设 $\boldsymbol{Q}$ 与 $\boldsymbol{R}$ 为两个非标量四元数，并有

$$\boldsymbol{Q} = q_0 + \boldsymbol{q} = N_Q(\cos\theta + \boldsymbol{i}\sin\theta) \tag{4.69}$$

$$\boldsymbol{R} = r_0 + \boldsymbol{r} = N_R(\cos\kappa + \boldsymbol{e}\sin\kappa) \tag{4.70}$$

则 $\boldsymbol{R}' = \boldsymbol{QRQ}^{-1} = r'_0 + \boldsymbol{r}'$ 为另一四元数。将 $\boldsymbol{R}$ 的向量部分绕 $\boldsymbol{q}$ 方向沿锥面转过 2θ 角即可得到 $\boldsymbol{R}'$ 的向量部分 $\boldsymbol{r}'$，且 $\boldsymbol{R}'$ 与 $\boldsymbol{R}$ 的范数及它们的标量部分都相等。

上述定理的求证可归纳为：

(1) $\boldsymbol{R}'$ 与 $\boldsymbol{R}$ 的范数相等，即 $N_{R'} = N_R$；

(2) $\boldsymbol{R}'$ 与 $\boldsymbol{R}$ 的标量部分相等，即 $r'_0 = r_0$；

(3) $\boldsymbol{R}' = \boldsymbol{QRQ}^{-1} = r'_0 + \boldsymbol{r}' = N_R(\cos\kappa + \boldsymbol{e}'\sin\kappa)$，而 $\boldsymbol{e}'$ 是 $\boldsymbol{e}$ 绕 $\boldsymbol{i}$ 方向沿锥面转过 2θ 角而得到的单位向量。

证明：

(1) 由四元数的性质可得

$$N_{R'} = N_{QRQ^{-1}} = N_Q N_R N_{Q^{-1}} = N_R \tag{4.71}$$

(2) 用 $(R')_0$ 表示 $\boldsymbol{R}'$ 的标量部分，则

$$r'_0 = (\boldsymbol{R}')_0 = (\boldsymbol{QRQ}^{-1})_0 = (\boldsymbol{Q}^{-1}\boldsymbol{QR})_0 = r_0 \tag{4.72}$$

(3) 设

$$R' = \boldsymbol{Q}(r_0 + \boldsymbol{r})\boldsymbol{Q}^{-1} = \boldsymbol{Q}r_0\boldsymbol{Q}^{-1} + \boldsymbol{QrQ}^{-1} = r_0 + \boldsymbol{QrQ}^{-1} \tag{4.73}$$

式(4.72)已证明 $r'_0 = r_0$，即式(4.73)中的第一项是 $\boldsymbol{R}'$ 的标量部分，于是式(4.73)中的第二项 $\boldsymbol{QrQ}^{-1}$ 必为 $\boldsymbol{R}'$ 的向量部分 $\boldsymbol{r}'$，即

$$\begin{aligned} \boldsymbol{r}' &= \boldsymbol{QrQ}^{-1} = \boldsymbol{Q}(N_R\boldsymbol{e}\sin\kappa)\boldsymbol{Q}^{-1} \\ &= N_R\boldsymbol{QeQ}^{-1}\sin\kappa = N_R\boldsymbol{e}'\sin\kappa \end{aligned} \tag{4.74}$$

$$\boldsymbol{e}' = \boldsymbol{QeQ}^{-1} \tag{4.75}$$

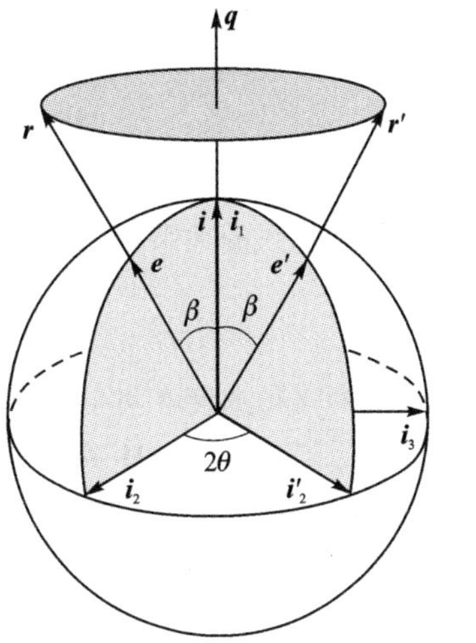

图 4.5　转动的四元数表示法

显然 $\boldsymbol{r}'$ 与 $\boldsymbol{e}'$ 共线(同方向)。为了确定 $\boldsymbol{e}'$，取单位向量 $\boldsymbol{i}_1$，$\boldsymbol{i}_2$ 和 $\boldsymbol{i}_3$，使 $\boldsymbol{i}_1$ 与 $\boldsymbol{i}$ 重合；$\boldsymbol{i}_2$ 在的平面内，并与 $\boldsymbol{i}$ 垂直；$\boldsymbol{i}_3$ 垂直于 $\boldsymbol{i}_1$ 和 $\boldsymbol{i}_2$ 并构成右手系，如图 4.5 所示。$\boldsymbol{i}$ 与 $\boldsymbol{e}$ 的夹角为 β。于是有

$$\boldsymbol{e} = \boldsymbol{i}_1\cos\beta + \boldsymbol{i}_2\sin\beta \tag{4.76}$$

将式(4.76)代入式(4.75)，得

$$\begin{aligned} \boldsymbol{e}' &= \boldsymbol{Q}(\boldsymbol{i}_1\cos\beta + \boldsymbol{i}_2\sin\beta)\boldsymbol{Q}^{-1} \\ &= \boldsymbol{Qi}_1\boldsymbol{Q}^{-1}\cos\beta + \boldsymbol{Qi}_2\boldsymbol{Q}^{-1}\sin\beta \end{aligned} \tag{4.77}$$

因为 $\boldsymbol{q}$ 与 $\boldsymbol{i}_1$ 同方向，故 $\boldsymbol{Q}$ 与 $\boldsymbol{i}_1$ 可交换，即有

$$\boldsymbol{Qi}_1 = \boldsymbol{i}_1\boldsymbol{Q} \tag{4.78}$$

于是式(4.77)中的 $\boldsymbol{Qi}_1\boldsymbol{Q}^{-1}$ 为

$$Q i_1 Q^{-1} = i_1 Q Q^{-1} = i_1 \tag{4.79}$$

又因为

$$Q = N_Q(\cos\theta + i\sin\theta)$$

$$Q^{-1} = \frac{Q^*}{N_Q^2} = \frac{N_Q}{N_Q^2}(\cos\theta - i\sin\theta)$$

于是式(4.77)中 $Q i_2 Q^{-1}$ 为

$$\begin{aligned} i_2' = Q i_2 Q^{-1} &= \frac{N_Q N_Q}{N_Q^2}(\cos\theta + i_1\sin\theta) i_2 (\cos\theta - i_1 \sin\theta) \\ &= (i_2\cos\theta + i_3\sin\theta)(\cos\theta - i_1\sin\theta) \\ &= i_2(\cos^2\theta - \sin^2\theta) + i_3(2\sin\theta\cos\theta) \\ &= i_2\cos 2\theta + i_3\sin 2\theta \end{aligned} \tag{4.80}$$

将式(4.80)与图 4.5 相对照可以看出,i_2'是位于 i_2 和 i_3 平面内单位向量,并与 i_2 的夹角为 2θ。于是有

$$e' = i_1\cos\beta + i_2'\sin\beta \tag{4.81}$$

显然 e'在 i_1 和 i_2'的平面内,并与 i_1 成 β 角。从而有

$$R' = N_Q(\cos\kappa + e'\sin\kappa)$$

而 e'即为 e 绕 i 沿圆锥角为 β 的锥面转过 2θ 角后得到的单位向量。

为了更好地理解定理 2,下面举一个实际的例子进行说明。

例 1: 设导航坐标系 $O_n x_n y_n z_n$ 取为地理坐标系,即为东北天坐标系,载体坐标系选为右前上坐标系,飞机以 200 m/s 的速度向南飞,计算飞机速度在两个坐标系的投影关系。

解: 导航坐标系 $O_n x_n y_n z_n$ 选为地理坐标系,机体坐标系 $O_b x_b y_b z_b$ 为右前上,e_1,e_2 和 e_3 为机体坐标系的基底,根据题意可知两个坐标系的关系如图 4.6 所示。

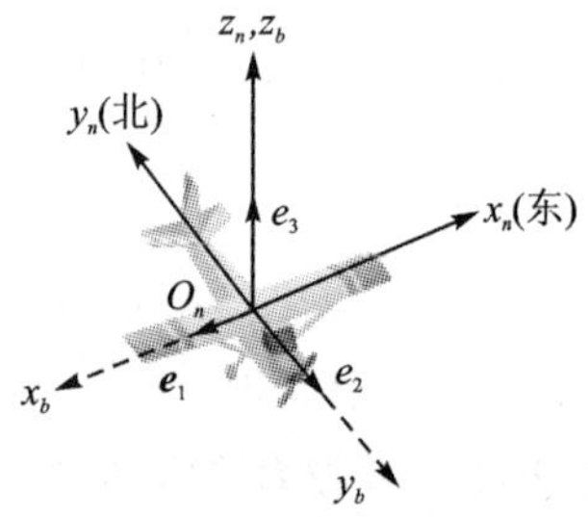

图 4.6　两个坐标系的关系

飞机的飞行速度在地理坐标系和机体坐标系下的投影分别为

$$V^n = [0e_1 \quad -200e_2 \quad 0e_3]^{\mathrm{T}} = -200e_2$$

$$V^b = [0e_1 \quad 200e_2 \quad 0e_3]^{\mathrm{T}} = 200e_2$$

两个坐标系的关系相当于载体坐标系绕 Z_n 轴(向量 e_3)旋转 180°,于是转动的四元数可写为

$$Q = \cos 90° + e_3\sin 90° = e_3$$

飞机的飞行速度在两个坐标系的投影关系为

$$V^n = Q V^b Q^{-1} = e_3(200e_2)(-e_3) = -200e_3e_2e_3 = -200e_2$$

(1) 转动的四元数变换

根据定理 2 和例 1 可以看出,一次转动变换可以用四元数表示,即

$$R' = QRQ^{-1} \tag{4.82}$$

式中,Q 为转动四元数,而 $Q(*)Q^{-1}$ 是由转动四元数 Q 给出的转动算子,它确定了将向量 r 绕向量 q 转过 2θ 角的转动。于是就可以用四元数进行坐标变换或向量变换。通常用单位四

元数 $\boldsymbol{Q}$ 来表示转动，且将转动角度取为 θ，于是有

$$\boldsymbol{Q}=\cos\frac{\theta}{2}+\boldsymbol{i}\sin\frac{\theta}{2} \tag{4.83}$$

式(4.83)表示绕 $\boldsymbol{i}$ 轴转过 θ 角的转动。

(2) 相继转动的四元数变换及其不可交换性

设有两个转动四元数 $\boldsymbol{Q}$ 和 $\boldsymbol{M}$，且有

$$\boldsymbol{Q}=\cos\frac{\varphi}{2}+\boldsymbol{\zeta}\sin\frac{\varphi}{2} \tag{4.84}$$

$$\boldsymbol{M}=\cos\frac{\beta}{2}+\boldsymbol{\eta}\sin\frac{\beta}{2} \tag{4.85}$$

则转动算子 $\boldsymbol{Q}(\ast)\boldsymbol{Q}^{-1}$ 表示绕 $\boldsymbol{\zeta}$ 轴转过 φ 角的转动，而 $\boldsymbol{M}(\ast)\boldsymbol{M}^{-1}$ 表示绕 $\boldsymbol{\eta}$ 轴转过 β 角的转动，并将它们分别称之为 $\boldsymbol{Q}$ 的转动和 $\boldsymbol{M}$ 的转动。如果刚体先做 $\boldsymbol{Q}$ 转动，再做 $\boldsymbol{M}$ 转动，则这两个转动形成的总转动可以表示为

$$\boldsymbol{M}(\boldsymbol{Q}(\ast)\boldsymbol{Q}^{-1})\boldsymbol{M}^{-1}=\boldsymbol{MQ}(\ast)(\boldsymbol{MQ})^{-1} \tag{4.86}$$

将这个总转动的转动四元数用 $\boldsymbol{P}$ 表示，则有

$$\boldsymbol{P}=\boldsymbol{MQ}=\cos\frac{r}{2}+\boldsymbol{\xi}\sin\frac{r}{2} \tag{4.87}$$

在式(4.87)中，除了 $\boldsymbol{Q}$ 与 $\boldsymbol{M}$ 的向量部分 $\boldsymbol{\zeta}$ 与 $\boldsymbol{\eta}$ 同方向的特殊情况以外，一般 $\boldsymbol{QM}\neq\boldsymbol{MQ}$，即相继转动具有不可交换性。

4.4.5 转动四元数与转动方向余弦矩阵的关系

在 2.5.2 小节中得出了任何复杂的角位置关系都可以通过有限次基本旋转来复合(定理 1)；在 4.2 节中将机体坐标系和导航坐标系间的关系通过三次旋转来复合，且相对导航坐标系的转动可以用方向余弦矩阵 $\boldsymbol{T}$ 来表示；在 4.4.4 小节中讨论了用四元数也可以表示转动。那么转动四元数与转动方向余弦矩阵之间又存在什么关系呢？下面来讨论这个问题。

不失一般性，选取定坐标系为导航坐标系 $Ox_ny_nz_n$，动坐标系为载体坐标系 $Ox_by_bz_b$，动坐标系 $Ox_by_bz_b$ 相对定坐标系 $Ox_ny_nz_n$ 的转动关系如图 4.7 所示，定坐标系和动坐标系的单位向量分别为 $\boldsymbol{i}_1$，$\boldsymbol{i}_2$ 和 $\boldsymbol{i}_3$ 以及 $\boldsymbol{e}_1$，$\boldsymbol{e}_2$ 和 $\boldsymbol{e}_3$。根据图 4.7 所示关系，动坐标系 $Ox_by_bz_b$ 可以看成相对定坐标系 $Ox_ny_nz_n$ 绕 $\boldsymbol{q}$ 轴转动 θ 角而获得的，如图 4.7(a)所示。这两个坐标系间的变换关系等价于，定坐标系 $Ox_ny_nz_n$ 不动，将向量 $\boldsymbol{r}$ 与动坐标系 $Ox_by_bz_b$ 一起绕 $\boldsymbol{q}$ 轴转动 $-\theta$ 角以后，两个坐标系重合，如图 4.7(b)所示。

设某向量 $\boldsymbol{r}$，它在定坐标系和动坐标系的投影分别为

$$\boldsymbol{r}=\boldsymbol{OM}=x_n\boldsymbol{i}_1+y_n\boldsymbol{i}_2+z_n\boldsymbol{i}_3 \tag{4.88a}$$

$$\boldsymbol{r}=\boldsymbol{OM}=x_b\boldsymbol{e}_1+y_b\boldsymbol{e}_2+z_b\boldsymbol{e}_3 \tag{4.88b}$$

根据两空间直角坐标系的变换关系可知，图 4.7(a)和图 4.7(b)两个旋转过程可表示为

$$\begin{bmatrix} x_b \\ y_b \\ z_b \end{bmatrix}=T_n^b\begin{bmatrix} x_n \\ y_n \\ z_n \end{bmatrix} \tag{4.89a}$$

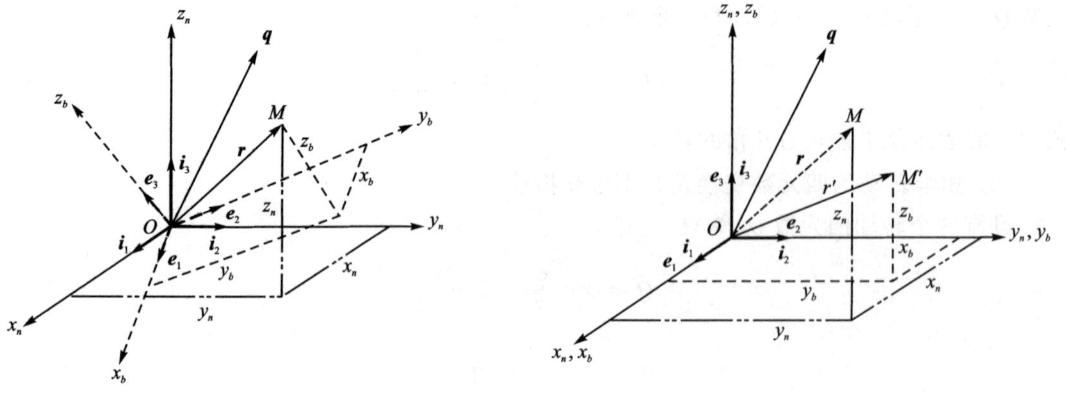

(a) 向量$\boldsymbol{r}$不动，动系相对定系转动　　(b) 向量$\boldsymbol{r}$和动系相对定系转动

图 4.7　向量 $\boldsymbol{r}$ 在定系 $Ox_ny_nz_n$ 及动系 $Ox_by_bz_b$ 中的投影

$$\begin{bmatrix} x_n \\ y_n \\ z_n \end{bmatrix} = T_b^n \begin{bmatrix} x_b \\ y_b \\ z_b \end{bmatrix} \tag{4.89b}$$

根据图 4.7 和两投影的相对关系可知，当向量 $\boldsymbol{r}$ 不动而动坐标系 $Ox_by_bz_b$ 相对定坐标系 $Ox_ny_nz_n$ 绕 $\boldsymbol{q}$ 转动 θ 角以后，向量 $\boldsymbol{r}$ 在两个坐标系上的投影与定坐标系 $Ox_ny_nz_n$ 不动，而向量 $\boldsymbol{r}$ 绕 $\boldsymbol{q}$ 轴转动 $-\theta$ 角前后向量 $\boldsymbol{r}$ 和 $\boldsymbol{r}'$在同一坐标系的投影是相等的。显然，向量 r 的投影可以表示动坐标系的位置，即向量 $\boldsymbol{r}$ 和 $\boldsymbol{r}'$分别表示定坐标系和动坐标系的位置。将向量 $\boldsymbol{r}$ 和 $\boldsymbol{r}'$在同一坐标系下表达，如图 4.8 所示，向量 $\boldsymbol{r}$ 和 $\boldsymbol{r}'$的四元数表示形式分别为

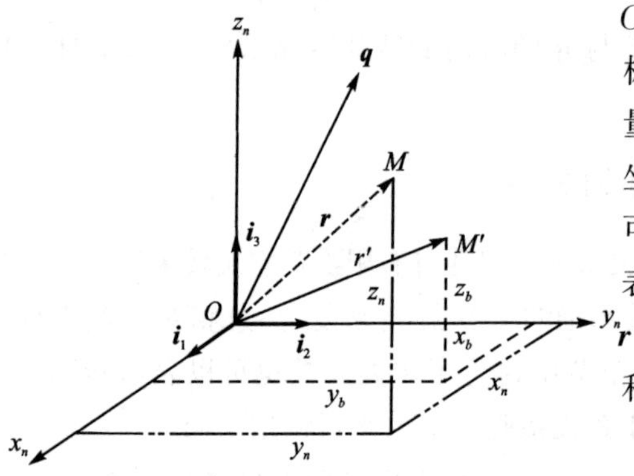

图 4.8　向径转动前后在同一坐标系中的两次投影

$$\boldsymbol{R}^n = 0 + x_n\boldsymbol{i}_1 + y_n\boldsymbol{i}_2 + z_n\boldsymbol{i}_3 \tag{4.90}$$

$$\boldsymbol{R}^b = 0 + x_b\boldsymbol{i}_1 + y_b\boldsymbol{i}_2 + z_b\boldsymbol{i}_3 \tag{4.91}$$

根据图 4.7 和图 4.8 所示关系，采用反向旋转，即将向量 $\boldsymbol{r}'$绕 $\boldsymbol{q}$ 轴转动 θ 角后得到向量 $\boldsymbol{r}$，进而由四元数转动变换可知，这一变换过程可以描述为

$$\boldsymbol{R}^n = \boldsymbol{Q}\boldsymbol{R}^b\boldsymbol{Q}^{-1} \tag{4.92}$$

$$\boldsymbol{Q} = q_0 + q_1\boldsymbol{i}_1 + q_2\boldsymbol{i}_2 + q_3\boldsymbol{i}_3 \tag{4.93}$$

$$\boldsymbol{Q}^{-1} = q_0 - q_1\boldsymbol{i}_1 - q_2\boldsymbol{i}_2 - q_3\boldsymbol{i}_3 \tag{4.94}$$

将式(4.93)和式(4.94)代入式(4.92)，可得

$$\begin{aligned} x_n\boldsymbol{i}_1 + y_n\boldsymbol{i}_2 + z_n\boldsymbol{i}_3 &= (q_0 + q_1\boldsymbol{i}_1 + q_2\boldsymbol{i}_2 + q_3\boldsymbol{i}_3)(x_b\boldsymbol{i}_1 + y_b\boldsymbol{i}_2 + z_b\boldsymbol{i}_3)(q_0 - q_1\boldsymbol{i}_1 - q_2\boldsymbol{i}_2 - q_3\boldsymbol{i}_3) \\ &= 0 + [(q_0^2 + q_1^2 - q_2^2 - q_3^2)x_b + 2(q_1q_2 - q_0q_3)y_b + 2(q_1q_3 + q_0q_2)z_b]\boldsymbol{i}_1 \\ &\quad + [2(q_1q_2 + q_0q_3)x_b + (q_0^2 - q_1^2 + q_2^2 - q_3^2)y_b + 2(q_2q_3 - q_0q_1)z_b]\boldsymbol{i}_2 \\ &\quad + [2(q_1q_3 - q_0q_2)x_b + 2(q_2q_3 + q_0q_1)y_b + (q_0^2 - q_1^2 - q_2^2 + q_3^2)z_b]\boldsymbol{i}_3 \end{aligned} \tag{4.95}$$

将式(4.95)写成矩阵形式，有

$$\begin{bmatrix} x_n \\ y_n \\ z_n \end{bmatrix} = \begin{bmatrix} q_0^2+q_1^2-q_2^2-q_3^2 & 2(q_1q_2-q_0q_3) & 2(q_1q_3+q_0q_2) \\ 2(q_1q_2+q_0q_3) & q_0^2-q_1^2+q_2^2-q_3^2 & 2(q_2q_3-q_0q_1) \\ 2(q_1q_3-q_0q_2) & 2(q_2q_3+q_0q_1) & q_0^2-q_1^2-q_2^2+q_3^2 \end{bmatrix} \begin{bmatrix} x_b \\ y_b \\ z_b \end{bmatrix} \tag{4.96}$$

将式(4.96)与式(4.89)和式(4.4)进行对比可以看出，载体系 $Ox_by_bz_b$ 与导航系 $Ox_ny_nz_n$ 间的转动四元数变换与转动方向余弦矩阵 $\boldsymbol{T}_b^n$ 有着一一对应的关系。当 q_0，q_1，q_2 和 q_3 确定后，根据式(4.96)的关系便可唯一地确定方向余弦矩阵 T_b^n 的各个元素，即

$$\boldsymbol{T}_b^n = \begin{bmatrix} T_{11} & T_{12} & T_{13} \\ T_{21} & T_{22} & T_{23} \\ T_{31} & T_{32} & T_{33} \end{bmatrix} = \begin{bmatrix} q_0^2+q_1^2-q_2^2-q_3^2 & 2(q_1q_2-q_0q_3) & 2(q_1q_3+q_0q_2) \\ 2(q_1q_2+q_0q_3) & q_0^2-q_1^2+q_2^2-q_3^2 & 2(q_2q_3-q_0q_1) \\ 2(q_1q_3-q_0q_2) & 2(q_2q_3+q_0q_1) & q_0^2-q_1^2-q_2^2+q_3^2 \end{bmatrix} \tag{4.97}$$

进而可根据式(4.7)～式(4.12)确定载体的姿态角。

根据 2.5.2 小节的定理 1，两个直角坐标系变换中的结论(两坐标系间的任何复杂的角位置关系都可看成有限次基本旋转的复合，两坐标系间的变换矩阵等于每一次基本旋转确定的矩阵的连乘，连乘顺序根据每一次旋转的先后次序从右向左排列)以及式(4.92)可以得出下述定理。

定理 3：动系 $Ox_by_bz_b$ 绕动系中 $\boldsymbol{\zeta}_1^b,\boldsymbol{\zeta}_2^b,\cdots,\boldsymbol{\zeta}_{n-1}^b,\boldsymbol{\zeta}_n^b$ 相对定系 $Ox_ny_nz_n$ 连续旋转 β_1，$\beta_2,\cdots,\beta_{n-1},\beta_n$，转动四元数为 $\boldsymbol{Q}_1,\boldsymbol{Q}_2,\cdots,\boldsymbol{Q}_{n-1},\boldsymbol{Q}_n$，则有 $\boldsymbol{Q}=\boldsymbol{Q}_1\boldsymbol{Q}_2\cdots\boldsymbol{Q}_{n-1}\boldsymbol{Q}_n$，使得 $\boldsymbol{R}^n=\boldsymbol{Q}\boldsymbol{R}^b\boldsymbol{Q}^{-1}$，其中 $\boldsymbol{Q}_i=\cos\dfrac{\beta_i}{2}+\boldsymbol{\zeta}_i^b\sin\dfrac{\beta_i}{2}$，$i=1,2,\cdots,n$。

证明：设 $\boldsymbol{R}^n=\boldsymbol{Q}_1\boldsymbol{R}^{b_1}\boldsymbol{Q}_1^{-1}$，$\boldsymbol{R}^{b_1}=\boldsymbol{Q}_2\boldsymbol{R}^{b_2}\boldsymbol{Q}_2^{-1}$，$\cdots$，$\boldsymbol{R}^{b_{n-1}}=\boldsymbol{Q}_n\boldsymbol{R}^b\boldsymbol{Q}_n^{-1}$，于是有

$$\boldsymbol{R}^n=\boldsymbol{Q}_1\boldsymbol{Q}_2\cdots\boldsymbol{Q}_n\boldsymbol{R}^b\boldsymbol{Q}_n^{-1}\cdots\boldsymbol{Q}_2^{-1}\boldsymbol{Q}_1^{-1}=\boldsymbol{Q}_1\boldsymbol{Q}_2\cdots\boldsymbol{Q}_n\boldsymbol{R}^b(\boldsymbol{Q}_1\boldsymbol{Q}_2\cdots\boldsymbol{Q}_n)^{-1}=\boldsymbol{Q}\boldsymbol{R}^b\boldsymbol{Q}^{-1}$$

根据定理 3，可以对四元数进行初始化。当给定初始姿态角 ψ_{g_0}，ϑ_0 和 γ_0 时，相当于载体系 $Ox_by_bz_b$ 分别绕 z 轴、x 轴和 y 轴相对于导航坐标系 $Ox_ny_nz_n$ 旋转了 ψ_{g_0}，ϑ_0 和 γ_0，即

$$x_ny_nz_n \xrightarrow[\psi_{g_0}]{\text{绕 } z \text{ 轴}} \xrightarrow[\vartheta_0]{\text{绕 } x \text{ 轴}} \xrightarrow[\gamma_0]{\text{绕 } y \text{ 轴}} x_by_bz_b$$

根据上述旋转关系和定理 3 可知

$$\boldsymbol{Q}_1=\cos\frac{\psi_{g_0}}{2}+\boldsymbol{e}_3\sin\frac{\psi_{g_0}}{2}\text{①}$$

$$\boldsymbol{Q}_2=\cos\frac{\vartheta_0}{2}+\boldsymbol{e}_1\sin\frac{\vartheta_0}{2}$$

$$\boldsymbol{Q}_3=\cos\frac{\gamma_0}{2}+\boldsymbol{e}_2\sin\frac{\gamma_0}{2}$$

其中，$\boldsymbol{e}_1$，$\boldsymbol{e}_2$ 和 $\boldsymbol{e}_3$ 是 $Ox_by_bz_b$ 的基底向量。于是有

---

① 如果航向角定义北偏东为正，则载体纵轴 O_by_b 在水平面内的投影与 O_ny_n 轴的夹角应为 $-\psi_g$。将 $-\psi$ 代入，则有 $\boldsymbol{Q}_1=\cos\dfrac{\psi_{g_0}}{2}-\boldsymbol{e}_3\sin\dfrac{\psi_{g_0}}{2}$，同时将 $-\psi_g$ 代入式(4.98)和式(4.99)。

$$
\begin{aligned}
\boldsymbol{Q}=\boldsymbol{Q}_1\boldsymbol{Q}_2\boldsymbol{Q}_3 &=\left(\cos\frac{\psi_{g_0}}{2}+\boldsymbol{e}_3\sin\frac{\psi_{g_0}}{2}\right)\left(\cos\frac{\vartheta_0}{2}+\boldsymbol{e}_1\sin\frac{\vartheta_0}{2}\right)\left(\cos\frac{\gamma_0}{2}+\boldsymbol{e}_2\sin\frac{\gamma_0}{2}\right)\\
&=\left(\cos\frac{\psi_{g_0}}{2}\cos\frac{\vartheta_0}{2}\cos\frac{\gamma_0}{2}-\sin\frac{\psi_{g_0}}{2}\sin\frac{\vartheta_0}{2}\sin\frac{\gamma_0}{2}\right)\\
&\quad+\left(\cos\frac{\psi_{g_0}}{2}\sin\frac{\vartheta_0}{2}\cos\frac{\gamma_0}{2}-\sin\frac{\psi_{g_0}}{2}\cos\frac{\vartheta_0}{2}\sin\frac{\gamma_0}{2}\right)\boldsymbol{e}_1\\
&\quad+\left(\cos\frac{\psi_{g_0}}{2}\cos\frac{\vartheta_0}{2}\sin\frac{\gamma_0}{2}+\sin\frac{\psi_{g_0}}{2}\sin\frac{\vartheta_0}{2}\cos\frac{\gamma_0}{2}\right)\boldsymbol{e}_2\\
&\quad+\left(\cos\frac{\psi_{g_0}}{2}\sin\frac{\vartheta_0}{2}\sin\frac{\gamma_0}{2}+\sin\frac{\psi_{g_0}}{2}\cos\frac{\vartheta_0}{2}\cos\frac{\gamma_0}{2}\right)\boldsymbol{e}_3
\end{aligned}
\tag{4.98}
$$

将式(4.98)写为矩阵的形式，有

$$
\begin{bmatrix} q_0\\ q_1\\ q_2\\ q_3\end{bmatrix}=
\begin{bmatrix}
\cos\frac{\psi_{g_0}}{2}\cos\frac{\vartheta_0}{2}\cos\frac{\gamma_0}{2}-\sin\frac{\psi_{g_0}}{2}\sin\frac{\vartheta_0}{2}\sin\frac{\gamma_0}{2}\\
\cos\frac{\psi_{g_0}}{2}\sin\frac{\vartheta_0}{2}\cos\frac{\gamma_0}{2}-\sin\frac{\psi_{g_0}}{2}\cos\frac{\vartheta_0}{2}\sin\frac{\gamma_0}{2}\\
\cos\frac{\psi_{g_0}}{2}\cos\frac{\vartheta_0}{2}\sin\frac{\gamma_0}{2}+\sin\frac{\psi_{g_0}}{2}\sin\frac{\vartheta_0}{2}\cos\frac{\gamma_0}{2}\\
\cos\frac{\psi_{g_0}}{2}\sin\frac{\vartheta_0}{2}\sin\frac{\gamma_0}{2}+\sin\frac{\psi_{g_0}}{2}\cos\frac{\vartheta_0}{2}\cos\frac{\gamma_0}{2}
\end{bmatrix}
\tag{4.99}
$$

4.4.6 转动四元数的微分方程

根据定理 2 和定理 3 以及 4.4.5 小节“转动四元数与转动方向余弦矩阵的关系”可知，载体坐标系的转动可以看成，动坐标系 $Ox_by_bz_b$ 绕动系中 $\boldsymbol{\xi}_1^b$ 相对导航坐标系 $Ox_ny_nz_n$ 转动 β 角获得载体坐标系 $x_by_bz_b(t)$，再次绕动坐标系中的 $\boldsymbol{\xi}_2^b$ 旋转 $\Delta\beta$ 角获得载体坐标系 $x_by_bz_b(t+\Delta t)$，其转动关系可描述为

$$
x_ny_nz_n\xrightarrow[\beta]{\text{绕 }\boldsymbol{\xi}_1^b\text{ 轴}}x_by_bz_b(t)\xrightarrow[\Delta\beta]{\text{绕 }\boldsymbol{\xi}_2^b\text{ 轴}}x_by_bz_b(t+\Delta t)
$$

根据上述转动关系和定理 3 可得

$$
\boldsymbol{Q}(t+\Delta t)=\boldsymbol{Q}(t)\left(\cos\frac{\Delta\beta}{2}+\boldsymbol{\xi}_2^b\sin\frac{\Delta\beta}{2}\right)\tag{4.100}
$$

当 $\Delta t\to 0$ 时，$\Delta\beta\to 0$，于是有

$$
\cos\frac{\Delta\beta}{2}=1,\qquad \sin\frac{\Delta\beta}{2}=\frac{\Delta\beta}{2}
$$

进而式(4.100)可写为

$$
\boldsymbol{Q}(t+\Delta t)=\boldsymbol{Q}(t)\left(1+\boldsymbol{\xi}_2^b\frac{\Delta\beta}{2}\right)=\boldsymbol{Q}(t)+\frac{\boldsymbol{Q}(t)}{2}\boldsymbol{\xi}_2^b\Delta\beta\tag{4.101}
$$

将式(4.101)进一步整理并两边同时取极限，有

$$
\dot{\boldsymbol{Q}}(t)=\lim_{\Delta t\to 0}\frac{\boldsymbol{Q}(t+\Delta t)-\boldsymbol{Q}(t)}{\Delta t}=\frac{\boldsymbol{Q}(t)}{2}\lim_{\Delta t\to 0}\frac{\boldsymbol{\xi}_2^b\Delta\beta}{\Delta t}=\frac{\boldsymbol{Q}(t)}{2}\boldsymbol{\xi}_2^b\dot{\beta}\tag{4.102}
$$

式中，$\boldsymbol{\xi}_2^b\dot{\beta}$ 描述了动坐标系（载体坐标系 $Ox_by_bz_b$）绕 $\boldsymbol{\xi}_2^b$ 轴旋转角度的变化率，实际上就是载体坐标系绕 $\boldsymbol{\xi}_2^b$ 轴相对于定坐标系（导航坐标系 $Ox_ny_nz_n$）转动的角速度，即 $\boldsymbol{\omega}_{nb}^b=\boldsymbol{\xi}_2^b\dot{\beta}$，于是式(4.102)可写为

$$\dot{\boldsymbol{Q}}(t)=\frac{1}{2}\boldsymbol{Q}(t)\boldsymbol{\omega}_{nb}^b \tag{4.103}$$

式(4.103)即为四元数的微分方程，将其写为矩阵的形式，有

$$\begin{bmatrix}\dot{q}_0\\\dot{q}_1\\\dot{q}_2\\\dot{q}_3\end{bmatrix}=\frac{1}{2}\begin{bmatrix}0 & -\omega_{nbx}^b & -\omega_{nby}^b & -\omega_{nbz}^b\\\omega_{nbx}^b & 0 & \omega_{nbz}^b & -\omega_{nby}^b\\\omega_{nby}^b & -\omega_{nbz}^b & 0 & \omega_{nbx}^b\\\omega_{nbz}^b & \omega_{nby}^b & -\omega_{nbx}^b & 0\end{bmatrix}\begin{bmatrix}q_0\\q_1\\q_2\\q_3\end{bmatrix}=\frac{1}{2}\begin{bmatrix}0 & -\boldsymbol{\omega}_{nb}^b\\\boldsymbol{\omega}_{nb}^b & -\boldsymbol{\Omega}(\boldsymbol{Q}_\omega)\end{bmatrix}\begin{bmatrix}q_0\\q_1\\q_2\\q_3\end{bmatrix}=\frac{1}{2}\boldsymbol{M}'(\boldsymbol{\omega}_{nb}^b)\boldsymbol{Q} \tag{4.104}$$

式中，$\boldsymbol{Q}_\omega$ 是由 $\boldsymbol{\omega}_{nb}^b$ 形成的四元数，即 $\boldsymbol{Q}_\omega=0+\boldsymbol{i}_1\boldsymbol{\omega}_{nbx}^b+\boldsymbol{i}_2\boldsymbol{\omega}_{nby}^b+\boldsymbol{i}_3\boldsymbol{\omega}_{nbz}^b=0+\boldsymbol{\omega}_{nb}^b$；$\boldsymbol{M}'$ 是由四元数 $\boldsymbol{Q}_\omega$ 形成的一个 4 阶矩阵，它与式(4.46)和式(4.47)中的 $\boldsymbol{M}^*$ 矩阵类似，其矩阵元素的第 1 列为四元数 $\boldsymbol{Q}_\omega$，第 1 行为四元数 $\boldsymbol{Q}_\omega$ 的共轭四元数，$\boldsymbol{\Omega}(\boldsymbol{Q}_\omega)$ 为矩阵 $\boldsymbol{M}'$ 的核矩阵。

4.4.7　四元数的即时更新算法

根据四元数转动变换，可以获得捷联矩阵式(4.97)，进而可以计算载体的姿态角，因此对四元数的即时更新是捷联矩阵即时更新中的重要环节。下面介绍几种四元数即时更新中的常用方法。

1. 数值积分方法(基于角速度测量值)

根据陀螺仪输出值 $\boldsymbol{\omega}_{ib}^b$ 以及计算出的平台指令角速度 $\boldsymbol{\omega}_{in}^n$，可以利用式(4.17)计算出载体坐标系相对导航坐标系转动的角速度 $\boldsymbol{\omega}_{nb}^b$，并利用四元数微分方程式(4.104)实时更新四元数微分方程，进而利用 2.6 节介绍的微分方程数值解法来实时更新四元数。其中利用四阶龙格-库塔法进行四元数更新的过程为

$$\boldsymbol{K}_1=\frac{1}{2}\boldsymbol{Q}(k)\boldsymbol{\omega}_{nb}^b(k)$$

$$\boldsymbol{K}_2=\frac{1}{2}\left(\boldsymbol{Q}(k)+\frac{\Delta t}{2}\boldsymbol{K}_1\right)\boldsymbol{\omega}_{nb}^b\left(k+\frac{\Delta t}{2}\right)$$

$$\boldsymbol{K}_3=\frac{1}{2}\left(\boldsymbol{Q}(k)+\frac{\Delta t}{2}\boldsymbol{K}_2\right)\boldsymbol{\omega}_{nb}^b\left(k+\frac{\Delta t}{2}\right)$$

$$\boldsymbol{K}_4=\frac{1}{2}(\boldsymbol{Q}(k)+\Delta t\boldsymbol{K}_3)\boldsymbol{\omega}_{nb}^b(k+\Delta t)$$

$$\boldsymbol{Q}(k+1)=\boldsymbol{Q}(k)+\frac{\Delta t}{6}(\boldsymbol{K}_1+2\boldsymbol{K}_2+2\boldsymbol{K}_3+\boldsymbol{K}_4) \tag{4.105}$$

式中，$\boldsymbol{\omega}_{nb}^b(k)$，$\boldsymbol{\omega}_{nb}^b\left(k+\dfrac{\Delta t}{2}\right)$ 和 $\boldsymbol{\omega}_{nb}^b(k+\Delta t)$ 为采样周期 Δt 内的载体角速度计算值。

2. 毕卡逼近法求解(基于角增量测量值)

对于四元数微分方程式(4.104)的实时更新，还可以用毕卡(Peano-Baker)逼近法求解，即

$$\boldsymbol{Q}(k+1)=\mathrm{e}^{\frac{1}{2}\int_{k}^{k+1}M'(\omega_{nb}^{b})\mathrm{d}t}\boldsymbol{Q}(k)=\mathrm{e}^{\frac{\Delta\boldsymbol{\Theta}}{2}}\boldsymbol{Q}(k) \tag{4.106}$$

$$\Delta\boldsymbol{\Theta}=\int_{t}^{t+\Delta t}\begin{bmatrix}0 & -\omega_{nbx}^{b} & -\omega_{nby}^{b} & -\omega_{nbz}^{b}\\ \omega_{nbx}^{b} & 0 & \omega_{nbz}^{b} & -\omega_{nby}^{b}\\ \omega_{nby}^{b} & -\omega_{nbz}^{b} & 0 & \omega_{nbx}^{b}\\ \omega_{nbz}^{b} & \omega_{nby}^{b} & -\omega_{nbx}^{b} & 0\end{bmatrix}\mathrm{d}t\approx\begin{bmatrix}0 & -\Delta\theta_x & -\Delta\theta_y & -\Delta\theta_z\\ \Delta\theta_x & 0 & \Delta\theta_z & -\Delta\theta_y\\ \Delta\theta_y & -\Delta\theta_z & 0 & \Delta\theta_x\\ \Delta\theta_z & \Delta\theta_y & -\Delta\theta_x & 0\end{bmatrix} \tag{4.107}$$

进而令 $\Delta\theta^2=\Delta\theta_x^2+\Delta\theta_y^2+\Delta\theta_z^2$，于是有

$$\Delta\boldsymbol{\Theta}^2=\begin{bmatrix}0 & -\Delta\theta_x & -\Delta\theta_y & -\Delta\theta_z\\ \Delta\theta_x & 0 & \Delta\theta_z & -\Delta\theta_y\\ \Delta\theta_y & -\Delta\theta_z & 0 & \Delta\theta_x\\ \Delta\theta_z & \Delta\theta_y & -\Delta\theta_x & 0\end{bmatrix}\begin{bmatrix}0 & -\Delta\theta_x & -\Delta\theta_y & -\Delta\theta_z\\ \Delta\theta_x & 0 & \Delta\theta_z & -\Delta\theta_y\\ \Delta\theta_y & -\Delta\theta_z & 0 & \Delta\theta_x\\ \Delta\theta_z & \Delta\theta_y & -\Delta\theta_x & 0\end{bmatrix}$$

$$=\begin{bmatrix}-\Delta\theta^2 & 0 & 0 & 0\\ 0 & -\Delta\theta^2 & 0 & 0\\ 0 & 0 & -\Delta\theta^2 & 0\\ 0 & 0 & 0 & -\Delta\theta^2\end{bmatrix}=-\Delta\theta^2\boldsymbol{I}_{4\times4}$$

$$\Delta\boldsymbol{\Theta}^3=\Delta\boldsymbol{\Theta}^2\Delta\boldsymbol{\Theta}=-\Delta\theta^2\Delta\boldsymbol{\Theta}$$

$$\Delta\boldsymbol{\Theta}^4=\Delta\boldsymbol{\Theta}^2\Delta\boldsymbol{\Theta}^2=\Delta\theta^4\boldsymbol{I}_{4\times4}$$

$$\Delta\boldsymbol{\Theta}^5=\Delta\boldsymbol{\Theta}^4\Delta\boldsymbol{\Theta}=\Delta\theta^4\Delta\boldsymbol{\Theta}$$

$$\Delta\boldsymbol{\Theta}^6=\Delta\boldsymbol{\Theta}^4\Delta\boldsymbol{\Theta}^2=-\Delta\theta^6\boldsymbol{I}_{4\times4}$$

对式(4.106)中的 $\mathrm{e}^{\frac{1}{2}\Delta\boldsymbol{\Theta}}$ 进行级数展开并整理，于是有

$$\mathrm{e}^{\frac{1}{2}\Delta\boldsymbol{\Theta}}=\boldsymbol{I}_{4\times4}+\frac{\frac{1}{2}\Delta\boldsymbol{\Theta}}{1!}+\frac{\left(\frac{1}{2}\Delta\boldsymbol{\Theta}\right)^2}{2!}+\frac{\left(\frac{1}{2}\Delta\boldsymbol{\Theta}\right)^3}{3!}+\frac{\left(\frac{1}{2}\Delta\boldsymbol{\Theta}\right)^4}{4!}+\cdots$$

$$=\boldsymbol{I}_{4\times4}+\boldsymbol{I}_{4\times4}\left[\frac{\frac{1}{2}\Delta\boldsymbol{\Theta}}{1!}+\frac{-\left(\frac{\Delta\theta}{2}\right)^2}{2!}+\frac{-\left(\frac{\Delta\theta}{2}\right)^2\frac{\Delta\boldsymbol{\Theta}}{2}}{3!}+\frac{\left(\frac{\Delta\theta}{2}\right)^4}{4!}+\frac{\left(\frac{\Delta\theta}{2}\right)^4\frac{\Delta\boldsymbol{\Theta}}{2}}{5!}+\cdots\right]$$

$$=\boldsymbol{I}_{4\times4}\left[1-\frac{\left(\frac{\Delta\theta}{2}\right)^2}{2!}+\frac{\left(\frac{\Delta\theta}{2}\right)^4}{4!}-\frac{\left(\frac{\Delta\theta}{2}\right)^6}{6!}+\cdots\right]+\frac{1}{2}\Delta\boldsymbol{\Theta}\left[\frac{\frac{\Delta\theta}{2}}{1!}-\frac{\left(\frac{\Delta\theta}{2}\right)^3}{3!}+\frac{\left(\frac{\Delta\theta}{2}\right)^5}{5!}-\cdots\right]\frac{1}{\frac{\Delta\theta}{2}}$$

$$=\boldsymbol{I}_{4\times4}\cos\frac{\Delta\theta}{2}+\Delta\boldsymbol{\Theta}\frac{\sin\frac{\Delta\theta}{2}}{\Delta\theta} \tag{4.108}$$

将式(4.108)代入式(4.106)，有

$$\boldsymbol{Q}(k+1)=\left(\boldsymbol{I}_{4\times4}\cos\frac{\Delta\theta}{2}+\Delta\boldsymbol{\Theta}\frac{\sin\frac{\Delta\theta}{2}}{\Delta\theta}\right)\boldsymbol{Q}(k) \tag{4.109}$$

在实际计算过程中，将式(4.109)按正弦、余弦的级数展开，并按有限项计算，得到四元数的各阶近似算法，其中一阶至四阶近似算法为

一阶算法：
$$\boldsymbol{Q}(k+1)=\left(\boldsymbol{I}_{4\times4}+\frac{\Delta\boldsymbol{\Theta}}{2}\right)\boldsymbol{Q}(k) \tag{4.110}$$

二阶算法：
$$\boldsymbol{Q}(k+1)=\left[\boldsymbol{I}_{4\times 4}\left(1-\frac{\Delta\theta^2}{8}\right)+\frac{\Delta\boldsymbol{\Theta}}{2}\right]\boldsymbol{Q}(k) \tag{4.111}$$

三阶算法：
$$\boldsymbol{Q}(k+1)=\left[\boldsymbol{I}_{4\times 4}\left(1-\frac{\Delta\theta^2}{8}\right)+\left(\frac{1}{2}-\frac{\Delta\theta^2}{48}\right)\Delta\boldsymbol{\Theta}\right]\boldsymbol{Q}(k) \tag{4.112}$$

四阶算法：
$$\boldsymbol{Q}(k+1)=\left[\boldsymbol{I}_{4\times 4}\left(1-\frac{\Delta\theta^2}{8}+\frac{\Delta\theta^4}{384}\right)+\left(\frac{1}{2}-\frac{\Delta\theta^2}{48}\right)\Delta\boldsymbol{\Theta}\right]\boldsymbol{Q}(k) \tag{4.113}$$

3. 连乘法

根据定理 2 和定理 3 可知，设在 t 时刻动坐标系相对定坐标系的转动四元数为 $\boldsymbol{Q}=q_0+\boldsymbol{i}_1q_1+\boldsymbol{i}_2q_2+\boldsymbol{i}_3q_3$，表示向量 $\boldsymbol{R}$ 绕 $\boldsymbol{Q}$ 转动了 β 角，即 $R'=\boldsymbol{QRQ}^{-1}$。这一过程也可以用四元数的连续乘积来描述向量的转动，即当载体绕动坐标系中的向量 $\boldsymbol{Q}_1,\boldsymbol{Q}_2,\boldsymbol{Q}_3,\cdots$ 连续转过 $\theta_1,\theta_2,\theta_3\cdots$ 角度后，其等效四元数为 $\boldsymbol{Q}=\boldsymbol{Q}_1\boldsymbol{Q}_2\boldsymbol{Q}_3\cdots$，此时每右乘一个 $\boldsymbol{Q}_j\ (j=1,2,3,\cdots)$ 即相当于对四元数进行了一次即时修正（旋转轴在动系右乘，在定系左乘），因此不用再求四元数微分方程(4.104)。在计算每一个 $\boldsymbol{Q}_j$ 时，又可以将其看成在一个导航周期 Δt 内的任意次的四元数微小转动的乘积，即 $\boldsymbol{Q}_j=\boldsymbol{Q}_{j1}\boldsymbol{Q}_{j2}\boldsymbol{Q}_{j3}\cdots(j=1,2,3,\cdots)$。经过一系列推导，可得

$$\boldsymbol{\beta}=\frac{\Delta t}{6}(\boldsymbol{\omega}_0+4\boldsymbol{\omega}_1+\boldsymbol{\omega}_2) \tag{4.114}$$

$$\begin{bmatrix}\beta_{yz}\\ \beta_{zx}\\ \beta_{xy}\end{bmatrix}=\frac{\Delta t^2}{60}\begin{bmatrix}0 & -\omega_{0z}-8\omega_{1z}-\omega_{2z} & \omega_{0y}+8\omega_{1y}+\omega_{2y}\\ \omega_{0z}+8\omega_{1z}+\omega_{2z} & 0 & -\omega_{0x}-8\omega_{1x}-\omega_{2x}\\ -\omega_{0y}-8\omega_{1y}-\omega_{2y} & \omega_{0x}+8\omega_{1x}+\omega_{2x} & 0\end{bmatrix}\begin{bmatrix}\omega_{2x}-\omega_{0x}\\ \omega_{2y}-\omega_{0y}\\ \omega_{2z}-\omega_{0z}\end{bmatrix} \tag{4.115}$$

式中，$\boldsymbol{\omega}_0=[\omega_{0x}\quad \omega_{0y}\quad \omega_{0z}]^{\mathrm{T}}$，$\boldsymbol{\omega}_1=[\omega_{1x}\quad \omega_{1y}\quad \omega_{1z}]^{\mathrm{T}}$ 和 $\boldsymbol{\omega}_2=[\omega_{2x}\quad \omega_{2y}\quad \omega_{2z}]^{\mathrm{T}}$ 分别为载体角速度 $\boldsymbol{\omega}_{nb}^b$ 在时刻 $t,t+\dfrac{\Delta t}{2}$ 和 $t+\Delta t$ 的输出值；$\boldsymbol{\beta}=[\beta_x\quad \beta_y\quad \beta_z]^{\mathrm{T}}$ 为动系绕定系的转动角；$[\beta_{yz}\quad \beta_{zx}\quad \beta_{xy}]^{\mathrm{T}}$ 为动系绕定系的转动角的耦合项。

于是每一次微小转动的四元数为

$$\boldsymbol{Q}_j=q_{j0}+\boldsymbol{i}_1q_{j1}+\boldsymbol{i}_2q_{j2}+\boldsymbol{i}_3q_{j3} \tag{4.116a}$$

$$q_{j0}=1-\frac{1}{8}(\beta_x^2+\beta_y^2+\beta_z^2) \tag{4.116b}$$

$$q_{j1}=\frac{1}{2}\beta_x+\frac{1}{4}\beta_{yz}-\frac{1}{48}(\beta_x^2+\beta_y^2+\beta_z^2)\beta_x \tag{4.116c}$$

$$q_{j2}=\frac{1}{2}\beta_y+\frac{1}{4}\beta_{zx}-\frac{1}{48}(\beta_x^2+\beta_y^2+\beta_z^2)\beta_y \tag{4.116d}$$

$$q_{j3}=\frac{1}{2}\beta_z+\frac{1}{4}\beta_{xy}-\frac{1}{48}(\beta_x^2+\beta_y^2+\beta_z^2)\beta_z \tag{4.116e}$$

根据式(4.116)，在一个导航周期 Δt 内，四元数的即时更新公式为

$$\boldsymbol{Q}(k+1)=\boldsymbol{Q}(k)\boldsymbol{Q}_j=\begin{bmatrix}q_0 & -q_1 & -q_2 & -q_3\\ q_1 & q_0 & -q_3 & q_2\\ q_2 & q_3 & q_0 & -q_1\\ q_3 & -q_2 & q_1 & q_0\end{bmatrix}\begin{bmatrix}q_{j0}\\ q_{j1}\\ q_{j2}\\ q_{j3}\end{bmatrix} \tag{4.117}$$

在本节介绍的 3 种典型四元数更新方法中，在实际中可以针对不同的惯导系统选用不同

的方法，例如有些惯导系统的陀螺输出值为角速度，则可选用数值积分法；有些陀螺输出值为角增量，则可选用毕卡逼近法，这样避免了角速度和角增量相互转换带来的误差。

4. 等效旋转矢量法

当陀螺仪输出为角速度时，在利用数值积分法和毕卡逼近法更新四元数的过程中，须对角速度进行积分，即

$$\Delta\boldsymbol{\theta}=\int_{t}^{t+\Delta t}\boldsymbol{\omega}_{nb}^{b}\,\mathrm{d}t \tag{4.118}$$

对于式(4.118)，只有当 Δt 很小或定轴转动时，由陀螺的定轴性可保证等式成立。但在实际工程中，Δt 不可能无限小，也不可能保证在 Δt 时间内 $\boldsymbol{\omega}_{nb}^{b}$ 不发生改变，因此在 Δt 时间内的角增量大小可能相同，但存在着误差，其示意图如图 4.9 所示。

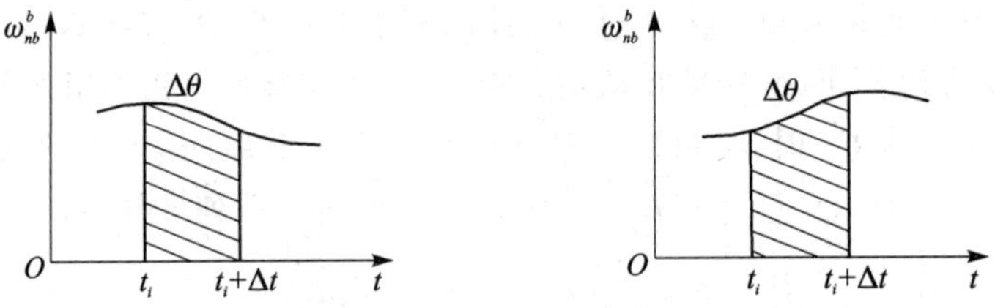

(a) 角速度由快变慢　　(b) 角速度由慢变快

图 4.9　角速度变化与角位置间的关系

在 Δt 时间内，图 4.9(a)所示的 $\boldsymbol{\omega}_{nb}^{b}$ 由快变慢，而图 4.9(b)所示的 $\boldsymbol{\omega}_{nb}^{b}$ 由慢变快，但它们所包围的面积是相等的，即角增量大小相等。但在 Δt 时间内的 $\boldsymbol{\omega}_{nb}^{b}$ 是变化的，刚体在空间的角位置也发生变化。将这种变化看成有限次旋转的符合时，刚体空间角位置与旋转次序有关，将其等价于有限次旋转四元数的连乘时，由于四元数乘积不具有交换性，因此在 Δt 时间内通过式(4.118)计算角增量 $\Delta\boldsymbol{\theta}$ 是有误差的，称该误差为不可交换误差。为使式(4.118)成立，通常给 $\boldsymbol{\omega}_{nb}^{b}$ 加一个修正量 σ，使

$$\boldsymbol{\Phi}=\int_{t}^{t+\Delta t}(\boldsymbol{\omega}_{nb}^{b}+\sigma)\,\mathrm{d}t \tag{4.119}$$

成立。这里 $\boldsymbol{\Phi}$ 称作等效旋转矢量。利用等效旋转矢量更新姿态的方法称为等效旋转矢量法。

在实际工程应用中，修正量 σ 取为

$$\boldsymbol{\sigma}=\frac{1}{2}\boldsymbol{\Phi}\times\boldsymbol{\omega}_{nb}^{b}+\frac{1}{12}\boldsymbol{\Phi}\times(\boldsymbol{\Phi}\times\boldsymbol{\omega}_{nb}^{b}) \tag{4.120}$$

于是有

$$\dot{\boldsymbol{\Phi}}=\boldsymbol{\omega}_{nb}^{b}+\frac{1}{2}\boldsymbol{\Phi}\times\boldsymbol{\omega}_{nb}^{b}+\frac{1}{12}\boldsymbol{\Phi}\times(\boldsymbol{\Phi}\times\boldsymbol{\omega}_{nb}^{b}) \tag{4.121}$$

在实际应用中常取前两项，即

$$\dot{\boldsymbol{\Phi}}=\boldsymbol{\omega}_{nb}^{b}+\frac{1}{2}\boldsymbol{\Phi}\times\boldsymbol{\omega}_{nb}^{b} \tag{4.122}$$

等效旋转矢量法在利用计算角增量的等效旋转矢量时，对不可交换性误差进行适当补偿。在姿态的更新周期 Δt 内，利用式(4.121)计算等效旋转矢量有诸多不便，实际上只需要计算出载体旋转时所对应的旋转矢量，而不需要知道旋转矢量的演变过程。因此，在工程实际中，通常对载体的角速度进行曲线拟合，并采用泰勒级数展开法来求解等效旋转矢量。常用的拟合假设有常数拟合、直线拟合、抛物线拟合和三次抛物线拟合等，对载体角速度作不同的拟合

假设，在计算旋转矢量时采用的子样数也不同。角速度用常数拟合时，对应单子样算法；角速度采用直线拟合时，对应双子样算法；角速度采用抛物线拟合时，对应三子样算法；角速度采用三次抛物线拟合时，对应四子样算法，依次类推。在姿态的更新周期 Δt 内，包含的角增量子样数越多，补偿就越精确。就算法的本质而言，姿态更新计算中的毕卡求解法实质上是单子样旋转矢量算法。

单子样算法：

$$\boldsymbol{\Phi}=\Delta\boldsymbol{\theta}=[\Delta\theta_x \quad \Delta\theta_y \quad \Delta\theta_z]^{\mathrm{T}} \tag{4.123}$$

式中，$\Delta\boldsymbol{\theta}$ 为在 Δt 内陀螺仪输出的角增量。

双子样算法：

$$\boldsymbol{\Phi}=\Delta\boldsymbol{\theta}_1+\Delta\boldsymbol{\theta}_2+\frac{2}{3}\Delta\boldsymbol{\theta}_1\times\Delta\boldsymbol{\theta}_2 \tag{4.124}$$

式中，$\Delta\boldsymbol{\theta}_1$ 和 $\Delta\boldsymbol{\theta}_2$ 为在 Δt 内陀螺仪输出的角增量。

三子样算法：

$$\boldsymbol{\Phi}=\Delta\boldsymbol{\theta}_1+\Delta\boldsymbol{\theta}_2+\Delta\boldsymbol{\theta}_3+\frac{33}{80}\Delta\boldsymbol{\theta}_1\times\Delta\boldsymbol{\theta}_3+\frac{57}{80}\Delta\boldsymbol{\theta}_2\times(\Delta\boldsymbol{\theta}_3-\Delta\boldsymbol{\theta}_1) \tag{4.125}$$

式中，$\Delta\boldsymbol{\theta}_1$，$\Delta\boldsymbol{\theta}_2$ 和 $\Delta\boldsymbol{\theta}_3$ 为在 Δt 内陀螺仪输出的角增量。

在姿态更新周期 Δt 内采用某一曲线拟合载体角速度的方法是一种近似的方法，当载体的角运动机动越激烈，用于拟合曲线的阶次越高，角增量采样数也越多，这样才能较真实地反映载体的角运动，但其计算量也越大。因此，在实际工程应用中应根据实际情况综合考虑计算精度要求和计算量来选择相应的算法。

4.4.8　四元数的归一化

通过对四元数进行即时更新实时获取四元数 $\hat{q}_0$，$\hat{q}_1$，$\hat{q}_2$ 和 $\hat{q}_3$，将其代入式(4.97)可以获得捷联矩阵的计算值 $\hat{T}_b^n$，即

$$\hat{\boldsymbol{T}}_b^n=\begin{bmatrix}\hat{T}_{11} & \hat{T}_{12} & \hat{T}_{13}\\ \hat{T}_{21} & \hat{T}_{22} & \hat{T}_{23}\\ \hat{T}_{31} & \hat{T}_{32} & \hat{T}_{33}\end{bmatrix}=\begin{bmatrix}\hat{q}_0^2+\hat{q}_1^2-\hat{q}_2^2-\hat{q}_3^2 & 2(\hat{q}_1\hat{q}_2-\hat{q}_0\hat{q}_3) & 2(\hat{q}_1\hat{q}_3+\hat{q}_0\hat{q}_2)\\ 2(\hat{q}_1\hat{q}_2+\hat{q}_0\hat{q}_3) & \hat{q}_0^2-\hat{q}_1^2+\hat{q}_2^2-\hat{q}_3^2 & 2(\hat{q}_2\hat{q}_3-\hat{q}_0\hat{q}_1)\\ 2(\hat{q}_1\hat{q}_3-\hat{q}_0\hat{q}_2) & 2(\hat{q}_2\hat{q}_3+\hat{q}_0\hat{q}_1) & \hat{q}_0^2-\hat{q}_1^2-\hat{q}_2^2+\hat{q}_3^2\end{bmatrix} \tag{4.126}$$

根据式(4.126)$\hat{T}_b^n$ 中的每一个元素，于是有

$$\hat{T}_{11}^2+\hat{T}_{12}^2+\hat{T}_{13}^2=(\hat{q}_0^2+\hat{q}_1^2-\hat{q}_2^2-\hat{q}_3^2)^2+4(\hat{q}_1\hat{q}_2-\hat{q}_0\hat{q}_3)^2+4(\hat{q}_1\hat{q}_3+\hat{q}_0\hat{q}_2)^2 \tag{4.127}$$

对式(4.127)进一步整理，可得

$$\hat{T}_{11}^2+\hat{T}_{12}^2+\hat{T}_{13}^2=(\hat{q}_0^2+\hat{q}_1^2+\hat{q}_2^2+\hat{q}_3^2)^2 \tag{4.128}$$

同理，可得

$$\hat{T}_{21}^2+\hat{T}_{22}^2+\hat{T}_{23}^2=(\hat{q}_0^2+\hat{q}_1^2+\hat{q}_2^2+\hat{q}_3^2)^2 \tag{4.129}$$

$$\hat{T}_{31}^2+\hat{T}_{32}^2+\hat{T}_{33}^2=(\hat{q}_0^2+\hat{q}_1^2+\hat{q}_2^2+\hat{q}_3^2)^2 \tag{4.130}$$

根据式(4.126)$\hat{\boldsymbol{T}}_b^n$ 中的每一个元素，还可以计算出

$$\hat{T}_{11}\hat{T}_{21}+\hat{T}_{12}\hat{T}_{22}+\hat{T}_{13}\hat{T}_{23}=0 \tag{4.131}$$

$$\hat{T}_{11}\hat{T}_{31}+\hat{T}_{12}\hat{T}_{32}+\hat{T}_{13}\hat{T}_{33}=0 \tag{4.132}$$

$$\hat{T}_{21}\hat{T}_{31}+\hat{T}_{22}\hat{T}_{32}+\hat{T}_{23}\hat{T}_{33}=0 \tag{4.133}$$

通过对式(4.128)～式(4.133)进行分析可知，无论四元数 $\hat{q}_0$，$\hat{q}_1$，$\hat{q}_2$ 和 $\hat{q}_3$ 的计算误差有多大，当在起始时刻取初始四元数 $\boldsymbol{Q}_0$ 为单位四元数，且在实时更新的四元数恒为单位四元数时，就能保证 $\hat{\boldsymbol{T}}_b^n$ 是正交矩阵，对于四元数法正交性的条件永远成立，即对于四元数法，须满足如下约束方程：

$$\hat{q}_0^2+\hat{q}_1^2+\hat{q}_2^2+\hat{q}_3^2=1 \tag{4.134}$$

但由于陀螺误差和计算误差的存在，在递推计算过程中破坏了式(4.134)的约束条件，使得

$$\hat{q}_0^2+\hat{q}_1^2+\hat{q}_2^2+\hat{q}_3^2\neq 1 \tag{4.135}$$

从而使归一化条件不再存在。

当式(4.135)不成立时，可以通过归一化处理，得到 q_0，q_1，q_2 和 q_3，使之重新满足归一化条件，即

$$q_0^2+q_1^2+q_2^2+q_3^2=1 \tag{4.136}$$

显然，对于四元数法，正交化向量问题简化为归一化问题。而对于四元数进行归一化处理时，只要满足约束方程(4.136)，就可以使 $\hat{\boldsymbol{T}}_b^n$ 正交化。

综上所述，根据四元数运算规则，四元数归一化的公式为

$$\boldsymbol{Q}=\frac{\hat{q}_0+\boldsymbol{i}_1\hat{q}_1+\boldsymbol{i}_2\hat{q}_2+\boldsymbol{i}_3\hat{q}_3}{\sqrt{\hat{q}_0^2+\hat{q}_1^2+\hat{q}_2^2+\hat{q}_3^2}} \tag{4.137}$$

四元数归一化式(4.137)也是欧几里得范数意义下的最佳归一化方法，因此利用该式进行四元数归一化时，既可以消除一部分即时修正时的算法误差，又不引入更多新的计算误差，其误差漂移较小，而且计算量也小，在实际应用中被广泛采用。

4.4.9 四元数的初始化

在利用四元数微分方程通过积分更新四元数时，需要四元数的初始值。当给定初始姿态角时，可以通过式(4.99)完成四元数的初始化；也可以先根据初始姿态角计算出初始捷联矩阵 $\boldsymbol{T}_b^n(0)$，再根据转动四元数变换与方向余弦矩阵间的关系来计算初始四元数。

根据式(4.97)的对角线元素与捷联矩阵的对应关系以及四元数的约束方程有

$$q_0^2+q_1^2-q_2^2-q_3^2=T_{11} \tag{4.138a}$$

$$q_0^2-q_1^2+q_2^2-q_3^2=T_{22} \tag{4.138b}$$

$$q_0^2-q_1^2-q_2^2+q_3^2=T_{33} \tag{4.138c}$$

$$q_0^2+q_1^2+q_2^2+q_3^2=1 \tag{4.138d}$$

于是可以计算出

$$|q_1|=\frac{1}{2}\sqrt{1+T_{11}-T_{22}-T_{33}} \tag{4.139a}$$

$$|q_2|=\frac{1}{2}\sqrt{1-T_{11}+T_{22}-T_{33}} \tag{4.139b}$$

$$|q_3|=\frac{1}{2}\sqrt{1-T_{11}-T_{22}+T_{33}} \tag{4.139c}$$

$$|q_0|=\frac{1}{2}\sqrt{1-q_1^2-q_2^2-q_3^2} \tag{4.139d}$$

同理，根据式(4.97)的非对角线元素与捷联矩阵对应元素间的关系

$$2(q_1q_2-q_0q_3)=T_{12} \tag{4.140a}$$

$$2(q_1q_3+q_0q_2)=T_{13} \tag{4.140b}$$

$$2(q_1q_2+q_0q_3)=T_{21} \tag{4.140c}$$

$$2(q_2q_3-q_0q_1)=T_{23} \tag{4.140d}$$

$$2(q_1q_3-q_0q_2)=T_{31} \tag{4.140e}$$

$$2(q_2q_3+q_0q_1)=T_{32} \tag{4.140f}$$

可计算出

$$4q_0q_1=T_{32}-T_{23} \tag{4.141a}$$

$$4q_0q_2=T_{13}-T_{31} \tag{4.141b}$$

$$4q_0q_3=T_{21}-T_{12} \tag{4.141c}$$

为了确定式(4.139)中 q_0，q_1，q_2 和 q_3 的符号，可任选 q_0 的符号，q_1，q_2 和 q_3 的符号由式(4.141)的符号和 q_0 的符号来确定。不失一般性，选 q_0 符号为正，则有

$$\operatorname{sign} q_0=+ \tag{4.142a}$$

$$\operatorname{sign} q_1=\operatorname{sign} q_0\cdot\operatorname{sign}(T_{32}-T_{23}) \tag{4.142b}$$

$$\operatorname{sign} q_2=\operatorname{sign} q_0\cdot\operatorname{sign}(T_{13}-T_{31}) \tag{4.142c}$$

$$\operatorname{sign} q_3=\operatorname{sign} q_0\cdot\operatorname{sign}(T_{21}-T_{12}) \tag{4.142d}$$

当 q_0 为负时，由式(4.142)可以看出，q_1，q_2 和 q_3 也改变符号；而当 q_0，q_1，q_2 和 q_3 全改变符号时，式(4.97)保持不变。由于捷联计算的目的是获得捷联矩阵，而 q_0，q_1，q_2 和 q_3 初始值的符号则无关紧要。因此，在计算四元数的初始值时将 q_0 取为正，即按式(4.139)和式(4.142)计算是合理的。

思考与练习题

4-1　捷联惯导与平台惯导的主要区别是什么？

4-2　捷联姿态矩阵的作用是什么？

4-3　分析并说明捷联惯导系统的优缺点。

4-4　说明平台指令角速度在捷联惯导系统中的作用。

4-5　捷联姿态矩阵的更新方法有哪些？说明它们的优缺点。

4-6　说明四元数转动的物理机理和实际意义。

4-7　什么叫转动不可交换误差？如何消除转动不可交换误差？

4-8　对比分析四元数不同更新方法的优缺点。

4-9　分析两种四元数初始化方法的优缺点。

4-10　归纳总结四元数微分方程推导过程有哪些，并说明它们的优缺点。

4-11　利用 C/C++或 MATLAB 编程实现指北方为系统的导航参数解算。

第5章　惯性导航系统的误差分析

5.1　概　述

在第3章和第4章分析惯导系统的工作原理时，通常将其看成是一个理想系统。但实际情况并非如此，惯导系统在元件加工、结构安装、系统初始条件以及计算过程中都存在误差，这些影响惯导系统性能的误差，根据产生的原因和性质，大体上可以分为以下几类：

(1) 元件误差，包括陀螺漂移和标度因数误差、加速度零偏和标度因数误差以及电流变换装置误差等；

(2) 安装误差，主要指加速度计和陀螺仪在平台上或载体上的安装误差；

(3) 初始条件误差，指初始对准误差以及输入计算机的初始位置和初始速度误差；

(4) 干扰误差，主要指冲击和振动等运动干扰；

(5) 计算误差，主要包括模型描述误差、计算舍入误差等。

上述误差都是系统的误差源，导致系统产生误差。通过分析各种误差因素对惯导系统性能的影响，既可以对整个惯导系统的精度进行分析，又可以对系统工作性能和惯性元件进行定量评价。虽然平台惯导系统和捷联惯导系统在实现形式上有较大差别，但二者的基本工作原理没有本质区别，且二者的基本误差特性几乎是相同的，不同的只是误差大小的差异，例如捷联惯导系统的计算误差、运动干扰误差对惯性元件的影响等，都比平台惯导系统大。因此，本章介绍的惯性导航系统的基本误差特性对二者都适用，不再加以区分。通过误差分析，既可以根据系统精度对关键元器件提出适当的精度要求，又可以对系统的工作情况和主要元部件的质量进行评价。

5.2　系统误差传播特点

5.2.1　姿态误差角

在惯导系统中常用的坐标系中，导航坐标系 $O_nx_ny_nz_n$ 是根据导航系统工作的需要而选取的作为导航基准的坐标系；平台坐标系 $O_px_py_pz_p$ 是用惯导系统来复现导航坐标系时所获得的坐标系。理想情况下二者是重合的，但实际情况下二者是不重合的，二者之间存在一个误差角 $\boldsymbol{\phi}=[\phi_x \quad \phi_y \quad \phi_z]^{\mathrm{T}}$，该误差角称为平台姿态误差角(简称为平台误差角)，如图5.1所示。

导航坐标系通常用经度 λ、纬度 L 和方位角 α(当导航坐标系取为地理坐标系时，为指北方位系统，$\alpha=0$；当导航坐标系取为游动方位坐标系时，为自由方位系统，$\alpha=\alpha_f$；当为游动自由方位系统时，$\alpha=\alpha_m$)来描述；而在实际导航过程中，利用计算出的经度、纬度和方位角来描述实际的导航坐标系，即用计算坐标系 $O_cx_cy_cz_c$ 下的经度 λ_c、纬度 L_c 和方位角 α_c(当为指北方位系统时，$\alpha_c=0$；当为自由方位系统时，$\alpha_c=\alpha_{f_c}$；当为游动自由方位系统时，$\alpha_c=\alpha_{m_c}$)来描述,它是计算机所认为的导航坐标系。导航坐标系取为地理坐标系时,导航坐标系、计算坐标系和平台坐标系间的关系图如图 5.2 所示。

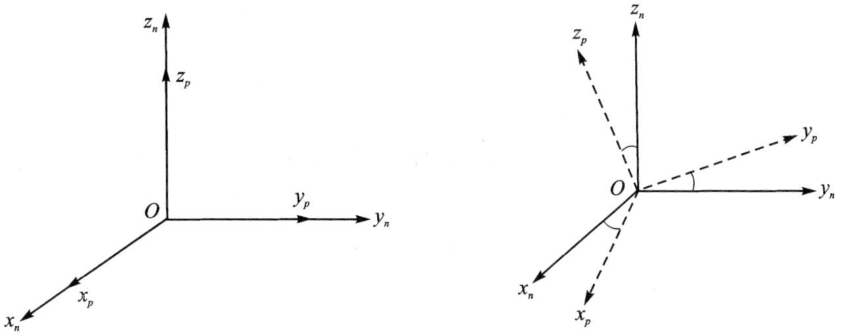

(a) 理想情况下　　　　　　　　　　　　(b) 实际情况

图 5.1　导航坐标系和平台坐标系间的关系

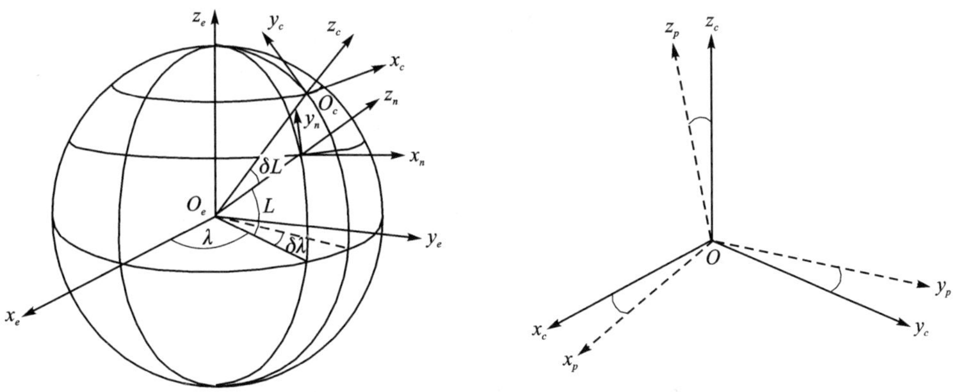

(a) 导航坐标系和计算坐标系间的关系　　　　(b) 计算坐标系和平台坐标系间的关系

图 5.2　导航坐标系、计算坐标系和平台坐标系间的关系

根据图 5.1 和图 5.2 所述的关系,导航坐标系和平台坐标系间的关系可以用如下转动来描述:

$$x_n y_n z_n \xrightarrow[\substack{\text{分别绕}x\text{轴、}y\text{轴和}z\text{轴} \\ \delta\theta_x, \delta\theta_y, \delta\theta_z}]{} x_c y_c z_c \xrightarrow[\substack{\text{分别绕}x\text{轴、}y\text{轴和}z\text{轴} \\ \varphi_x, \varphi_y, \varphi_z}]{} x_p y_p z_p$$

$$\substack{\text{分别绕}x\text{轴、}y\text{轴和}z\text{轴} \\ \phi_x, \phi_y, \phi_z}$$

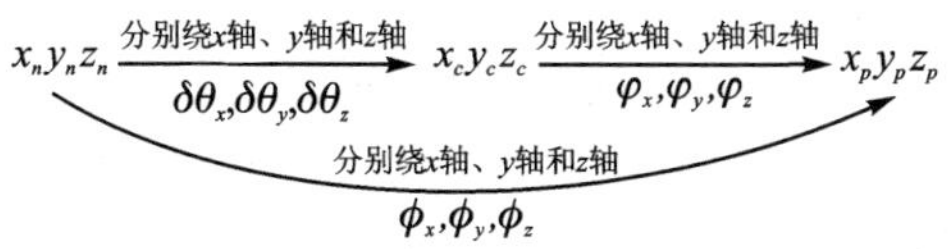

而且有

$$\lambda_c = \lambda + \delta\lambda \tag{5.1}$$

$$L_c = L + \delta L \tag{5.2}$$

$$\alpha_c = \alpha + \delta\alpha \tag{5.3}$$

根据图 5.2 和上述旋转关系,计算机坐标系 $O_c x_c y_c z_c$ 可由导航坐标系 $O_n x_n y_n z_n$ 经 3 次旋转来确定,即第 1 次旋转绕 x_n 轴转 $-\delta L$;第 2 次旋转绕地球的 z_e 轴旋转 $\delta\lambda$;第 3 次旋转绕 z_c 轴旋转 $\delta\alpha$。由于 δL,$\delta\lambda$ 和 $\delta\alpha$ 都是小量,3 次旋转引起的旋转角为

$$\begin{bmatrix}\delta\theta_x\\ \delta\theta_y\\ \delta\theta_z\end{bmatrix}=\underbrace{\begin{bmatrix}-\delta L\\ 0\\ 0\end{bmatrix}}_{①}+\underbrace{\begin{bmatrix}0\\ \delta\lambda\cos L\\ \delta\lambda\sin L\end{bmatrix}}_{②}+\underbrace{\begin{bmatrix}0\\ 0\\ \delta\alpha\end{bmatrix}}_{③}=\begin{bmatrix}-\delta L\\ \delta\lambda\cos L\\ \delta\lambda\sin L+\delta\alpha\end{bmatrix} \tag{5.4}$$

在式(5.4)中,等式右边第②项可根据图 3.12 所示关系来确定。

根据计算机算出的位置和速度计算平台指令角速度,进而修正平台或完成比例坐标转换,实际平台坐标系 $O_px_py_pz_p$ 才能被确定,因此导航坐标系相对计算坐标系、计算坐标系相对平台坐标系以及导航系相对平台系都存在误差。由于导航系相对计算坐标系的误差角矢量 $\delta\boldsymbol{\theta}=[\delta\theta_x\quad\delta\theta_y\quad\delta\theta_z]^{\mathrm{T}}$,计算坐标系相对平台坐标系的误差角矢量 $\boldsymbol{\varphi}=[\varphi_x\quad\varphi_y\quad\varphi_z]^{\mathrm{T}}$ 以及导航系相对平台系的误差角矢量 $\boldsymbol{\phi}=[\phi_x\quad\phi_y\quad\phi_z]^{\mathrm{T}}$ 都是小量,于是可得

$$\boldsymbol{T}_n^c=\begin{bmatrix}1&\delta\theta_z&0\\-\delta\theta_z&1&0\\0&0&1\end{bmatrix}\begin{bmatrix}1&0&-\delta\theta_y\\0&1&0\\\delta\theta_y&0&1\end{bmatrix}\begin{bmatrix}1&0&0\\0&1&\delta\theta_x\\0&-\delta\theta_x&1\end{bmatrix}\approx\begin{bmatrix}1&\delta\theta_z&-\delta\theta_y\\-\delta\theta_z&1&\delta\theta_x\\\delta\theta_y&-\delta\theta_x&1\end{bmatrix} \tag{5.5}$$

$$\boldsymbol{T}_c^p=\begin{bmatrix}1&\varphi_z&0\\-\varphi_z&1&0\\0&0&1\end{bmatrix}\begin{bmatrix}1&0&-\varphi_y\\0&1&0\\\varphi_y&0&1\end{bmatrix}\begin{bmatrix}1&0&0\\0&1&\varphi_x\\0&-\varphi_x&1\end{bmatrix}\approx\begin{bmatrix}1&\varphi_z&-\varphi_y\\-\varphi_z&1&\varphi_x\\\varphi_y&-\varphi_x&1\end{bmatrix} \tag{5.6}$$

$$\boldsymbol{T}_n^p=\begin{bmatrix}1&\phi_z&0\\-\phi_z&1&0\\0&0&1\end{bmatrix}\begin{bmatrix}1&0&-\phi_y\\0&1&0\\\phi_y&0&1\end{bmatrix}\begin{bmatrix}1&0&0\\0&1&\phi_x\\0&-\phi_x&1\end{bmatrix}\approx\begin{bmatrix}1&\phi_z&-\phi_y\\-\phi_z&1&\phi_x\\\phi_y&-\phi_x&1\end{bmatrix} \tag{5.7}$$

而且有

$$\boldsymbol{T}_n^p=\boldsymbol{T}_c^p\boldsymbol{T}_n^c \tag{5.8}$$

将式(5.5)~式(5.7)代入式(5.8)中,整理并忽略二阶小量,可得

$$\boldsymbol{T}_n^p=\begin{bmatrix}1&\phi_z&-\phi_y\\-\phi_z&1&\phi_x\\\phi_y&-\phi_x&1\end{bmatrix}=\begin{bmatrix}1&\delta\theta_z+\varphi_z&-(\delta\theta_y+\varphi_y)\\-(\delta\theta_z+\varphi_z)&1&\delta\theta_x+\varphi_x\\\delta\theta_y+\varphi_y&-(\delta\theta_x+\varphi_x)&1\end{bmatrix}=\boldsymbol{I}-\boldsymbol{\phi}\times \tag{5.9}$$

根据式(5.9)可知,平台误差角为

$$\boldsymbol{\phi}=\boldsymbol{\delta\theta}+\boldsymbol{\varphi} \tag{5.10}$$

通过引入计算机坐标系,平台系相对导航系的误差角 $\boldsymbol{\phi}$ 由两部分构成,一部分是计算坐标系相对导航系的误差角 $\boldsymbol{\delta\theta}$,它主要反映了导航参数误差 $\delta\lambda$、δL 和 $\delta\alpha$,这种误差通过给平台施加指令角速率转化为平台误差角的一部分;另一部分是平台系相对计算坐标系的误差角 $\boldsymbol{\varphi}$,它主要反映了陀螺平台自身的漂移角速度 $\boldsymbol{\varepsilon}$ 和施矩轴线偏离了正确位置所造成的平台误差角。

在捷联矩阵即时更新过程中,由于误差使实际获得的捷联矩阵为载体系到平台系的转换矩阵 $\boldsymbol{T}_b^p$,而不是理想的捷联矩阵 $\boldsymbol{T}_b^n$,因此需要对 $\boldsymbol{T}_b^p$ 进行变换来获得理想的捷联矩阵,即

$$\boldsymbol{T}_b^n=\boldsymbol{T}_p^n\boldsymbol{T}_b^p \tag{5.11}$$

5.2.2 系统误差传播过程

惯性导航系统的两个水平控制回路既有交联影响,同时误差动态传播又构成了一个大的

闭环系统。以指北方位系统为例，其误差动态传递示意图如图 5.3 所示。

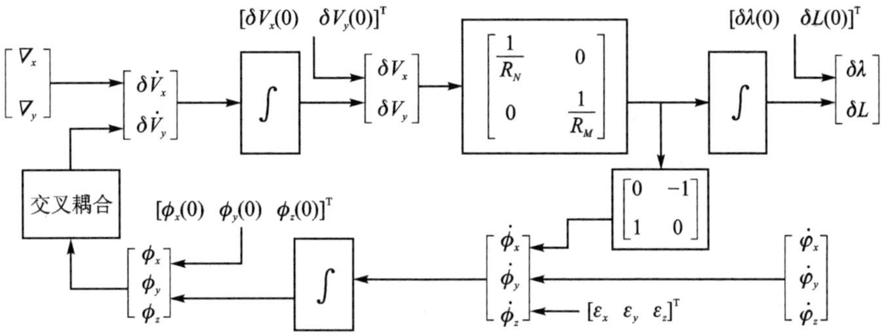

图 5.3　惯性导航系统误差动态传播示意图

从图 5.3 中可以看出，整个系统分 3 个阶段。

第 1 段由平台误差角速率 $\dot{\phi}_x$，$\dot{\phi}_y$ 和 $\dot{\phi}_z$ 通过一次积分并加上初始偏差 $\phi_x(0)$，$\phi_y(0)$ 和 $\phi_z(0)$，形成平台误差角 ϕ_x，ϕ_y 和 ϕ_z，从而引起加速度测量的交叉耦合误差，再加上加速度计的零偏误差 ∇_x 和 ∇_y，最后形成加速度误差 $\delta\dot{V}_x$ 和 $\delta\dot{V}_y$。

第 2 段由加速度计误差 $\delta\dot{V}_x$ 和 $\delta\dot{V}_y$ 通过一次积分并加上初始给定误差 $\delta V_x(0)$ 和 $\delta V_y(0)$，形成速度误差 δV_x 和 δV_y，而后除以地球曲率半径，再通过一次积分并加上初始位置误差 $\delta\lambda(0)$ 和 $\delta L(0)$，最后形成导航位置误差 δL 和 $\delta\lambda$。

第 3 段由 $\dfrac{\delta V_x}{R_N}$ 和 $\dfrac{\delta V_y}{R_M}$ 构成对陀螺仪的指令角速率误差，加上陀螺平台本身的漂移误差角速率 ε_x，ε_y 和 ε_z 以及平台相对计算机坐标系的偏角 φ_x，φ_y 和 φ_z 的影响，最终形成平台系相对地理系的误差角速率 $\dot{\phi}_x$，$\dot{\phi}_y$ 和 $\dot{\phi}_z$，正好传递了一周。

由此可见，在建立系统误差方程时，也可以分为 3 段导出各误差量之间的函数关系，即速度误差方程、经纬度误差方程和平台误差角方程。

5.3　惯性导航系统误差方程

5.3.1　惯性导航系统基本误差方程

1. 平台误差角方程

在导航解算过程中，为使平台坐标系复现导航坐标系，需要给平台施加角速度指令 $\boldsymbol{\omega}_{in}^n$，但由于误差的存在，实际给平台施加的角速度指令为 $\boldsymbol{\omega}_{ip}^n$，于是平台在复现导航坐标系时就会存在误差角 $\boldsymbol{\phi}$，于是有

$$\dot{\boldsymbol{\phi}} = \boldsymbol{\omega}_{np}^n = \boldsymbol{\omega}_{ip}^n - \boldsymbol{\omega}_{in}^n = \boldsymbol{T}_p^n \boldsymbol{\omega}_{ip}^p - \boldsymbol{\omega}_{in}^n \tag{5.12}$$

由于实际的平台指令角速度 $\boldsymbol{\omega}_{ip}^p$ 是通过计算机计算来实现的，于是可将其写成在计算坐标系下的指令角速度 $\boldsymbol{\omega}_{ic}^c$ 和等效陀螺漂移 $\boldsymbol{\varepsilon}^p$ 的形式，即

$$\boldsymbol{\omega}_{ip}^p = \boldsymbol{\omega}_{ic}^c + \boldsymbol{\varepsilon}^p \tag{5.13}$$

将式(5.13)代入式(5.12),得

$$\begin{aligned}\dot{\boldsymbol{\phi}} &= (\boldsymbol{I}+\boldsymbol{\phi}_{\times})(\boldsymbol{\omega}_{ic}^{c}+\boldsymbol{\varepsilon}^{p})-\boldsymbol{\omega}_{in}^{n} \\ &= \boldsymbol{\omega}_{ic}^{c}-\boldsymbol{\omega}_{in}^{n}+\boldsymbol{\phi}\times\boldsymbol{\omega}_{ic}^{c}+\boldsymbol{\phi}\times\boldsymbol{\varepsilon}^{p}+\boldsymbol{\varepsilon}^{p} \\ &= (\boldsymbol{\omega}_{ie}^{c}-\boldsymbol{\omega}_{ie}^{n})+(\boldsymbol{\omega}_{en}^{c}-\boldsymbol{\omega}_{en}^{n})+\boldsymbol{\phi}\times\boldsymbol{\omega}_{ic}^{c}+\boldsymbol{\phi}\times\boldsymbol{\varepsilon}^{p}+\boldsymbol{\varepsilon}^{p}\end{aligned} \tag{5.14}$$

由于地球自转角度度 $\boldsymbol{\omega}_{ie}^{n}$、位置角速度 $\boldsymbol{\omega}_{en}^{n}$ 和平台指令角速度 $\boldsymbol{\omega}_{in}^{n}=\boldsymbol{\omega}_{ie}^{n}+\boldsymbol{\omega}_{en}^{n}$ 都是通过计算机计算来实现的,于是它们在计算坐标系下获得的地球自转角度度 $\boldsymbol{\omega}_{ie}^{c}$、位置角速度 $\boldsymbol{\omega}_{en}^{c}$ 和平台指令角速度 $\boldsymbol{\omega}_{in}^{c}=\boldsymbol{\omega}_{ie}^{c}+\boldsymbol{\omega}_{en}^{c}$ 间存在的关系为

$$\boldsymbol{\delta\omega}_{ie}^{n}=\boldsymbol{\omega}_{ie}^{c}-\boldsymbol{\omega}_{ie}^{n} \tag{5.15}$$

$$\boldsymbol{\omega\delta}_{en}^{n}=\boldsymbol{\omega}_{en}^{c}-\boldsymbol{\omega}_{en}^{n} \tag{5.16}$$

$$\boldsymbol{\omega}_{ic}^{c}=\boldsymbol{\omega}_{in}^{n}+\delta\boldsymbol{\omega}_{in}^{n} \tag{5.17}$$

将式(5.15)~式(5.17)代入式(5.14)中,整理并忽略高阶小量,得平台误差角方程为

$$\begin{aligned}\dot{\boldsymbol{\phi}} &= \boldsymbol{\delta\omega}_{ie}^{n}+\boldsymbol{\delta\omega}_{en}^{n}-(\boldsymbol{\omega}_{in}^{n}+\boldsymbol{\delta\omega}_{in}^{n})\times\boldsymbol{\phi}+\boldsymbol{\varepsilon}^{p}+\boldsymbol{\phi}\times\boldsymbol{\varepsilon}^{p} \\ &= \boldsymbol{\delta\omega}_{ie}^{n}+\boldsymbol{\delta\omega}_{en}^{n}-\boldsymbol{\omega}_{in}^{n}\times\boldsymbol{\phi}-\boldsymbol{\delta\omega}_{in}^{n}\times\boldsymbol{\phi}+\boldsymbol{\varepsilon}^{p}+\boldsymbol{\phi}\times\boldsymbol{\varepsilon}^{p} \\ &\approx \boldsymbol{\delta\omega}_{ie}^{n}+\boldsymbol{\delta\omega}_{en}^{n}-(\boldsymbol{\omega}_{ie}^{n}+\boldsymbol{\omega}_{en}^{n})\times\boldsymbol{\phi}+\boldsymbol{\varepsilon}^{p}\end{aligned} \tag{5.18}$$

2. 速度误差方程

根据惯导系统基本方程(3.19),即

$$\dot{\boldsymbol{V}}^{n}=\boldsymbol{f}^{n}-(2\boldsymbol{\omega}_{ie}^{n}+\boldsymbol{\omega}_{en}^{n})\times\boldsymbol{V}^{n}+\boldsymbol{g}^{n}$$

实际上载体对地加速度的计算是由计算机完成的,因此其应该是在计算坐标系上进行投影,即

$$\dot{\boldsymbol{V}}^{c}=\boldsymbol{f}^{c}-(2\boldsymbol{\omega}_{ie}^{c}+\boldsymbol{\omega}_{ec}^{c})\times\boldsymbol{V}^{c}+\boldsymbol{g}^{c}$$

进而根据式(5.15)~式(5.17),于是有

$$\boldsymbol{\delta}\dot{\boldsymbol{V}}^{n}=\dot{\boldsymbol{V}}^{c}-\dot{\boldsymbol{V}}^{n}=\boldsymbol{f}^{c}-\boldsymbol{f}^{n}-(2\boldsymbol{\delta\omega}_{ie}^{n}+\boldsymbol{\delta\omega}_{en}^{n})\times\boldsymbol{V}^{n}-(2\boldsymbol{\omega}_{ie}^{n}+\boldsymbol{\omega}_{en}^{n})\times\boldsymbol{\delta V}^{n}+\boldsymbol{g}^{c}-\boldsymbol{g}^{n} \tag{5.19}$$

对于 $\boldsymbol{\delta g}^{n}=\boldsymbol{g}^{c}-\boldsymbol{g}^{n}$,在机载系统 $\boldsymbol{g}^{c}$ 和 $\boldsymbol{g}^{n}$ 近似为常值,即 $\boldsymbol{g}^{n}=[0\quad 0\quad g]^{\mathrm{T}}$,可以将此项忽略;但在弹道导弹系统中,$\boldsymbol{\delta g}^{n}=\boldsymbol{g}^{c}-\boldsymbol{g}^{n}$ 不能忽略。为了讨论方便,本书中忽略此项,即

$$\boldsymbol{\delta g}^{n}=0 \tag{5.20}$$

由于存在误差,加速度计在计算坐标系下的输出值应该等于其在平台坐标系下的输出值与测量误差的和,即

$$\boldsymbol{f}^{c}=\boldsymbol{f}^{p}+\boldsymbol{\nabla}^{p}=\boldsymbol{T}_{n}^{p}\boldsymbol{f}^{n}+\boldsymbol{\nabla}^{p}=(\boldsymbol{I}-\boldsymbol{\phi}_{\times})\boldsymbol{f}^{n}+\boldsymbol{\nabla}^{p} \tag{5.21}$$

将式(5.20)和式(5.21)代入式(5.19)中,于是有

$$\boldsymbol{\delta}\dot{\boldsymbol{V}}^{n}=(\boldsymbol{I}-\boldsymbol{\phi}_{\times})\boldsymbol{f}^{n}-\boldsymbol{f}^{n}-(2\boldsymbol{\delta\omega}_{ie}^{n}+\boldsymbol{\delta\omega}_{en}^{n})\times\boldsymbol{V}^{n}-(2\boldsymbol{\omega}_{ie}^{n}+\boldsymbol{\omega}_{en}^{n})\times\boldsymbol{\delta V}^{n}+\boldsymbol{\nabla}^{p} \tag{5.22}$$

式中,$\boldsymbol{\nabla}^{p}$ 为加速度计测量偏差。

对式(5.22)进一步整理,可得惯导系统的速度误差方程,即

$$\boldsymbol{\delta}\dot{\boldsymbol{V}}^{n}=\boldsymbol{f}^{n}\times\boldsymbol{\phi}-(2\boldsymbol{\delta\omega}_{ie}^{n}+\boldsymbol{\delta\omega}_{en}^{n})\times\boldsymbol{V}^{n}-(2\boldsymbol{\omega}_{ie}^{n}+\boldsymbol{\omega}_{en}^{n})\times\boldsymbol{\delta V}^{n}+\boldsymbol{\nabla}^{p} \tag{5.23}$$

3. 位置误差方程

系统的位置误差为

$$\delta\lambda=\lambda^{c}-\lambda \tag{5.24a}$$

$$\delta L = L^c - L \tag{5.24b}$$

$$\delta h = h^c - h \tag{5.24c}$$

而且根据式(3.21)、式(3.22)和式(3.29)可知

$$\dot{\lambda} = \frac{V_x^n}{R_N \cos L} \tag{5.25a}$$

$$\dot{L} = \frac{V_y^n}{R_M} \tag{5.25b}$$

$$\dot{h} = V_z^n \tag{5.25c}$$

于是由计算机获得的位置变化率,即

$$\dot{\lambda}^c = \frac{V_x^c}{R_N \cos L^c} = \frac{V_x^n + \delta V_x^n}{R_N \cos(L + \delta L)} \tag{5.26a}$$

$$\dot{L}^c = \frac{V_y^c}{R_M} = \frac{V_y^n + \delta V_y^n}{R_M} \tag{5.26b}$$

$$\dot{h}^c = V_z^c = V_z^n + \delta V_z^n \tag{5.26c}$$

按泰勒级数展开并取一阶近似,有

$$\frac{1}{\cos(L + \delta L)} = \sec(L + \delta L) \approx \sec L + \delta L \sec L \tan L \tag{5.27}$$

将式(5.25)、式(5.26)和式(5.27)代入式(5.24)中,整理并忽略高阶量,于是有

$$\delta\dot{\lambda} = \dot{\lambda}^c - \dot{\lambda} = \frac{\sec L}{R_N}\delta V_x^n + \frac{V_x^n \sec L \tan L}{R_N}\delta L \tag{5.28a}$$

$$\delta\dot{L} = \dot{L}^c - \dot{L} = \frac{\delta V_y^n}{R_M} \tag{5.28b}$$

$$\delta\dot{h} = \dot{h}^c - \dot{h} = \delta V_z^n \tag{5.28c}$$

综上所述,式(5.18)、式(5.23)和式(5.28)即为惯导系统的误差方程。

值得注意的是,在式(5.28)中,虽然 $R_M = R_e(1-2f+3f^2\sin^2 L)$ 和 $R_N = R_e(1+f\sin^2 L)$ 都是纬度的函数,但在计算 $\dot{\lambda}$ 和 $\dot{L}$ 时,$\Delta t \to 0$,纬度 L 变化非常微小,R_M 和 R_N 在 Δt 内几乎是不变的,因此将 R_M 和 R_N 按常量处理。有些参考书或教材中直接取 $R_M = R_N = R_e$。

5.3.2　指北方位系统的误差方程

在导航解算过程中,将导航坐标系 $O_n x_n y_n z_n$ 取为地理坐标系 $O_g x_g y_g z_g$,根据惯性导航误差方程式(5.18)、式(5.23)和式(5.28)可得到指北方位系统的误差方程及其分量形式。

1. 平台误差角方程

根据式(5.18),指北方位系统的平台误差角方程为

$$\dot{\boldsymbol{\phi}} = \boldsymbol{\delta\omega}_{ie}^g + \boldsymbol{\delta\omega}_{eg}^g - (\boldsymbol{\omega}_{ie}^g + \boldsymbol{\omega}_{eg}^g) \times \boldsymbol{\phi} + \boldsymbol{\varepsilon}^p \tag{5.29}$$

式中,$\boldsymbol{\delta\omega}_{ie}^g = \boldsymbol{\omega}_{ie}^c - \boldsymbol{\omega}_{ie}^g$,$\boldsymbol{\delta\omega}_{eg}^g = \boldsymbol{\omega}_{eg}^c - \boldsymbol{\omega}_{eg}^g$。

根据式(3.24)有

$$\boldsymbol{\omega}_{ie}^{g}=\begin{bmatrix}\omega_{iex}^{g}\\ \omega_{iey}^{g}\\ \omega_{iez}^{g}\end{bmatrix}=\begin{bmatrix}0\\ \omega_{ie}\cos L\\ \omega_{ie}\sin L\end{bmatrix},\qquad \boldsymbol{\omega}_{eg}^{g}=\begin{bmatrix}\omega_{egx}^{g}\\ \omega_{egy}^{g}\\ \omega_{egz}^{g}\end{bmatrix}=\begin{bmatrix}-\dfrac{V_y^g}{R_M}\\ \dfrac{V_x^g}{R_N}\\ \dfrac{V_x^g}{R_N}\tan L\end{bmatrix} \tag{5.30}$$

$$\boldsymbol{\omega}_{ie}^{c}=\begin{bmatrix}\omega_{iex}^{c}\\ \omega_{iey}^{c}\\ \omega_{iez}^{c}\end{bmatrix}=\begin{bmatrix}0\\ \omega_{ie}\cos(L+\delta L)\\ \omega_{ie}\sin(L+\delta L)\end{bmatrix},\qquad \boldsymbol{\omega}_{ec}^{c}=\begin{bmatrix}\omega_{ecx}^{c}\\ \omega_{ecy}^{c}\\ \omega_{ecz}^{c}\end{bmatrix}=\begin{bmatrix}-\dfrac{V_y^g+\delta V_y^g}{R_M}\\ \dfrac{V_x^g+\delta V_x^g}{R_N}\\ \dfrac{V_x^g+\delta V_x^g}{R_N}\tan(L+\delta L)\end{bmatrix} \tag{5.31}$$

按泰勒级数展开并取一阶近似，有

$$\cos(L+\delta L)\approx\cos L-\delta L\sin L \tag{5.32}$$

$$\sin(L+\delta L)\approx\sin L+\delta L\cos L \tag{5.33}$$

$$\tan(L+\delta L)\approx\tan L+\delta L\sec^2 L \tag{5.34}$$

于是有

$$\boldsymbol{\delta\omega}_{ie}^{g}=\boldsymbol{\omega}_{ie}^{c}-\boldsymbol{\omega}_{ie}^{g}=\begin{bmatrix}\delta\omega_{iex}^{g}\\ \delta\omega_{iey}^{g}\\ \delta\omega_{iez}^{g}\end{bmatrix}=\begin{bmatrix}0\\ -\omega_{ie}\sin L\delta L\\ \omega_{ie}\cos L\delta L\end{bmatrix} \tag{5.35}$$

$$\boldsymbol{\delta\omega}_{eg}^{g}=\boldsymbol{\omega}_{ec}^{c}-\boldsymbol{\omega}_{eg}^{g}=\begin{bmatrix}\delta\omega_{egx}^{g}\\ \delta\omega_{egy}^{g}\\ \delta\omega_{egz}^{g}\end{bmatrix}=\begin{bmatrix}-\dfrac{\delta V_y^g}{R_M}\\ \dfrac{\delta V_x^g}{R_N}\\ \dfrac{\delta V_x^g}{R_N}\tan L+\dfrac{V_x^g}{R_N}\sec^2 L\delta L\end{bmatrix} \tag{5.36}$$

将式(5.30)、式(5.31)、式(5.35)和式(5.36)代入式(5.29)中，整理得平台误差角方程为

$$\dot{\phi}_x=-\frac{\delta V_y^g}{R_M}+\left(\omega_{ie}\sin L+\frac{V_x^g}{R_N}\tan L\right)\phi_y-\left(\omega_{ie}\cos L+\frac{V_x^g}{R_N}\right)\phi_z+\varepsilon_x^p \tag{5.37a}$$

$$\dot{\phi}_y=\frac{\delta V_x^g}{R_N}-\omega_{ie}\sin L\delta L-\left(\omega_{ie}\sin L+\frac{V_x^g}{R_N}\tan L\right)\phi_x-\frac{V_y^g}{R_M}\phi_z+\varepsilon_y^p \tag{5.37b}$$

$$\dot{\phi}_z=\frac{\delta V_x^g}{R_N}\tan L+\left(\omega_{ie}\cos L+\frac{V_x^g}{R_N}\sec^2 L\right)\delta L+\left(\omega_{ie}\cos L+\frac{V_x^g}{R_N}\right)\phi_x+\frac{V_y^g}{R_M}\phi_y+\varepsilon_z^p \tag{5.37c}$$

在捷联惯导系统中，陀螺等效漂移 $\boldsymbol{\varepsilon}^p$ 为

$$\boldsymbol{\varepsilon}^p=\boldsymbol{T}_b^p\boldsymbol{\varepsilon}^b \tag{5.38}$$

2. 速度误差方程

根据式(5.23)，指北方位系统的速度误差方程为

$$\boldsymbol{\delta}\dot{\boldsymbol{V}}^g = \boldsymbol{f}^g \times \boldsymbol{\phi} - (2\boldsymbol{\delta\omega}_{ie}^g + \boldsymbol{\delta\omega}_{eg}^g) \times \boldsymbol{V}^g - (2\boldsymbol{\omega}_{ie}^g + \boldsymbol{\omega}_{eg}^g) \times \boldsymbol{\delta V}^g + \boldsymbol{\nabla}^p \tag{5.39}$$

将式(5.30)、式(5.35)和式(5.36)代入式(5.39)中，整理得速度误差方程为

$$\begin{aligned}\delta\dot{V}_x^g = & f_y^g\phi_z - f_z^g\phi_y + \left(\frac{V_y^g}{R_M}\tan L - \frac{V_z^g}{R_M}\right)\delta V_x^g + \left(2\omega_{ie}\sin L + \frac{V_x^g}{R_N}\tan L\right)\delta V_y^g \\ & - \left(2\omega_{ie}\cos L + \frac{V_x^g}{R_N}\right)\delta V_z^g + \left(2\omega_{ie}\cos L V_y^g + \frac{V_x^g V_y^g}{R_N}\sec^2 L + 2\omega_{ie}\sin L V_z^g\right)\delta L + \nabla_x^p\end{aligned} \tag{5.40a}$$

$$\begin{aligned}\delta\dot{V}_y^g = & f_z^g\phi_x - f_x^g\phi_z - 2\left(\omega_{ie}\sin L + \frac{V_x^g}{R_N}\tan L\right)\delta V_x^g - \frac{V_z^g}{R_M}\delta V_y^g - \frac{V_y^g}{R_M}\delta V_z^g \\ & - \left(2\omega_{ie}\cos L + \frac{V_x^g}{R_N}\sec^2 L\right)V_x^g\delta L + \nabla_y^p\end{aligned} \tag{5.40b}$$

$$\delta\dot{V}_z^g = f_x^g\phi_y - f_y^g\phi_x + 2\left(\omega_{ie}\cos L + \frac{V_x^g}{R_N}\right)\delta V_x^g + \frac{2V_y^g}{R_M}\delta V_y^g - 2\omega_{ie}\sin L V_x^g\delta L + \nabla_z^p \tag{5.40c}$$

在捷联惯导系统中，加速度计测量偏差$\boldsymbol{\nabla}^p$为

$$\boldsymbol{\nabla}^p = \boldsymbol{T}_b^p\,\boldsymbol{\nabla}^b \tag{5.41}$$

3. 位置误差方程

根据式(5.28)可得指北方位系统的位置误差方程，即

$$\delta\dot{\lambda} = \frac{\sec L}{R_N}\delta V_x^g + \frac{V_x^g\sec L\tan L}{R_N}\delta L \tag{5.42a}$$

$$\delta\dot{L} = \frac{\delta V_y^g}{R_M} \tag{5.42b}$$

$$\delta\dot{h} = \delta V_z^g \tag{5.42c}$$

综上所述，式(5.37)、式(5.40)和式(5.42)即为指北方位系统误差方程的分量形式。

5.3.3　自由方位系统的误差方程

在导航解算过程中，将导航坐标系 $O_nx_ny_nz_n$ 取为游动方位坐标系 $O_wx_wy_wz_w$，且不给方位陀螺施加指令角速度，于是根据惯性导航误差方程式(5.18)、式(5.23)和式(5.28)可得自由方位系统的误差方程及其分量形式。

1. 平台误差角方程

根据式(5.18)可得自由方位系统的平台误差角方程为

$$\dot{\boldsymbol{\phi}} = \boldsymbol{\delta\omega}_{ie}^w + \boldsymbol{\delta\omega}_{ew}^w - (\boldsymbol{\omega}_{ie}^w + \boldsymbol{\omega}_{ew}^w) \times \boldsymbol{\phi} + \boldsymbol{\varepsilon}^p \tag{5.43}$$

式中，$\boldsymbol{\delta\omega}_{ie}^w = \boldsymbol{\omega}_{ie}^c - \boldsymbol{\omega}_{ie}^w$，$\boldsymbol{\delta\omega}_{ew}^w = \boldsymbol{\omega}_{ew}^c - \boldsymbol{\omega}_{ew}^w$。

根据式(3.67)和式(3.73)，有

$$\boldsymbol{\omega}_{ie}^w = \begin{bmatrix}\omega_{iex}^w \\ \omega_{iey}^w \\ \omega_{iez}^w\end{bmatrix} = \begin{bmatrix}\omega_{ie}\cos L\sin\alpha \\ \omega_{ie}\cos L\cos\alpha \\ \omega_{ie}\sin L\end{bmatrix}$$

$$\omega_{ewx}^w = -\frac{V_x^w}{\tau_a} - \frac{V_y^w}{R_{yp}} = -\left(\frac{1}{R_M} - \frac{1}{R_N}\right)\sin\alpha\cos\alpha V_x^w - \left(\frac{\sin^2\alpha}{R_N} + \frac{\cos^2\alpha}{R_M}\right)V_y^w$$

$$\omega_{ewy}^{w}=\frac{V_y^w}{\tau_a}+\frac{V_x^w}{R_{xp}}=\left(\frac{1}{R_M}-\frac{1}{R_N}\right)\sin\alpha\cos\alpha V_y^w+\left(\frac{\cos^2\alpha}{R_N}+\frac{\sin^2\alpha}{R_M}\right)V_x^w$$

$$\omega_{ewz}^{w}=-\omega_{ie}\sin L$$

于是有

$$\boldsymbol{\omega}_{ie}^{c}=\begin{bmatrix}\omega_{iex}^{c}\\\omega_{iey}^{c}\\\omega_{iez}^{c}\end{bmatrix}=\begin{bmatrix}\omega_{ie}\cos(L+\delta L)\sin(\alpha+\delta\alpha)\\\omega_{ie}\cos(L+\delta L)\cos(\alpha+\delta\alpha)\\\omega_{ie}\sin(L+\delta L)\end{bmatrix}\tag{5.44}$$

$$\omega_{ewx}^{c}=-\frac{V_x^w+\delta V_x^w}{\tau_a'}-\frac{V_y^w+\delta V_y^w}{R_{yp}'}\tag{5.45a}$$

$$\omega_{ewy}^{w}=\frac{V_y^w+\delta V_y^w}{\tau_a'}+\frac{V_x^w+\delta V_x^w}{R_{xp}'}\tag{5.45b}$$

$$\omega_{ewz}^{c}=-\omega_{ie}\sin(L+\delta L)\tag{5.45c}$$

$$\frac{1}{\tau_a'}=\left(\frac{1}{R_M}-\frac{1}{R_N}\right)\sin(\alpha+\delta\alpha)\cos(\alpha+\delta\alpha)\tag{5.46}$$

$$\frac{1}{R_{yp}'}=\frac{\sin^2(\alpha+\delta\alpha)}{R_N}+\frac{\cos^2(\alpha+\delta\alpha)}{R_M}\tag{5.47}$$

$$\frac{1}{R_{xp}'}=\frac{\cos^2(\alpha+\delta\alpha)}{R_N}+\frac{\sin^2(\alpha+\delta\alpha)}{R_M}\tag{5.48}$$

利用泰勒级数展开 $\sin(\alpha+\delta\alpha)$ 和 $\cos(\alpha+\delta\alpha)$，并取一阶近似，得

$$\sin(\alpha+\delta\alpha)\approx\sin\alpha+\delta\alpha\cos\alpha\tag{5.49}$$

$$\cos(\alpha+\delta\alpha)\approx\cos\alpha-\delta\alpha\sin\alpha\tag{5.50}$$

将式(5.32)、式(5.33)、式(5.49)和式(5.50)代入式(5.44)，整理并忽略高阶小量，得

$$\boldsymbol{\delta\omega}_{ie}^{w}=\boldsymbol{\omega}_{ie}^{c}-\boldsymbol{\omega}_{ie}^{w}=\begin{bmatrix}\delta\omega_{iex}^{w}\\\delta\omega_{iey}^{w}\\\delta\omega_{iez}^{w}\end{bmatrix}=\begin{bmatrix}-\omega_{ie}\sin L\sin\alpha\delta L+\omega_{ie}\cos L\cos\alpha\delta\alpha\\-\omega_{ie}\sin L\cos\alpha\delta L-\omega_{ie}\cos L\sin\alpha\delta\alpha\\\omega_{ie}\cos L\delta L\end{bmatrix}\tag{5.51}$$

将式(5.49)和式(5.50)代入式(5.46)～式(5.48)，整理并忽略高阶小量，得

$$\frac{1}{\tau_a'}=\left(\frac{1}{R_M}-\frac{1}{R_N}\right)\sin(\alpha+\delta\alpha)\cos(\alpha+\delta\alpha)\approx\left(\frac{1}{R_M}-\frac{1}{R_N}\right)(\sin\alpha\cos\alpha+\delta\alpha)\tag{5.52}$$

$$\frac{1}{R_{yp}'}=\frac{\sin^2(\alpha+\delta\alpha)}{R_N}+\frac{\cos^2(\alpha+\delta\alpha)}{R_M}\approx\frac{\sin^2\alpha}{R_N}+\frac{\cos^2\alpha}{R_M}\tag{5.53}$$

$$\frac{1}{R_{xp}'}=\frac{\cos^2(\alpha+\delta\alpha)}{R_N}+\frac{\sin^2(\alpha+\delta\alpha)}{R_M}\approx\frac{\cos^2\alpha}{R_N}+\frac{\sin^2\alpha}{R_M}\tag{5.54}$$

将式(5.33)、式(5.52)～式(5.54)代入式(5.45)中，整理并忽略高阶小量，得

$$\omega_{ewx}^{c}\approx-\left(\frac{1}{R_M}-\frac{1}{R_N}\right)\sin\alpha\cos\alpha V_x^w-\left(\frac{1}{R_M}-\frac{1}{R_N}\right)V_x^w\delta\alpha-\left(\frac{\sin^2\alpha}{R_N}+\frac{\cos^2\alpha}{R_M}\right)(V_y^w+\delta V_y^w)\tag{5.55a}$$

$$\omega_{ewy}^{c}\approx\left(\frac{1}{R_M}-\frac{1}{R_N}\right)\sin\alpha\cos\alpha V_y^w+\left(\frac{1}{R_M}-\frac{1}{R_N}\right)V_y^w\delta\alpha+\left(\frac{\cos^2\alpha}{R_N}+\frac{\sin^2\alpha}{R_M}\right)(V_x^w+\delta V_x^w)\tag{5.55b}$$

$$\omega_{ewz}^{c} \approx -\omega_{ie}\sin L-\omega_{ie}\cos L\delta L \tag{5.55c}$$

于是有

$$\delta\omega_{ewx}^{w}=\omega_{ewx}^{c}-\omega_{ewx}^{w}=-\left(\frac{1}{R_M}-\frac{1}{R_N}\right)V_x^w\delta\alpha-\left(\frac{\sin^2\alpha}{R_N}+\frac{\cos^2\alpha}{R_M}\right)\delta V_y^w \tag{5.56a}$$

$$\delta\omega_{ewy}^{w}=\omega_{ewy}^{c}-\omega_{ewy}^{w}=\left(\frac{1}{R_M}-\frac{1}{R_N}\right)V_y^w\delta\alpha+\left(\frac{\cos^2\alpha}{R_N}+\frac{\sin^2\alpha}{R_M}\right)\delta V_x^w \tag{5.56b}$$

$$\delta\omega_{ewz}^{w}=\omega_{ewz}^{c}-\omega_{ewz}^{w}=-\omega_{ie}\cos L\delta L \tag{5.56c}$$

将式(5.51)、式(5.56)、$\boldsymbol{\omega}_{ie}^{w}$ 和 $\boldsymbol{\omega}_{ew}^{w}$ 代入式(5.43)，整理得自由方位系统平台误差角方程，即

$$\begin{aligned}\dot{\phi}_x=&-\left(\omega_{ie}\cos L\cos\alpha+\left(\frac{1}{R_M}-\frac{1}{R_N}\right)\sin\alpha\cos\alpha V_y^w+\left(\frac{\cos^2\alpha}{R_N}+\frac{\sin^2\alpha}{R_M}\right)V_x^w\right)\phi_z\\&-\left(\frac{\sin^2\alpha}{R_N}+\frac{\cos^2\alpha}{R_M}\right)\delta V_y^w-\omega_{ie}\sin L\sin\alpha\delta L\\&+\left(\omega_{ie}\sin L\cos\alpha-\left(\frac{1}{R_M}-\frac{1}{R_N}\right)V_x^w\right)\delta\alpha+\varepsilon_x^p\end{aligned} \tag{5.57a}$$

$$\begin{aligned}\dot{\phi}_y=&\left(\omega_{ie}\cos L\sin\alpha-\left(\frac{1}{R_M}-\frac{1}{R_N}\right)\sin\alpha\cos\alpha V_x^w-\left(\frac{\sin^2\alpha}{R_N}+\frac{\cos^2\alpha}{R_M}\right)V_y^w\right)\phi_z\\&+\left(\frac{\cos^2\alpha}{R_N}+\frac{\sin^2\alpha}{R_M}\right)\delta V_x^w-\omega_{ie}\sin L\cos\alpha\delta L\\&-\left(\omega_{ie}\cos L\sin\alpha-\left(\frac{1}{R_M}-\frac{1}{R_N}\right)V_y^w\right)\delta\alpha+\varepsilon_y^p\end{aligned} \tag{5.57b}$$

$$\begin{aligned}\dot{\phi}_z=&\left(\omega_{ie}\cos L\cos\alpha-\left(\frac{1}{R_M}-\frac{1}{R_N}\right)\sin\alpha\cos\alpha V_y^w+\left(\frac{\cos^2\alpha}{R_N}+\frac{\sin^2\alpha}{R_M}\right)V_x^w\right)\phi_x\\&-\left(\omega_{ie}\cos L\sin\alpha-\left(\frac{1}{R_M}-\frac{1}{R_N}\right)\sin\alpha\cos\alpha V_x^w-\left(\frac{\sin^2\alpha}{R_N}+\frac{\cos^2\alpha}{R_M}\right)V_y^w\right)\phi_y+\varepsilon_z^p\end{aligned} \tag{5.57c}$$

值得注意的是，在一些参考教材中，为了分析方便，直接取 $R_N=R_M=R_e$（认为地球是圆球），于是 $\boldsymbol{\delta\omega}_{ew}^{w}$ 和 $\boldsymbol{\omega}_{ew}^{w}$ 可简化为

$$\boldsymbol{\delta\omega}_{ew}^{w}=\begin{bmatrix}\delta\omega_{ewx}^{w}\\\delta\omega_{ewy}^{w}\\\delta\omega_{ewz}^{w}\end{bmatrix}\approx\begin{bmatrix}-\dfrac{\delta V_y^w}{R_e}\\\dfrac{\delta V_x^w}{R_e}\\\omega_{ie}\cos L\delta L\end{bmatrix} \tag{5.58}$$

$$\boldsymbol{\omega}_{ew}^{w}=\begin{bmatrix}\omega_{ewx}^{w}\\\omega_{ewy}^{w}\\\omega_{ewz}^{w}\end{bmatrix}\approx\begin{bmatrix}-\dfrac{V_y^w}{R_e}\\\dfrac{V_x^w}{R_e}\\-\omega_{ie}\sin L\end{bmatrix} \tag{5.59}$$

则式(5.57)简化为

$$\dot{\phi}_x = -\left(\omega_{ie}\cos L\cos\alpha + \frac{V_x^w}{R_e}\right)\phi_z - \frac{\delta V_y^w}{R_e} - \omega_{ie}\sin L\sin\alpha\delta L + \omega_{ie}\sin L\cos\alpha\delta\alpha + \varepsilon_x^p \tag{5.60a}$$

$$\dot{\phi}_y = \left(\omega_{ie}\cos L\sin\alpha - \frac{V_y^w}{R_e}\right)\phi_z + \frac{\delta V_x^w}{R_e} - \omega_{ie}\sin L\cos\alpha\delta L - \omega_{ie}\cos L\sin\alpha\delta\alpha + \varepsilon_y^p \tag{5.60b}$$

$$\dot{\phi}_y = \left(\omega_{ie}\cos L\cos\alpha + \frac{V_x^w}{R_e}\right)\phi_x - \left(\omega_{ie}\cos L\sin\alpha - \frac{V_y^w}{R_e}\right)\phi_y + \varepsilon_z^p \tag{5.60c}$$

2. 速度误差方程

根据式(5.23)可得自由方位系统的速度误差方程，为

$$\boldsymbol{\delta}\dot{\boldsymbol{V}}^w = \boldsymbol{f}^w \times \boldsymbol{\phi} - (2\boldsymbol{\delta\omega}_{ie}^w + \boldsymbol{\delta\omega}_{ew}^w)\times\boldsymbol{V}^w - (2\boldsymbol{\omega}_{ie}^w + \boldsymbol{\omega}_{ew}^w)\times\boldsymbol{\delta V}^w + \boldsymbol{\nabla}^p \tag{5.61}$$

将式(5.51)、式(5.56)、$\boldsymbol{\omega}_{ie}^w$ 和 $\boldsymbol{\omega}_{ew}^w$ 代入式(5.61)中，整理可得自由方位系统的速度误差方程的分量形式，即

$$\begin{aligned}\delta\dot{V}_x = {} & f_y^w\phi_z - f_z^w\phi_y - \left(\frac{\cos^2\alpha}{R_N} + \frac{\sin^2\alpha}{R_M}\right)V_z^w\delta V_x^w + \omega_{ie}\sin L\delta V_y^w \\ & - \left(2\omega_{ie}\cos L\cos\alpha + \left(\frac{1}{R_M} - \frac{1}{R_N}\right)\sin\alpha\cos\alpha V_y^w + \left(\frac{\cos^2\alpha}{R_N} + \frac{\sin^2\alpha}{R_M}\right)V_x^w\right)\delta V_z^w \\ & + (\omega_{ie}\cos L V_y^w + 2\omega_{ie}\sin L\cos\alpha V_z^w)\delta L \\ & + \left(2\omega_{ie}\cos L\sin\alpha V_z^w - \left(\frac{1}{R_M} - \frac{1}{R_N}\right)V_y^w V_z^w\right)\delta\alpha + \nabla_x^p\end{aligned} \tag{5.62a}$$

$$\begin{aligned}\delta\dot{V}_y = {} & f_z^w\phi_x - f_x^w\phi_z - \omega_{ie}\sin L\delta V_x^w - \left(\frac{\sin^2\alpha}{R_N} + \frac{\cos^2\alpha}{R_M}\right)V_z^w\delta V_y^w \\ & + \left(2\omega_{ie}\cos L\sin\alpha - \left(\frac{1}{R_M} - \frac{1}{R_N}\right)\sin\alpha\cos\alpha V_x^w - \left(\frac{\sin^2\alpha}{R_N} + \frac{\cos^2\alpha}{R_M}\right)V_y^w\right)\delta V_z^w \\ & - (\omega_{ie}\cos L V_x^w + 2\omega_{ie}\sin L\sin\alpha V_z^w)\delta L \\ & + \left(2\omega_{ie}\cos L\cos\alpha V_z^w - \left(\frac{1}{R_M} - \frac{1}{R_N}\right)V_x^w V_z^w\right)\delta\alpha + \nabla_y^p\end{aligned} \tag{5.62b}$$

$$\begin{aligned}\delta\dot{V}_z = {} & f_x^w\phi_y - f_y^w\phi_x + 2(\omega_{ie}\sin L\sin\alpha V_y^w - \omega_{ie}\sin L\cos\alpha V_x^w)\delta L \\ & + \left(2\omega_{ie}\cos L\cos\alpha + \left(\frac{1}{R_M} - \frac{1}{R_N}\right)\sin\alpha\cos\alpha V_y^w + 2\left(\frac{\cos^2\alpha}{R_N} + \frac{\sin^2\alpha}{R_M}\right)V_x^w\right)\delta V_x^w \\ & - \left(2\omega_{ie}\cos L\sin\alpha - \left(\frac{1}{R_M} - \frac{1}{R_N}\right)\sin\alpha\cos\alpha V_x^w - 2\left(\frac{\sin^2\alpha}{R_N} + \frac{\cos^2\alpha}{R_M}\right)V_y^w\right)\delta V_y^w \\ & - 2\left(\omega_{ie}\cos L\sin\alpha V_x^w + \omega_{ie}\cos L\cos\alpha V_y^w - \left(\frac{1}{R_M} - \frac{1}{R_N}\right)V_x^w V_y^w\right)\delta\alpha + \nabla_z^p\end{aligned} \tag{5.62c}$$

如果取 $R_N = R_M = R_e$(认为地球是圆球)，则式(5.62)简化为

$$\begin{aligned}\delta\dot{V}_x = {} & f_y^w\phi_z - f_z^w\phi_y - \frac{V_z^w}{R_e}\delta V_x^w + \omega_{ie}\sin L\delta V_y^w - \left(2\omega_{ie}\cos L\cos\alpha + \frac{V_x^w}{R_e}\right)\delta V_z^w \\ & + (\omega_{ie}\cos L V_y^w + 2\omega_{ie}\sin L\cos\alpha V_z^w)\delta L + 2\omega_{ie}\cos L\cos\alpha V_z^w\delta\alpha + \nabla_x^p\end{aligned} \tag{5.63a}$$

$$\delta\dot{V}_y = f_z^w\phi_x - f_x^w\phi_z - \omega_{ie}\sin L\delta V_x^w - \frac{V_z^w}{R_e}\delta V_y^w + \left(2\omega_{ie}\cos L\sin\alpha - \frac{V_y^w}{R_e}\right)\delta V_z^w$$
$$-(\omega_{ie}\cos LV_x^w + 2\omega_{ie}\sin L\sin\alpha V_z^w)\delta L + 2\omega_{ie}\cos L\cos\alpha V_z^w\delta\alpha + \nabla_y^p \tag{5.63b}$$

$$\delta\dot{V}_z = f_x^w\phi_y - f_y^w\phi_x + 2\left(\omega_{ie}\cos L\cos\alpha + \frac{V_x^w}{R_e}\right)\delta V_x^w - 2\left(\omega_{ie}\cos L\sin\alpha - \frac{V_y^w}{R_e}\right)\delta V_y^w$$
$$+2(\omega_{ie}\sin L\sin\alpha V_y^w - \omega_{ie}\sin L\cos\alpha V_x^w)\delta L$$
$$-2(\omega_{ie}\cos L\sin\alpha V_x^w + \omega_{ie}\cos L\cos\alpha V_y^w)\delta\alpha + \nabla_z^p \tag{5.63c}$$

3. 位置误差方程

自由方位系统的位置误差方程为

$$\delta\dot{\lambda} = \dot{\lambda}^c - \dot{\lambda} \tag{5.64a}$$

$$\delta\dot{L} = \dot{L}^c - \dot{L} \tag{5.64b}$$

$$\delta\dot{h} = \dot{h}^c - \dot{h} \tag{5.64c}$$

根据式(3.21)、式(3.22)、式(3.65)和式(3.92c)可知自由方位系统的位置变化率为

$$\dot{\lambda} = \frac{V_x^w\cos\alpha - V_y^w\sin\alpha}{R_e\cos L} \tag{5.65a}$$

$$\dot{L} = \frac{V_x^w\sin\alpha + V_y^w\cos\alpha}{R_e} \tag{5.65b}$$

$$\dot{h} = V_z^w \tag{5.65c}$$

惯导系统计算机给出的位置变化率应为

$$\dot{\lambda}^c = \frac{V_x^c\cos\alpha^c - V_y^c\sin\alpha^c}{R_N\cos L^c} = \frac{(V_x^w + \delta V_x^w)\cos(\alpha+\delta\alpha) - (V_y^w + \delta V_y^w)\sin(\alpha+\delta\alpha)}{R_N\cos(L+\delta L)} \tag{5.66a}$$

$$\dot{L}^c = \frac{V_x^c\sin\alpha^c + V_y^c\cos\alpha^c}{R_M} = \frac{(V_x^w + \delta V_x^w)\sin(\alpha+\delta\alpha) + (V_y^w + \delta V_y^w)\cos(\alpha+\delta\alpha)}{R_M} \tag{5.66b}$$

$$\dot{h}^c = V_z^c = V_z^w + \delta V_z^w \tag{5.66c}$$

将式(5.27)、式(5.49)和式(5.50)代入式(5.66)，整理并忽略高阶量，于是可得自由方位系统的位置误差方程，即

$$\delta\dot{\lambda} = \dot{\lambda}^c - \dot{\lambda} = \frac{\sec L\cos\alpha}{R_N}\delta V_x^w - \frac{\sec L\sin\alpha}{R_N}\delta V_y^w + \frac{(\cos\alpha V_x^w - \sin\alpha V_y^w)\sec L\tan L}{R_N}\delta L$$
$$-\frac{\sec L(\sin\alpha V_x^w + \cos\alpha V_y^w)}{R_N}\delta\alpha \tag{5.67a}$$

$$\delta\dot{L} = \dot{L}^c - \dot{L} = \frac{\sin\alpha}{R_M}\delta V_x^w + \frac{\cos\alpha}{R_M}\delta V_y^w + \frac{\cos\alpha V_x^w - \sin\alpha V_y^w}{R_M}\delta\alpha \tag{5.67b}$$

$$\delta\dot{h} = \dot{h}^c - \dot{h} = \delta V_z^w \tag{5.67c}$$

4. 自由方位角误差方程

自由方位角的误差方程为

$$\delta\dot{\alpha}=\dot{\alpha}^{c}-\dot{\alpha} \tag{5.68}$$

根据式(3.36)和式(3.65)可知自由方位角的变化率，为

$$\dot{\alpha}=-\omega_{ie}\sin L-\frac{V_{x}^{g}}{R_{N}}\tan L=-\omega_{ie}\sin L-\frac{\cos\alpha V_{x}^{w}-\sin\alpha V_{y}^{w}}{R_{N}}\tan L \tag{5.69}$$

惯导系统计算机给出的自由方位角变化率应为

$$\dot{\alpha}^{c}=-\omega_{ie}\sin(L+\delta L)-\frac{\cos(\alpha+\delta\alpha)(V_{x}^{w}+\delta V_{x}^{w})-\sin(\alpha+\delta\alpha)(V_{y}^{w}+\delta V_{y}^{w})}{R_{N}}\tan(L+\delta L) \tag{5.70}$$

将式(5.33)、式(5.49)和式(5.50)代入式(5.70)，整理并忽略高阶量，进而可得自由方位角的误差方程，即

$$\begin{aligned}\delta\dot{\alpha}=&-\frac{\tan L\cos\alpha}{R_{N}}\delta V_{x}^{w}+\frac{\tan L\sin\alpha}{R_{N}}\delta V_{y}^{w}-\left(\omega_{ie}\cos L+\frac{\cos\alpha V_{x}^{w}-\sin\alpha V_{y}^{w}}{R_{N}}\sec^{2}L\right)\delta L\\&+\frac{\sin\alpha V_{x}^{w}+\cos\alpha V_{y}^{w}}{R_{N}}\tan L\delta\alpha\end{aligned} \tag{5.71}$$

综上所述，式(5.60)、式(5.62)、式(5.67)和式(5.71)即为自由方位系统误差方程的分量形式。

5.3.4 游动自由方位系统的误差方程

在导航解算过程中，将导航坐标系 $O_{n}x_{n}y_{n}z_{n}$ 取为游动方位坐标系 $O_{w}x_{w}y_{w}z_{w}$，且给方位陀螺施加有限的指令角速度，使平台跟踪地球自转。根据惯性导航误差方程式(5.18)、式(5.23)和式(5.28)可得游动自由方位系统的误差方程及其分量形式。

游动自由方位系统和自由方位系统的差别仅是给方位陀螺施加的指令角速度不同，对于游动自由方位系统有

$$\boldsymbol{\omega}_{ie}^{w}=\begin{bmatrix}\omega_{iex}^{w}\\\omega_{iey}^{w}\\\omega_{iez}^{w}\end{bmatrix}=\begin{bmatrix}\omega_{ie}\cos L\sin\alpha\\\omega_{ie}\cos L\cos\alpha\\\omega_{ie}\sin L\end{bmatrix}$$

$$\omega_{ewx}^{w}=-\frac{V_{x}^{w}}{\tau_{a}}-\frac{V_{y}^{w}}{R_{yp}}=-\left(\frac{1}{R_{M}}-\frac{1}{R_{N}}\right)\sin\alpha\cos\alpha V_{x}^{w}-\left(\frac{\sin^{2}\alpha}{R_{N}}+\frac{\cos^{2}\alpha}{R_{M}}\right)V_{y}^{w}$$

$$\omega_{ewy}^{w}=\frac{V_{y}^{w}}{\tau_{a}}+\frac{V_{x}^{w}}{R_{xp}}=\left(\frac{1}{R_{M}}-\frac{1}{R_{N}}\right)\sin\alpha\cos\alpha V_{y}^{w}+\left(\frac{\cos^{2}\alpha}{R_{N}}+\frac{\sin^{2}\alpha}{R_{M}}\right)V_{x}^{w}$$

$$\omega_{ewz}^{w}=0$$

于是

$$\delta\omega_{ewz}^{w}=0 \tag{5.72}$$

1. 平台误差角方程

根据式(5.18)和式(5.43)，可得游动自由方位系统的姿态误差角方程，为

$$\dot{\boldsymbol{\phi}}=\boldsymbol{\delta\omega}_{ie}^{w}+\boldsymbol{\delta\omega}_{ew}^{w}-(\boldsymbol{\omega}_{ie}^{w}+\boldsymbol{\omega}_{ew}^{w})\times\boldsymbol{\phi}+\boldsymbol{\varepsilon}^{p} \tag{5.73}$$

将式(5.51)、式(5.56a)、式(5.56b)和式(5.72)以及 $\boldsymbol{\omega}_{ie}^{w}$ 和 $\boldsymbol{\omega}_{ew}^{w}$ 代入式(5.73)，整理得游动自由方位系统的姿态误差角方程，即

$$\dot{\phi}_x = \omega_{ie}\sin L\phi_y - \left(\omega_{ie}\cos L\cos\alpha + \left(\frac{1}{R_M} - \frac{1}{R_N}\right)\sin\alpha\cos\alpha V_y^w + \left(\frac{\cos^2\alpha}{R_N} + \frac{\sin^2\alpha}{R_M}\right)V_x^w\right)\phi_z$$

$$- \left(\frac{\sin^2\alpha}{R_N} + \frac{\cos^2\alpha}{R_M}\right)\delta V_y^w - \omega_{ie}\sin L\sin\alpha\delta L$$

$$+ \left(\omega_{ie}\sin L\cos\alpha - \left(\frac{1}{R_M} - \frac{1}{R_N}\right)V_x^w\right)\delta\alpha + \varepsilon_x^p \tag{5.74a}$$

$$\dot{\phi}_y = -\omega_{ie}\sin L\phi_x + \left(\omega_{ie}\cos L\sin\alpha - \left(\frac{1}{R_M} - \frac{1}{R_N}\right)\sin\alpha\cos\alpha V_x^w - \left(\frac{\sin^2\alpha}{R_N} + \frac{\cos^2\alpha}{R_M}\right)V_y^w\right)\phi_z$$

$$+ \left(\frac{\cos^2\alpha}{R_N} + \frac{\sin^2\alpha}{R_M}\right)\delta V_x^w - \omega_{ie}\sin L\cos\alpha\delta L$$

$$- \left(\omega_{ie}\cos L\sin\alpha - \left(\frac{1}{R_M} - \frac{1}{R_N}\right)V_y^w\right)\delta\alpha + \varepsilon_y^p \tag{5.74b}$$

$$\dot{\phi}_z = \left(\omega_{ie}\cos L\cos\alpha + \left(\frac{1}{R_M} - \frac{1}{R_N}\right)\sin\alpha\cos\alpha V_y^w + \left(\frac{\cos^2\alpha}{R_N} + \frac{\sin^2\alpha}{R_M}\right)V_x^w\right)\phi_x$$

$$- \left(\omega_{ie}\cos L\sin\alpha - \left(\frac{1}{R_M} - \frac{1}{R_N}\right)\sin\alpha\cos\alpha V_x^w - \left(\frac{\sin^2\alpha}{R_N} + \frac{\cos^2\alpha}{R_M}\right)V_y^w\right)\phi_y$$

$$+ \omega_{ie}\cos L\delta L + \varepsilon_z^p \tag{5.74c}$$

如果取 $R_N = R_M = R_e$（认为地球是圆球），则式(5.74)简化为

$$\dot{\phi}_x = \omega_{ie}\sin L\phi_y - \left(\omega_{ie}\cos L\cos\alpha + \frac{V_x^w}{R_e}\right)\phi_z - \frac{\delta V_y^w}{R_e}$$

$$- \omega_{ie}\sin L\sin\alpha\delta L + \omega_{ie}\sin L\cos\alpha\delta\alpha + \varepsilon_x^p \tag{5.75a}$$

$$\dot{\phi}_y = -\omega_{ie}\sin L\phi_x + \left(\omega_{ie}\cos L\sin\alpha - \frac{V_y^w}{R_e}\right)\phi_z + \frac{\delta V_x^w}{R_e}$$

$$- \omega_{ie}\sin L\cos\alpha\delta L - \omega_{ie}\cos L\sin\alpha\delta\alpha + \varepsilon_y^p \tag{5.75b}$$

$$\dot{\phi}_z = \left(\omega_{ie}\cos L\cos\alpha + \frac{V_x^w}{R_e}\right)\phi_x - \left(\omega_{ie}\cos L\sin\alpha - \frac{V_y^w}{R_e}\right)\phi_y$$

$$+ \omega_{ie}\cos L\delta L + \varepsilon_z^p \tag{5.75c}$$

2. 速度误差方程

根据式(5.23)和式(5.61)可得游动自由方位系统的速度误差方程，即

$$\delta\dot{\boldsymbol{V}}^w = \boldsymbol{f}^w \times \boldsymbol{\phi} - (2\delta\boldsymbol{\omega}_{ie}^w + \delta\boldsymbol{\omega}_{ew}^w) \times \boldsymbol{V}^w - (2\boldsymbol{\omega}_{ie}^w + \boldsymbol{\omega}_{ew}^w) \times \delta\boldsymbol{V}^w + \boldsymbol{\nabla}^p \tag{5.76}$$

将式(5.51)、式(5.56)、$\boldsymbol{\omega}_{ie}^w$、$\boldsymbol{\omega}_{ew}^w$ 和式(5.72)代入式(5.76)，整理得游动自由方位系统的速度误差方程，为

$$\delta\dot{V}_x = f_y^w\phi_z - f_z^w\phi_y - \left(\frac{\cos^2\alpha}{R_N} + \frac{\sin^2\alpha}{R_M}\right)V_z^w\delta V_x^w + 2\omega_{ie}\sin L\delta V_y^w$$

$$- \left(2\omega_{ie}\cos L\cos\alpha + \left(\frac{1}{R_M} - \frac{1}{R_N}\right)\sin\alpha\cos\alpha V_y^w + \left(\frac{\cos^2\alpha}{R_N} + \frac{\sin^2\alpha}{R_M}\right)V_x^w\right)\delta V_z^w$$

$$+ 2(\omega_{ie}\cos LV_y^w + \omega_{ie}\sin L\cos\alpha V_z^w)\delta L$$

$$+ \left(2\omega_{ie}\cos L\sin\alpha V_z^w - \left(\frac{1}{R_M} - \frac{1}{R_N}\right)V_y^w V_z^w\right)\delta\alpha + \nabla_x^p \tag{5.77a}$$

$$\delta\dot{V}_y = f_z^w\phi_x - f_x^w\phi_z - 2\omega_{ie}\sin L\delta V_x^w - \left(\frac{\sin^2\alpha}{R_N} + \frac{\cos^2\alpha}{R_M}\right)V_z^w\delta V_y^w$$
$$+\left(2\omega_{ie}\cos L\sin\alpha - \left(\frac{1}{R_M} - \frac{1}{R_N}\right)\sin\alpha\cos\alpha V_x^w - \left(\frac{\sin^2\alpha}{R_N} + \frac{\cos^2\alpha}{R_M}\right)V_y^w\right)\delta V_z^w$$
$$-2(\omega_{ie}\cos LV_x^w + \omega_{ie}\sin L\sin\alpha V_z^w)\delta L$$
$$+\left(2\omega_{ie}\cos L\cos\alpha V_z^w - \left(\frac{1}{R_M} - \frac{1}{R_N}\right)V_x^w V_z^w\right)\delta\alpha + \nabla_y^p \tag{5.77b}$$

$$\delta\dot{V}_z = f_x^w\phi_y - f_y^w\phi_x + 2(\omega_{ie}\sin L\sin\alpha V_y^w - \omega_{ie}\sin L\cos\alpha V_x^w)\delta L$$
$$+\left(2\omega_{ie}\cos L\cos\alpha + \left(\frac{1}{R_M} - \frac{1}{R_N}\right)\sin\alpha\cos\alpha V_y^w + 2\left(\frac{\cos^2\alpha}{R_N} + \frac{\sin^2\alpha}{R_M}\right)V_x^w\right)\delta V_x^w$$
$$-\left(2\omega_{ie}\cos L\sin\alpha - \left(\frac{1}{R_M} - \frac{1}{R_N}\right)\sin\alpha\cos\alpha V_x^w - 2\left(\frac{\sin^2\alpha}{R_N} + \frac{\cos^2\alpha}{R_M}\right)V_y^w\right)\delta V_y^w$$
$$-2\left(\omega_{ie}\cos L\sin\alpha V_x^w + \omega_{ie}\cos L\cos\alpha V_y^w - \left(\frac{1}{R_M} - \frac{1}{R_N}\right)V_x^w V_y^w\right)\delta\alpha + \nabla_z^p \tag{5.77c}$$

如果取 $R_N = R_M = R_e$（认为地球是圆球），则式(5.77)简化为

$$\delta\dot{V}_x = f_y^w\phi_z - f_z^w\phi_y - \frac{V_z^w}{R_e}\delta V_x^w + 2\omega_{ie}\sin L\delta V_y^w - \left(2\omega_{ie}\cos L\cos\alpha + \frac{V_x^w}{R_e}\right)\delta V_z^w$$
$$+2(\omega_{ie}\cos LV_y^w + \omega_{ie}\sin L\cos\alpha V_z^w)\delta L + 2\omega_{ie}\cos L\cos\alpha V_z^w\delta\alpha + \nabla_x^p \tag{5.78a}$$

$$\delta\dot{V}_y = f_z^w\phi_x - f_x^w\phi_z - 2\omega_{ie}\sin L\delta V_x^w - \frac{V_z^w}{R_e}\delta V_y^w + \left(2\omega_{ie}\cos L\sin\alpha - \frac{V_y^w}{R_e}\right)\delta V_z^w$$
$$-2(\omega_{ie}\cos LV_x^w + \omega_{ie}\sin L\sin\alpha V_z^w)\delta L + 2\omega_{ie}\cos L\cos\alpha V_z^w\delta\alpha + \nabla_y^p \tag{5.78b}$$

$$\delta\dot{V}_z = f_x^w\phi_y - f_y^w\phi_x + 2\left(\omega_{ie}\cos L\cos\alpha + \frac{V_x^w}{R_e}\right)\delta V_x^w - 2\left(\omega_{ie}\cos L\sin\alpha - \frac{V_y^w}{R_e}\right)\delta V_y^w$$
$$+2(\omega_{ie}\sin L\sin\alpha V_y^w - \omega_{ie}\sin L\cos\alpha V_x^w)\delta L$$
$$-2(\omega_{ie}\cos L\sin\alpha V_x^w + \omega_{ie}\cos L\cos\alpha V_y^w)\delta\alpha + \nabla_z^p \tag{5.78c}$$

3. 位置误差方程

游动自由方位系统的位置误差方程与自由方位系统位置误差方程(5.67)一致，即

$$\delta\dot{\lambda} = \frac{\sec L\cos\alpha}{R_N}\delta V_x^w - \frac{\sec L\sin\alpha}{R_N}\delta V_y^w + \frac{(\cos\alpha V_x^w - \sin\alpha V_y^w)\sec L\tan L}{R_N}\delta L$$
$$-\frac{\sec L(\sin\alpha V_x^w + \cos\alpha V_y^w)}{R_N}\delta\alpha \tag{5.79a}$$

$$\delta\dot{L} = \frac{\sin\alpha}{R_M}\delta V_x^w + \frac{\cos\alpha}{R_M}\delta V_y^w + \frac{\cos\alpha V_x^w - \sin\alpha V_y^w}{R_M}\delta\alpha \tag{5.79b}$$

$$\delta\dot{h} = \dot{h}^c - \dot{h} = \delta V_z^w \tag{5.79c}$$

4. 游动自由方位角误差方程

根据式(3.43)和式(3.65)可知，游动自由方位角的变化率为

$$\dot{\alpha} = -\frac{V_x^g}{R_N}\tan L = -\frac{\cos\alpha V_x^w - \sin\alpha V_y^w}{R_N}\tan L \tag{5.80}$$

惯导系统计算机给出的游动自由方位角变化率应为

$$\dot{\alpha}^c=-\frac{\cos(\alpha+\delta\alpha)(V_x^w+\delta V_x^w)-\sin(\alpha+\delta\alpha)(V_y^w+\delta V_y^w)}{R_N}\tan(L+\delta L) \tag{5.81}$$

将式(5.34)、式(5.49)和式(5.50)代入式(5.81)，整理并忽略高阶量，进而可得游动自由方位角的误差方程，即

$$\delta\dot{\alpha}=-\frac{\cos\alpha\tan L}{R_N}\delta V_x^w+\frac{\sin\alpha\tan L}{R_N}\delta V_y^w+\frac{\sin\alpha V_x^w+\cos\alpha V_y^w}{R_N}\tan L\delta\alpha$$
$$-\frac{\cos\alpha V_x^w-\sin\alpha V_y^w}{R_N}\sec^2 L\delta L \tag{5.82}$$

综上所述，式(5.74)、式(5.77)、式(5.79)和式(5.82)即为游动自由方位系统误差方程的分量形式。

5.4　惯性导航系统误差特性分析

由于惯性导航系统的本质是源于惯导系统基本方程，不同的导航系统方案仅是导航坐标系选取不同，导致系统的力学方程编排存在差异，但它们的本质是一致的，而且惯导系统的误差特性及其传播规律也是一致的。因此，以指北方位系统为例来分析惯导系统的误差特性及其传播规律，由此得出的结论同样可以用于其他导航系统方案。

惯导系统误差源有两类，一类是确定性的，另一类是随机的。两类误差源引起的系统误差的特性不同。为分析惯导系统误差传播的基本特性，下面在静基座条件下，对惯导系统的误差传播特性进行分析。根据指北方位惯导系统误差方程式(5.37)、式(5.40)和式(5.42)可知，完整的惯导系统误差方程是九阶的，但由于惯导系统的垂直通道不稳定以及经度误差在系统回路之外($\delta\lambda$ 是独立的，其余均是交联的)，且不影响系统的动态特性，因此不考虑垂直通道和经度误差 $\delta\lambda$。而且惯导系统在静基座条件下，有

$$\boldsymbol{V}^g=0,\quad \boldsymbol{\omega}_{eg}^g=0,\quad f_x^g=f_y^g=0,\quad f_z^g=g$$

于是指北方位系统的误差方程可写为

$$\dot{\phi}_x=-\frac{\delta V_y^g}{R_M}+\omega_{ie}\sin L\phi_y-\omega_{ie}\cos L\phi_z+\varepsilon_x^p \tag{5.83a}$$

$$\dot{\phi}_y=\frac{\delta V_x^g}{R_N}-\omega_{ie}\sin L\delta L-\omega_{ie}\sin L\phi_x+\varepsilon_y^p \tag{5.83b}$$

$$\dot{\phi}_z=\frac{\delta V_x^g}{R_N}\tan L+\omega_{ie}\cos L\delta L+\omega_{ie}\cos L\phi_x+\varepsilon_z^p \tag{5.83c}$$

$$\delta\dot{V}_x^g=-g\phi_y+2\omega_{ie}\sin L\delta V_y^g+\nabla_x \tag{5.83d}$$

$$\delta\dot{V}_y^g=g\phi_x-2\omega_{ie}\sin L\delta V_x^g+\nabla_y \tag{5.83e}$$

$$\delta\dot{L}=\frac{\delta V_y^g}{R_M} \tag{5.83f}$$

将式(5.83)写为状态方程的形式，即

$$\begin{bmatrix}\dot{\phi}_x\\ \dot{\phi}_y\\ \dot{\phi}_z\\ \delta\dot{V}_x^g\\ \delta\dot{V}_y^g\\ \delta\dot{L}\end{bmatrix}=\begin{bmatrix}0 & \omega_{ie}\sin L & -\omega_{ie}\cos L & 0 & -\dfrac{1}{R_M} & 0\\ -\omega_{ie}\sin L & 0 & 0 & \dfrac{1}{R_N} & 0 & -\omega_{ie}\sin L\\ \omega_{ie}\cos L & 0 & 0 & \dfrac{\tan L}{R_N} & 0 & \omega_{ie}\cos L\\ 0 & -g & 0 & 0 & 2\omega_{ie}\sin L & 0\\ g & 0 & 0 & -2\omega_{ie}\sin L & 0 & 0\\ 0 & 0 & 0 & 0 & \dfrac{1}{R_M} & 0\end{bmatrix}\cdot\begin{bmatrix}\phi_x\\ \phi_y\\ \phi_z\\ \delta V_x^g\\ \delta V_y^g\\ \delta L\end{bmatrix}+\begin{bmatrix}\varepsilon_x\\ \varepsilon_y\\ \varepsilon_z\\ \nabla_x\\ \nabla_y\\ 0\end{bmatrix} \tag{5.84}$$

或

$$\dot{\boldsymbol{X}}(t)=\boldsymbol{A}\boldsymbol{X}(t)+\boldsymbol{W}(t) \tag{5.85}$$

对式(5.85)取拉氏变换，有

$$s\boldsymbol{X}(s)-\boldsymbol{X}(0)=\boldsymbol{A}\boldsymbol{X}(s)+\boldsymbol{W}(s) \tag{5.86}$$

于是有

$$\boldsymbol{X}(s)=(s\boldsymbol{I}-\boldsymbol{A})^{-1}[\boldsymbol{X}(0)+\boldsymbol{W}(s)] \tag{5.87}$$

系统的特征方程为

$$\begin{aligned}\Delta(s)=|s\boldsymbol{I}-\boldsymbol{A}|&=\begin{bmatrix}s & -\omega_{ie}\sin L & \omega_{ie}\cos L & 0 & \dfrac{1}{R_M} & 0\\ \omega_{ie}\sin L & s & 0 & -\dfrac{1}{R_N} & 0 & \omega_{ie}\sin L\\ -\omega_{ie}\cos L & 0 & s & -\dfrac{\tan L}{R_N} & 0 & -\omega_{ie}\cos L\\ 0 & g & 0 & s & -2\omega_{ie}\sin L & 0\\ -g & 0 & 0 & 2\omega_{ie}\sin L & s & 0\\ 0 & 0 & 0 & 0 & -\dfrac{1}{R_M} & s\end{bmatrix}\\ &=(s^2+\omega_{ie}^2)[(s^2+\omega_s^2)^2+4s^2\omega_{ie}^2\sin^2 L]\\ &=(s^2+\omega_{ie}^2)[(s^2+\omega_s^2)^2-(\mathrm{j}2s\omega_{ie}\sin L)^2]\\ &=(s^2+\omega_{ie}^2)(s^2+\mathrm{j}2s\omega_{ie}\sin L+\omega_s^2)(s^2-\mathrm{j}2s\omega_{ie}\sin L+\omega_s^2)=0\end{aligned} \tag{5.88}$$

根据式(5.88)可得特征方程的特征根为

$$s_{1,2}=\pm \mathrm{j}\omega_{ie} \tag{5.89}$$

$$s_{3,4}=\frac{-\mathrm{j}2\omega_{ie}\sin L\pm\sqrt{-4\omega_{ie}^2\sin^2 L-4\omega_s^2}}{2} \tag{5.90}$$

$$s_{5,6}=\frac{\mathrm{j}2\omega_{ie}\sin L\pm\sqrt{-4\omega_{ie}^2\sin^2 L-4\omega_s^2}}{2} \tag{5.91}$$

由于舒勒角频率 $\omega_s=\sqrt{\dfrac{g}{R_e}}=1.24\times10^{-3}\,\mathrm{s}^{-1}$ 远大于地球的自转角速率 $\omega_{ie}=7.29\times10^{-5}\,\mathrm{s}^{-1}$，即 $\omega_s\gg\omega_{ie}\sin L$，于是有

$$s_3 = -j\omega_{ie}\sin L + j\omega_s,\qquad s_4 = -j\omega_{ie}\sin L - j\omega_s$$
$$s_5 = j\omega_{ie}\sin L + j\omega_s,\qquad s_6 = j\omega_{ie}\sin L - j\omega_s$$

即有

$$s_{5,4} = \pm j(\omega_s + \omega_{ie}\sin L) \tag{5.92}$$
$$s_{3,6} = \pm j(\omega_s - \omega_{ie}\sin L) \tag{5.93}$$

由式(5.89)、式(5.92)和式(5.93)可以看出，惯导系统的误差特征包含三种振荡，其中式(5.89)对应的振荡基础项为 $\sin\omega_{ie}t$ 和 $\cos\omega_{ie}t$，这是一个以地球自转角速 ω_{ie} 为振荡角频率的等幅振荡，振荡周期为

$$T_e = \frac{2\pi}{\omega_{ie}} = 24\ \text{h} \tag{5.94}$$

式(5.92)和式(5.93)是角频率分别为 $\omega_s + \omega_{ie}\sin L$ 和 $\omega_s - \omega_{ie}\sin L$ 的两种振荡运动，其对应的基础振动项分别为 $\sin(\omega_s + \omega_{ie}\sin L)t$ 和 $\cos(\omega_s + \omega_{ie}\sin L)t$ 以及 $\sin(\omega_s - \omega_{ie}\sin L)t$ 和 $\cos(\omega_s - \omega_{ie}\sin L)t$。以 $\sin(\omega_s + \omega_{ie}\sin L)t$ 为例来分析系统的振荡特点，即有

$$\begin{aligned}\sin(\omega_s + \omega_{ie}\sin L)t &= \sin[\omega_s t + (\omega_{ie}\sin L)t] \\ &= \cos(\omega_{ie}\sin L)t\sin\omega_s t + \sin(\omega_{ie}\sin L)t\cos\omega_s t\end{aligned} \tag{5.95}$$

式(5.95)等号右边第一项 $\cos(\omega_{ie}\sin L)t\sin\omega_s t$ 表明 $\cos(\omega_{ie}\sin L)t$ 对 $\sin\omega_s t$ 的调制，其示意图如图 5.4 所示。

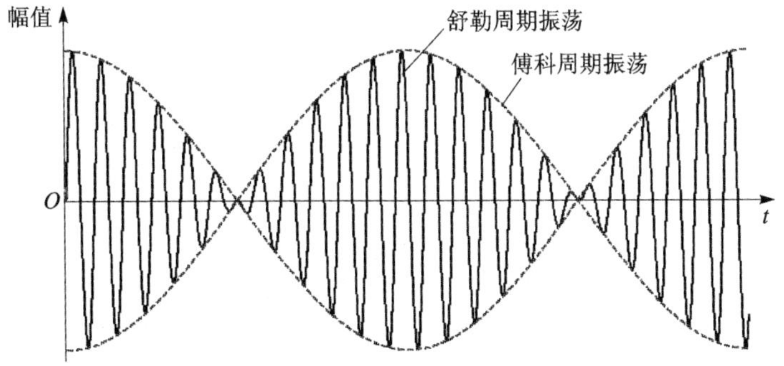

图 5.4　舒勒周期振荡和傅科周期振荡的关系

对应角频率 ω_s 的振荡为舒勒周期振荡，振荡周期为

$$T_s = \frac{2\pi}{\omega_s} = 84.4\ \text{min} \tag{5.96}$$

对应角频率 $\omega_f = \omega_{ie}\sin L$ 的振荡为傅科周期振荡，其振荡周期与纬度 L 有关，当 $L = 45°$ 时，其振荡周期为

$$T_s = \frac{2\pi}{\omega_f} = 34\ \text{h} \tag{5.97}$$

傅科周期振荡是由速度误差中的 $2\omega_{ie}\sin L\delta V_y$ 和 $2\omega_{ie}\sin L\delta V_x$ 两项引起的。如果不考虑这两项，则误差特性中就不再包括傅科周期振荡，此时的系统特征方程为

$$\Delta(s) = (s^2 + \omega_{ie}^2)(s^2 + \omega_s^2)^2 = 0 \tag{5.98}$$

即误差中只有地球周期振荡和舒勒周期振荡。

综上所述，惯导系统的误差特征包括3种振荡：

(1) 地球周期振荡，频率为ω_{ie}，周期为24 h，即地球自转周期；

(2) 舒勒周期振荡，频率为ω_s，振荡周期为84.4 min；

(3) 傅科周期振荡，频率为ω_f，振荡周期随纬度变化而变化，纬度越低，周期越长；在赤道上，傅科频率为零，傅科周期振荡消失；在两极，傅科周期频率为ω_{ie}，傅科振荡蜕化为地球周期振荡。

进一步对产生3种周期振荡的物理原因进行分析，可知：

(1) 地球周期振荡是由于系统中存在平台误差角$\boldsymbol{\phi}$和纬度误差δL，它们的交叉耦合，将地球自转角速度分量引入到惯性导航系统中。

(2) 舒勒周期振荡是由于平台倾斜，存在误差角ϕ_x和ϕ_y，此时安装在平台上的加速度计感受到重力加速度分量，构成了二阶负反馈回路，从而表现出振荡特性。这也说明两个水平通道满足舒勒调整条件。

(3) 傅科周期振荡是由于有害哥氏加速度补偿误差所造成的。

系统的误差传播特性可按式(5.87)求解，在求解时设陀螺仪漂移和加速度计零偏为常值，而且对每一种误差源引起的系统误差特性分别进行考虑，因此将每一种误差源所产生的系统误差分别列入表5.1～表5.3中。

通过对表5.1～表5.3进一步分析，可以看出陀螺漂移是惯导系统误差的主要误差源，它能激励三种周期的振荡，并使速度、位置及方位产生常值误差分量，甚至使经度误差产生随时间增长的误差；加速度计零偏误差只产生舒勒和傅科周期振荡，不产生地球周期振荡，它使惯性平台产生常值误差角分量；初始姿态误差能激励三种周期振荡，并产生位置常值偏差。具体结论为：

(1) 东向加速度计零偏∇_x产生ϕ_y、ϕ_z以及$\delta\lambda$的常值偏差，产生的其他误差是振幅为傅科周期调制的舒勒周期振荡；

(2) 北向加速度计零偏∇_y产生δL和ϕ_x的常值误差，产生的其他误差都是振荡的；

(3) 东向陀螺漂移ε_x产生$\delta\lambda$和ϕ_z的常值误差，产生的其他误差都是振荡的；

(4) 北向陀螺漂移ε_y和方位陀螺漂移ε_z，除产生常值的东向速度误差δV_x和纬度误差δL外，还产生随时间积累的经度误差$\delta\lambda$，而产生的其他误差都是振荡的；

(5) 初始条件ϕ_{y_0}和ϕ_{z_0}产生常值的经度误差$\delta\lambda$，产生的其他误差都是振荡的；

(6) 初始条件ϕ_{x_0}产生的系统误差都是振荡的。

表5.1 加速度计零偏和初始纬度误差引起的系统误差

误　差	误差源		
	∇_x	∇_y	δL_0
ϕ_x	$-\frac{\nabla_x}{g}\cos\omega_s t\sin\omega_f t$	$-\frac{\nabla_y}{g}(1-\cos\omega_s t\cos\omega_f t)$	$\frac{\delta L_0}{\omega_s}\omega_{ie}\sin L\sin\omega_s t\sin\omega_f t$
ϕ_y	$-\frac{\nabla_x}{g}(1-\cos\omega_s t\cos\omega_f t)$	$-\frac{\nabla_y}{g}\cos\omega_s t\sin\omega_f t$	$-\frac{\delta L_0}{\omega_s}\omega_{ie}\cos L\sin\omega_s t\cos\omega_f t$
ϕ_z	$\frac{\nabla_x}{g}\tan L(1-\cos\omega_s t\cos\omega_f t)$	$-\frac{\nabla_y}{g}\tan L\cos\omega_s t\sin\omega_f t$	$\delta L_0\sec L\sin\omega_{ie}t$

续表 5.1

误 差	误差源		
	∇_x	∇_y	δL_0
δV_x	$\frac{\nabla_x}{g} R_N \sin\omega_s t \cos\omega_f t$	$\frac{\nabla_y}{g} R_M \sin\omega_s t \sin\omega_f t$	$\delta L_0 R_M \omega_{ie} \sin L(\cos\omega_{ie} t - \cos\omega_s t \cos\omega_f t)$
δV_y	$-\frac{\nabla_x}{g} R_N \omega_s \sin\omega_s t \sin\omega_f t$	$\frac{\nabla_y}{g} R_M \omega_s \sin\omega_s t \cos\omega_f t$	$-\delta L_0 R_M \omega_{ie} \sin\omega_{ie} t$
δL	$\frac{\nabla_x}{g} \cos\omega_s t \sin\omega_f t$	$\frac{\nabla_y}{g}(1-\cos\omega_s t \cos\omega_f t)$	$\delta L_0 \cos\omega_{ie} t$
$\delta\lambda$	$\frac{\nabla_x}{g} \sec L(1-\cos\omega_s t \cos\omega_f t)$	$-\frac{\nabla_y}{g} \sec L \cos\omega_s t \sin\omega_f t$	$\delta L_0 \tan L \sin\omega_{ie} t$

表 5.2 陀螺漂移引起的系统误差

误 差	误差源		
	ε_x	ε_y	ε_z
ϕ_x	$\frac{\varepsilon_x}{\omega_s} \sin\omega_s t \cos\omega_f t$	$\frac{\varepsilon_y}{\omega_s} \sin\omega_s t \sin\omega_f t$	$-\frac{\varepsilon_z}{\omega_s^2} \omega_{ie} \cos L(\cos\omega_{ie} t - \cos\omega_s t \cos\omega_f t)$
ϕ_y	$-\frac{\varepsilon_x}{\omega_s} \sin\omega_s t \sin\omega_f t$	$\frac{\varepsilon_y}{\omega_s} \sin\omega_s t \cos\omega_f t$	$\frac{\varepsilon_z}{\omega_s^2} \omega_{ie} \cos L \cos\omega_s t \sin\omega_f t$
ϕ_z	$\frac{\varepsilon_x}{\omega_{ie}} \sec L(1-\cos\omega_{ie} t)$ $-\frac{\varepsilon_x}{\omega_s} \tan L \sin\omega_s t \sin\omega_f t$	$-\frac{\varepsilon_y}{\omega_{ie}} \tan L \sin\omega_{ie} t$ $-\frac{\varepsilon_y}{\omega_s} \sin\omega_s t \cos\omega_f t$	$\frac{\varepsilon_z}{\omega_{ie}} \sin\omega_{ie} t$
δV_x	$\varepsilon_x R_N(\sin L \sin\omega_{ie} t$ $-\cos\omega_s t \sin\omega_f t)$	$\varepsilon_y R_M(\sin^2 L(1-\cos\omega_{ie} t)$ $-(1-\cos\omega_s t \cos\omega_f t))$	$-\varepsilon_z R_N \sin L \cos L(1-\cos\omega_{ie} t)$
δV_y	$\varepsilon_x R_N(\cos\omega_{ie} t - \cos\omega_s t \cos\omega_f t)$	$\varepsilon_y R_M(\sin L \cos\omega_{ie} t$ $-\cos\omega_s t \sin\omega_f t)$	$\varepsilon_z R_N \cos L\left(\frac{\omega_{ie}}{\omega_s} \sin\omega_s t \cos\omega_f t - \sin\omega_{ie} t\right)$
δL	$\frac{\varepsilon_x}{\omega_{ie}} \sin\omega_{ie} - \frac{1}{\omega_s} \sin\omega_s t \cos\omega_f t$	$\frac{\varepsilon_y}{\omega_{ie}} \sin L(1-\cos\omega_{ie} t)$	$-\frac{\varepsilon_z}{\omega_{ie}} \cos L(1-\cos\omega_{ie} t)$
$\delta\lambda$	$\varepsilon_x \sec L\left(\frac{1}{\omega_{ie}} \sin L(1-\cos\omega_{ie} t)\right.$ $\left.-\frac{1}{\omega_s} \sin\omega_s t \sin\omega_f t\right)$	$\varepsilon_y\left(-\frac{1}{\omega_{ie}} \sin L \tan L \sin\omega_{ie} t\right.$ $\left.+\frac{1}{\omega_s} \sec L \sin\omega_s t \cos\omega_f t - t\cos L\right)$	$-\varepsilon_z \sin L\left(t - \frac{1}{\omega_{ie}} \sin\omega_{ie} t\right)$

表 5.3 初始姿态误差引起的系统误差

误 差	误差源		
	ϕ_x	ϕ_y	ϕ_z
ϕ_x	$\phi_{x_0} \cos\omega_s t \cos\omega_f t$	$\phi_{y_0} \cos\omega_s t \sin\omega_f t$	$-\frac{\phi_{x_0}}{\omega_s} \omega_{ie} \cos L \sin\omega_s t \cos\omega_f t$

续表 5.3

误　差	误差源		
	ϕ_x	ϕ_y	ϕ_z
ϕ_y	$-\phi_{x_0}\cos\omega_s t\sin\omega_f t$	$\phi_{y_0}\cos\omega_s t\cos\omega_f t$	$\dfrac{\phi_{z_0}}{\omega_s}\omega_{ie}\cos L\sin\omega_s t\sin\omega_f t$
ϕ_z	$\phi_{x_0}\sec L(\sin\omega_{ie}t-\sin L\cos\omega_s t\sin\omega_f t)$	$\phi_{y_0}\tan L(\cos\omega_s t\cos\omega_f t-\cos\omega_{ie}t)$	$\phi_{z_0}\cos\omega_{ie}t$
δV_x	$\phi_{x_0}R_N\omega_s\cos\omega_s t\sin\omega_f t$	$-\phi_{y_0}R_M\omega_s\cos\omega_s t\cos\omega_f t$	$\phi_{z_0}R_N\omega_{ie}\cos L(\sin L\sin\omega_{ie}t+\cos\omega_s t\cos\omega_f t)$
δV_y	$\phi_{x_0}R_N\omega_s\sin\omega_s t\cos\omega_f t$	$\phi_{y_0}R_M\omega_s\sin\omega_s t\sin\omega_f t$	$\phi_{z_0}R_N\omega_{ie}\cos L(\cos\omega_s t\cos\omega_f t-\cos\omega_{ie}t)$
δL	$\phi_{x_0}(\sin\omega_{ie}t-\cos\omega_s t\cos\omega_f t)$	$\phi_{y_0}(\sin L\sin\omega_{ie}t-\cos\omega_s t\sin\omega_f t)$	$-\phi_{z_0}\cos L\sin\omega_{ie}t+\dfrac{\omega_{ie}}{\omega_s}\phi_{z_0}\cos L\sin\omega_s t\cos\omega_f t$
$\delta\lambda$	$\phi_{x_0}\tan L(\sin\omega_{ie}t-\sec L\sin\omega_s t\cos\omega_f t)$	$\phi_{y_0}\sin L\tan L(1-\cos\omega_{ie}t)-\sec L(1-\cos\omega_s t\cos\omega_f t)$	$-\phi_{z_0}\sin L(1-\cos\omega_{ie}t)$

综上所述，陀螺漂移大小是决定惯导系统精度的关键因素，而且北向陀螺漂移 ε_y 和方位陀螺漂移 ε_z 对系统误差的影响比东向陀螺漂移大，但东向陀螺漂移 ε_x 直接影响方位对准的精度。需要特别注意的是，有些误差虽然属于周期振荡，但因周期很长，远大于系统一次工作时间，因此在系统工作期间，该类误差是随时间增长的，例如

$$\phi_z=\frac{\varepsilon_z}{\omega_{ie}}\sin\omega_{ie}t$$

其振荡周期为 24 h。显然，系统工作的几小时时间内，系统误差是随时间增长的。此外，上述误差方程及误差传播特性都是基于误差量为小量，并在一阶线性化条件下获得误差基本方程和相应的结论。如果误差量较大，则系统误差方程会有较大失真，但系统误差传播规律基本相同。尽管捷联惯导系统和平台式惯导系统的实现形式不同，但二者的误差基本方程和误差传播特性是相同的。

思考与练习题

5-1　说明常值误差源和随机误差源引起的惯导系统误差的区别。

5-2　说明惯导系统平台误差角方程、速度误差方程和位置误差方程中各项的物理含义。

5-3　惯导系统的基本误差特性是由哪几种振荡合成的？说明这些振荡产生的原因。

5-4　尝试分析一个单轴惯导系统的误差特性。

5-5　为什么陀螺漂移是惯导系统误差的主要误差源？

5-6　为什么陀螺仪漂移是决定惯导系统精度的主要因素？

5-7　设东向陀螺仪的常值漂移为 $\varepsilon_x=0.1\ °/\mathrm{h}$，忽略其他误差源，求其对平台误差角 $\phi_y(t)$ 的影响。

5-8　设方位陀螺仪有常值漂移 ε_z，忽略其他误差源，求其对位置误差 $\delta\lambda$ 的影响。

5-9　设北向加速度计有常值零偏 ∇_y，忽略其他误差源，求其对平台误差角 ϕ_x 的影响。

5-10　当平台和地理系有初始水平误差角 $\phi_y(0)$ 时，忽略其他误差源，求其对方位误差角 ϕ_z 的影响。

5-11　描述陀螺仪和加速度计性能的主要指标有哪些？说明这些指标的物理含义及其对系统性能的影响。

5-12　举例说明惯导系统中的随机误差源引起的系统误差都是发散的，且发散速度正比于 $\sqrt{t}$。

第 6 章　惯性导航系统的初始对准

6.1　概　述

惯导系统是一种自主式导航系统。根据惯性导航的原理可知，载体的速度和位置是由测得的加速度积分而得来的。要进行积分必须知道初始条件，例如初始速度和位置。只要对惯性导航系统进行初始化，给定导航的初始条件，它不需要任何外部信息，便可根据系统中的惯性敏感元件测量的比力和角速度通过计算机实时地计算出各种导航参数。然而，由于陀螺角动量相对惯性空间具有方位稳定的特性，当惯导启动后，如果事先不对陀螺仪力矩器施加控制指令信号，平台将稳定在惯性空间。通常来说，它既不在水平面内又没有确定的方位，即平台相对惯性空间的位置是随机的。此时的初始平台坐标系与导航坐标系间存在较大的平台误差角。根据第 5 章可知，初始姿态误差会产生经度误差和振荡误差，从而使惯导系统无法进入正常工作。为解决该问题，要求惯导系统开始工作前，平台应处于给定的坐标系内（如东北天坐标系），否则将产生由于平台误差引起的加速度测量误差。如何在惯性导航开始工作时，使平台跟踪给定的坐标系是一个非常重要的环节。这个环节就称为惯性导航的初始对准。惯性导航系统初始对准阶段所要完成的主要工作有：陀螺仪测漂、输入初始条件和调整平台到指定坐标系。陀螺仪测漂和定标是惯导系统初始对准阶段不可缺少的环节，这主要是因为陀螺漂移是系统的主要误差源，尽量减小陀螺漂移可提高系统对准精度和导航解算精度；惯导系统在进入导航工作状态前，应先解决积分运算的初始条件问题，即输入初始速度和初始经纬度，初始条件通常由外界提供的速度和位置信息来确定；调整平台到指定坐标系是惯导系统初始对准的主要任务，它是每次惯导系统启动进入工作状态之前都需要完成的工作。由惯导系统误差可知，实际的平台坐标系与导航坐标系（理想的平台坐标系）间存在着平台误差角。对于惯导系统而言，平台误差角越小越好，初始对准的目的就是将实际的平台坐标系与导航坐标系对准到相互重合的状态，即将实际平台坐标系调整到给定的导航坐标系的方向上，例如如果采用游动方位系统，则需要将平台调至水平（称为水平对准），并将平台的方位角调至某个方位角处（称为方位对准）。

虽然要求惯导系统工作前将实际的平台坐标系调整到与导航坐标系重合，但由于存在元件误差和系统误差，对准时不可能使实际平台坐标系与导航坐标系重合，只能近似重合，其近似重合程度与对准技术和对准时间等因素有关。因此，衡量惯导系统初始对准性能的指标要求有两个，一个是对准精度，另一个是对准时间。对准精度的高低直接反映了初始对准的好坏。在满足对准精度要求的条件下，要求对准时间尽可能的短。然而，对准时间和对准精度之间往往是相互矛盾的，要提高精度，对准时间就可能长；要缩短对准时间，对准精度就很难保证。因此，在实际工程中，应根据具体应用情况进行折中，对准精度和对准时间各有侧重。

惯导系统初始对准方法主要有两种，一种是引入外部参考基准；二是利用惯导自身的敏感元件，结合惯导系统的工作原理，实现自主式对准。惯导系统进行初始对准时，通常包括水平对准和方位对准，而且是先水平对准，再方位对准。

对于捷联惯导系统，由于捷联矩阵 $\boldsymbol{T}_b^n$ 起到了平台的作用，因此在捷联惯导系统启动进入工作状态之前需要获得捷联矩阵 $\boldsymbol{T}_b^n$ 的初始值，以便完成导航的任务。显然，捷联惯导系统的初始对准就是确定捷联矩阵的初始值。在静基座条件下，捷联惯导系统的加速度计的输入量为 $-\boldsymbol{g}^b$，陀螺的输入量为地球自转角速率 $\boldsymbol{\omega}_{ie}^b$。因此 $-\boldsymbol{g}^b$ 与 $\boldsymbol{\omega}_{ie}^b$ 就成为初始对准的基准。将陀螺与加速度计的输出引入计算机，通过计算机就可计算出捷联矩阵 $\boldsymbol{T}_b^n$ 的初始值。陀螺与加速度计的误差会导致对准误差，而且对准时，飞行器的干扰运动会产生对准误差，因此，在惯导系统对准过程中，应尽可能地消除这些误差的影响。对准过程通常分为粗对准和精对准两步，其中粗对准直接利用加速度计和陀螺仪的输出粗略地计算出初始捷联矩阵，而精对准通常采用最优滤波技术估计来达到对准的精度要求。

为了进一步说明惯导系统的对准过程和对准性能，本章以指北方位系统为例来讨论静基坐条件下的初始对准问题。在此基础上，给出捷联惯导系统的解析式对准方法。载体在运动过程仍可进行对准，称这种对准为晃动基座对准或传递对准，感兴趣的读者可以参阅有关文献。

6.2　指北方位系统的初始对准

初始对准的目的是使惯导实际平台坐标系与导航坐标系重合。由于指北方位系统的导航坐标系取为地理坐标系，因此指北方位系统对准的目的就是消除实际平台坐标系与地理坐标系间存在的误差角。使平台误差角减小到惯导系统进入导航工作状态时所要求的精度指标之内。

静基座条件下指北方位系统的误差方程已在式(5.83)中给出。在静基座条件下，载体的地理位置(经度 λ 和纬度 L)可利用其他仪器设备精确测出，因此在初始对准阶段不考虑位置误差方程和与 δL 有关的误差项。而且在初始对准时不计算有害加速度，因此在速度误差方程中忽略掉有害加速度计算误差项 $2\omega_{ie}\sin L\delta V_y^g$ 和 $-2\omega_{ie}\sin L\delta V_x^g$，于是在静基座条件下简化后的指北方位惯导系统的误差方程变为

$$\dot{\phi}_x = -\frac{\delta V_y^g}{R_M} + \omega_{ie}\sin L\phi_y - \omega_{ie}\cos L\phi_z + \varepsilon_x^p \tag{6.1a}$$

$$\dot{\phi}_y = \frac{\delta V_x^g}{R_N} - \omega_{ie}\sin L\phi_x + \varepsilon_y^p \tag{6.1b}$$

$$\dot{\phi}_z = \frac{\delta V_x^g}{R_N}\tan L + \omega_{ie}\cos L\phi_x + \varepsilon_z^p \tag{6.1c}$$

$$\delta\dot{V}_x^g = -g\phi_y + \nabla_x \tag{6.1d}$$

$$\delta\dot{V}_y^g = g\phi_x + \nabla_y \tag{6.1e}$$

其对应的误差方块图如图 6.1 所示。

由图 6.1 和式(6.1)可以看出，水平的平台误差角 ϕ_x 和 ϕ_y 与方位平台误差角 ϕ_z 间存在交叉耦合关系。为避免这种交叉耦合关系的影响，在进行初始对准时，将水平对准和方位对准分开进行。首先进行水平对准，然后再进行方位对准。由于在进行水平对准时，平台坐标系的

方位误差角 ϕ_z 较大，使得交叉耦合项 $\omega_{ie}\cos L\phi_z$ 对由北向加速度计和东向陀螺仪组成的水平通道的影响也较大，因此该交叉耦合项不能忽略，可将其按常值误差来处理。按上述条件得到的平台水平姿态误差方块图如图 6.2 所示。

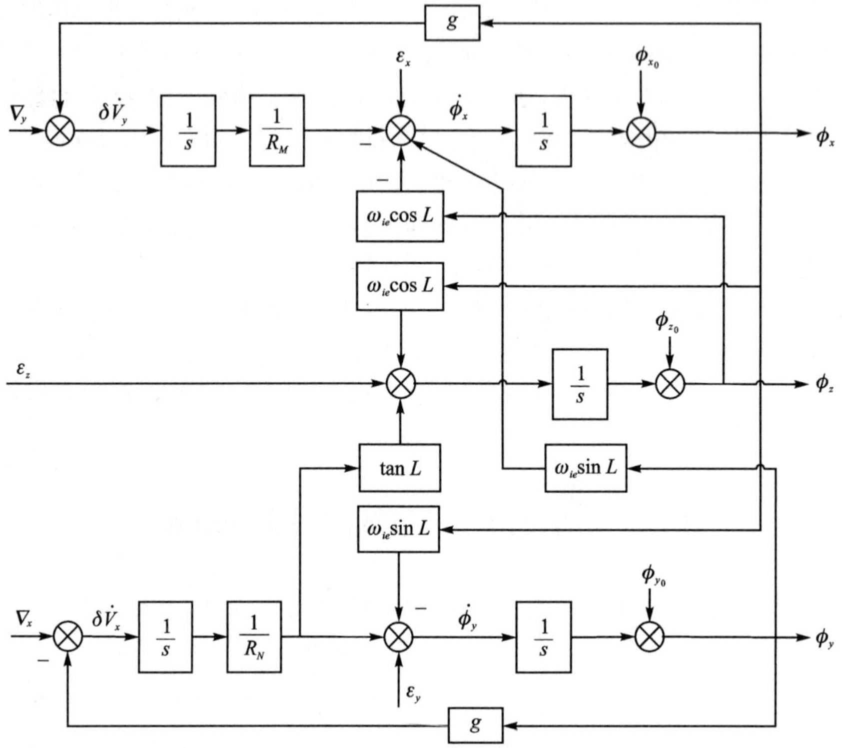

图 6.1　简化后的指北方位系统误差方块图

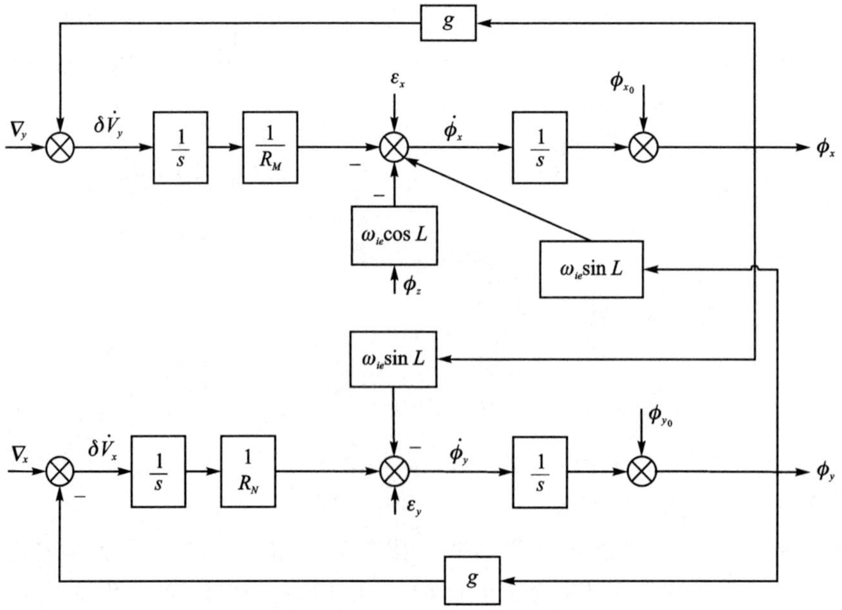

图 6.2　平台水平姿态误差方块图

6.2.1　水平对准原理

由图 6.2 可以看出，水平的平台误差角 ϕ_x 和 ϕ_y 通过地球自转角速度的垂直分量 $\omega_{ie}\sin L$ 相互耦合。但由于它们之间的交叉耦合比其他误差源的影响小，故可以忽略该交叉耦合的影响，从而得到独立的水平回路误差方块图，如图 6.3 所示。与其对应的误差方程为

$$\begin{cases}\delta\dot{V}_y^g = g\phi_x + \nabla_y \\ \dot{\phi}_x = -\dfrac{\delta V_y^g}{R_M} - \omega_{ie}\cos L\phi_z + \varepsilon_x^p\end{cases} \tag{6.2a}$$

$$\begin{cases}\delta\dot{V}_x^g = -g\phi_y + \nabla_x \\ \dot{\phi}_y = \dfrac{\delta V_x^g}{R_N} + \varepsilon_y^p\end{cases} \tag{6.2b}$$

由图 6.3(a)可以看出，由于存在加速度计零偏 ∇_y 和平台误差角 ϕ_x，北向加速度计有信号输出，且输出信息号为 $\delta\dot{V}_y^g = g\phi_x + \nabla_y$。该信号经积分器后送到除法器，产生平台误差角修正信号 $\dot{\phi}_x = -\dfrac{\delta V_y^g}{R_M}$，并施加给东向陀螺力矩器。在陀螺力矩器作用下，平台转动来减小平台姿态误差角。显然，当 $\phi_x = -\dfrac{\nabla_y}{g}$ 时，有 $\delta\dot{V}_y^g = 0$，系统处于平衡状态，则平台对准到精度为 $\phi_x = -\dfrac{\nabla_y}{g}$ 的位置上。同理，由图 6.3(b)可以看出，当 $\phi_y = \dfrac{\nabla_x}{g}$ 时，有 $\delta\dot{V}_x^g = 0$，系统处于平衡状态，则平台对准到精度为 $\phi_y = \dfrac{\nabla_x}{g}$ 的位置上。现在的问题是，图 6.3 所示的系统能否处于平衡状态呢？由于图 6.3(a)和图 6.3(b)所示的水平回路结构是相似的，下面对图 6.3(a)所示的由北向加速度计和东向陀螺组成的水平对准回路进行稳定性分析。

图 6.3(a)所示的水平对准回路的闭环传递函数为

$$G(s) = \frac{\dfrac{1}{R_M s^2}}{1 + \dfrac{g}{R_M s^2}} = \frac{\dfrac{1}{R_M}}{s^2 + \dfrac{g}{R_M}} = \frac{\dfrac{1}{R_M}}{s^2 + \omega_s^2} \tag{6.3}$$

式中，$\omega_s = \sqrt{\dfrac{g}{R_e}} \approx \sqrt{\dfrac{g}{R_M}}$，为舒勒振荡角频率，对应系统的特征方程为

$$\Delta(s) = s^2 + \omega_s^2 \tag{6.4}$$

式(6.4)所示的特征方程是一个二阶无阻尼振荡回路，平台误差角 ϕ_x 将以 84.4 min 的舒勒周期作等幅振荡，平台不能在 $\phi_x = -\dfrac{\nabla_y}{g}$ 的位置上稳定下来，也无法完成水平初始对准。显然，为了使平台振荡衰减并收敛到平衡位置上，需要在回路中引入阻尼。平台惯导系统的阻尼水平回路常有加阻尼水平对准回路、二阶水平对准回路和三阶水平对准回路，其结构图分别如图 6.4、图 6.5 和图 6.6 所示。

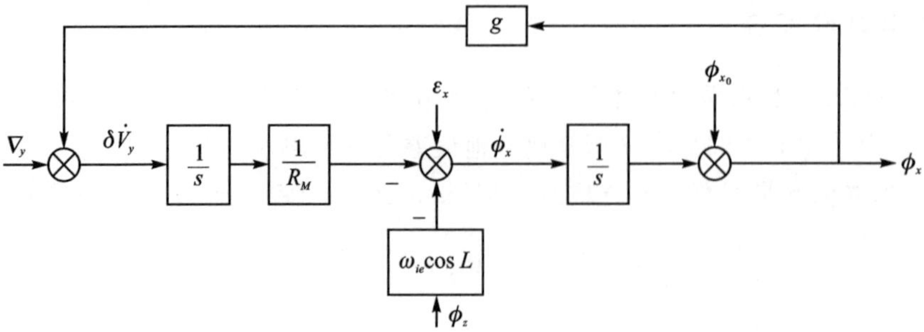

(a)

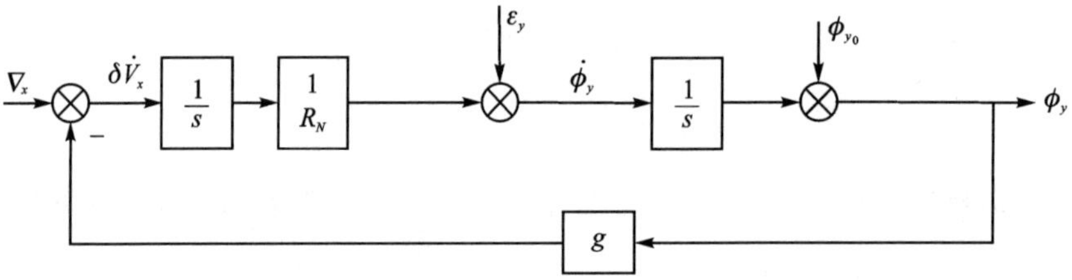

(b)

图 6.3　忽略交叉耦合项后的水平回路误差方块图

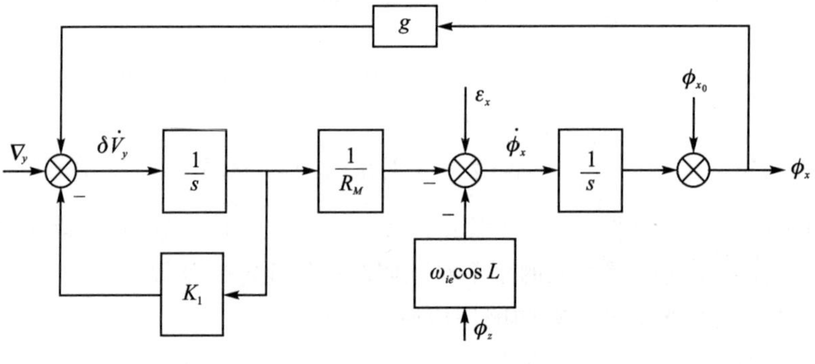

图 6.4　加阻尼水平对准回路

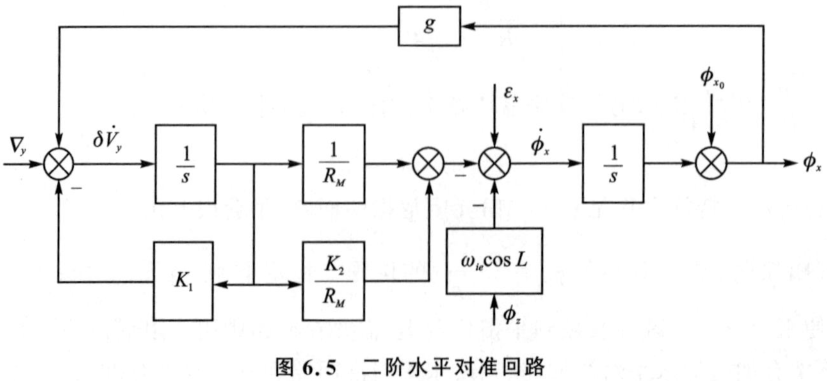

图 6.5　二阶水平对准回路

对图 6.4、图 6.5 和图 6.6 进行分析，可以看出，在图 6.4 所示的回路中引入一个传递函数为 K_1 的环节，将回路中加速度计积分环节变为惯性环节，对应的系统特征方程变为

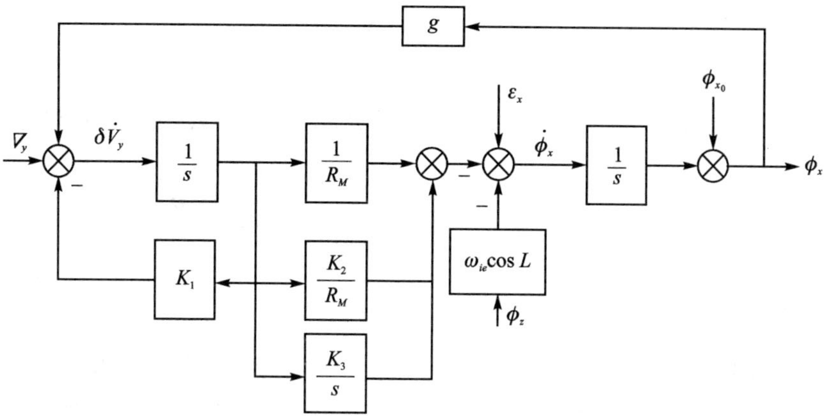

图 6.6　三阶水平对准回路

$$\Delta(s)=s^2+K_1s+\omega_s^2 \tag{6.5}$$

水平对准回路由无阻尼振荡回路变为有阻尼振荡回路，而且通过合理地选择 K_1 的数值，平台的振荡幅值会不断减小，最终稳定到平衡位置上。但阻尼环节无法改变回路的固有振荡频率 ω_s，阻尼振荡周期仍为 84.4 min，平台的对准速度非常缓慢。当平台有较大的初始误差角 ϕ_{x_0} 时，要使平台达到平衡就需要较长的时间，这不满足惯导系统初始对准快速性的要求。为了缩短回路振荡周期，提高对准速度，在图 6.5 所示的二阶水平回路中加入了 $\frac{K_2}{R_M}$ 环节，使得原来的 $\frac{1}{R_M}$ 环节变为 $\frac{1+K_2}{R_M}$，于是系统的特征方程变为

$$\Delta(s)=s^2+K_1s+(1+K_2)\omega_s^2 \tag{6.6}$$

此时的有阻尼二阶振荡回路的振荡频率为 $(1+K_2)\omega_s^2$。二阶水平对准回路可通过 K_1 来控制阻尼的大小，通过 K_2 来控制振荡周期的长短，因此通过合理地选择系数 K_1 和 K_2，可以满足水平通道对准时的动态品质要求，即初始对准的快速性要求。但二阶水平对准回路的平台误差角 ϕ_x 的对准精度受北向加速度计 ∇_y 和东向陀螺仪漂移 ε_x 的影响，即

$$\phi_x(s)=\frac{(1+K_1)\left(s\phi_{x_0}(s)+\varepsilon_x(s)-\phi_z\omega_{ie}\cos L\right)-(1+K_2)\omega_s^2\dfrac{\nabla_y}{g}}{s(s+K_1)+(1+K_2)\omega_s^2} \tag{6.7}$$

当 ∇_y，ε_x，ϕ_{x_0} 和 $\phi_z\omega_{ie}\cos L$ 为常值，且仅考虑稳态误差时，则式(6.7)变为

$$\phi_x=\lim_{s\to 0}s\phi_x(s)=\frac{K_1}{(1+K_2)\omega_s^2}(\varepsilon_x-\phi_z\omega_{ie}\cos L)-\frac{\nabla_y}{g} \tag{6.8}$$

通过适当选择系数 K_1 和 K_2 的值，可降低 ε_x 和 ϕ_z 这两个误差源的影响，提高平台误差角 ϕ_x 的对准精度，但无法消除 ε_x 和 ϕ_z 这两个误差源对对准精度的影响。为进一步提高对准精度，在二阶水平对准回路的基础上，再加上一个积分环节 $\frac{K_3}{s}$，其输入信号为 δV_y，输出信号送至陀螺力矩器(见图 6.6)，其系统传递函数为

$$\phi_x(s)=\frac{s(s+K_1)(\varepsilon_x(s)-\phi_z\omega_{ie}\cos L)}{s^3+K_1s^2+s(1+K_2)\omega_s^2+gK_3}+\frac{s^2(s+K_1)\phi_{x_0}(s)}{s^3+K_1s^2+s(1+K_2)\omega_s^2+gK_3}$$

$$-\frac{\frac{s+K_2}{R_M}+K_3}{s^3+K_1 s^2+s(1+K_2)\omega_s^2+gK_3}\nabla_y(s) \tag{6.9}$$

当∇_y,ε_x,ϕ_{x_0} 和 $\phi_z\omega_{ie}\cos L$ 为常值,适当地选取系数 K_1,K_2 和 K_3 的值,且仅考虑稳态误差时,则式(6.9)变为

$$\phi_x = \lim_{s\to 0} s\phi_x(s) = -\left(1+\frac{K_2}{R_M K_3}\right)\frac{\nabla_y}{g} \approx \frac{\nabla_y}{g} \tag{6.10}$$

对于三阶水平对准回路,加入积分环节$\frac{K_3}{s}$后,当 $\delta V_y=0$ 时,积分环节$\frac{K_3}{s}$的输出端仍有前一步积分过程中产生的信号,它可抵消误差源 $\varepsilon_x-\phi_z\omega_{ie}\cos L$ 的影响,且不需要平台额外增大水平误差角。此时平台误差角的稳态值 ϕ_x 产生的信号 $g\phi_x$ 用来补偿北向加速度计零偏∇_y,使得平台的对准精度只与北向加速度计的零偏∇_y有关,而与东向陀螺漂移 ε_x、交叉耦合项 $\phi_z\omega_{ie}\cos L$ 以及平台的初始误差角 ϕ_{x_0} 无关。

综上所述,对于惯导系统水平通道初始对准,采用三阶水平对准回路,通过合理选择系数 K_1,K_2 和 K_3 的值,使系统既能满足对准时间短的要求,又能满足对准精度高的要求,而且对准精度仅与东向加速度计零偏∇_x和北向加速度计零偏∇_y有关,即

$$\phi_x = -\frac{\nabla_y}{g}, \qquad \phi_y = \frac{\nabla_x}{g} \tag{6.11}$$

6.2.2 方位对准原理

指北方位惯导系统的方位对准是将平台坐标系自动调整到真北方向,即平台的纵轴 Oy_p 轴与地理坐标系 Oy_g 轴重合。平台的方位对准通常是在水平对准的基础上来完成的。由式(6.2a)可以看出,由北向加速度计和东向陀螺构成的水平对准回路中,存在着一个交叉耦合项$-\phi_z\omega_{ie}\cos L$,它对水平对准回路有影响。该影响是源于地球自转和平台误差角的存在,其原理图如图 6.7 所示。

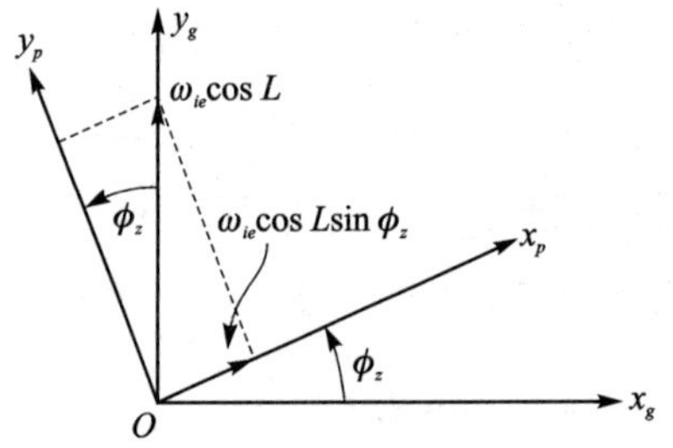

(a) 耦合项$\phi_z\omega_{ie}\cos L$的产生机理

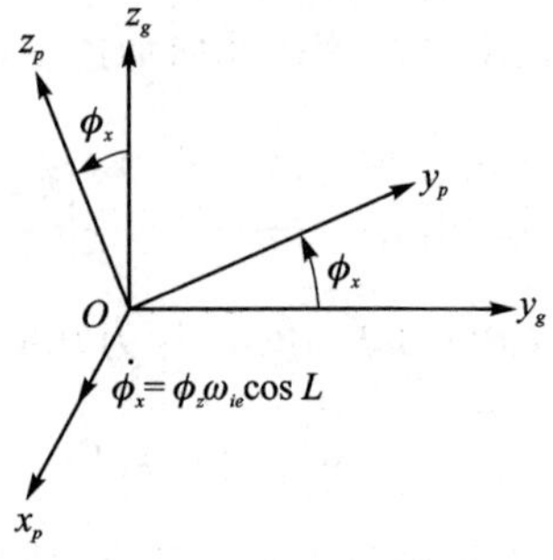

(b) $\phi_z\omega_{ie}\cos L$引起的平台水平误差

图 6.7 交叉耦合项 $\phi_z\omega_{ie}\cos L$ 的产生机理及其对平台水平误差的影响

当平台坐标系与地理坐标系间有方位误差角 ϕ_z 时,地球自转角速度在地理坐标系 Oy_g 上的分量 $\omega_{ie}\cos L$ 将在平台坐标系的 Ox_p 轴上产生分量 $\omega_{ie}\cos L\sin\phi_z$。由于在方位精对准前,方位误差角 ϕ_z 已经很小,因此有 $\omega_{ie}\cos L\sin\phi_z\approx\phi_z\omega_{ie}\cos L$。由此可见,交叉耦合项$-\phi_z\omega_{ie}\cos L$ 是因 ϕ_z 存在而产生的,如图 6.7(a)所示。该交叉耦合项存在于平台坐标系的

Ox_p 轴上，其大小被安装在平台 Ox_p 轴上的陀螺(东向陀螺)所敏感，从而使陀螺进动，导致平台绕 Ox_p 轴转动 ϕ_x 角(与东向陀螺漂移的作用相似)，如图 6.7(b)所示。由图 6.7 可知，通过交叉耦合项 $-\phi_z\omega_{ie}\cos L$ 将平台方位误差角 ϕ_z 和水平误差角 ϕ_x 建立起联系，通常将交叉耦合项 $-\phi_z\omega_{ie}\cos L$ 对惯导系统姿态的影响称为罗经效应，将利用罗经效应自动寻北的方位对准方法称为方位罗经对准。平台误差角 ϕ_z 和 ϕ_x 间的联系是水平对准回路与方位轴间的耦合关系，如图 6.8 所示。

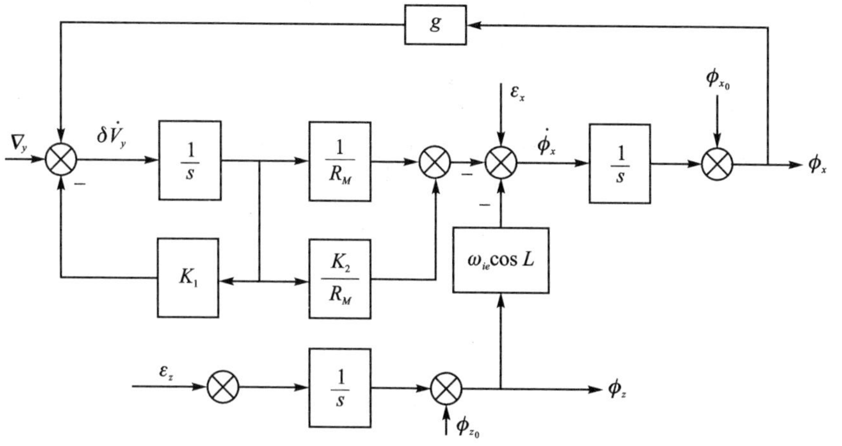

图 6.8　水平对准回路与方位轴间的耦合关系

由图 6.7 和图 6.8 可以看出，当存在平台方位误差角 ϕ_z 时，通过罗经效应的作用而导致平台将绕 Ox_p 轴转动，产生水平误差角 ϕ_x，而且平台方位误差角 ϕ_z 越大，则水平误差角 ϕ_x 也越大。当存在水平误差角 ϕ_x 时，北向加速度计将输出 $g\phi_x$，经积分后产生北向速度误差 δV_y。由此可见，δV_y 是平台方位误差角 ϕ_z 的一种表现，二者有非常紧密的联系。通过设计一个控制环节来控制方位陀螺，以 δV_y 为控制信号，使方位误差角减小到精度允许范围内，同时也使水平误差角 ϕ_x 控制在精度允许范围内，这就是方位罗经对准原理。实施方位罗经对准的关键是平台方位误差角 ϕ_z 和水平误差角 ϕ_x 间存在着联系，而且这种联系只有在二阶水平对准回路中才会出现，而三阶水平对准回路通过 $\frac{K_3}{s}$ 将这一联系给抵消掉了，因此在方位罗经对准回路中，水平对准回路采用二阶水平对准回路，其原理如图 6.9 所示。

根据图 6.9 可得

$$\begin{cases}\delta\dot{V}_y = g\phi_x + \nabla_y - K_1\delta V_y \\ \dot{\phi}_x = -\dfrac{1+K_2}{R_M} - \phi_z\omega_{ie}\cos L + \varepsilon_x \\ \dot{\phi}_z = K(s)\delta V_y + \varepsilon_z\end{cases} \tag{6.12}$$

对式(6.12)进行拉氏变换并写成矩阵形式，有

$$\begin{bmatrix} s+K_1 & -g & 0 \\ \dfrac{1+K_2}{R_M} & s & \omega_{ie}\cos L \\ -K(s) & 0 & s \end{bmatrix}\begin{bmatrix}\delta V_y \\ \phi_x \\ \phi_z\end{bmatrix} = \begin{bmatrix}\delta V_{y_0} + \nabla_y(s) \\ \phi_{x_0} + \varepsilon_x(s) \\ \phi_{z_0} + \varepsilon_z(s)\end{bmatrix} \tag{6.13}$$

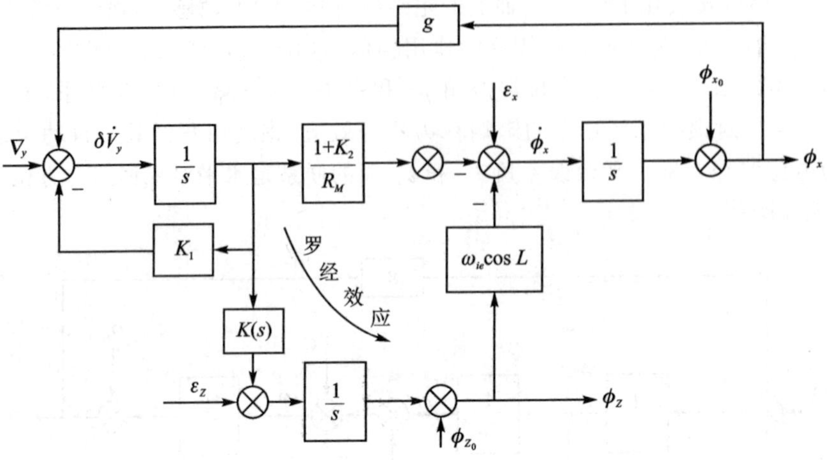

图 6.9　基于罗经效应的方位对准原理图

其特征方程为

$$\Delta(s)=\begin{vmatrix} s+K_1 & -g & 0 \\ \dfrac{1+K_2}{R_M} & s & \omega_{ie}\cos L \\ -K(s) & 0 & s \end{vmatrix}=s^3+K_1s^2+\omega_s^2(1+K_2)s+K(s)g\omega_{ie}\cos L \tag{6.14}$$

为使系统方程(6.14)与当地地理纬度无关,设

$$K(s)=\frac{K_3}{\omega_{ie}\cos L(s+K_4)} \tag{6.15}$$

式中,K_3 和 K_4 为不定系数,$K(s)$为变系数系统;$\dfrac{1}{s+K_4}$为一个惯性环节,其作用是增强方位回路的滤波作用,于是特征方程变为

$$\Delta(s)=s^3+K_1s^2+\omega_s^2(1+K_2)s+\frac{K_3}{s+K_4}g \tag{6.16}$$

设∇_y,ε_x 和 ε_y 为常值误差源,将其进行拉氏变换,并将式(6.15)及式(6.16)代入式(6.13)中进行整理,得到平台方位误差角 $\phi_z(s)$的表达式,进而可求出其稳态值为

$$\phi_z=\lim_{s\to 0}s\phi_z(s)=\frac{\varepsilon_x}{\omega_{ie}\cos L}+\frac{(1+K_2)K_4}{R_MK_3}\varepsilon_z \tag{6.17}$$

通过合理选择 K_2,K_3 和 K_4 的数值,使得方位陀螺仪漂移 ε_z 影响最小,于是平台方位误差角 ϕ_z 的稳态值可表示为

$$\phi_z=\lim_{s\to 0}s\phi_z(s)\approx\frac{\varepsilon_x}{\omega_{ie}\cos L} \tag{6.18}$$

由此可见,方位陀螺的对准精度和东向陀螺漂移紧密相关,为提高方位对准精度,应对东向陀螺仪进行测定并加以补偿。

综上所述,惯导系统初始对准可分为水平对准回路和方位对准回路,而且水平对准回路的对准精度仅与东向加速度计零偏∇_x和北向加速度计零偏∇_y有关;方位对准精度与东向陀螺陀螺仪漂移 ε_x 有关,其对准精度分别为

$$\phi_x = -\frac{\nabla_y}{g}, \quad \phi_y = \frac{\nabla_x}{g}, \quad \phi_z = \frac{\varepsilon_x}{\omega_{ie}\cos L}$$

6.3 捷联惯导解析式对准方法

6.3.1 双矢量定姿与解析粗对准

在三维空间中有两个直角坐标系，这两个坐标系不妨取为导航坐标系（n 系）和载体坐标系（b 系），已知两个不共线的参考矢量 $\boldsymbol{U}_1$ 和 $\boldsymbol{U}_2$，它们在两坐标下的投影坐标分别记为 $\boldsymbol{U}_1^n$，$\boldsymbol{U}_2^n$，$\boldsymbol{U}_1^b$ 和 $\boldsymbol{U}_2^b$，通过已知投影坐标求解 n 系和 b 系之间的位置关系，称为双矢量定姿。

两坐标系间的位置关系可用方向余弦阵来描述，即捷联姿态矩阵 $\boldsymbol{T}_b^n$。显然，两矢量在不同坐标系下有

$$\boldsymbol{U}_1^b = \boldsymbol{T}_n^b \boldsymbol{U}_1^n \tag{6.19a}$$

$$\boldsymbol{U}_2^b = \boldsymbol{T}_n^b \boldsymbol{U}_2^n \tag{6.19b}$$

$\boldsymbol{T}_b^n$ 有 9 个未知量，而式(6.19)共有 6 个标量方程，为了方便求解 $\boldsymbol{T}_b^n$，须再构造一个向量等式。构造的方法是将式(6.19a)叉乘式(6.19b)，得辅助矢量等式为

$$\boldsymbol{U}_1^b \times \boldsymbol{U}_2^b = (\boldsymbol{T}_n^b \boldsymbol{U}_1^n) \times (\boldsymbol{T}_n^b \boldsymbol{U}_2^n) = \boldsymbol{T}_n^b (\boldsymbol{U}_1^n \times \boldsymbol{U}_2^n) \tag{6.20}$$

综合式(6.19)和式(6.20)，有

$$[\boldsymbol{U}_1^b \quad \boldsymbol{U}_2^b \quad \boldsymbol{U}_1^b \times \boldsymbol{U}_2^b] = \boldsymbol{T}_n^b [\boldsymbol{U}_1^n \quad \boldsymbol{U}_2^n \quad \boldsymbol{U}_1^n \times \boldsymbol{U}_2^n] \tag{6.21}$$

由于矢量 $\boldsymbol{U}_1$ 和 $\boldsymbol{U}_2$ 不共线，因而 $\boldsymbol{U}_1^n$，$\boldsymbol{U}_2^n$ 和 $\boldsymbol{U}_1^n \times \boldsymbol{U}_2^n$ 三者必定不共面，即 $[\boldsymbol{U}_1^n \quad \boldsymbol{U}_2^n \quad \boldsymbol{U}_1^n \times \boldsymbol{U}_2^n]$ 可逆，由式(6.21)可直接解得

$$\boldsymbol{T}_n^b = [\boldsymbol{U}_1^b \quad \boldsymbol{U}_2^b \quad \boldsymbol{U}_1^b \times \boldsymbol{U}_2^b]\,[\boldsymbol{U}_1^n \quad \boldsymbol{U}_2^n \quad \boldsymbol{U}_1^n \times \boldsymbol{U}_2^n]^{-1} \tag{6.22}$$

考虑到 $\boldsymbol{T}_n^b$ 是正交阵，有 $\boldsymbol{T}_b^n = (\boldsymbol{T}_n^b)^{\mathrm{T}}$，式(6.22)等号两边同时转置后再求逆，于是有

$$\boldsymbol{T}_b^n = \begin{bmatrix} (\boldsymbol{U}_1^n)^{\mathrm{T}} \\ (\boldsymbol{U}_2^n)^{\mathrm{T}} \\ (\boldsymbol{U}_1^n \times \boldsymbol{U}_2^n)^{\mathrm{T}} \end{bmatrix}^{-1} \begin{bmatrix} (\boldsymbol{U}_1^b)^{\mathrm{T}} \\ (\boldsymbol{U}_2^b)^{\mathrm{T}} \\ (\boldsymbol{U}_1^b \times \boldsymbol{U}_2^b)^{\mathrm{T}} \end{bmatrix} \tag{6.23}$$

式(6.23)是求解双矢量定姿问题的比较简单的算法，等号右边两个矩阵中的每一行向量均表示相应矢量（含辅助矢量）在两坐标系的投影坐标，只要三个行向量不共面即可。然而，实际中 $\boldsymbol{U}_1^n$，$\boldsymbol{U}_2^n$，$\boldsymbol{U}_1^b$ 和 $\boldsymbol{U}_2^b$ 中部分甚至全部向量由测量传感器来提供，存在一定的测量误差，于是按式(6.23)求解的姿态阵 $\boldsymbol{T}_n^b$ 并不能严格满足单位正交化的要求，而且也不能满足其每个元素都是小于等于 1。因此，需要对参与解算的所有矢量作正交及单位化处理。对于多个不共面矢量也能实现定姿，通常采用最优化的思想来实现，本书不详细赘述。

对于捷联惯导系统的静基座初始对准就是确定载体坐标系（b 系）相对于导航坐标系（n 系）的初始捷联姿态矩阵 $\boldsymbol{T}_b^n$。对准的关键是找到空间两个不共面的向量，根据其在导航坐标系（n 系）和载体坐标系（b 系）下的投影值按式(6.23)来计算，称这一对准过程为基于双矢量定姿原理的解析粗对准（简称解析粗对准）。下面介绍基于双矢量定姿原理的捷联惯导系统解析粗对准过程。

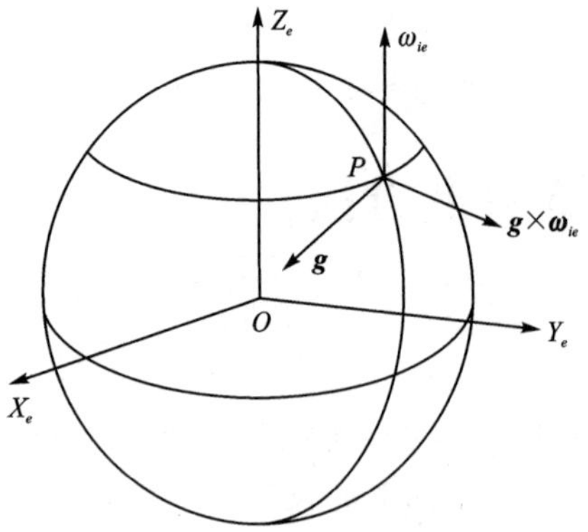

图 6.10 天然不共面矢量

当捷联惯导系统放置在地球任一点 P 处静止不动时，点 P 处存在两个天然的不共面向量，即该点处的地球自转角速度 $\boldsymbol{\omega}_{ie}$ 和重力加速度 $\boldsymbol{g}$，如图 6.10 所示。静基座条件下，点 P 处的经度 λ、纬度 L、地球自转角速度 $\boldsymbol{\omega}_{ie}^{e}$ 和重力加速度 $\boldsymbol{g}^{n}$ 是已知的，陀螺仪的输出值 $\boldsymbol{\omega}_{ib}^{b}$ 和加速度计的输出值 $\boldsymbol{f}^{b}$ 也是已知的。捷联惯导系统的解析粗对准过程就是利用这些已知量来粗略地计算初始捷联矩阵 T_b^n 的过程。

在静基座条件下，有 $\boldsymbol{\omega}_{nb}^{b}=0$，$\boldsymbol{V}^{n}=0$ 和 $\boldsymbol{\omega}_{en}^{n}=0$，于是陀螺仪输出值和加速度计输出值分别为

$$\boldsymbol{\omega}_{ib}^{b}=\boldsymbol{T}_n^b(\boldsymbol{\omega}_{ie}^{n}+\boldsymbol{\omega}_{en}^{n})+\boldsymbol{\omega}_{nb}^{b}=\boldsymbol{T}_n^b\boldsymbol{\omega}_{ie}^{n} \tag{6.24}$$

$$\boldsymbol{f}^{b}=\boldsymbol{T}_n^b[\dot{\boldsymbol{V}}^{n}+(2\boldsymbol{\omega}_{ie}^{n}+\boldsymbol{\omega}_{en}^{n})\times\boldsymbol{V}^{n}+\boldsymbol{g}^{n}]=\boldsymbol{T}_n^b\boldsymbol{g}^{n} \tag{6.25}$$

根据 $\boldsymbol{\omega}_{ie}^{n}$ 和 $\boldsymbol{g}^{n}$ 再定义一个新的向量为

$$\boldsymbol{r}^{n}=\boldsymbol{g}^{n}\times\boldsymbol{\omega}_{ie}^{n} \tag{6.26}$$

且有

$$\boldsymbol{r}^{b}=\boldsymbol{T}_n^b\boldsymbol{r}^{n} \tag{6.27}$$

根据式(6.23)，于是有

$$\boldsymbol{T}_b^n=\begin{bmatrix}(\boldsymbol{g}^{n})^{\mathrm{T}}\\(\boldsymbol{\omega}_{ie}^{n})^{\mathrm{T}}\\(\boldsymbol{r}^{n})^{\mathrm{T}}\end{bmatrix}^{-1}\begin{bmatrix}(\boldsymbol{f}^{b})^{\mathrm{T}}\\(\boldsymbol{\omega}_{ib}^{b})^{\mathrm{T}}\\(\boldsymbol{r}^{b})^{\mathrm{T}}\end{bmatrix} \tag{6.28}$$

式(6.28)逆矩阵存在的条件是，矩阵中的任一行(列)不是其余行(列)的线性组合。要满足该条件只需要 $\boldsymbol{\omega}_{ie}^{n}$ 和 $\boldsymbol{g}^{n}$ 不共线。因此，只要系统不在极区时，条件总能够满足。由于

$$\boldsymbol{\omega}_{ie}^{n}=\begin{bmatrix}0\\\omega_{ie}\cos L\\\omega_{ie}\cos L\end{bmatrix},\qquad \boldsymbol{g}^{n}=\begin{bmatrix}0\\0\\-g\end{bmatrix} \tag{6.29}$$

$$\boldsymbol{f}^{b}=\begin{bmatrix}f_x^b\\f_y^b\\f_z^b\end{bmatrix},\qquad \boldsymbol{\omega}_{ib}^{b}=\begin{bmatrix}\omega_{ibx}^{b}\\\omega_{iby}^{b}\\\omega_{ibz}^{b}\end{bmatrix} \tag{6.30}$$

于是有

$$\boldsymbol{r}^{n}=\boldsymbol{g}^{n}\times\boldsymbol{\omega}_{ie}^{n}=\begin{bmatrix}0&g&0\\-g&0&0\\0&0&0\end{bmatrix}\begin{bmatrix}0\\\omega_{ie}\cos L\\\omega_{ie}\sin L\end{bmatrix}=\begin{bmatrix}g\omega_{ie}\cos L\\0\\0\end{bmatrix} \tag{6.31}$$

$$\boldsymbol{r}^{b}=\boldsymbol{f}^{b}\times\boldsymbol{\omega}_{ib}^{b}=\begin{bmatrix}0&-f_z^b&f_y^b\\f_z^b&0&-f_x^b\\-f_y^b&f_x^b&0\end{bmatrix}\begin{bmatrix}\omega_{ibx}^{b}\\\omega_{iby}^{b}\\\omega_{ibz}^{b}\end{bmatrix}=\begin{bmatrix}\omega_{ibz}^{b}f_y^b-\omega_{iby}^{b}f_z^b\\\omega_{ibx}^{b}f_z^b-\omega_{ibz}^{b}f_x^b\\\omega_{iby}^{b}f_x^b-\omega_{ibx}^{b}f_y^b\end{bmatrix} \tag{6.32}$$

将式(6.29)～式(6.32)代入式(6.28)中进行整理，得初始的捷联矩阵为

$$\boldsymbol{T}_b^n(0)=\begin{bmatrix} 0 & 0 & \dfrac{\sec L}{g\omega_{ie}} \\ \dfrac{\tan L}{g} & \dfrac{\sec L}{\omega_{ie}} & 0 \\ -\dfrac{1}{g} & 0 & 0 \end{bmatrix}\begin{bmatrix} f_x^b & f_y^b & f_z^b \\ \omega_{ibx}^b & \omega_{iby}^b & \omega_{ibz}^b \\ \omega_{ibz}^b f_y^b-\omega_{iby}^b f_z^b & \omega_{ibx}^b f_z^b-\omega_{ibz}^b f_x^b & \omega_{iby}^b f_x^b-\omega_{ibx}^b f_y^b \end{bmatrix} \tag{6.33}$$

由于误差的存在，式(6.33)中计算出的 $\boldsymbol{T}_b^n(0)$ 不是严格意义上从载体坐标系到导航坐标系上的捷联矩阵，实际上是从载体坐标系到平台坐标系上的捷联矩阵，即 $\boldsymbol{T}_b^p(0)$。

6.3.2　精对准

为了提高初始捷联矩阵 $\boldsymbol{T}_b^p(0)$ 的计算精度，在粗略获得初始捷联矩阵 $\boldsymbol{T}_b^p(0)$ 的基础上，通常采用精对准过程来进一步提高初始捷联矩阵 $\boldsymbol{T}_b^p(0)$ 的计算精度。精对准过程采用最优滤波来实现，通过最优滤波估计出平台误差角 $\boldsymbol{\phi}^n=[\phi_x \quad \phi_y \quad \phi_z]^{\mathrm{T}}$，并计算导航坐标系到平台坐标系的转换矩阵 $\boldsymbol{T}_n^p$，即

$$\boldsymbol{T}_n^p=\begin{bmatrix} 1 & \phi_z & -\phi_y \\ -\phi_z & 1 & \phi_x \\ \phi_y & -\phi_x & 1 \end{bmatrix}=\boldsymbol{I}-\boldsymbol{\phi}^n\times \tag{6.34}$$

进而得到更为准确的初始捷联矩阵 $\boldsymbol{T}_b^n(0)$，即

$$\boldsymbol{T}_b^n(0)=\boldsymbol{T}_p^n\boldsymbol{T}_b^p(0) \tag{6.35}$$

根据第 5 章介绍的捷联惯导系统误差方程可知，在静基座条件下有

$$\delta\dot{V}_x=-g\phi_y+2\omega_{ie}\sin L\delta V_y+\nabla_x^p \tag{6.36a}$$

$$\delta\dot{V}_y=g\phi_x-2\omega_{ie}\sin L\delta V_x+\nabla_y^p \tag{6.36b}$$

$$\dot{\phi}_x=-\frac{\delta V_y}{R_M}+\omega_{ie}\sin L\phi_y-\omega_{ie}\cos L\phi_z+\varepsilon_x^p \tag{6.36c}$$

$$\dot{\phi}_y=\frac{\delta V_x}{R_N}-\omega_{ie}\sin L\phi_x+\varepsilon_y^p \tag{6.36d}$$

$$\dot{\phi}_z=\frac{\delta V_x}{R_N}\tan L+\omega_{ie}\cos L\phi_x+\varepsilon_z^p \tag{6.36e}$$

将加速度计零偏和陀螺仪漂移取为常值，即有 $\dot{\nabla}^p=0$ 和 $\dot{\boldsymbol{\varepsilon}}^p=0$，于是，状态取为 $\boldsymbol{X}=[\delta V_x \quad \delta V_y \quad \phi_x \quad \phi_y \quad \phi_z \quad \nabla_x^p \quad \nabla_y^p \quad \varepsilon_x^p \quad \varepsilon_y^p \quad \varepsilon_z^p]^{\mathrm{T}}$，式(6.36)写为状态空间的形式，即

$$\dot{\boldsymbol{X}}=\boldsymbol{F}\boldsymbol{X}+\boldsymbol{W} \tag{6.37}$$

式中，$\boldsymbol{W}$ 为白噪声向量；δV_x 和 δV_y 实际上是由平台倾斜而产生的东向和北向加速度计的输出值；ϕ_x，ϕ_y 和 ϕ_z 实际上是由于平台坐标系不能严格跟踪导航坐标系而产生的平台误差角；且有

$$\boldsymbol{F}=\begin{bmatrix} 0 & 2\omega_{ie}\sin L & 0 & -g & 0 & T_{11} & T_{12} & 0 & 0 & 0 \\ -2\omega_{ie}\sin L & 0 & g & 0 & 0 & T_{21} & T_{22} & 0 & 0 & 0 \\ 0 & -1/R_M & 0 & \omega_{ie}\sin L & -\omega_{ie}\cos L & 0 & 0 & T_{11} & T_{12} & T_{13} \\ 1/R_N & 0 & -\omega_{ie}\sin L & 0 & 0 & 0 & 0 & T_{21} & T_{22} & T_{23} \\ \tan L/R_N & 0 & \omega_{ie}\cos L & 0 & 0 & 0 & 0 & T_{31} & T_{32} & T_{33} \\ 0 & 0 & 0 & 0 & 0 & 0 & 0 & 0 & 0 & 0 \\ 0 & 0 & 0 & 0 & 0 & 0 & 0 & 0 & 0 & 0 \\ 0 & 0 & 0 & 0 & 0 & 0 & 0 & 0 & 0 & 0 \\ 0 & 0 & 0 & 0 & 0 & 0 & 0 & 0 & 0 & 0 \\ 0 & 0 & 0 & 0 & 0 & 0 & 0 & 0 & 0 & 0 \end{bmatrix}$$

式中，$T_{ij}(i=1,2,3,j=1,2,3)$为捷联姿态矩阵 $\boldsymbol{T}_b^n$ 的元素。

利用惯导系统水平加速度计输出值获得的速度误差作为量测值 $\boldsymbol{Z}(\boldsymbol{Z}=[\delta V_x \quad \delta V_y]^{\mathrm{T}})$，可得量测方程为

$$\boldsymbol{Z}_k=\boldsymbol{H}\boldsymbol{X}_k+\boldsymbol{V}_k \tag{6.38}$$

且有

$$\boldsymbol{H}=\begin{bmatrix} 1 & 0 & 0 & 0 & 0 & 0 & 0 & 0 & 0 & 0 \\ 0 & 1 & 0 & 0 & 0 & 0 & 0 & 0 & 0 & 0 \end{bmatrix}$$

对式(6.37)进行离散化处理，可得离散化后的状态方程，即

$$\boldsymbol{X}_k=\boldsymbol{\Phi}\boldsymbol{X}_{k-1}+\boldsymbol{W}_{k-1} \tag{6.39}$$

其中一步状态转移矩阵为

$$\boldsymbol{\Phi}=\boldsymbol{I}+T\boldsymbol{F}+\frac{T^2}{2!}\boldsymbol{F}^2+\frac{T^3}{3!}\boldsymbol{F}^3+\cdots \tag{6.40}$$

式中，T 为离散化周期。

等效系统噪声方差阵可按下式计算：

$$\boldsymbol{M}_1=E(\boldsymbol{W}^{\mathrm{T}}\boldsymbol{W})=\boldsymbol{Q} \tag{6.41a}$$

$$\boldsymbol{M}_i=\boldsymbol{F}\boldsymbol{M}_i+(\boldsymbol{F}\boldsymbol{M}_i)^{\mathrm{T}} \tag{6.41b}$$

$$\boldsymbol{Q}_k=T\boldsymbol{M}_1+\frac{T^2}{2!}\boldsymbol{M}_2+\frac{T^3}{3!}\boldsymbol{M}_3+\cdots \tag{6.41c}$$

式(6.38)～式(6.41)所示的方程，可采用离散 Kalman 滤波基本方程对误差进行最优估计，即

$$\boldsymbol{P}_{k|k-1}=\boldsymbol{\Phi}_{k|k-1}\boldsymbol{P}_{k-1}\boldsymbol{\Phi}_{k|k-1}^{\mathrm{T}}+\boldsymbol{Q}_{k-1} \tag{6.42a}$$

$$\hat{\boldsymbol{X}}_k=\boldsymbol{\Phi}_{k|k-1}\hat{\boldsymbol{X}}_{k-1}+\boldsymbol{K}_k(\boldsymbol{Z}_k-\boldsymbol{H}_k\boldsymbol{\Phi}_{k|k-1}\hat{\boldsymbol{X}}_{k-1}) \tag{6.42b}$$

$$\boldsymbol{K}_k=\boldsymbol{P}_{k|k-1}\boldsymbol{H}_k^{\mathrm{T}}(\boldsymbol{H}_k\boldsymbol{P}_{k|k-1}\boldsymbol{H}_k^{\mathrm{T}}+\boldsymbol{R}_k)^{-1} \tag{6.42c}$$

$$\boldsymbol{P}_k=\boldsymbol{P}_{k|k-1}-\boldsymbol{K}_k\boldsymbol{H}_k\boldsymbol{P}_{k|k-1} \tag{6.42d}$$

式中，$\boldsymbol{R}_k=E(\boldsymbol{V}_k^{\mathrm{T}}\boldsymbol{V}_k)$为量测噪声方差阵。

根据式(6.38)～式(6.42)可以估计出平台误差角，进而利用式(6.35)获得更精确的初始捷联矩阵。在精对准过程中，两个水平误差角 ϕ_x 和 ϕ_y 收敛速度较快，但方位误差角 ϕ_z 收敛很慢，滤波器收敛到稳定值的时间至少需要 5～10 min，甚至更长。为解决这一矛盾，通常利

用水平误差角收敛速度快的特点来估算方位平台误差角，即利用水平误差角 ϕ_x 和 ϕ_y 的稳态值来估算方位误差角 ϕ_z，其数学模型为

$$\phi_z = \frac{-\dot{\phi}_x + \phi_y \omega_{ie} \sin L - \dfrac{\delta V_y}{R_M}}{\omega_{ie} \cos L} \tag{6.43}$$

由于式(6.43)中含有 ϕ_x 的一阶导数 $\dot{\phi}_x$，ϕ_x 在收敛过程中叠加了许多较小的扰动噪声，会导致一阶导数 $\dot{\phi}_x$ 的值变得不稳定，影响 ϕ_z 的收敛。为解决此问题，可采用低通滤波器对 ϕ_z 进行低通滤波来滤除这些高频噪声。

6.4　低成本捷联惯导系统的初始对准

利用式(6.33)进行粗对准的前提是惯导系统的陀螺仪能够敏感到地球自转角速度。但在一些低精度的捷联惯导系统(例如基于微机电(*MEMS*)传感器的捷联惯导系统，陀螺漂移大于 15°/h)中，陀螺仪无法准确敏感到地球自转角速度，陀螺仪的随机误差淹没了地球自转角速度，此时不能再利用式(6.33)进行初始对准了，此时可以利用水平加速度计的输出值以及磁罗盘的输出来进行初始对准。

在静基座条件下，加速度计的输出值主要是重力加速度，于是有

$$\begin{bmatrix} f_x^b \\ f_y^b \\ f_z^b \end{bmatrix} = \boldsymbol{T}_n^b \begin{bmatrix} 0 \\ 0 \\ -g \end{bmatrix} = \begin{bmatrix} g \sin\gamma \cos\vartheta \\ -g\sin\vartheta \\ -g\cos\gamma\cos\vartheta \end{bmatrix} \tag{6.44}$$

根据式(6.44)可以计算出水平姿态角，即

$$\hat{\gamma} = \arctan \frac{f_x^b}{-f_z^b} \tag{6.45}$$

$$\hat{\vartheta} = \arctan \frac{f_y^b}{\sqrt{f_x^{b2} + f_z^{b2}}} \tag{6.46}$$

利用式(6.45)和式(6.46)计算出的俯仰角 $\hat{\vartheta}$ 和横滚角 $\hat{\gamma}$ 可获得将向量投影到平面内的矩阵，即

$$\bar{\boldsymbol{T}}_b^* = \begin{bmatrix} \cos\hat{\gamma} & 0 & \sin\hat{\gamma} \\ \sin\hat{\gamma}\sin\hat{\vartheta} & \cos\hat{\vartheta} & -\cos\hat{\gamma}\sin\hat{\vartheta} \\ -\sin\hat{\gamma}\cos\hat{\vartheta} & \sin\hat{\vartheta} & \cos\hat{\gamma}\cos\hat{\vartheta} \end{bmatrix} \tag{6.47}$$

式中，* 坐标系为 Ox 和 Oy 轴在水平面内，而且与真北方向差一个航向角。

利用式(6.47)将载体系下输出的磁强计值投影到水平面内，于是有

$$\begin{bmatrix} m_x^* \\ m_y^* \\ m_z^* \end{bmatrix} = \bar{\boldsymbol{T}}_b^* \begin{bmatrix} m_x^b \\ m_y^b \\ m_z^b \end{bmatrix} = \begin{bmatrix} m_x^b \cos\hat{\gamma} + m_z^b \sin\hat{\gamma} \\ m_x^b \sin\hat{\gamma}\sin\hat{\vartheta} + m_y^b\cos\hat{\vartheta} - m_z^b\cos\hat{\gamma}\sin\hat{\vartheta} \\ -m_x^b\sin\hat{\gamma}\cos\hat{\vartheta} + m_y^b\sin\hat{\vartheta} + m_z^b\cos\hat{\gamma}\cos\hat{\vartheta} \end{bmatrix} \tag{6.48}$$

于是可以算出载体相对磁北极的方位角主值为

$$\hat{\psi}_{m_{主}}=\arctan\frac{M_x^*}{M_y^*}=\arctan\frac{m_x^b\cos\hat{\gamma}+m_z^b\sin\hat{\gamma}}{m_x^b\sin\hat{\gamma}\sin\hat{\vartheta}+m_y^b\cos\hat{\vartheta}-m_z^b\cos\hat{\gamma}\sin\hat{\vartheta}} \tag{6.49}$$

根据该方位角的定义域,可以确定该方位角的真实值,即

$$\hat{\psi}_m=\begin{cases}\hat{\psi}_{m_{主}}, & M_y^*>0 \text{ 且 } \hat{\psi}_{m_{主}}>0\\ \hat{\psi}_{m_{主}}+2\pi, & M_y^*>0 \text{ 且 } \hat{\psi}_{m_{主}}<0\\ \hat{\psi}_{m_{主}}+\pi, & M_y^*<0\end{cases} \tag{6.50}$$

根据载体航向角 $\hat{\psi}$ 与载体磁航向角间的关系,于是有

$$\hat{\psi}=\hat{\psi}_m+D \tag{6.51}$$

式中,D 为磁偏角。

将式(6.45)、式(6.46)和式(6.51)代入式(4.5)中即可获得初始捷联矩阵 $\boldsymbol{T}_b^n$。该方法也可用于中、高精度惯导系统的解析粗对准。

思考与练习题

6-1　为什么要进行惯导系统初始对准?

6-2　平台惯导系统与捷联惯导系统的主要区别是什么?

6-3　为什么要将惯导系统初始对准分为水平对准和方位对准?

6-4　试分析惯导系统初始对准的精度。

6-5　说明罗经效应用于方位对准的原理。

6-6　为什么在方位对准中采用二阶水平对准回路?

6-7　说明双矢量定姿的原理和抑制定姿误差的方法。

6-8　如何消除静基座初始对准中随机噪声对对准精度的影响?

6-9　说明低成本惯导系统借助加速度计和磁强计实施初始对准的机理。

6-10　为什么低精度的微机械捷联惯导系统无法用传统的解析粗对准方法进行对准?

第 7 章　捷联惯性导航系统设计与实现

7.1　概　述

通过第 3 章～第 5 章的分析，已经对捷联惯导系统的工作原理和误差传播特性有了全面的认识。在此基础上，可以根据整个捷联惯性导航系统的数学模型来编程实现导航参数的解算，其原理方块图如图 7.1 所示。为便于读者进一步掌握捷联惯导系统原理及其解算过程，本章对捷联惯导系统的实现过程进行设计并对相应的数学模型进行编排，进而讨论捷联惯导系统在工程实现中有关的一些问题。

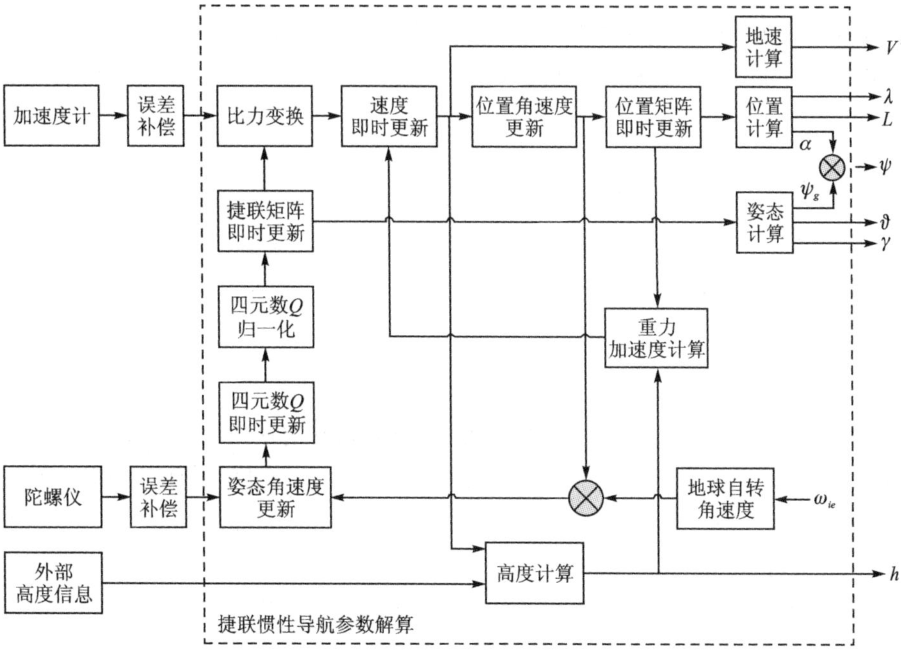

图 7.1　捷联惯导系统原理方块图

捷联惯性导航系统根据导航坐标系选取的不同主要有指北方位系统、自由方位系统和游动自由方位系统，其中，自由方位系统和游动自由方位系统仅是计算平台指令角速度存在差异，其数学模型是相同的，为方便讨论，本章将自由方位系统和游动自由方位系统统称方位角自由系统，在设计实现过程中，对二者的不同之处再分别进行说明。

7.2　指北方位系统的设计与实现

导航坐标系 $O_nx_ny_nz_n$ 取为地理坐标系 $O_gx_gy_gz_g$，即导航坐标系取为东北天坐标系，与地理坐标系重合，载体坐标系 $O_b x_b y_b z_b$ 选为右前上坐标系。坐标系的选择（坐标轴的指向）不影响导航解算原理和解算过程，其他情况下导航解算数学模型可以自行推导。由于导航坐标系 $O_n x_n y_n z_n$ 取为地理坐标系 $O_g x_g y_g z_g$，为讨论方便，本节给出的指北方位系统的力学方程编排在导航坐标系下给出。

7.2.1 系统初始化和初始参数计算

1. 初始位置 $\boldsymbol{\lambda_0}$，$\boldsymbol{L_0}$ 和 $\boldsymbol{h_0}$

λ_0，L_0 和 h_0 分别是捷联惯导系统开始工作时的经度、纬度和高度。在静基座条件下，在给惯导系统加电后，可人工输入 λ_0，L_0 和 h_0；在动基座或运动条件下，通常由更高精度的设备给出 λ_0，L_0 和 h_0。

2. 速度初始值 $\boldsymbol{V_0^n}$

对于在静止状态下开始工作的捷联惯导系统，可取 $V_{x_0}^n = V_{y_0}^n = V_{z_0}^n = 0$；对于在运动状态下开始工作的捷联惯导系统，初始速度须由更高精度的导航系统给出并传递给捷联惯导系统。

3. 初始对准，计算初始捷联姿态矩阵 $\boldsymbol{T_b^n(0)}$ 及初始姿态角 $\boldsymbol{\psi_{g_0}}$，$\boldsymbol{\vartheta_0}$ 和 $\boldsymbol{\gamma_0}$

在静基座条件下，利用加速度计和陀螺仪的输出值进行解析粗对准，粗略地计算初始姿态矩阵 $\boldsymbol{T}_b^p(0)$ 为

$$\boldsymbol{T}_b^p(0) = \begin{bmatrix} 0 & 0 & \dfrac{\sec L}{g\omega_{ie}} \\ \dfrac{\tan L}{g} & \dfrac{\sec L}{\omega_{ie}} & 0 \\ -\dfrac{1}{g} & 0 & 0 \end{bmatrix} \begin{bmatrix} f_x^b & f_y^b & f_z^b \\ \omega_{ibx}^b & \omega_{iby}^b & \omega_{ibz}^b \\ \omega_{ibz}^b f_y^b - \omega_{iby}^b f_z^b & \omega_{ibx}^b f_z^b - \omega_{ibz}^b f_x^b & \omega_{iby}^b f_x^b - \omega_{ibx}^b f_y^b \end{bmatrix} \tag{7.1}$$

进而根据捷联惯导系统误差方程建立初始对准滤波模型，利用最优滤波技术（例如 Kalman 滤波）估计平台误差角，计算导航坐标系到平台坐标系的转换矩阵 $\boldsymbol{T}_n^p$，进而计算更为精确的捷联矩阵 $\boldsymbol{T}_b^n(0)$ 为

$$\boldsymbol{T}_b^n(0) = \boldsymbol{T}_p^n \boldsymbol{T}_b^p(0) \tag{7.2}$$

根据初始捷联矩阵 $\boldsymbol{T}_b^n(0)$ 的元素计算初始姿态角 ψ_{g_0}，ϑ_0 和 γ_0，为

$$\psi_{g_主} = \arctan\frac{-T_{12}}{T_{22}} \tag{7.3}$$

$$\vartheta_主 = \arcsin T_{32} \quad 或 \quad \vartheta_主 = \arctan\frac{T_{32}}{\sqrt{T_{31}^2 + T_{33}^2}} \tag{7.4}$$

$$\gamma_主 = \arctan\frac{-T_{31}}{T_{33}} \tag{7.5}$$

$$\psi_{g_0} = \begin{cases} \psi_{g_主}, & T_{22} > 0 \text{ 且 } \psi_{g_主} > 0 \\ \psi_{g_主} + 360°, & T_{22} > 0 \text{ 且 } \psi_{g_主} < 0 \\ \psi_{g_主} + 180°, & T_{22} < 0 \end{cases} \tag{7.6}$$

$$\vartheta_0 = \vartheta_主 \tag{7.7}$$

$$\gamma_0=\begin{cases}\gamma_{主}, & T_{33}>0\\ \gamma_{主}+180°, & T_{33}<0 \text{ 且 } \gamma_{主}<0\\ \gamma_{主}-180°, & T_{33}<0 \text{ 且 } \gamma_{主}>0\end{cases} \tag{7.8}$$

对于一些惯导系统，特别是低精度的基于微机械传感器的捷联惯导系统可利用加速度计的输出 $\boldsymbol{f}=[f_x^b \quad f_y^b \quad f_z^b]^{\mathrm{T}}$ 和磁罗盘的输出 $\boldsymbol{m}=[m_x^b \quad m_y^b \quad m_z^b]^{\mathrm{T}}$ 来计算初始姿态角

$$\gamma_0=\arctan\frac{f_x^b}{-f_z^b} \tag{7.9}$$

$$\vartheta_0=\arctan\frac{f_y^b}{\sqrt{f_x^{b2}+f_z^{b2}}} \tag{7.10}$$

$$\psi_{m_{主}}=\arctan\frac{M_x^*}{M_y^*}=\arctan\frac{m_x^b\cos\hat{\gamma}+m_z^b\sin\hat{\gamma}}{m_x^b\sin\hat{\gamma}\sin\hat{\vartheta}+m_y^b\cos\hat{\vartheta}-m_z^b\cos\hat{\gamma}\sin\hat{\vartheta}} \tag{7.11a}$$

$$\psi_m=\begin{cases}\hat{\psi}_{m_{主}}, & M_y^*>0 \text{ 且 } \hat{\psi}_{m_{主}}>0\\ \hat{\psi}_{m_{主}}+2\pi, & M_y^*>0 \text{ 且 } \hat{\psi}_{m_{主}}<0\\ \hat{\psi}_{m_{主}}+\pi, & M_y^*<0\end{cases} \tag{7.11b}$$

$$\psi_{g_0}=\psi_m+D \tag{7.11c}$$

进而计算初始捷联姿态矩阵 $\boldsymbol{T}_b^n(0)$，为

$$\boldsymbol{T}_b^n(0)=\begin{bmatrix}T_{11} & T_{12} & T_{13}\\ T_{21} & T_{22} & T_{23}\\ T_{31} & T_{32} & T_{33}\end{bmatrix}$$

$$=\begin{bmatrix}\cos\gamma_0\cos\psi_{g_0}-\sin\gamma_0\sin\vartheta_0\sin\psi_{g_0} & -\cos\vartheta_0\sin\psi_{g_0} & \sin\gamma_0\cos\psi_{g_0}+\cos\gamma_0\sin\vartheta_0\sin\psi_{g_0}\\ \cos\gamma_0\sin\psi_{g_0}+\sin\gamma_0\sin\vartheta_0\cos\psi_{g_0} & \cos\vartheta_0\cos\psi_{g_0} & \sin\gamma_0\sin\psi_{g_0}-\cos\gamma_0\sin\vartheta_0\cos\psi_{g_0}\\ -\sin\gamma_0\cos\vartheta_0 & \sin\vartheta_0 & \cos\gamma_0\cos\vartheta_0\end{bmatrix} \tag{7.12}$$

4. 四元数初始值 $\boldsymbol{Q}(0)$ 的计算

当获得初始捷联矩阵 $\boldsymbol{T}_b^n(0)$ 后，可根据转动四元数变换与转动方向余弦矩阵间的关系，即

$$\boldsymbol{T}_b^n=\begin{bmatrix}T_{11} & T_{12} & T_{13}\\ T_{21} & T_{22} & T_{23}\\ T_{31} & T_{32} & T_{33}\end{bmatrix}=\begin{bmatrix}q_0^2+q_1^2-q_2^2-q_3^2 & 2(q_1q_2-q_0q_3) & 2(q_1q_3+q_0q_2)\\ 2(q_1q_2+q_0q_3) & q_0^2-q_1^2+q_2^2-q_3^2 & 2(q_2q_3-q_0q_1)\\ 2(q_1q_3-q_0q_2) & 2(q_2q_3+q_0q_1) & q_0^2-q_1^2-q_2^2+q_3^2\end{bmatrix} \tag{7.13}$$

根据式(7.13)的对角线元素以及四元数的约束方程，有

$$q_0^2+q_1^2-q_2^2-q_3^2=T_{11} \tag{7.14a}$$

$$q_0^2-q_1^2+q_2^2-q_3^2=T_{22} \tag{7.14b}$$

$$q_0^2-q_1^2-q_2^2+q_3^2=T_{33} \tag{7.14c}$$

$$q_0^2+q_1^2+q_2^2+q_3^2=1 \tag{7.14d}$$

从式(7.14)中可以计算出

$$|q_1| = \frac{1}{2}\sqrt{1 + T_{11} - T_{22} - T_{33}} \tag{7.15a}$$

$$|q_2| = \frac{1}{2}\sqrt{1 - T_{11} + T_{22} - T_{33}} \tag{7.15b}$$

$$|q_3| = \frac{1}{2}\sqrt{1 - T_{11} - T_{22} + T_{33}} \tag{7.15c}$$

$$|q_0| = \frac{1}{2}\sqrt{1 - q_1^2 - q_2^2 - q_3^2} \tag{7.15d}$$

为了确定 q_0,q_1,q_2 和 q_3 的符号,可选 q_0 为正,则由式(7.13)中的矩阵元素可确定 q_1,q_2 和 q_3 的符号,即

$$\operatorname{sign} q_0 = + \tag{7.16a}$$

$$\operatorname{sign} q_1 = \operatorname{sign}(T_{32} - T_{23}) \tag{7.16b}$$

$$\operatorname{sign} q_2 = \operatorname{sign}(T_{13} - T_{31}) \tag{7.16c}$$

$$\operatorname{sign} q_3 = \operatorname{sign}(T_{21} - T_{12}) \tag{7.16d}$$

当 q_0 为负时,由式(7.13)中可以看出,$T_{32} - T_{23}$,$T_{13} - T_{31}$ 和 $T_{21} - T_{12}$ 均改变符号,从而 q_1,q_2 和 q_3 也改变符号;而当当 q_0,q_1,q_2 和 q_3 全改变符号时,式(7.13)保持不变。由于捷联计算的目的是获得捷联矩阵,而当 q_0,q_1,q_2 和 q_3 初始值的符号则无关紧要,因此,在计算四元数的初始值时将 q_0 取为正,即按式(7.15)和式(7.16)计算是合理的。

在计算出初始姿态角 ψ_{g_0},ϑ_0 和 γ_0 后,也可以采用下式来计算初始四元数:

$$q_0 = \cos\frac{\psi_{g_0}}{2}\cos\frac{\vartheta_0}{2}\cos\frac{\gamma_0}{2} - \sin\frac{\psi_{g_0}}{2}\sin\frac{\vartheta_0}{2}\sin\frac{\gamma_0}{2} \tag{7.17a}$$

$$q_1 = \cos\frac{\psi_{g_0}}{2}\sin\frac{\vartheta_0}{2}\cos\frac{\gamma_0}{2} - \sin\frac{\psi_{g_0}}{2}\cos\frac{\vartheta_0}{2}\sin\frac{\gamma_0}{2} \tag{7.17b}$$

$$q_2 = \cos\frac{\psi_{g_0}}{2}\cos\frac{\vartheta_0}{2}\sin\frac{\gamma_0}{2} + \sin\frac{\psi_{g_0}}{2}\sin\frac{\vartheta_0}{2}\cos\frac{\gamma_0}{2} \tag{7.17c}$$

$$q_3 = \cos\frac{\psi_{g_0}}{2}\sin\frac{\vartheta_0}{2}\sin\frac{\gamma_0}{2} + \sin\frac{\psi_{g_0}}{2}\cos\frac{\vartheta_0}{2}\cos\frac{\gamma_0}{2} \tag{7.17d}$$

式中,航向角的正方向为北偏西为正,如果是北偏东为正,须将 $-\psi_{g_0}$ 代入式(7.17)中。

5. 位置矩阵初始值 $C_e^n(0)$ 的计算

根据初始经度 λ_0 和维度 L_0 可计算出初始位置矩阵,即

$$C_e^n(0) = \begin{bmatrix} C_{11} & C_{12} & C_{13} \\ C_{21} & C_{22} & C_{23} \\ C_{31} & C_{32} & C_{33} \end{bmatrix} = \begin{bmatrix} -\sin\lambda_0 & \cos\lambda_0 & 0 \\ -\sin L_0\cos\lambda_0 & -\sin L_0\sin\lambda_0 & \cos L_0 \\ \cos L_0\cos\lambda_0 & \cos L_0\sin\lambda_0 & \sin L_0 \end{bmatrix} \tag{7.18}$$

6. 地球自转角速度初始值 $\omega_{ie}^n(0)$ 的计算

根据初始位置矩阵可以计算初始地球自转角速度,即

$$\omega_{ie}^n(0) = C_e^n(0)\omega_{ie}^e = \begin{bmatrix} -\sin\lambda_0 & \cos\lambda_0 & 0 \\ -\sin L_0\cos\lambda_0 & -\sin L_0\sin\lambda_0 & \cos L_0 \\ \cos L_0\cos\lambda_0 & \cos L_0\sin\lambda_0 & \sin L_0 \end{bmatrix}\begin{bmatrix} 0 \\ 0 \\ \omega_{ie} \end{bmatrix} = \begin{bmatrix} 0 \\ \omega_{ie}\cos L_0 \\ \omega_{ie}\sin L_0 \end{bmatrix} \tag{7.19}$$

7. 位置角速度初始值 $\boldsymbol{\omega}_{en}^{n}(0)$ 的计算

根据初始速度计算初始位置角速度，为

$$\boldsymbol{\omega}_{en}^{n}(0)=\begin{bmatrix} -\dfrac{V_{y_0}^{n}}{R_M} \\ \dfrac{V_{x_0}^{n}}{R_N} \\ \dfrac{V_{x_0}^{n}}{R_N}\tan L_0 \end{bmatrix} \tag{7.20}$$

在静基座条件下，由于 $V_{x_0}^{n}=V_{y_0}^{n}=0$，因此初始位置角速度 $\boldsymbol{\omega}_{en}^{n}(0)=0$。

8. 重力加速度初始值 $g^n(0)$ 的计算

重力加速度与惯导系统所处位置的高度和纬度有关，如果该处的重力加速度 g^n 已知，可以直接给出重力加速度的初始值，即

$$\boldsymbol{g}^{n}(0)=[0 \quad 0 \quad g_0]^{\mathrm{T}} \tag{7.21}$$

7.2.2　捷联矩阵即时更新

在第 4 章中，介绍了 3 种捷联矩阵即时更新方法，即欧拉角法、方向余弦法和四元数法。由于 3 种方法更新捷联矩阵的过程相似，而且四元数法的计算复杂度最低，因此本章以四元数法作为捷联矩阵的即时更新算法。

1. 载体的角速度 $\boldsymbol{\omega}_{nb}^{b}$ 更新

根据陀螺的输出值 $\boldsymbol{\omega}_{ib}^{b}$ 计算载体的角速度 $\boldsymbol{\omega}_{nb}^{b}$ 为

$$\boldsymbol{\omega}_{nb}^{b}=\boldsymbol{\omega}_{ib}^{b}-\boldsymbol{T}_{n}^{b}\boldsymbol{\omega}_{in}^{n}=\boldsymbol{\omega}_{ib}^{b}-\boldsymbol{T}_{n}^{b}(\boldsymbol{\omega}_{ie}^{n}+\boldsymbol{\omega}_{en}^{n}) \tag{7.22}$$

2. 四元数微分方程更新

根据载体的角速度 $\boldsymbol{\omega}_{nb}^{b}$ 和初始四元数 $\boldsymbol{Q}$，更新四元数微分方程为

$$\begin{bmatrix} \dot{q}_0 \\ \dot{q}_1 \\ \dot{q}_2 \\ \dot{q}_3 \end{bmatrix}=\frac{1}{2}\begin{bmatrix} 0 & -\omega_{nbx}^{b} & -\omega_{nby}^{b} & -\omega_{nbz}^{b} \\ \omega_{nbx}^{b} & 0 & \omega_{nbz}^{b} & -\omega_{nby}^{b} \\ \omega_{nby}^{b} & -\omega_{nbz}^{b} & 0 & \omega_{nbx}^{b} \\ \omega_{nbz}^{b} & \omega_{nby}^{b} & -\omega_{nbx}^{b} & 0 \end{bmatrix}\begin{bmatrix} q_0 \\ q_1 \\ q_2 \\ q_3 \end{bmatrix} \tag{7.23}$$

3. 四元数即时更新

在第 4 章中，介绍了 3 种四元数即时更新方法，其过程相似，本章选择常用的四阶龙格-库塔法作为四元数即时更新算法。在采样周期 Δt 内连续采集 3 个时刻的载体角速度 $\boldsymbol{\omega}_{nb}^{b}(k)$，$\boldsymbol{\omega}_{nb}^{b}\left(k+\dfrac{\Delta t}{2}\right)$ 和 $\boldsymbol{\omega}_{nb}^{b}(k+\Delta t)$ 后，四元数即时更新方程为

$$K_1=\frac{1}{2}\boldsymbol{Q}(k)\boldsymbol{\omega}_{nb}^{b}(k) \tag{7.24a}$$

$$K_2=\frac{1}{2}\left(\boldsymbol{Q}(k)+\frac{\Delta t}{2}K_1\right)\boldsymbol{\omega}_{nb}^{b}\left(k+\frac{\Delta t}{2}\right) \tag{7.24b}$$

$$K_3=\frac{1}{2}\left(\boldsymbol{Q}(k)+\frac{\Delta t}{2}K_2\right)\boldsymbol{\omega}_{nb}^{b}\left(k+\frac{\Delta t}{2}\right) \tag{7.24c}$$

$$K_4=\frac{1}{2}(\boldsymbol{Q}(k)+\Delta t K_3)\boldsymbol{\omega}_{nb}^{b}(k+\Delta t) \tag{7.24d}$$

$$\boldsymbol{Q}(k+1)=\boldsymbol{Q}(k)+\frac{\Delta t}{6}(K_1+2K_2+2K_3+K_4) \tag{7.24e}$$

4. 四元数的最佳归一化

在利用式(7.23)和式(7.24)进行四元数更新时，由于误差的原因会导致四元数失去正交性，因此以欧几里得范数为指标对于即时更新的四元数 $\dot{\boldsymbol{Q}}=\hat{q}_0+\boldsymbol{i}_1\hat{q}_1+\boldsymbol{i}_2\hat{q}_2+\boldsymbol{i}_3\hat{q}_3$ 进行最佳归一化，即

$$\boldsymbol{Q}=\frac{\hat{q}_0+\boldsymbol{i}_1\hat{q}_1+\boldsymbol{i}_2\hat{q}_2+\boldsymbol{i}_3\hat{q}_3}{\sqrt{\hat{q}_0^2+\hat{q}_1^2+\hat{q}_2^2+\hat{q}_3^2}} \tag{7.25}$$

5. 捷联矩阵 $\boldsymbol{T}_b^n$ 即时更新

利用更新后的四元数 $\boldsymbol{Q}$ 对式(7.13)进行更新，即获得即时更新的捷联矩阵 $\boldsymbol{T}_b^n$。

7.2.3 对地速度即时更新

1. 比力的坐标变换

将加速度输出在载体坐标系上的比力 $\boldsymbol{f}^b=[f_x^b \quad f_y^b \quad f_z^b]^{\mathrm{T}}$ 变换为导航坐标系下的输出值 $\boldsymbol{f}^n=[f_x^n \quad f_y^n \quad f_z^n]^{\mathrm{T}}$，即

$$\begin{bmatrix} f_x^n \\ f_y^n \\ f_z^n \end{bmatrix}=\boldsymbol{T}_b^n\begin{bmatrix} f_x^b \\ f_y^b \\ f_z^b \end{bmatrix}=\begin{bmatrix} T_{11} & T_{12} & T_{13} \\ T_{21} & T_{22} & T_{23} \\ T_{31} & T_{32} & T_{33} \end{bmatrix}\begin{bmatrix} f_x^b \\ f_y^b \\ f_z^b \end{bmatrix} \tag{7.26}$$

2. 对地加速度的更新

根据惯导基本方程和式(7.26)，可得对地加速度为

$$\begin{bmatrix} \dot{V}_x^n \\ \dot{V}_y^n \\ \dot{V}_z^n \end{bmatrix}=\begin{bmatrix} f_x^n \\ f_y^n \\ f_z^n \end{bmatrix}-\begin{bmatrix} 0 & -(2\omega_{iez}^n+\omega_{enz}^n) & 2\omega_{iey}^n+\omega_{eny}^n \\ 2\omega_{iez}^n+\omega_{enz}^n & 0 & -(2\omega_{iex}^n+\omega_{enx}^n) \\ -(2\omega_{iey}^n+\omega_{eny}^n) & 2\omega_{iex}^n+\omega_{enx}^n & 0 \end{bmatrix}\begin{bmatrix} V_x^n \\ V_y^n \\ V_z^n \end{bmatrix}+\begin{bmatrix} 0 \\ 0 \\ -g \end{bmatrix} \tag{7.27}$$

3. 对地速度的更新

选择二阶龙格-库塔法作为速度的更新方法，即

$$V_x^n(k)=V_x^n(k-1)+\frac{\Delta t}{2}(\dot{V}_x^n(k-1)+\dot{V}_x^n(k)) \tag{7.28a}$$

$$V_y^n(k)=V_y^n(k-1)+\frac{\Delta t}{2}(\dot{V}_y^n(k-1)+\dot{V}_y^n(k)) \tag{7.28b}$$

$$V_z^n(k)=V_z^n(k-1)+\frac{\Delta t}{2}(\dot{V}_z^n(k-1)+\dot{V}_z^n(k)) \tag{7.28c}$$

式中，$\dot{V}_x^n(k-1)$ 和 $\dot{V}_x^n(k)$ 为相邻两个时刻的对地加速度，$k=1,2,3,\cdots$。

将载体相对地球运动速度在水平面内的投影称为对地速度，根据式(7.28)计算出的载体的速度分量，可以计算出载体的对地速度为

$$V(k)=\sqrt{(V_x^n(k))^2+(V_y^n(k))^2} \tag{7.29}$$

4. 重力加速度的更新

在式(7.27)中包含重力加速度 g，而重力加速度 g 并非常数。式(3.105)给出了计算 g 的近似公式，即

$$g=g_0\left(1+\frac{h}{R}\right)^{-2}=g_0\left(1-\frac{2h}{R}\right)$$

式中，重力加速度 g 随高度 h 而变。当考虑到地球的椭球度时，g 还与纬度 L 有关。按参考椭球的参数，理论上可以计算出不同纬度处的重力加速度。WGS-84 全球大地坐标系体系选用的重力加速度的解析式为

$$g=g_e\frac{1+k\sin^2 L}{\sqrt{1-e^2\sin^2 L}} \tag{7.30a}$$

$$k=\frac{R_p g_p}{R_e g_e}-1 \tag{7.30b}$$

式中，g_e 和 g_p 分别为参考椭球赤道和极点的理论重力；L 为地理纬度；e 为参考椭球第一偏心率。WGS-84 的重力加速度数值式为

$$g=9.780\ 326\ 771\ 4\times\frac{1+0.001\ 931\ 851\ 386\ 39\sin^2 L}{\sqrt{1-0.006\ 694\ 379\ 990\ 13\sin^2 L}}\ \mathrm{m/s^2} \tag{7.31}$$

此外，我国 1980 大地坐标系建立时用的是 1979 年国际地球物理与大地测量联合会推荐的公式，即

$$g=9.780\ 327(1+0.005\ 302\ 45\sin^2 L-0.000\ 005\ 8\sin^2 2L)\ \mathrm{m/s^2} \tag{7.32}$$

7.2.4　位置矩阵即时更新

1. 位置角速度即时更新

根据式(7.20)和式(7.28)，位置角速度即时更新为

$$\boldsymbol{\omega}_{en}^n=\begin{bmatrix}-\dfrac{V_y^n}{R_M}\\[2mm]\dfrac{V_x^n}{R_N}\\[2mm]\dfrac{V_x^n}{R_N}\tan L\end{bmatrix} \tag{7.33}$$

2. 位置矩阵微分方程即时更新

根据式(7.33)，位置矩阵微分方程更新为

$$\begin{bmatrix}\dot C_{11} & \dot C_{12} & \dot C_{13}\\ \dot C_{21} & \dot C_{22} & \dot C_{23}\\ \dot C_{31} & \dot C_{32} & \dot C_{33}\end{bmatrix}=-\begin{bmatrix}0 & -\omega_{enz}^n & \omega_{eny}^n\\ \omega_{enz}^n & 0 & -\omega_{enx}^n\\ -\omega_{eny}^n & \omega_{enx}^n & 0\end{bmatrix}\begin{bmatrix}C_{11} & C_{12} & C_{13}\\ C_{21} & C_{22} & C_{23}\\ C_{31} & C_{32} & C_{33}\end{bmatrix} \tag{7.34}$$

3. 位置矩阵即时更新

由于在导航过程中，位置变化是缓慢的，为了降低计算复杂度，可以采用一阶欧拉法更新位置矩阵，即

$$\boldsymbol{C}_e^n(k) = \boldsymbol{C}_e^n(k-1) + \Delta t \dot{\boldsymbol{C}}_e^n(k), \qquad k = 1,2,\cdots \tag{7.35}$$

除了利用位置矩阵微分方程来更新位置矩阵外，还可以通过更新经度和纬度的变化率

$$\dot{\lambda} = \frac{V_x^n}{R_N \cos L} \tag{7.36}$$

$$\dot{L} = \frac{V_y^n}{R_M} \tag{7.37}$$

并对其进行积分获得经度和纬度的即时更新，即

$$\lambda(k) = \lambda(k-1) + \Delta t \dot{\lambda}(k), \qquad k = 1,2,\cdots \tag{7.38}$$

$$L(k) = L(k-1) + \Delta t \dot{L}(k), \qquad k = 1,2,\cdots \tag{7.39}$$

进而可以获得位置矩阵的即时更新，即

$$\boldsymbol{C}_e^n = \begin{bmatrix} C_{11} & C_{12} & C_{13} \\ C_{21} & C_{22} & C_{23} \\ C_{31} & C_{32} & C_{33} \end{bmatrix} = \begin{bmatrix} -\sin\lambda & \cos\lambda & 0 \\ -\sin L\cos\lambda & -\sin L\sin\lambda & \cos L \\ \cos L\cos\lambda & \cos L\sin\lambda & \sin L \end{bmatrix} \tag{7.40}$$

7.2.5 地球自转角速度更新

根据即时更新的位置矩阵式(7.35)或式(7.40)，可以更新地球自转角速度，即

$$\boldsymbol{\omega}_{ie}^n = \boldsymbol{C}_e^n \boldsymbol{\omega}_{ie}^e = \begin{bmatrix} -\sin\lambda & \cos\lambda & 0 \\ -\sin L\cos\lambda & -\sin L\sin\lambda & \cos L \\ \cos L\cos\lambda & \cos L\sin\lambda & \sin L \end{bmatrix} \begin{bmatrix} 0 \\ 0 \\ \omega_{ie} \end{bmatrix} = \begin{bmatrix} 0 \\ \omega_{ie}\cos L \\ \omega_{ie}\sin L \end{bmatrix} \tag{7.41}$$

7.2.6 导航参数计算

1. 姿态角计算

根据捷联矩阵 $\boldsymbol{T}_b^n$ 的即时更新值，即

$$\boldsymbol{T}_b^n = \begin{bmatrix} T_{11} & T_{12} & T_{13} \\ T_{21} & T_{22} & T_{23} \\ T_{31} & T_{32} & T_{33} \end{bmatrix}$$

可以计算出姿态角的主值为

$$\psi_{g主} = \arctan\frac{-T_{12}}{T_{22}} \tag{7.42}$$

$$\vartheta_{主} = \arcsin T_{32} \qquad 或 \qquad \vartheta_{主} = \arctan\frac{T_{32}}{\sqrt{T_{31}^2 + T_{33}^2}} \tag{7.43}$$

$$\gamma_{主} = \arctan\frac{-T_{31}}{T_{33}} \tag{7.44}$$

进而根据姿态角的定义域以及反三角函数的值域的对应关系，可以获得姿态角，即

$$\psi_g = \begin{cases} \psi_{g主}, & T_{22} > 0 \text{ 且 } \psi_{g主} > 0 \\ \psi_{g主} + 360°, & T_{22} > 0 \text{ 且 } \psi_{g主} < 0 \\ \psi_{g主} + 180°, & T_{22} < 0 \end{cases} \tag{7.45}$$

$$\vartheta = \vartheta_{主} \tag{7.46}$$

$$\gamma = \begin{cases} \gamma_{主}, & T_{33} > 0 \\ \gamma_{主} + 180°, & T_{33} < 0 \text{ 且 } \gamma_{主} < 0 \\ \gamma_{主} - 180°, & T_{33} < 0 \text{ 且 } \gamma_{主} > 0 \end{cases} \tag{7.47}$$

由式(7.45)～式(7.47)求出的 ψ_g,ϑ 和 γ 为飞行器的姿态角。在由矩阵 $\boldsymbol{T}_b^n$ 的元素求 ψ_g 和 γ 的过程中,当反正切函数的自变量的分子或分母趋于 0 时将会产生较大的误差,甚至导致计算机溢出。特别是当俯仰角 $\vartheta \to \pm 90°$时,飞行器的三个转动自由度将退化为两个转动自由度,这时姿态角的定义与计算方法应做相应的改变。其相关内容将在下一章进行讨论。

2. 位置计算

除了利用式(7.38)和式(7.39)可以获得载体的位置外,也可以通过式(7.40)计算载体的位置信息,即

$$\lambda_{主} = \arctan \frac{C_{32}}{C_{31}} \tag{7.48}$$

$$L_{主} = \arcsin C_{33} \qquad \text{或} \qquad L_{主} = \arctan \frac{C_{33}}{\sqrt{C_{31}^2 + C_{32}^2}} \tag{7.49}$$

并根据经纬度的定义域以及反三角函数的主值域,确定载体的位置,即

$$\lambda = \begin{cases} \lambda_{主}, & C_{31} > 0 \\ \lambda_{主} + 180°, & C_{31} < 0 \text{ 且 } \lambda_{主} < 0 \\ \lambda_{主} - 180°, & C_{31} < 0 \text{ 且 } \lambda_{主} > 0 \end{cases} \tag{7.50}$$

$$L = L_{主} \tag{7.51}$$

7.2.7　垂直通道导航参数计算

对于捷联惯导系统的高度通道,应按照不同的方案进行具体计算。例如,对于图 3.27 所示的引入外部高度信息进行阻尼的方案,应首先设计出 K_1 和 K_2 的值,然后采用积分算法进行二次积分便可实时地算出高度。捷联系统的高度通道同样是用计算机软件程序来实现的。

此外,也可以通过为高度计建立误差模型,采用最优滤波(如 Kalman 滤波)的方法来估计垂直通道的误差并补偿,并计算高度信息和垂直通道的速度信息。

气压高度表误差的数学模型为

$$\Phi(\tau) = \sigma^2 \mathrm{e}^{-\mu|\tau|} \cos \omega_h \tau \tag{7.52}$$

式中,τ 为时间间隔;σ 为气压高度计输出的误差标准差;μ 和 ω_h 为高度计输出振荡误差的参数。

以惯导输出的高度误差、天向速度误差以及气压高度表输出的高度误差作为状态量,则系统的状态方程为

$$\delta\dot{h} = \delta V_z \tag{7.53a}$$

$$\delta\dot{V}_z = v_{ins}(t) \tag{7.53b}$$

$$\delta\dot{h}_b = \delta\tilde{h}_b + v_b(t) \tag{7.53c}$$

$$\delta\dot{\tilde{h}}_b = -\alpha^2 \delta h_b - 2\mu\delta\tilde{h}_b + (\alpha - 2\mu) v_b(t) \tag{7.53d}$$

式中，δh 和δV_z 分别为捷联惯导系统输出的高度误差和速度误差；δh_b 和$\delta \tilde{h}_b$ 分别为气压高度表输出的高度误差和高度振荡误差；μ 和α 为高度表输出振荡误差的参数；v_{ins} 和v_b 分别为加速度计和气压高度计的随机误差。

对式(7.53)进行离散化处理，得系统离散状态方程为

$$\begin{bmatrix} \delta h \\ \delta V_z \\ \delta h_b \\ \delta \tilde{h}_b \end{bmatrix}_{k+1} = \begin{bmatrix} 1 & \Delta t & 0 & 0 \\ 0 & 1 & 0 & 0 \\ 0 & 0 & 1 & \Delta t \\ 0 & 0 & -\alpha^2 \Delta t & -2\mu \Delta t \end{bmatrix} \begin{bmatrix} \delta h \\ \delta V_z \\ \delta h_b \\ \delta \tilde{h}_b \end{bmatrix}_k + \begin{bmatrix} 0 \\ v_{ins} \\ v_b \\ v_b \end{bmatrix} \tag{7.54}$$

以捷联惯导系统输出和气压高度表输出的高度之差作为观测量，构建系统的观测方程，即

$$Z = h - h_b = \delta h - \delta h_b = [1 \quad 0 \quad -1 \quad 0] \begin{bmatrix} \delta h \\ \delta V_z \\ \delta h_b \\ \delta \tilde{h}_b \end{bmatrix}_k + v \tag{7.55}$$

7.3 方位角自由系统的设计与实现

由于给方位陀螺仪要么不施加任何角速度指令，要么仅施加有限的指令角速度，导致导航坐标系的 y_n 轴不再指向北(与地理坐标系的 y_g 不重合)，使得导航坐标系相对地理坐标系在水平面内存在一个任意的方位角 α。根据对方位陀螺施加指令角度的不同，方位角自由系统分为自由方位系统和游动自由方位系统。导航坐标系 $O_n x_n y_n z_n$ 取为游动方位坐标系 $O_w x_w y_w z_w$，其与地理坐标系 $O_g x_g y_g z_g$(为东北天坐标系)不重合，而是 x_n 与 x_g 及 y_n 与 y_g 之间相差一个方位角 α。载体坐标系 $O_b x_b y_b z_b$ 依然选为右前上坐标系。同理，坐标系的选择(坐标轴的指向)不影响导航解算原理和解算过程。由于导航坐标系 $O_n x_n y_n z_n$ 取为游动方位坐标系 $O_w x_w y_w z_w$，为讨论方便本节给出的自由方位系统和游动自由方位系统的力学方程编排均在导航坐标系下给出。

7.3.1 系统初始化和初始参数计算

1. 初始位置 λ_0，L_0 和 h_0

λ_0，L_0 和 h_0 分别是捷联惯导系统开始工作时的经度、纬度和高度。在静基座条件下，在给惯导系统加电后，可人工输入 λ_0，L_0 和 h_0；在动基座或运动条件下，通常由更高精度的设备给出 λ_0，L_0 和 h_0。

2. 速度初始值 V_0^n

对于从静止状态下开始工作的捷联惯导系统，可取 $V_{x_0}^n = V_{y_0}^n = V_{z_0}^n = 0$；对于在运动状态下开始工作的捷联惯导系统，初始速度须由更高精度的导航系统给出并传递给捷联惯导系统。

3. 初始游动方位角 α_0

通常初始游动方位角按式(3.37)或式(3.44)进行计算，也可以直接取 α_0 为 0°～360°间的任意值。

4. 初始对准，计算初始捷联姿态矩阵 $T_b^n(0)$ 以及初始姿态角 ψ_{g_0}，ϑ_0 和 γ_0

在静基座条件下，利用加速度计和陀螺仪的输出进行解析粗对准，并利用最优滤波进行精对准，计算初始姿态矩阵 $T_b^p(0)$，其计算过程见式(7.1)～式(7.12)。

5. 四元数初始值 $Q(0)$ 的计算

当获得初始捷联矩阵 $T_b^n(0)$ 或初始姿态角 ψ_{g_0}，ϑ_0 和 γ_0 后，可根据式(7.13)～式(7.17)计算初始四元数。

6. 位置矩阵初始值 $C_e^n(0)$ 的计算

根据初始的经度 λ_0、纬度 L_0 和游动方位角 α_0 可计算出初始的位置矩阵，即

$$C_e^n(0)=\begin{bmatrix} C_{11} & C_{12} & C_{13} \\ C_{21} & C_{22} & C_{23} \\ C_{31} & C_{32} & C_{33} \end{bmatrix}$$

$$=\begin{bmatrix} -\sin\alpha_0\sin L_0\cos\lambda_0-\cos\alpha_0\sin\lambda_0 & -\sin\alpha_0\sin L_0\sin\lambda_0+\cos\lambda_0\cos\alpha_0 & \sin\alpha_0\cos L_0 \\ -\cos\alpha_0\sin L_0\cos\lambda_0+\sin\alpha_0\sin\lambda_0 & -\cos\alpha_0\sin L_0\sin\lambda_0-\sin\alpha_0\cos\lambda_0 & \cos\alpha_0\cos L_0 \\ \cos L_0\cos\lambda_0 & \cos L_0\sin\lambda_0 & \sin L_0 \end{bmatrix} \tag{7.56}$$

7. 地球自转角速度初始值 $\boldsymbol{\omega}_{ie}^n(0)$ 的计算

根据初始的位置矩阵可以计算初始的地球自转角速度，即

$$\boldsymbol{\omega}_{ie}^n(0)=C_e^n(0)\boldsymbol{\omega}_{ie}^e=\begin{bmatrix} \omega_{ie}\sin\alpha_0\cos L_0 \\ \omega_{ie}\cos\alpha_0\cos L_0 \\ \omega_{ie}\sin L_0 \end{bmatrix} \tag{7.57}$$

8. 位置角速度初始值 $\boldsymbol{\omega}_{en}^n(0)$ 的计算

根据初始速度计算初始位置角速度，即

$$\begin{bmatrix} \omega_{enx}^n(0) \\ \omega_{eny}^n(0) \end{bmatrix}=\begin{bmatrix} -\dfrac{1}{\tau_\alpha} & -\dfrac{1}{R_{yp}} \\ \dfrac{1}{R_{xp}} & \dfrac{1}{\tau_\alpha} \end{bmatrix}\begin{bmatrix} V_{x_0}^n \\ V_{y_0}^n \end{bmatrix} \tag{7.58a}$$

$$\frac{1}{R_{xp}}=\frac{\cos^2\alpha_0}{R_N}+\frac{\sin^2\alpha_0}{R_M} \tag{7.58b}$$

$$\frac{1}{R_{yp}}=\frac{\sin^2\alpha_0}{R_N}+\frac{\cos^2\alpha_0}{R_M} \tag{7.58c}$$

$$\frac{1}{\tau_\alpha}=\left(\frac{1}{R_M}-\frac{1}{R_N}\right)\sin\alpha_0\cos\alpha_0 \tag{7.58d}$$

在静基座条件下，由于 $V_{x_0}^n=V_{y_0}^n=0$，因此初始位置角速度 $\omega_{enx}^n(0)=\omega_{eny}^n(0)=0$。对于 $\omega_{enz}^n(0)$ 的初始值须按其实现形式来取值，即自由方位系统和游动自由方位系统 $\omega_{enz}^n(0)$ 分别为

$$\omega_{enz}^n(0)=-\omega_{ie}\sin L_0 \tag{7.58e}$$

$$\omega_{enz}^n(0)=0 \tag{7.58f}$$

9. 重力加速度初始值 $g^n(0)$ 的计算

重力加速度与惯导系统所处位置的高度和维度有关，如果该处的重力加速度 g_0 已知，可

以按式(7.21)直接给出重力加速度的初始值。

7.3.2 捷联矩阵即时更新

1. 载体的角速度 $\boldsymbol{\omega}_{nb}^{b}$ 更新

根据陀螺的输出值 $\boldsymbol{\omega}_{ib}^{b}$ 计算载体的角速度为

$$\boldsymbol{\omega}_{nb}^{b}=\boldsymbol{\omega}_{ib}^{b}-\boldsymbol{T}_{n}^{b}\boldsymbol{\omega}_{in}^{n}=\boldsymbol{\omega}_{ib}^{b}-\boldsymbol{T}_{n}^{b}(\boldsymbol{\omega}_{ie}^{n}+\boldsymbol{\omega}_{en}^{n}) \tag{7.59}$$

2. 四元数与捷联矩阵更新

自由方位系统和游动自由方位系统的四元数微分方程更新过程、四元数更新过程和捷联矩阵 $\boldsymbol{T}_{b}^{n}$ 更新过程和指北方位系统的更新过程相同,详见式(7.23)~式(7.27)。

7.3.3 对地速度即时更新

1. 比力的坐标变换

将加速度输出在载体坐标系上的比力 $\boldsymbol{f}^{b}=[f_{x}^{b}\quad f_{y}^{b}\quad f_{z}^{b}]^{\mathrm{T}}$ 变换为导航坐标系下的输出值 $\boldsymbol{f}^{n}=[f_{x}^{n}\quad f_{y}^{n}\quad f_{z}^{n}]^{\mathrm{T}}$,即

$$\begin{bmatrix} f_{x}^{n} \\ f_{y}^{n} \\ f_{z}^{n} \end{bmatrix}=T_{b}^{n}\begin{bmatrix} f_{x}^{b} \\ f_{y}^{b} \\ f_{z}^{b} \end{bmatrix}=\begin{bmatrix} T_{11} & T_{12} & T_{13} \\ T_{21} & T_{22} & T_{23} \\ T_{31} & T_{32} & T_{33} \end{bmatrix}\begin{bmatrix} f_{x}^{b} \\ f_{y}^{b} \\ f_{z}^{b} \end{bmatrix} \tag{7.60}$$

2. 对地加速度的更新

根据惯导基本方程以及式(7.58),可得自由方位系统和游动自由方位系统的对地加速度,分别为

$$\begin{bmatrix} \dot{V}_{x}^{n} \\ \dot{V}_{y}^{n} \\ \dot{V}_{z}^{n} \end{bmatrix}=\begin{bmatrix} f_{x}^{n} \\ f_{y}^{n} \\ f_{z}^{n} \end{bmatrix}-\begin{bmatrix} 0 & -\omega_{ie}C_{33} & 2\omega_{ie}C_{23}+\omega_{eny}^{n} \\ \omega_{ie}C_{33} & 0 & -(2\omega_{ie}C_{13}+\omega_{enx}^{w}) \\ -(2\omega_{ie}C_{23}+\omega_{eny}^{n}) & 2\omega_{ie}C_{13}+\omega_{enx}^{n} & 0 \end{bmatrix}\begin{bmatrix} V_{x}^{n} \\ V_{y}^{n} \\ V_{z}^{n} \end{bmatrix}+\begin{bmatrix} 0 \\ 0 \\ -g \end{bmatrix} \tag{7.61}$$

$$\begin{bmatrix} \dot{V}_{x}^{w} \\ \dot{V}_{y}^{w} \\ \dot{V}_{z}^{w} \end{bmatrix}=\begin{bmatrix} f_{x}^{w} \\ f_{y}^{w} \\ f_{z}^{w} \end{bmatrix}-\begin{bmatrix} 0 & -2\omega_{ie}C_{33} & 2\omega_{ie}C_{23}+\omega_{ewy}^{w} \\ 2\omega_{ie}C_{33} & 0 & -(2\omega_{ie}C_{13}+\omega_{ewx}^{w}) \\ -(2\omega_{ie}C_{23}+\omega_{ewy}^{w}) & 2\omega_{ie}C_{13}+\omega_{ewx}^{w} & 0 \end{bmatrix}\begin{bmatrix} V_{x}^{w} \\ V_{y}^{w} \\ V_{z}^{w} \end{bmatrix}+\begin{bmatrix} 0 \\ 0 \\ -g \end{bmatrix} \tag{7.62}$$

3. 对地速度的更新

自由方位系统和游动自由方位系统的对地速度更新过程和指北方位系统的对地速度更新过程相同,详见式(7.28)~式(7.29)。

4. 重力加速度的更新

自由方位系统和游动自由方位系统的重力加速度更新过程和指北方位系统的重力加速度更新过程相同,详见式(7.30)~式(7.32)。

7.3.4　位置矩阵即时更新

1. 位置角速度即时更新

根据式(7.58),位置角速度即时更新为

$$\begin{bmatrix}\omega_{enx}^{n}\\ \omega_{eny}^{n}\end{bmatrix}=\begin{bmatrix}-\dfrac{1}{\tau_a} & -\dfrac{1}{R_{yp}}\\ \dfrac{1}{R_{xp}} & \dfrac{1}{\tau_a}\end{bmatrix}\begin{bmatrix}V_x^n\\ V_y^n\end{bmatrix} \tag{7.63a}$$

自由方位系统和游动自由方位系统的 ω_{enz}^{n} 分别为

$$\omega_{enz}^{n}=-\omega_{ie}\sin L \tag{7.63b}$$

$$\omega_{enz}^{n}=0 \tag{7.63c}$$

2. 位置矩阵微分方程即时更新

根据式(7.63),自由方位系统和游动自由方位系统位置矩阵微分方程更新分别为

$$\begin{bmatrix}\dot C_{11} & \dot C_{12} & \dot C_{13}\\ \dot C_{21} & \dot C_{22} & \dot C_{23}\\ \dot C_{31} & \dot C_{32} & \dot C_{33}\end{bmatrix}=-\begin{bmatrix}0 & -\omega_{enz}^{n} & \omega_{eny}^{n}\\ \omega_{enz}^{n} & 0 & -\omega_{enx}^{n}\\ -\omega_{eny}^{n} & \omega_{enx}^{n} & 0\end{bmatrix}\begin{bmatrix}C_{11} & C_{12} & C_{13}\\ C_{21} & C_{22} & C_{23}\\ C_{31} & C_{32} & C_{33}\end{bmatrix} \tag{7.64}$$

$$\begin{bmatrix}\dot C_{11} & \dot C_{12} & \dot C_{13}\\ \dot C_{21} & \dot C_{22} & \dot C_{23}\\ \dot C_{31} & \dot C_{32} & \dot C_{33}\end{bmatrix}=-\begin{bmatrix}0 & 0 & \omega_{eny}^{n}\\ 0 & 0 & -\omega_{enx}^{n}\\ -\omega_{eny}^{n} & \omega_{enx}^{n} & 0\end{bmatrix}\begin{bmatrix}C_{11} & C_{12} & C_{13}\\ C_{21} & C_{22} & C_{23}\\ C_{31} & C_{32} & C_{33}\end{bmatrix} \tag{7.65}$$

3. 位置矩阵即时更新

由于在导航过程中,位置变化是缓慢的,为了降低计算复杂度,可以采用一阶欧拉法来更新位置矩阵,即

$$\boldsymbol{C}_e^n(k)=\boldsymbol{C}_e^n(k-1)+\Delta t\dot{\boldsymbol{C}}_e^n(k),\qquad k=1,2,\cdots \tag{7.66}$$

7.3.5　地球自转角速度更新

根据即时更新的位置矩阵式(7.66),可以更新地球自转角速度为

$$\boldsymbol{\omega}_{ie}^{n}=\boldsymbol{C}_e^n\boldsymbol{\omega}_{ie}^{e}=\begin{bmatrix}\omega_{ie}\sin\alpha\cos L\\ \omega_{ie}\cos\alpha\cos L\\ \omega_{ie}\sin L\end{bmatrix}=\begin{bmatrix}\omega_{ie}C_{13}\\ \omega_{ie}C_{23}\\ \omega_{ie}C_{33}\end{bmatrix} \tag{7.67}$$

7.3.6　导航参数计算

1. 姿态角计算

根据捷联矩阵 $\boldsymbol{T}_b^n$ 的即时更新值,即

$$\boldsymbol{T}_b^n=\begin{bmatrix}T_{11} & T_{12} & T_{13}\\ T_{21} & T_{22} & T_{23}\\ T_{31} & T_{32} & T_{33}\end{bmatrix}$$

可以计算出姿态角的主值为

$$\psi_{g主} = \arctan\frac{-T_{12}}{T_{22}} \tag{7.68}$$

$$\vartheta_{主} = \arcsin T_{32} \quad 或 \quad \vartheta_{主} = \arctan\frac{T_{32}}{\sqrt{T_{31}^2 + T_{33}^2}} \tag{7.69}$$

$$\gamma_{主} = \arctan\frac{-T_{31}}{T_{33}} \tag{7.70}$$

进而根据姿态角的定义域以及反三角函数的值域的对应关系,可得姿态角为

$$\psi_g = \begin{cases} \psi_{g主} & T_{22} > 0 且 \psi_{g主} > 0 \\ \psi_{g主} + 360°, & T_{22} > 0 且 \psi_{g主} < 0 \\ \psi_{g主} + 180°, & T_{22} < 0 \end{cases} \tag{7.71}$$

$$\vartheta = \vartheta_{主} \tag{7.72}$$

$$\gamma = \begin{cases} \gamma_{主}, & T_{33} > 0 \\ \gamma_{主} + 180°, & T_{33} < 0 且 \gamma_{主} < 0 \\ \gamma_{主} - 180°, & T_{33} < 0 且 \gamma_{主} > 0 \end{cases} \tag{7.73}$$

注意:由式(7.71)~式(7.73)求出的 ϑ 和 γ 为载体的姿态角,而 ψ_g 不是载体的航向角。载体的航向角还有待于求出平台坐标系的方位角 α 后才能计算。

在由矩阵 $\boldsymbol{T}_b^n$ 的元素求 ψ_g 和 γ 的过程中,当反正切函数的自变量的分子或分母趋于零时将会产生较大的误差,甚至导致计算机溢出,特别是当俯仰角 $\vartheta \to \pm 90°$时,飞行器的三个转动自由度将退化为两个转动自由度,这时姿态角的定义与计算方法应做相应的改变。

2. 位置计算

根据即时更新的位置矩阵式(7.66),即

$$\boldsymbol{C}_e^n = \begin{bmatrix} C_{11} & C_{12} & C_{13} \\ C_{21} & C_{22} & C_{23} \\ C_{31} & C_{32} & C_{33} \end{bmatrix}$$

$$= \begin{bmatrix} -\sin\alpha\sin L\cos\lambda - \cos\alpha\sin\lambda & -\sin\alpha\sin L\sin\lambda + \cos\lambda\cos\alpha & \sin\alpha\cos L \\ -\cos\alpha\sin L\cos\lambda + \sin\alpha\sin\lambda & -\cos\alpha\sin L\sin\lambda - \sin\alpha\cos\lambda & \cos\alpha\cos L \\ \cos L\cos\lambda & \cos L\sin\lambda & \sin L \end{bmatrix}$$

可以计算出载体的经度、纬度和方位角的主值,其中经度和纬度分别为

$$\lambda_{主} = \arctan\frac{C_{32}}{C_{31}} \tag{7.74}$$

$$L_{主} = \arcsin C_{33} \quad 或 \quad L_{主} = \arctan\frac{C_{33}}{\sqrt{C_{31}^2 + C_{32}^2}} \tag{7.75}$$

$$\alpha_{主} = \arctan\frac{C_{13}}{C_{23}} \tag{7.76}$$

并根据经度、纬度和方位角的定义域以及反三角函数的主值域,可以确定载体的经度、纬度和方位角,即

$$\lambda=\begin{cases}\lambda_{主}, & C_{31}>0 \\ \lambda_{主}+180^{\circ}, & C_{31}<0 \text{ 且 } \lambda_{主}<0 \\ \lambda_{主}-180^{\circ}, & C_{31}<0 \text{ 且 } \lambda_{主}>0\end{cases} \tag{7.77}$$

$$L=L_{主} \tag{7.78}$$

$$\alpha=\begin{cases}\alpha_{主}, & C_{23}>0 \text{ 且 } \alpha_{主}>0 \\ \alpha_{主}+360^{\circ}, & C_{23}>0 \text{ 且 } \alpha_{主}<0 \\ \alpha_{主}+180^{\circ}, & C_{23}<0\end{cases} \tag{7.79}$$

7.3.7　载体航向角计算

根据式(7.71)和式(7.79)，载体的航向角 ψ 的计算公式为

$$\psi=\psi_g-\alpha\text{（}\psi_g \text{ 和 } \psi \text{ 的正方向是北偏东为正）} \tag{7.80a}$$

或

$$\psi=\psi_g+\alpha\text{（}\psi_g \text{ 和 } \psi \text{ 的正方向是北偏西为正）} \tag{7.80b}$$

为了使 ψ 不超出航向角的定义域，还须对其进行如下判断：

$$\psi=\begin{cases}\psi, & \psi<360^{\circ} \\ \psi-360^{\circ}, & \psi>360^{\circ}\end{cases} \tag{7.81}$$

7.3.8　垂直通道导航参数计算

对于自由方位系统和游动自由方位系统垂直通道导航参数的计算过程和指北方位系统的解算过程是一致的，详见 3.7.2 小节和式(7.52)～式(7.55)。

7.4　捷联惯导系统的工程实现

7.4.1　数值积分算法的选择

在捷联惯导系统实现中，常用的数值积分方法有 3 种：一阶欧拉法、二阶龙格－库塔法和四阶龙格-库塔法，三者的精度和计算复杂度的关系已经在第 2 章中讨论过了。由于捷联矩阵的精度直接影响比力的坐标转换和姿态角的计算，其要求精度最高，更新频率快，因此对于捷联矩阵、四元数的更新应该是既要保证精度，还要保证更新频率快。此外，速度也是描述载体动态特性的一个参数，直接影响着位置矩阵、位置角速度的更新，其对精度和更新频率的要求也较高；而位置变化相对于速度和姿态变化是缓慢的。因此通常在实现中，对于捷联矩阵的更新常采用四阶龙格-库塔法，速度更新采用二阶龙格-库塔法，位置更新采用一阶欧拉法，在 7.2 节和 7.3 节的系统设计中也是这样给出的。但在实际实现时，并不一定按照上述方法来实现，需要根据数据的采样频率、系统的动态特性以及处理器的处理速度等因素进行综合评估，进而选择合理的数值积分方法来实现捷联矩阵即时更新、速度即时更新和位置即时更新。

7.4.2　姿态角速度的选取

当采用四阶龙格-库塔法对四元数微分方程进行更新时，需要 3 个相邻时刻的姿态角速度

$\boldsymbol{\omega}_{nb}^{b}(k)$，$\boldsymbol{\omega}_{nb}^{b}\left(k+\frac{\Delta t}{2}\right)$和$\boldsymbol{\omega}_{nb}^{b}(k+\Delta t)$，$k=0,1,2,3,\cdots$，并按式(7.23)～式(7.25)进行四元数微分方程和四元数的更新，需要陀螺的输出频率如图7.2所示。对于陀螺输出频率可以调整的系统可以按图7.2的采样频率来计算载体的角速度$\boldsymbol{\omega}_{nb}^{b}$。但对于一些实际系统或者利用实际系统采集的陀螺数据，其输出周期Δt已经固定，此时再按图7.2所示的方式计算$\frac{m\Delta t}{2}$($m=1,3,5,\cdots$)时刻的载体角速度$\boldsymbol{\omega}_{nb}^{b}$就比较麻烦了。在实际系统实现时，可以采用如图7.3所示的采样频率，即载体角速度的输出周期仍为Δt，利用四阶龙格-库塔法更新四元数的周期变为$2\Delta t$，这样就可以避免计算$\frac{m\Delta t}{2}$($m=1,3,5,\cdots$)时刻的载体角速度。

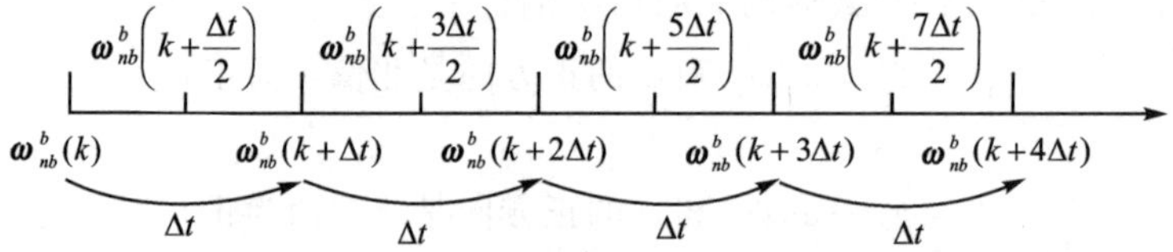

图7.2　姿态角速度输出频率实现方式1

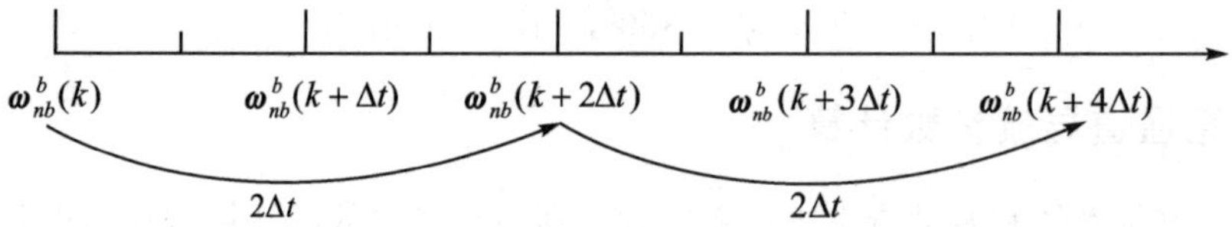

图7.3　姿态角速度输出频率实现方式2

7.4.3　捷联解算不同迭代周期的划分

由于捷联惯导系统的解算过程是通过计算机软件来实现的，受处理器计算能力的限制以及计算的性质与导航要求的不同，可根据载体动态特性、导航参数变化特点以及导航参数输出频率等因素合理划分各种导航参数解算的迭代周期。本节主要以指北方位系统为例来讨论各种迭代周期的划分，并在此基础上给出捷联惯导系统计算的主程序流程图。

根据捷联计算的性质与导航要求的不同，可将整个计算划分为周期为$\tau,\tau_1,\tau_2,\tau_3,\tau_4$和$\tau_5$的六个部分，其中，$\tau=\Delta t$为陀螺输出的载体角速度$\boldsymbol{\omega}_{ib}^{b}$和加速度计输出的比力$\boldsymbol{f}^{b}$的周期，通常$\tau=\Delta t=0.005\sim0.01$ s；τ_1,τ_2,τ_3和τ_4分别是τ的整数倍。将各导航参数计算周期叠加到图7.1后的图如图7.4所示。

1．周期为τ_1的部分

姿态角速度的计算以最短的周期τ_1来进行，根据陀螺在$k,k+\Delta t$和$k+2\Delta t$时刻的载体角速度$\boldsymbol{\omega}_{ib}^{b}(k)$，$\boldsymbol{\omega}_{ib}^{b}(k+\Delta t)$和$\boldsymbol{\omega}_{ib}^{b}(k+\Delta t)$计算姿态角速度$\boldsymbol{\omega}_{nb}^{b}(k)$，$\boldsymbol{\omega}_{nb}^{b}(k+\Delta t)$和$\boldsymbol{\omega}_{nb}^{b}(k+\Delta t)$，进而更新四元数微分方程和四元数，例如，取$\tau_1=2\tau=2\Delta t$。

2．周期为τ_2的部分

四元数的即时修正、捷联矩阵$\boldsymbol{T}_{b}^{n}$的计算以及比例的坐标转换等均要以较短的迭代周期τ_2进行，例如，取$\tau_2=3\tau=3\Delta t$。

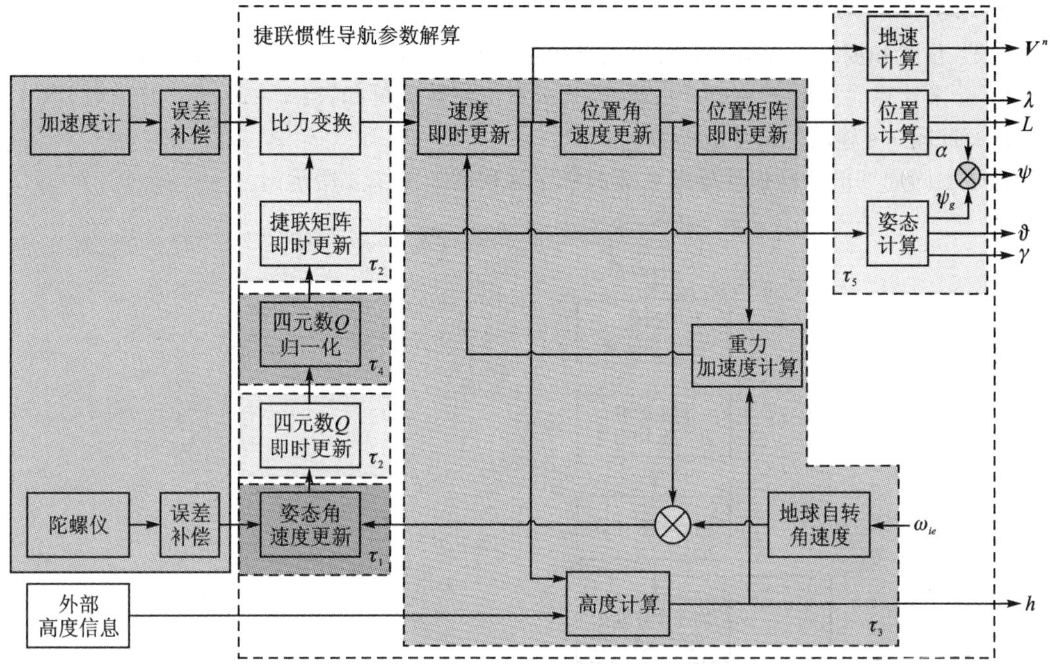

图 7.4　捷联惯性导航系统各参数解算周期示意图

(1) 四元数 $\boldsymbol{Q}$ 的即时修正

由于整个捷联计算的精度主要取决于四元数 $\boldsymbol{Q}$ 的计算精度，而载体的姿态角速度 $\boldsymbol{\omega}_{nb}^{b}$ 的数值可能较高，除了采用较高阶的算法外，还应采用足够小的迭代周期(步长)来更新。

(2) 捷联矩阵 $\boldsymbol{T}_b^n$ 的计算

由于载体的姿态变化很快，因此矩阵 $\boldsymbol{T}_b^n$ 的变化也很快，需要以 τ_2 的周期进行计算。

(3) 比力的坐标转换

沿机体坐标系测量的比力要通过矩阵 $\boldsymbol{T}_b^n$ 转换到导航坐标系上。由于矩阵 $\boldsymbol{T}_b^n$ 的变化很快，比力的坐标转换也应以较快的周期 τ_2 进行。

事实上，加速度计测量的是沿载体坐标系的速度增量。每 τ_2 秒将该增量向导航坐标系转换一次，与前个 τ_2 周期所得的速度增量相累加。由于导航坐标系的变化速度较慢，转换到导航坐标系的速度增量最后求和后再以较慢的迭代周期 τ_3 进行导航计算。

3. 周期为 τ_3 的部分

速度 $\boldsymbol{V}^n$ 的即时修正、位置角速度 $\boldsymbol{\omega}_{en}^{n}$ 的计算、位置矩阵 $\boldsymbol{C}_e^n$ 的即时修正、重力角速度 $\boldsymbol{g}$ 的计算、垂直通道的计算及地球角速度 $\boldsymbol{\omega}_{ie}^{n}$ 的计算都以较长的迭代周期 τ_3 进行，因为这些参数的变化比较慢，例如，取 $\tau_3=5\tau=5\Delta t$。

4. 周期为 τ_4 的部分

对四元数进行即时修正是以迭代周期 τ_2 进行的。但由于捷联矩阵的刻度误差往往要经过几个 τ_2 周期的计算后才会表现出来，因此四元数的归一化可以较长的周期 τ_4 计算。通常取 $\tau_4=m\tau=m\Delta t$，其中 $m=20$ 为正整数。例如，取 $m=20$，m 取多少为佳可根据精度以及实际情况进行设定。

5. 周期为 τ_5 的部分

地速、位置和姿态等导航参数可以根据导航参数显示频率的需要而选取，通常以更长的迭代周期 τ_5 来计算。选取 $\tau_5=n\tau=n\Delta t$，其中 n 为正整数。例如，当 $\tau=\Delta t=0.01$ s 时，取 $n=100$，即每间隔 1 s 输出一次导航参数。

基于不同周期的捷联惯性导航系统的程序流程图如图 7.5 所示。

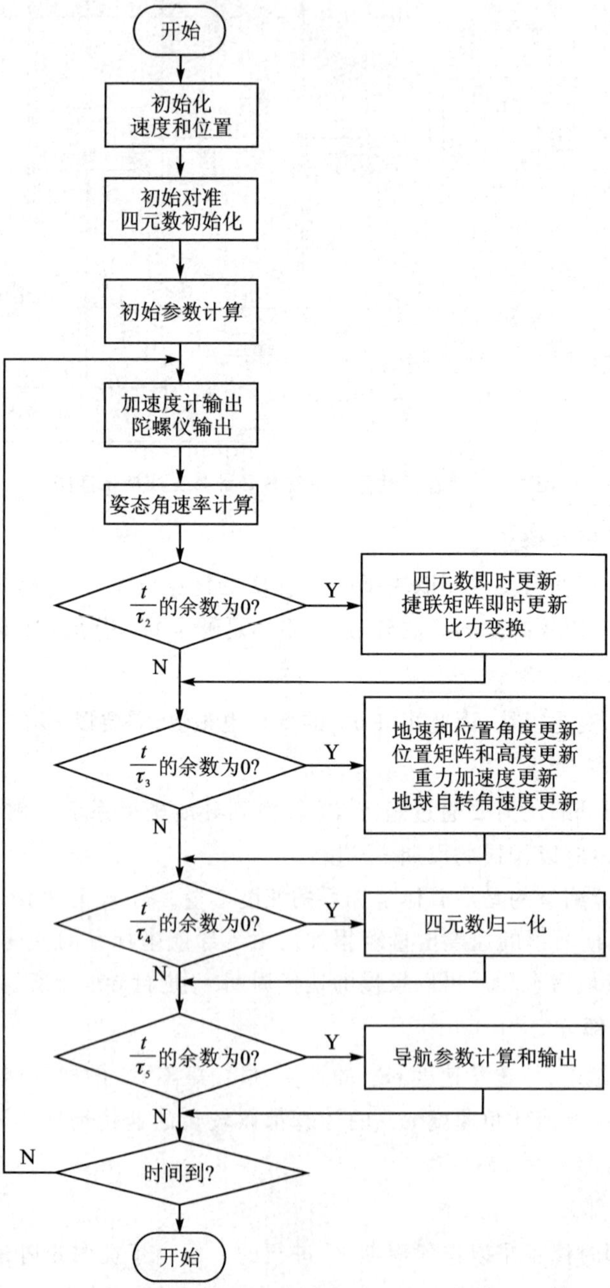

图 7.5 捷联惯性导航系统的解算流程图

7.5　捷联惯导系统设计与实现的工程实例

本节给出的捷联惯导系统设计与实现的工程实例是一套真实的惯性测量组件(Inertial Measurement Unit,IMU)在实验车上在线采集的静态数据,其中陀螺漂移为 0.5°/h,加速度计零偏为 $2\times10^{-5}g$;经度为 116.153 26°,纬度为 39.813 33°,高度为 70 m;速度 $V_x^n=V_y^n=V_z^n=0$ m/s。利用 7.2 节～7.4 节讨论的捷联惯导系统设计与实现过程进行捷联惯导系统软件开发,并利用在线采集的数据进行离线仿真测试。

利用在线真实采集的数据进行初始对准,航向角 ψ、俯仰角 ϑ 和滚动角 γ 的参考值分别为 89.85°、1.91°和 1.06°。在对准过程中,以粗对准结果作为精对准的初始值,精对准结果如图 7.6～图 7.8 所示。在完成初始对准后,利用在线真实采集的数据进行导航参数实时解算,解算结果如图 7.9～图 7.19 所示。

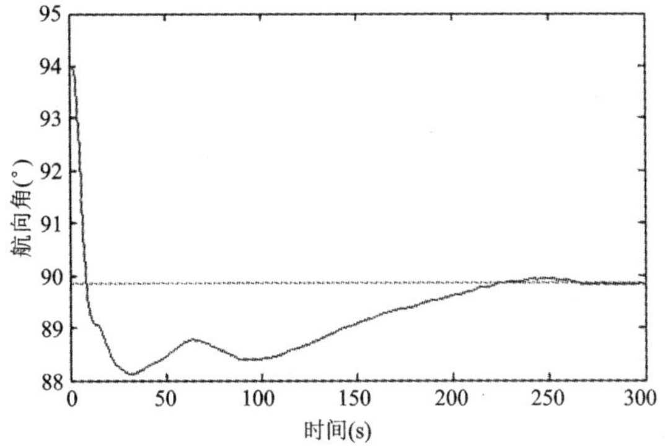

图 7.6　航向角初始对准结果

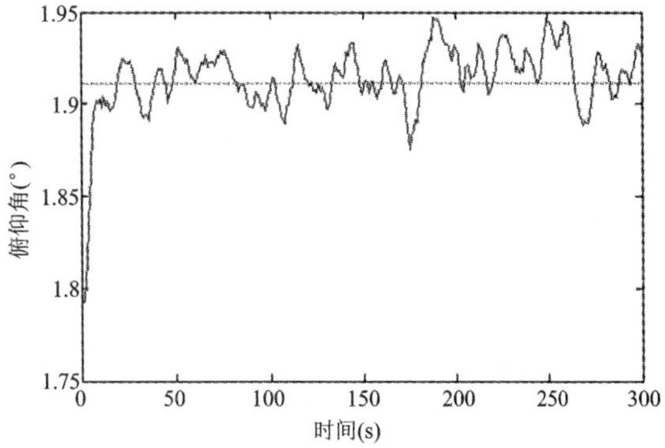

图 7.7　俯仰角初始对准结果

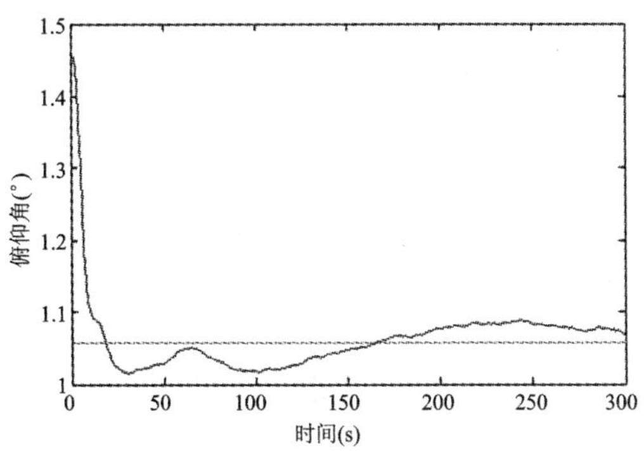

图 7.8　滚动角初始对准结果

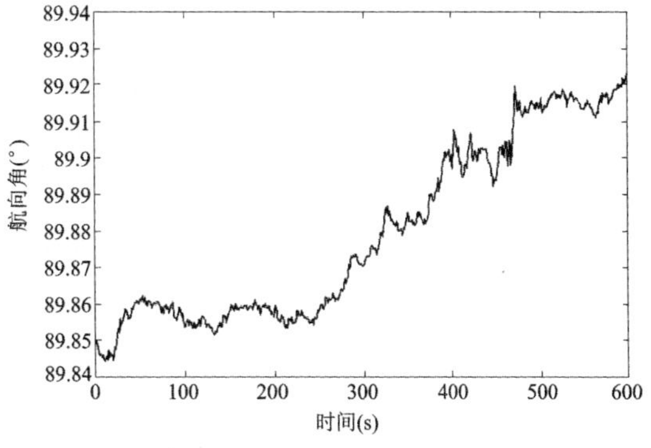

图 7.9　航向角解算结果

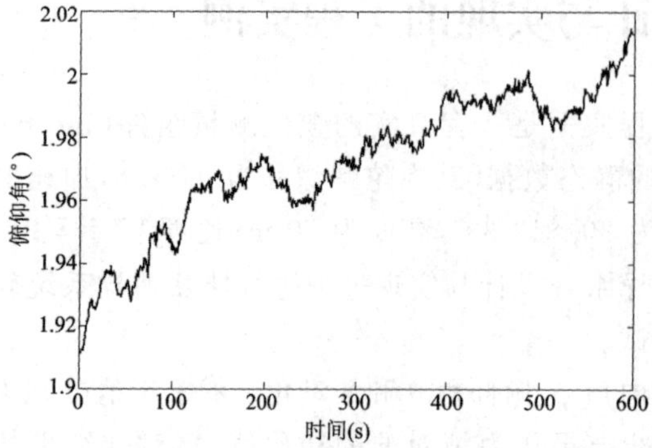

图 7.10　俯仰角解算结果

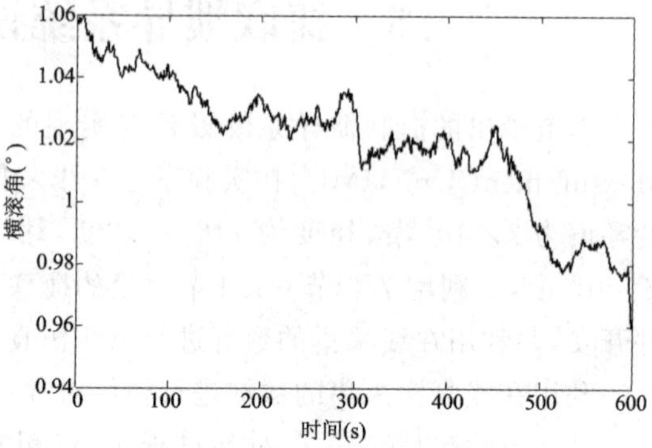

图 7.11　横滚角解算结果

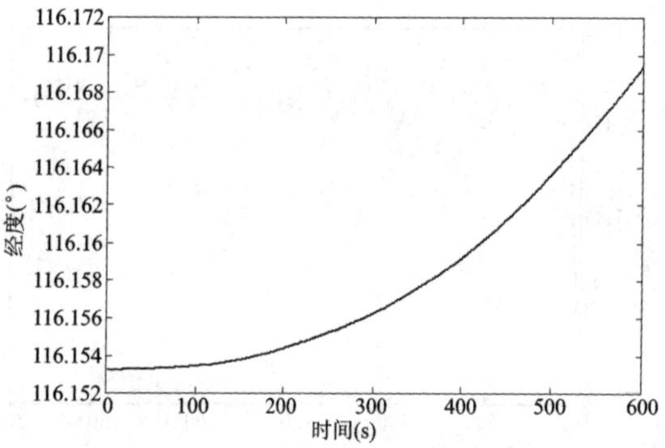

图 7.12　经度解算结果

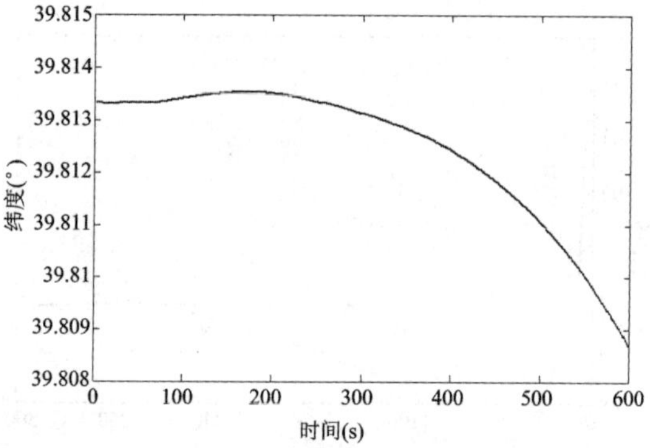

图 7.13　纬度解算结果

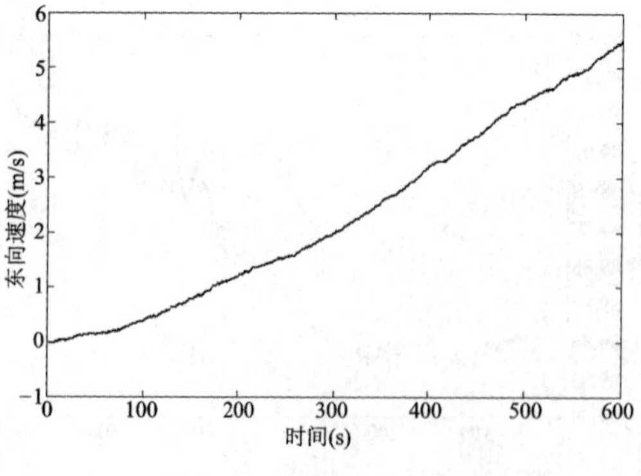

图 7.14　东向速度解算结果

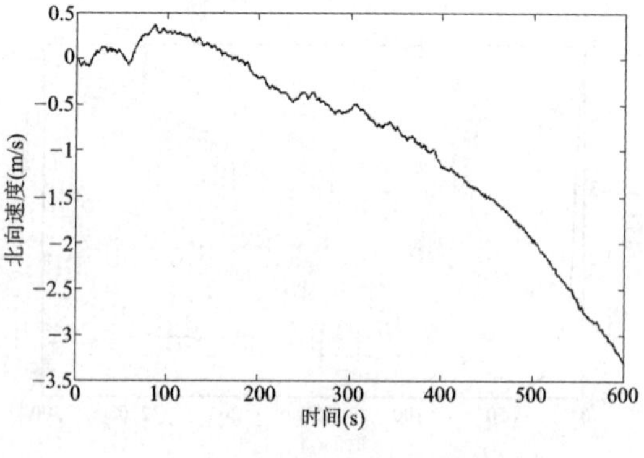

图 7.15　北向速度解算结果

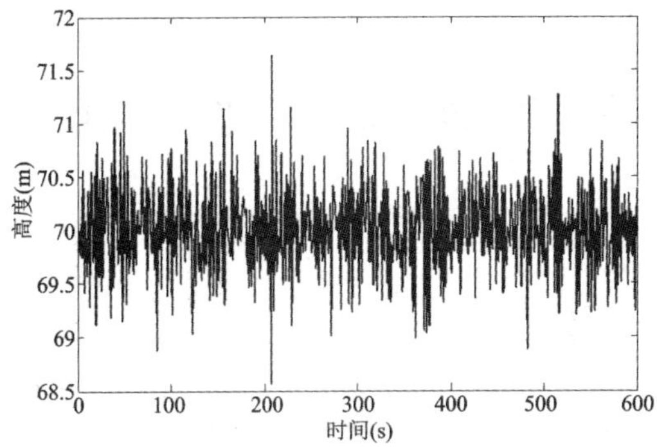

图 7.16　高度通道二阶阻尼后的高度

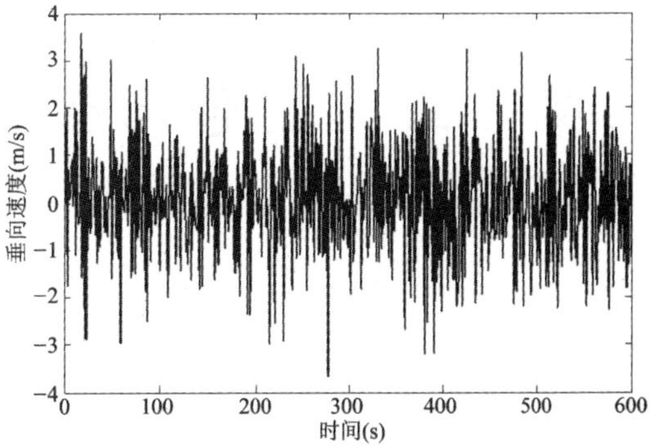

图 7.17　高度通道二阶阻尼后的垂向速度

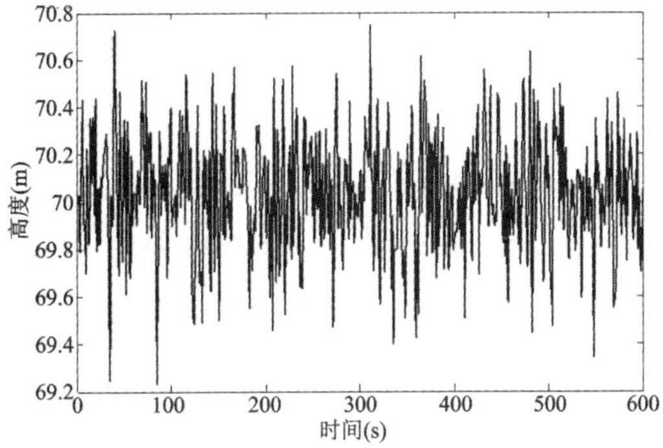

图 7.18　Kalman 滤波修正后的高度

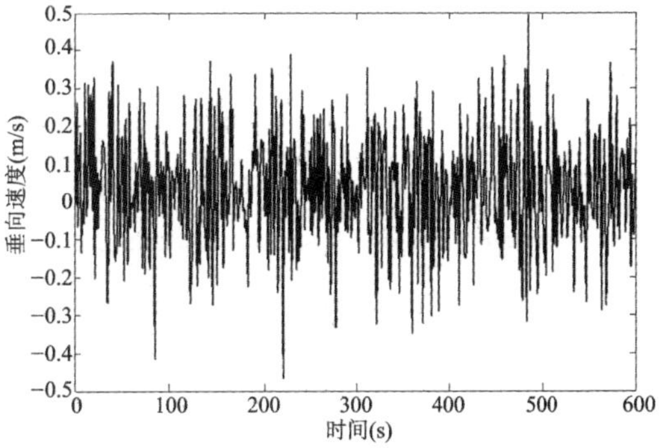

图 7.19　Kalman 滤波修正后的垂向速度

思考与练习题

7－1　说明捷联惯导系统不同实现方案的力学方程编排和解算过程。

7－2　分析并说明划分捷联惯导系统各个参数解算周期的意义。

7－3　举例说明惯导参数解算过程中不同参数更新采用不同数值积分算法的意义。

7－4　举例说明四阶龙格-库塔法中角速度使用依据及其优劣。

7－5　举例说明如何获取系统设计初始值。

7－6　归纳总结捷联惯导系统解算中的常值参数有哪些。

7－7　以指北方位系统为例，细化设计捷联惯导系统解算的软件程序流程图，并给出主要公式。

7－8　利用 C/C＋＋或 MATLAB 设计并实现捷联惯导系统参数解算。

第 8 章　姿态与航向参考系统设计与实现

8.1　概　述

对于捷联惯导系统，由于不存在实体平台，载体的姿态角的确定就不如平台惯导系统那样直观，而要通过载体坐标系与导航系之间的方向余弦矩阵（捷联矩阵 $\boldsymbol{T}_b^n$）的元素并借助于计算机的计算来实现，即

$$
\boldsymbol{T}_b^n = \begin{bmatrix} T_{11} & T_{12} & T_{13} \\ T_{21} & T_{22} & T_{23} \\ T_{31} & T_{32} & T_{33} \end{bmatrix}
$$

$$
= \begin{bmatrix} \cos\gamma\cos\psi_g - \sin\gamma\sin\vartheta\sin\psi_g & -\cos\vartheta\sin\psi_g & \sin\gamma\cos\psi_g + \cos\gamma\sin\vartheta\sin\psi_g \\ \cos\gamma\sin\psi_g + \sin\gamma\sin\vartheta\cos\psi_g & \cos\vartheta\cos\psi_g & \sin\gamma\sin\psi_g - \cos\gamma\sin\vartheta\cos\psi_g \\ -\sin\gamma\cos\vartheta & \sin\vartheta & \cos\gamma\cos\vartheta \end{bmatrix}
$$

$$
\psi_{g主} = \arctan\frac{-T_{12}}{T_{22}} \tag{8.1}
$$

$$
\vartheta_{主} = \arcsin T_{32} \qquad 或 \qquad \vartheta_{主} = \arctan\frac{T_{32}}{\sqrt{1-T_{32}^2}} \tag{8.2}
$$

$$
\gamma_{主} = \arctan\frac{-T_{31}}{T_{33}} \tag{8.3}
$$

$$
\psi_g = \begin{cases} \psi_{g主}, & T_{22} > 0 且 \psi_{g主} > 0 \\ \psi_{g主} + 360°, & T_{22} > 0 且 \psi_{g主} < 0 \\ \psi_{g主} + 180°, & T_{22} < 0 \end{cases} \tag{8.4}
$$

$$
\vartheta = \vartheta_{主} \tag{8.5}
$$

$$
\gamma = \begin{cases} \gamma_{主}, & T_{33} > 0 \\ \gamma_{主} + 180°, & T_{33} < 0 且 \gamma_{主} < 0 \\ \gamma_{主} - 180°, & T_{33} < 0 且 \gamma_{主} > 0 \end{cases} \tag{8.6}
$$

进而根据姿态角的定义域和反三角函数的主值域可以单值确定载体的姿态角。但进一步分析式(8.1)～式(8.3)可知，当俯仰角 $\vartheta\to 90°$（或滚动角 $\gamma\to 90°$）时，有 T_{22} 和 T_{33} 趋于 0（或 T_{32} 趋于 1），无法正确计算姿态角的主值。因为，此时极小的误差（如从 0^+ 到 0^-）就可能导致将近 180°的判断误差；而当分母足够小时又会导致计算机的计算溢出。对于大多数载体而言，当载体的姿态变化范围达不到俯仰角 $\vartheta\to 90°$（或滚动角 $\gamma\to 90°$）时，则不存在上述问题，但对于飞机、导弹或行人等载体是会存在俯仰角 $\vartheta\to 90°$（或滚动角 $\gamma\to 90°$）的情况。因此，当式(8.1)～式(8.3)中自变量分母 T_{22}，T_{31} 和 T_{33} 趋于 0（或 T_{32} 趋于 1）时，会导致姿态角的输出超出定义域，造成读数上的混乱。因此，需要专门的判定准则来确定载体的姿态角。

此外，从 7.5 节捷联惯导系统设计与实现的工程实例中可以看出，导航参数的解算结果随时间的增长是发散的，为了抑制导航参数随时间发散，需要其他导航系统辅助估计并补偿惯导系统的误差，这部分内容将在下一章中介绍。在本章中，主要讨论的内容是利用惯性测量组件(IMU)输出的角速度和加速度计信息以及磁罗盘输出的磁场强度信息来计算载体的姿态和航向信息，以保证导航系统能够长时间输出稳定的姿态和航向信息。

8.2　载体全姿态运动的姿态解算

8.2.1　俯仰角→90°的情况

当俯仰角 $\vartheta\to 90°$ 时，按照姿态角 $\psi_g\to\vartheta\to\gamma$ 的转动顺序，姿态角变化情况如图 8.1 所示，即按如下顺序转动：

$$x_n y_n z_n \xrightarrow[\psi_g]{\text{绕 } z_n \text{ 轴}} x_n^1 y_n^1 z_n^1 \xrightarrow[\vartheta=90°]{\text{绕 } x_n^1 \text{ 轴}} x_n^2 y_n^2 z_n^2 \xrightarrow[\gamma]{\text{绕 } y_n^2 \text{ 轴}} x_b y_b z_b$$

该转动获得的姿态角与如下转动获得的姿态角是等价的，即

$$x_n y_n z_n \xrightarrow[\psi_g+\gamma]{\text{绕 } z_n \text{ 轴}} x_n' y_n' z_n' \xrightarrow[\vartheta'=90°]{\text{绕 } x_n'} x_b y_b z_b$$

根据上述转动关系和图 8.1 可知，当 $\vartheta\to 90°$ 时，载体的航向轴和横滚轴重合，载体的 3 个姿态角自由度退化为 2 个姿态角自由度，无法分辨出航向角和横滚角的具体数值，只能判定航向角和横滚角的和，即 $\psi_g+\gamma$。

由于在捷联惯导系统中，捷联矩阵 $\boldsymbol{T}_b^n$ 的即时更新和姿态角的解算都是由计算机软件来完成的，当俯仰角处于$[90°-\varepsilon,\ 90°+\varepsilon]$(图 8.1 中的虚线圆锥区域)时就需要对姿态角进行特别判断，实现载体的全姿态解算。

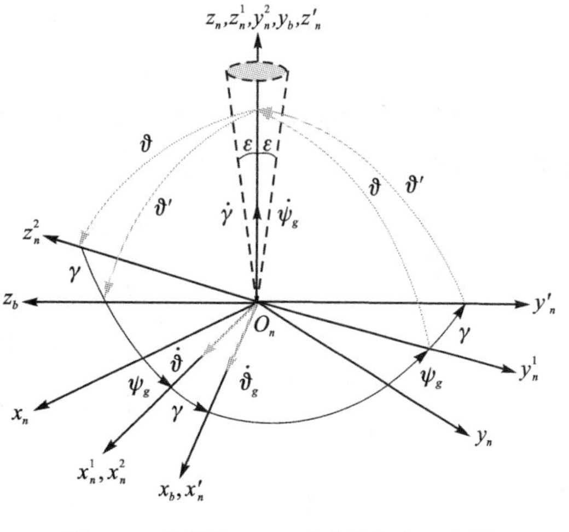

图 8.1　俯仰角 $\vartheta\to 90°$时的姿态示意图

1. 俯仰角 ϑ 的确定

正常情况下，可根据式(8.2)和式(8.5)计算俯仰角。当 $\vartheta\to 90°$ 时，有 $T_{32}\to 1$，分母趋于 0 而导致计算机计算溢出。此时，可根据精度要求，选择合适的 ε 数值，当分母足够小时直接根据 T_{32} 的数值来判断俯仰角 ϑ 的取值，即俯仰角的全姿态解算过程为

$$\vartheta=\begin{cases}\vartheta_{\text{主}}, & |T_{32}|<1-\varepsilon\\ 90°, & |T_{32}|>1-\varepsilon \text{ 且 } T_{32}>0\\ -90°, & |T_{32}|>1-\varepsilon \text{ 且 } T_{32}<0\end{cases}\tag{8.7}$$

根据式(8.7)计算出俯仰角后，可以进一步计算航向角和横滚角。

2. 航向角 ψ_g 的确定

正常情况下，可根据式(8.1)和式(8.4)计算航向角。当 $\vartheta\to 90°$时，有 $T_{12}\to 0$ 和 $T_{22}\to 0$。当 $\psi_g\to\frac{\pi}{2}$时，有$-T_{12}=\cos\vartheta\sin\psi_g>0$，而此时 $T_{22}=\cos\vartheta\cos\psi_g$ 的数值可能为 0^+，也可能为 0^-。由于计算机中趋于 0 的实数往往是不定的。当计算主值时，如果 T_{22} 为 0^+，则可求出 $\psi_g\approx\frac{\pi}{2}$，而当判断象限时，如果 T_{22} 为 0^-，则根据 $\psi_{g_主}>0$ 和 $T_{22}<0$ 这一条件将 ψ_g 误判为处于第三象限。此时应将 $\psi_{g_主}+\pi$ 作为 ψ_g 的真值，而实际求得的 $\psi_g\approx\frac{3\pi}{2}$，导致出现 π 角这么大的误差。这在实际应用时，对系统的控制是难以实现的。例如，载体在 k 时刻输出的航向角 $\psi_g=1.548\ 2\to\frac{\pi}{2}$(弧度)；而在 $k+1$ 时刻，$\psi_g=4.739\ 22\to\frac{3\pi}{2}$(弧度)，但此时载体并没有以大角度运动，而且让载体突然转向 180°也是难以实现的。此外，当 $T_{22}\to 0$ 时，利用式(8.1)计算航向角的主值还会出现计算溢出。为了避免上述情况的出现，当俯仰角处于$[90°-\varepsilon,90°+\varepsilon]$时，可根据$|T_{22}|<\varepsilon$ 以及$-T_{12}$ 的正负来直接判定航向角的真值。综上所述，航向角解算过程为

$$\psi_g=\begin{cases}\psi_{g_主}, & |T_{22}|>\varepsilon\ 且\ |T_{12}|>\varepsilon\ 且\ T_{22}>0\ 且\ -T_{12}>0\\ \psi_{g_主}+360°, & |T_{22}|>\varepsilon\ 且\ |T_{12}|>\varepsilon\ 且\ T_{22}>0\ 且\ -T_{12}<0\\ 0°, & |T_{22}|>\varepsilon\ 且\ |T_{12}|<\varepsilon\ 且\ T_{22}>0\\ \psi_{g_主}+180°, & |T_{22}|>\varepsilon\ 且\ T_{22}<0\\ 90°, & |T_{22}|<\varepsilon\ 且\ -T_{12}>0\\ 270°, & |T_{22}|<\varepsilon\ 且\ -T_{12}<0\end{cases}\tag{8.8}$$

当 $\vartheta\to 90°$时，姿态角由 3 个姿态自由度退化为 2 个姿态角自由度，如果令 $\gamma=0°$，且有 $\vartheta=\pm 90°$时，可根据 T_{21} 与 T_{11} 比值的反正切来确定航向角，即

$$\psi_{g_主}=\arctan\frac{T_{21}}{T_{11}}\tag{8.9}$$

$$\psi_g=\begin{cases}\psi_{g_主}, & |T_{11}|>\varepsilon\ 且\ |T_{21}|>\varepsilon\ 且\ T_{21}>0\ 且\ T_{11}>0\\ \psi_{g_主}+360°, & |T_{11}|>\varepsilon\ 且\ |T_{21}|>\varepsilon\ 且\ T_{21}<0\ 且\ T_{11}>0\\ 0°, & |T_{11}|>\varepsilon\ 且\ |T_{21}|<\varepsilon\ 且\ T_{11}>0\\ \psi_{g_主}+180°, & |T_{11}|>\varepsilon\ 且\ T_{11}<0\\ 90°, & |T_{11}|<\varepsilon\ 且\ T_{21}>0\\ 270°, & |T_{11}|<\varepsilon\ 且\ T_{21}<0\end{cases}\tag{8.10}$$

3. 滚动角 γ 的确定

滚动角 γ 真值的计算存在的问题和解决方法与航向角类同，因此就不再详细讨论，直接给出滚动角的真值计算公式为

$$\gamma=\begin{cases}\gamma_{主}, & |T_{33}|>\varepsilon \text{ 且 } T_{33}>0\\ \gamma_{主}-180°, & |T_{33}|>\varepsilon \text{ 且 } T_{33}<0 \text{ 且 } |T_{31}|>\varepsilon \text{ 且 } -T_{31}<0\\ \gamma_{主}+180°, & |T_{33}|>\varepsilon \text{ 且 } T_{33}<0 \text{ 且 } |T_{31}|>\varepsilon \text{ 且 } -T_{31}>0\\ 180°, & |T_{33}|>\varepsilon \text{ 且 } T_{33}<0 \text{ 且 } |T_{31}|<\varepsilon\\ 90°, & |T_{33}|<\varepsilon \text{ 且 } -T_{31}>0\\ -90°, & |T_{33}|<\varepsilon \text{ 且 } -T_{31}<0\end{cases} \tag{8.11}$$

8.2.2　横滚角→90°的情况

当俯仰角 $\gamma\to 90°$ 时，按照姿态角 $\psi_g\to\vartheta\to\gamma$ 的转动顺序，姿态角的变化情况如图 8.2 所示，即按如下顺序转动：

$$x_ny_nz_n\xrightarrow[\psi_g]{\text{绕 } z_n \text{ 轴}}x_n^1y_n^1z_n^1\xrightarrow[\vartheta]{\text{绕 } x_n^1 \text{ 轴}}x_n^2y_n^2z_n^2\xrightarrow[\gamma=90°]{\text{绕 } y_n^2 \text{ 轴}}x_by_bz_b$$

根据上述转动关系和图 8.2 可以得，当 $\gamma\to 90°$ 时，$T_{33}\to 0$，载体的 3 个姿态角自由度没有出现退化问题，但计算滚动角主值的式(8.3)出现了计算溢出问题。因此当滚动角处于$[90°-\varepsilon, 90°+\varepsilon]$时，需要对滚动角的真值直接进行判定，即

$$\gamma=\begin{cases}\gamma_{主}, & |T_{33}|>\varepsilon \text{ 且 } T_{33}>0\\ \gamma_{主}-180°, & |T_{33}|>\varepsilon \text{ 且 } T_{33}<0 \text{ 且 } -T_{31}<0\\ \gamma_{主}+180°, & |T_{33}|>\varepsilon \text{ 且 } T_{33}<0 \text{ 且 } -T_{31}>0\\ 90°, & |T_{33}|<\varepsilon \text{ 且 } T_{33}>0 \text{ 且 } -T_{31}>0 (\text{或 } |T_{33}|<\varepsilon \text{ 且 } T_{33}<0 \text{ 且 } -T_{31}<0)\\ -90°, & |T_{33}|<\varepsilon \text{ 且 } T_{33}>0 \text{ 且 } -T_{31}<0 (\text{或 } |T_{33}|<\varepsilon \text{ 且 } T_{33}<0 \text{ 且 } -T_{31}>0)\end{cases} \tag{8.12}$$

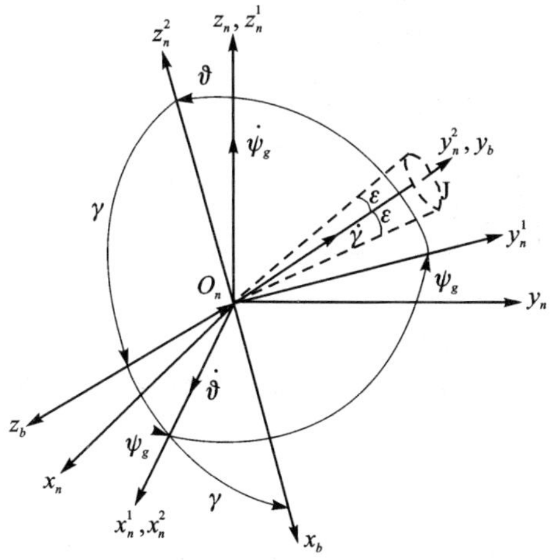

图 8.2　俯仰角 $\gamma\to 90°$ 时的姿态示意图

综上所述，载体全姿态航行姿态角的计算与判断流程如图 8.3 所示。

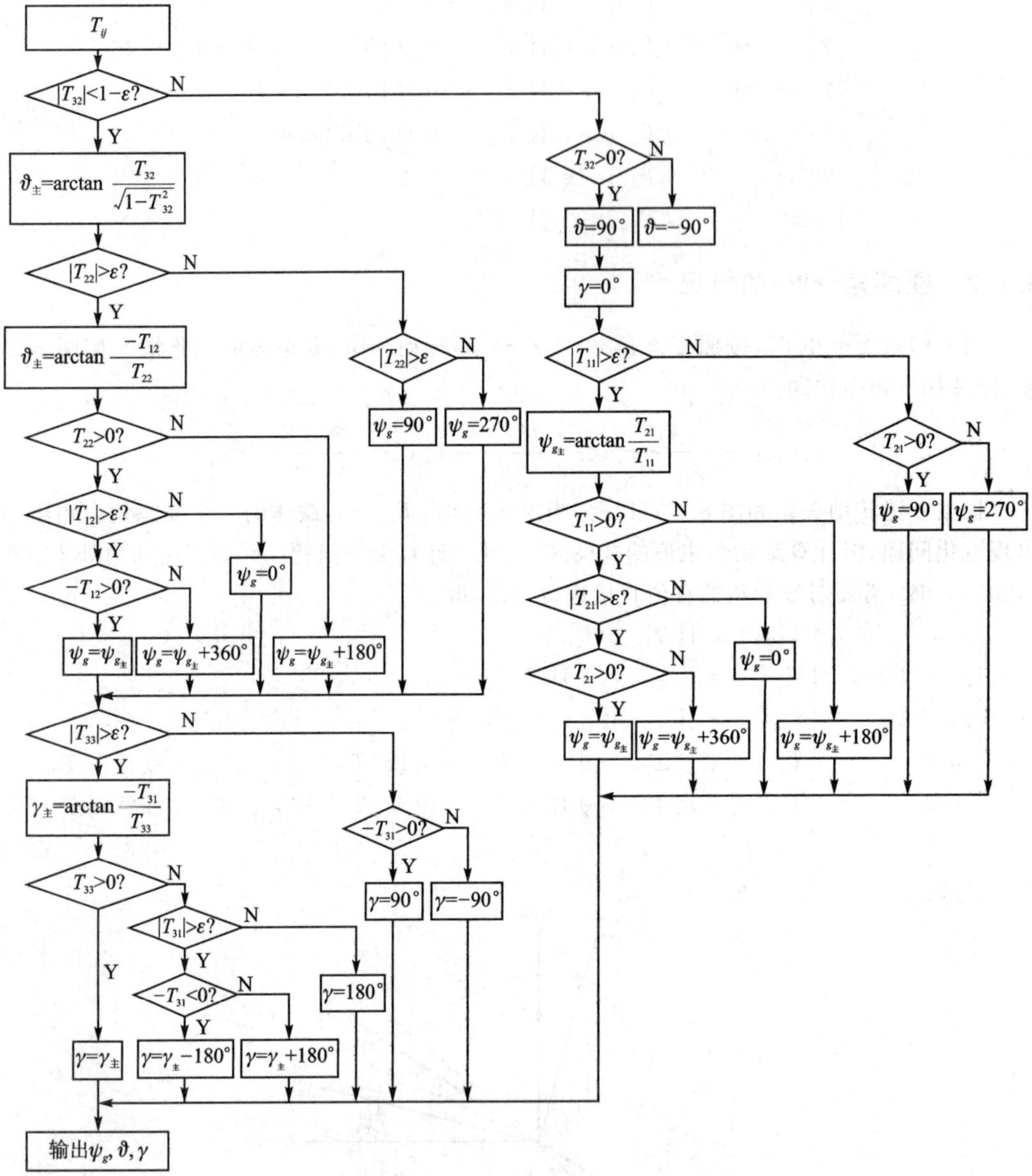

图 8.3 载体全姿态航行姿态角的计算与判断流程图

8.2.3 仿真实例

将 IMU 放置在转台上(保持水平),启动电源并采集数据。具体操作步骤为:① 静止状态采集数据约 120 s,转动 IMU 并使偏航角为 90°,静止状态采集数据约 30 s,将 IMU 再转回初始位置;② 静止状态采集数据约 30 s,转动 IMU 并使滚动角为 90°,静止状态采集数据约 30 s,将 IMU 再转回初始位置;③ 静止状态采集数据约 30 s,转动 IMU 并使俯仰角为 90°,静止状态采集数据约 60 s,将 IMU 再转回初始位置。实验测试结果如图 8.4 所示。

由图 8.4 中可以看出,$\vartheta \to 90°$时获得的全姿态角解算算法能够正确解算出姿态角。当滚

动角 $\gamma \to 90°$时，由于判断滚动角的式(8.12)与式(8.11)是相同的，因此此种情况下的滚动角判定已经包含在姿态角解算过程中了。

姿态角解算程序流程图(图 8.3)看似很复杂，但计算量很小，除了进行 3 次除法和反三角函数运算外，其他的运算都是简单的逻辑判断与算术运算，因此能够满足载体姿态计算的速度与精度要求。

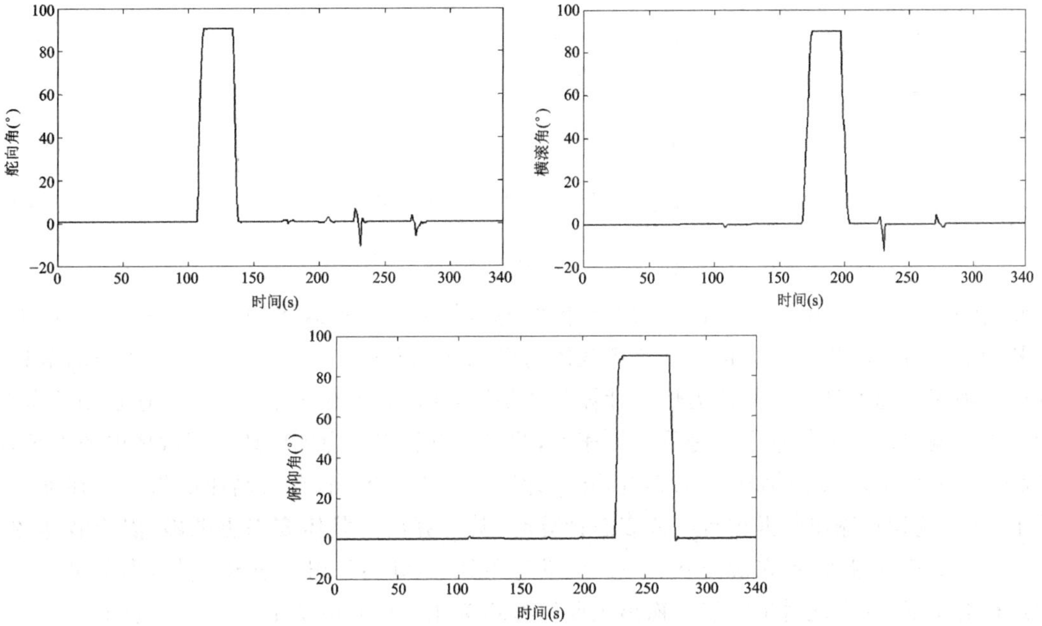

图 8.4　载体姿态角解算结果

8.3　低成本 AHRS 设计和实现方案 1

在实际的载体自主导航和控制中，姿态和航向信息是载体最重要的导航和控制信息。但从第 7 章的捷联惯导系统设计与实现的实例中可以看出，载体的姿态角随时间增长是发散的。因此，在实际应用中需要其他导航系统或传感器辅助来估计并补偿姿态误差。常用的方法是将 SINS 和全球卫星定位系统(Global Navigation Satellite System，GNSS)组合来估计并补偿姿态误差，但在一些应用情况，例如室内、峡谷以及复杂的城市环境等，GNSS 信号易受遮挡或干扰，导致 GNSS 信号不可用，使系统无法有效估计并补偿系统的误差。为了在实际中能够长时间获得稳定的姿态和航向信息，利用加速度计和陀螺仪输出数据的特点并结合磁罗盘的输出信息，形成姿态和航向参考系统，可以长时间提供载体的姿态和航向信息，使系统不再依赖其他传感器和导航系统的辅助。下面就讨论利用加速度计、陀螺仪和磁罗盘的输出信息来设计和实现姿态和航向参考系统(Attitude and Heading Reference System，AHRS)。

8.3.1　加速度计和陀螺仪输出数据分析

第 4 章已经讨论了利用陀螺仪的输出可以实时地计算载体角速度；且在 6.4 节低成本捷联惯导系统的初始对准中，讨论了当捷联惯导系统处于静止状态下可以利用加速度计和磁罗

盘的输出来计算载体的姿态角，即（为了讨论方便，本节对其重新编号）

$$\hat{\gamma}=\arctan\frac{f_x^b}{-f_z^b} \tag{8.13}$$

$$\hat{\vartheta}=\arctan\frac{f_y^b}{\sqrt{f_x^{b2}+f_z^{b2}}} \tag{8.14}$$

$$\hat{\psi}_{m_{主}}=\arctan\frac{M_x^*}{M_y^*}=\arctan\frac{m_x^b\cos\hat{\gamma}+m_z^b\sin\hat{\gamma}}{m_x^b\sin\hat{\gamma}\sin\hat{\vartheta}+m_y^b\cos\hat{\vartheta}-m_z^b\cos\hat{\gamma}\sin\hat{\vartheta}} \tag{8.15}$$

$$\hat{\psi}_m=\begin{cases}\hat{\psi}_{m_{主}}, & M_y^*>0\text{ 且 }\hat{\psi}_{m_{主}}>0\\ \hat{\psi}_{m_{主}}+2\pi, & M_y^*>0\text{ 且 }\hat{\psi}_{m_{主}}<0\\ \hat{\psi}_{m_{主}}+\pi, & M_y^*<0\end{cases} \tag{8.16}$$

因此，在实际系统应用中，既可以利用陀螺仪的输出数据来计算载体的姿态和航向信息，也可以利用加速度计输出的比力信息来计算载体的姿态和航向信息，而且二者具有较强的信息互补性。利用加速度计输出的比力信息计算载体的姿态时，载体在静止状态或匀速运动状态下，加速度计输出的比力信息主要是重力加速度，此时可以利用比力准确地计算载体的姿态角；而在高动态环境下，受载体加速度的影响，此时计算的姿态不准确，存有高频的噪声。在动态环境下，利用陀螺仪输出数据进行载体姿态计算时，其计算出的载体姿态更准确，因为载体的角速度大于噪声的量级；而在静止状态下或低动态条件下，利用陀螺仪输出值计算载体的姿态受噪声影响明显，因为此时陀螺仪的输出主要以噪声为主。两种计算载体姿态信息的方法具有明显的互补性。因此，在实际应用中，可充分利用加速度计在静止或低动态环境以及陀螺仪在高动态环境下信息的互补性，将二者的信息进行组合，来实现载体姿态和航向信息的计算，其低通滤波、高通滤波及二者组合的示意图如图 8.5 所示。

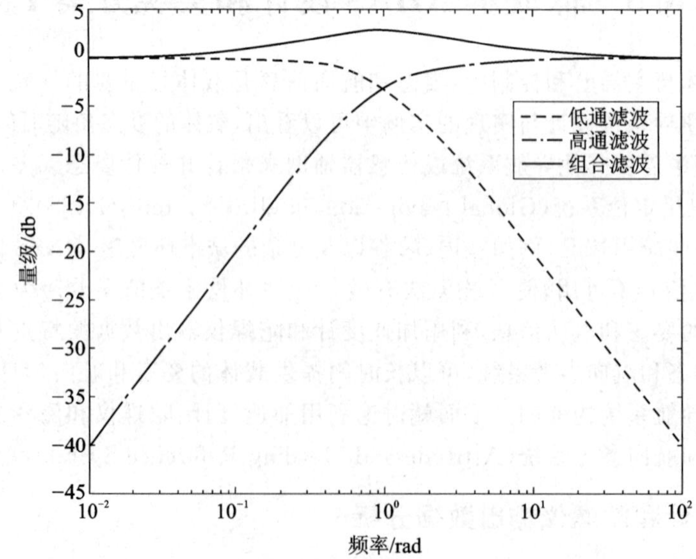

图 8.5　互补滤波特性示意图

8.3.2　方案设计与实现

一个基于分布式滤波的低成本姿态和航向参考系统的总体方案设计如图 8.6 所示。

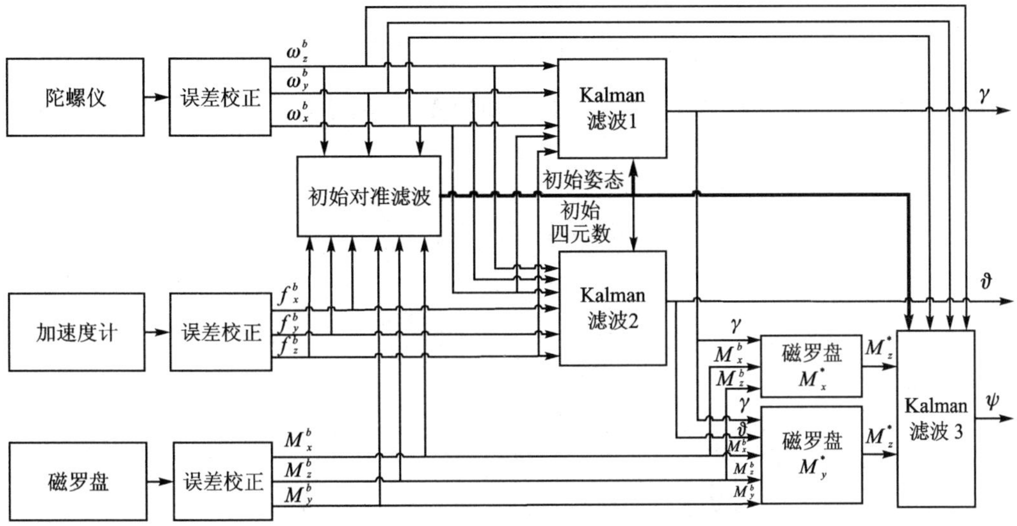

图 8.6　AHRS 方案原理框图

1. 初始对准

在低成本捷联惯导系统中，可以直接利用式(8.13)～式(8.16)计算出的姿态和航向信息作为系统的初始值。但由于受环境因素以及传感器自身精度的限制，在进行初始粗对准的时候不能完全保证系统是静止状态，导致利用式(8.13)～式(8.16)计算载体的初始姿态和航向信息存在误差，因此，也可以利用加速度计和陀螺仪计算载体姿态和航向信息的特性来进一步计算初始姿态，即将二者计算的姿态信息采用互补滤波进行融合，滤除干扰噪声的影响。互补滤波算法的思想就是利用陀螺仪的高通特性和加速度计的低通特性，融合两种信息的有效信息进而得到比较可靠的姿态信息。该算法可有效抑制陀螺漂移的影响，而且加速度计的低动态特性也得到了补偿，其示意图如图 8.7 所示。

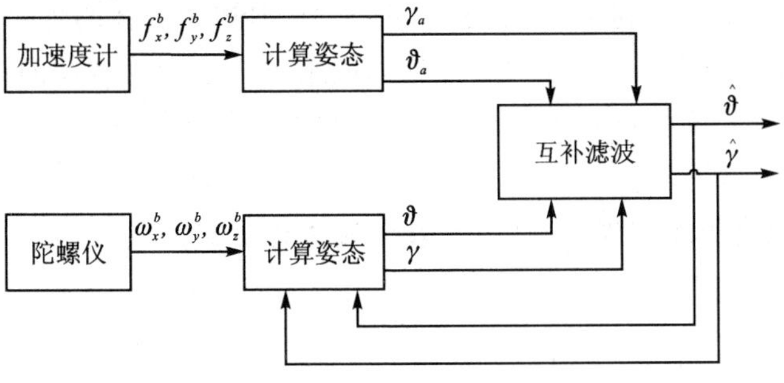

图 8.7　互补滤波示意图

互补滤波主要有一阶和二阶两种，二阶互补滤波由一个二阶低通滤波和一个二阶高通滤波组成，其数学模型为

$$\hat{\gamma}=\frac{\omega_0^2(2\zeta/\omega_0)D}{D^2+2\zeta\omega_0 D+\omega_0^2}\gamma_a+\frac{D^2}{D^2+2\zeta\omega_0 D+\omega_0^2}\gamma \tag{8.17}$$

$$\hat{\vartheta}=\frac{\omega_0^2(2\zeta/\omega_0)D}{D^2+2\zeta\omega_0 D+\omega_0^2}\vartheta_a+\frac{D^2}{D^2+2\zeta\omega_0 D+\omega_0^2}\vartheta \tag{8.18}$$

式中，D 为差分算子；ω_0 为自然频率；ζ 为阻尼比。

首先利用式(8.13)～式(8.15)粗略地计算初始姿态角 $\hat{\psi}_{m_0}$，$\hat{\vartheta}_0$ 和 $\hat{\gamma}_0$，并对四元数进行初始化，即

$$q_0=\cos\frac{\hat{\psi}_{m_0}}{2}\cos\frac{\hat{\vartheta}_0}{2}\cos\frac{\hat{\gamma}_0}{2}-\sin\frac{\hat{\psi}_{m_0}}{2}\sin\frac{\hat{\vartheta}_0}{2}\sin\frac{\hat{\gamma}_0}{2} \tag{8.19a}$$

$$q_1=\cos\frac{\hat{\psi}_{m_0}}{2}\sin\frac{\hat{\vartheta}_0}{2}\cos\frac{\hat{\gamma}_0}{2}-\sin\frac{\hat{\psi}_{m_0}}{2}\cos\frac{\hat{\vartheta}_0}{2}\sin\frac{\hat{\gamma}_0}{2} \tag{8.19b}$$

$$q_2=\cos\frac{\hat{\psi}_{m_0}}{2}\cos\frac{\hat{\vartheta}_0}{2}\sin\frac{\hat{\gamma}_0}{2}+\sin\frac{\hat{\psi}_{m_0}}{2}\sin\frac{\hat{\vartheta}_0}{2}\cos\frac{\hat{\gamma}_0}{2} \tag{8.19c}$$

$$q_3=\cos\frac{\hat{\psi}_{m_0}}{2}\sin\frac{\hat{\vartheta}_0}{2}\sin\frac{\hat{\gamma}_0}{2}+\sin\frac{\hat{\psi}_{m_0}}{2}\cos\frac{\hat{\vartheta}_0}{2}\cos\frac{\hat{\gamma}_0}{2} \tag{8.19d}$$

进而更新四元数微分方程，为

$$\begin{bmatrix}\dot{q}_0\\\dot{q}_1\\\dot{q}_2\\\dot{q}_3\end{bmatrix}=\frac{1}{2}\begin{bmatrix}0 & -\omega_{nbx}^b & -\omega_{nby}^b & -\omega_{nbz}^b\\\omega_{nbx}^b & 0 & \omega_{nbz}^b & -\omega_{nby}^b\\\omega_{nby}^b & -\omega_{nbz}^b & 0 & \omega_{nbx}^b\\\omega_{nbz}^b & \omega_{nby}^b & -\omega_{nbx}^b & 0\end{bmatrix}\begin{bmatrix}q_0\\q_1\\q_2\\q_3\end{bmatrix} \tag{8.20}$$

利用数值积分算法对式(8.20)进行积分可以获得由陀螺仪计算出的载体姿态角 ϑ 和 γ，进而利用式(8.13)和式(8.14)计算出姿态角，记为 ϑ_a 和 γ_a。将两种方式计算的姿态信息用式(8.17)和式(8.18)进行组合滤波，获得姿态的估计值 $\hat{\vartheta}$ 和 $\hat{\gamma}$ 后，再利用式(8.15)和式(8.16)计算载体的航向角。

综上所述，在实际应用中利用式(8.13)～式(8.16)计算出载体的姿态和航向角，既可以将该航向角作为系统的初始值，也可以利用互补滤波来进一步计算载体的初始姿态和航向角。在实际应用中，可根据实际需求来选择初始姿态和航向角的计算方法。

2. 姿态和航向参考系统

在姿态和航向信息更新过程中，以四元数作为状态量 $\boldsymbol{X}=[q_0\quad q_1\quad q_2\quad q_3]^{\mathrm{T}}$ 来构建系统的状态方程，即

$$\dot{\boldsymbol{X}}=\begin{bmatrix}\dot{q}_0\\\dot{q}_1\\\dot{q}_2\\\dot{q}_3\end{bmatrix}=\frac{1}{2}\begin{bmatrix}0 & -\omega_{nbx}^b & -\omega_{nby}^b & -\omega_{nbz}^b\\\omega_{nbx}^b & 0 & \omega_{nbz}^b & -\omega_{nby}^b\\\omega_{nby}^b & -\omega_{nbz}^b & 0 & \omega_{nbx}^b\\\omega_{nbz}^b & \omega_{nby}^b & -\omega_{nbx}^b & 0\end{bmatrix}\begin{bmatrix}q_0\\q_1\\q_2\\q_3\end{bmatrix}$$

$$
=\frac{1}{2}\begin{bmatrix} 0 & -\hat{\omega}_{nbx}^{b} & -\hat{\omega}_{nby}^{b} & -\hat{\omega}_{nbz}^{b} \\ \hat{\omega}_{nbx}^{b} & 0 & \hat{\omega}_{nbz}^{b} & -\hat{\omega}_{nby}^{b} \\ \hat{\omega}_{nby}^{b} & -\hat{\omega}_{nbz}^{b} & 0 & \hat{\omega}_{nbx}^{b} \\ \hat{\omega}_{nbz}^{b} & \hat{\omega}_{nby}^{b} & -\hat{\omega}_{nbx}^{b} & 0 \end{bmatrix}\begin{bmatrix} q_0 \\ q_1 \\ q_2 \\ q_3 \end{bmatrix}+\frac{1}{2}\begin{bmatrix} q_1 & q_2 & q_3 \\ -q_0 & q_3 & -q_2 \\ -q_3 & -q_0 & q_1 \\ q_2 & -q_1 & -q_0 \end{bmatrix}\begin{bmatrix} \delta\omega_{nbx}^{b} \\ \delta\omega_{nby}^{b} \\ \delta\omega_{nbz}^{b} \end{bmatrix}
$$

$$
=\boldsymbol{F}(t)\boldsymbol{X}(t)+\boldsymbol{G}(t)\boldsymbol{W}(t) \tag{8.21}
$$

式中，$\boldsymbol{\omega}_{nb}^{b}=\hat{\boldsymbol{\omega}}_{nb}^{b}-\delta\boldsymbol{\omega}_{nb}^{b}$；$\boldsymbol{\omega}_{nb}^{b}=\begin{bmatrix}\omega_{nbx}^{b} & \omega_{nby}^{b} & \omega_{nbz}^{b}\end{bmatrix}^{\mathrm{T}}$ 和 $\hat{\boldsymbol{\omega}}_{nb}^{b}=\begin{bmatrix}\hat{\omega}_{nbx}^{b} & \hat{\omega}_{nby}^{b} & \hat{\omega}_{nbz}^{b}\end{bmatrix}^{\mathrm{T}}$ 分别为陀螺仪的理想输出值和实际输出值；$\delta\boldsymbol{\omega}_{nb}^{b}=\begin{bmatrix}\delta\omega_{nbx}^{b} & \delta\omega_{nby}^{b} & \delta\omega_{nbz}^{b}\end{bmatrix}^{\mathrm{T}}$ 为陀螺等效漂移；$\boldsymbol{F}(t)$为状态转移矩阵；$\boldsymbol{G}(t)$为噪声方差矩阵。

根据加速度计输出的数值，利用式(8.13)～式(8.16)计算出载体的姿态和航向角 ψ_m，ϑ_a 和 γ_a。根据陀螺仪输出值更新式(8.20)，进而通过数值积分实时更新四元数和捷联姿态矩阵 $\boldsymbol{T}_b^n$，为

$$
\boldsymbol{T}_b^n=\begin{bmatrix} T_{11} & T_{12} & T_{13} \\ T_{21} & T_{22} & T_{23} \\ T_{31} & T_{32} & T_{33} \end{bmatrix}=\begin{bmatrix} q_0^2+q_1^2-q_2^2-q_3^2 & 2(q_1q_2-q_0q_3) & 2(q_1q_3+q_0q_2) \\ 2(q_1q_2+q_0q_3) & q_0^2-q_1^2+q_2^2-q_3^2 & 2(q_2q_3-q_0q_1) \\ 2(q_1q_3-q_0q_2) & 2(q_2q_3+q_0q_1) & q_0^2-q_1^2-q_2^2+q_3^2 \end{bmatrix} \tag{8.22}
$$

进而根据式(8.1)～式(8.6)计算出载体的姿态角，即

$$
\psi=\arctan\frac{2(q_1q_2-q_0q_3)}{q_0^2-q_1^2+q_2^2-q_3^2} \tag{8.23}
$$

$$
\vartheta=\arcsin(2q_2q_3+2q_0q_1) \tag{8.24}
$$

$$
\gamma=\arctan\frac{2(q_1q_3-q_0q_2)}{q_0^2-q_1^2-q_2^2+q_3^2} \tag{8.25}
$$

根据加速度计输出值计算的载体姿态和航向角以及陀螺仪输出值计算的载体姿态和航向角构造量测方程，即

$$
\boldsymbol{Z}(t)=\begin{bmatrix} Z_1(t) \\ Z_2(t) \\ Z_3(t) \end{bmatrix}=\begin{bmatrix} \Delta\psi \\ \Delta\vartheta \\ \Delta\gamma \end{bmatrix}=\begin{bmatrix} \psi_m-\psi \\ \vartheta_a-\vartheta \\ \gamma_a-\gamma \end{bmatrix}=\boldsymbol{H}(t,q)+\boldsymbol{V}(t) \tag{8.26}
$$

式中，$\boldsymbol{Z}(t)=\begin{bmatrix}\delta\psi & \delta\vartheta & \delta\gamma\end{bmatrix}^{\mathrm{T}}$ 为姿态和航向角误差；$\boldsymbol{H}(t,q)$为量测矩阵，是非线性的；$\boldsymbol{V}(t)$为测量噪声。

由于式(8.21)和式(8.26)是非线性方程，采用扩展 Kalman 滤波(Extended Kalman Filter，EKF)来估计系统的状态。在进行状态估计前须对式(8.21)和式(8.26)进行线性化，即对式(8.23)～式(8.25)求导，得

$$
\boldsymbol{H}=\begin{bmatrix}\dfrac{\partial\Delta\psi}{\partial X} & \dfrac{\partial\Delta\vartheta}{\partial X} & \dfrac{\partial\Delta\gamma}{\partial X}\end{bmatrix}^{\mathrm{T}} \tag{8.27a}
$$

$$
\frac{\partial\Delta\psi}{\partial X}=\begin{bmatrix}\dfrac{\partial\Delta\psi}{\partial q_0} & \dfrac{\partial\Delta\psi}{\partial q_1} & \dfrac{\partial\Delta\psi}{\partial q_2} & \dfrac{\partial\Delta\psi}{\partial q_3}\end{bmatrix} \tag{8.27b}
$$

$$
\frac{\partial\Delta\vartheta}{\partial X}=\begin{bmatrix}\dfrac{\partial\Delta\vartheta}{\partial q_0} & \dfrac{\partial\Delta\vartheta}{\partial q_1} & \dfrac{\partial\Delta\vartheta}{\partial q_2} & \dfrac{\partial\Delta\vartheta}{\partial q_3}\end{bmatrix} \tag{8.27c}
$$

$$\frac{\partial \Delta\gamma}{\partial X}=\begin{bmatrix}\frac{\partial \Delta\gamma}{\partial q_0} & \frac{\partial \Delta\gamma}{\partial q_1} & \frac{\partial \Delta\gamma}{\partial q_2} & \frac{\partial \Delta\gamma}{\partial q_3}\end{bmatrix} \tag{8.27d}$$

$$\frac{\partial \psi}{\partial q_0}=\frac{-2q_3(q_0^2-q_1^2+q_2^2-q_3^2)-4q_0(q_1q_2-q_0q_3)}{4(q_1q_2-q_0q_3)^2+(q_0^2-q_1^2+q_2^2-q_3^2)^2} \tag{8.28a}$$

$$\frac{\partial \psi}{\partial q_1}=\frac{2q_2(q_0^2-q_1^2+q_2^2-q_3^2)+4q_1(q_1q_2-q_0q_3)}{4(q_1q_2-q_0q_3)^2+(q_0^2-q_1^2+q_2^2-q_3^2)^2} \tag{8.28b}$$

$$\frac{\partial \psi}{\partial q_2}=\frac{2q_1(q_0^2-q_1^2+q_2^2-q_3^2)-4q_2(q_1q_2-q_0q_3)}{4(q_1q_2-q_0q_3)^2+(q_0^2-q_1^2+q_2^2-q_3^2)^2} \tag{8.28c}$$

$$\frac{\partial \psi}{\partial q_3}=\frac{-2q_0(q_0^2-q_1^2+q_2^2-q_3^2)+4q_3(q_1q_2-q_0q_3)}{4(q_1q_2-q_0q_3)^2+(q_0^2-q_1^2+q_2^2-q_3^2)^2} \tag{8.28d}$$

$$\frac{\partial \vartheta}{\partial q_0}=\frac{2q_1}{\sqrt{1-(2(q_0q_1+q_2q_3))^2}} \tag{8.29a}$$

$$\frac{\partial \vartheta}{\partial q_1}=\frac{2q_0}{\sqrt{1-(2(q_0q_1+q_2q_3))^2}} \tag{8.29b}$$

$$\frac{\partial \vartheta}{\partial q_2}=\frac{2q_3}{\sqrt{1-(2(q_0q_1+q_2q_3))^2}} \tag{8.29c}$$

$$\frac{\partial \vartheta}{\partial q_3}=\frac{2q_2}{\sqrt{1-(2(q_0q_1+q_2q_3))^2}} \tag{8.29d}$$

$$\frac{\partial \gamma}{\partial q_0}=\frac{-2q_2(q_0^2-q_1^2-q_2^2+q_3^2)-4q_0(q_1q_3-q_0q_2)}{4(q_1q_3-q_0q_2)^2+(q_0^2-q_1^2-q_2^2+q_3^2)^2} \tag{8.30a}$$

$$\frac{\partial \gamma}{\partial q_1}=\frac{2q_3(q_0^2-q_1^2-q_2^2+q_3^2)+4q_1(q_1q_3-q_0q_2)}{4(q_1q_3-q_0q_2)^2+(q_0^2-q_1^2-q_2^2+q_3^2)^2} \tag{8.30b}$$

$$\frac{\partial \gamma}{\partial q_2}=\frac{-2q_0(q_0^2-q_1^2-q_2^2+q_3^2)+4q_2(q_1q_3-q_0q_2)}{4(q_1q_3-q_0q_2)^2+(q_0^2-q_1^2-q_2^2+q_3^2)^2} \tag{8.30c}$$

$$\frac{\partial \gamma}{\partial q_3}=\frac{2q_1(q_0^2-q_1^2-q_2^2+q_3^2)-4q_3(q_1q_3-q_0q_2)}{4(q_1q_3-q_0q_2)^2+(q_0^2-q_1^2-q_2^2+q_3^2)^2} \tag{8.30d}$$

利用式(8.21)～式(8.30)估计出状态量 $\boldsymbol{X}=[q_0 \quad q_1 \quad q_2 \quad q_3]^{\mathrm{T}}$ 后，更新捷联矩阵式(8.22)，进而利用式(8.1)～式(8.6)计算载体的姿态和航向角。

8.3.3 仿真实例

利用北航数字导航中心自主研发的无人机自主导航与姿态和航向参考系统进行地面和飞行测试。在线采集加速度计、陀螺仪和磁罗盘的数据，离线计算姿态和航向信息。在地面实验中，首先将系统放置在地面，并使系统大约指向北，然后按 90°→180°→270°→360°的顺序手动旋转，每旋转一次后采集一段时间的数据。实验测试结果如图 8.8 所示，其中参考信息是 SINS/GPS 组合导航系统结果。

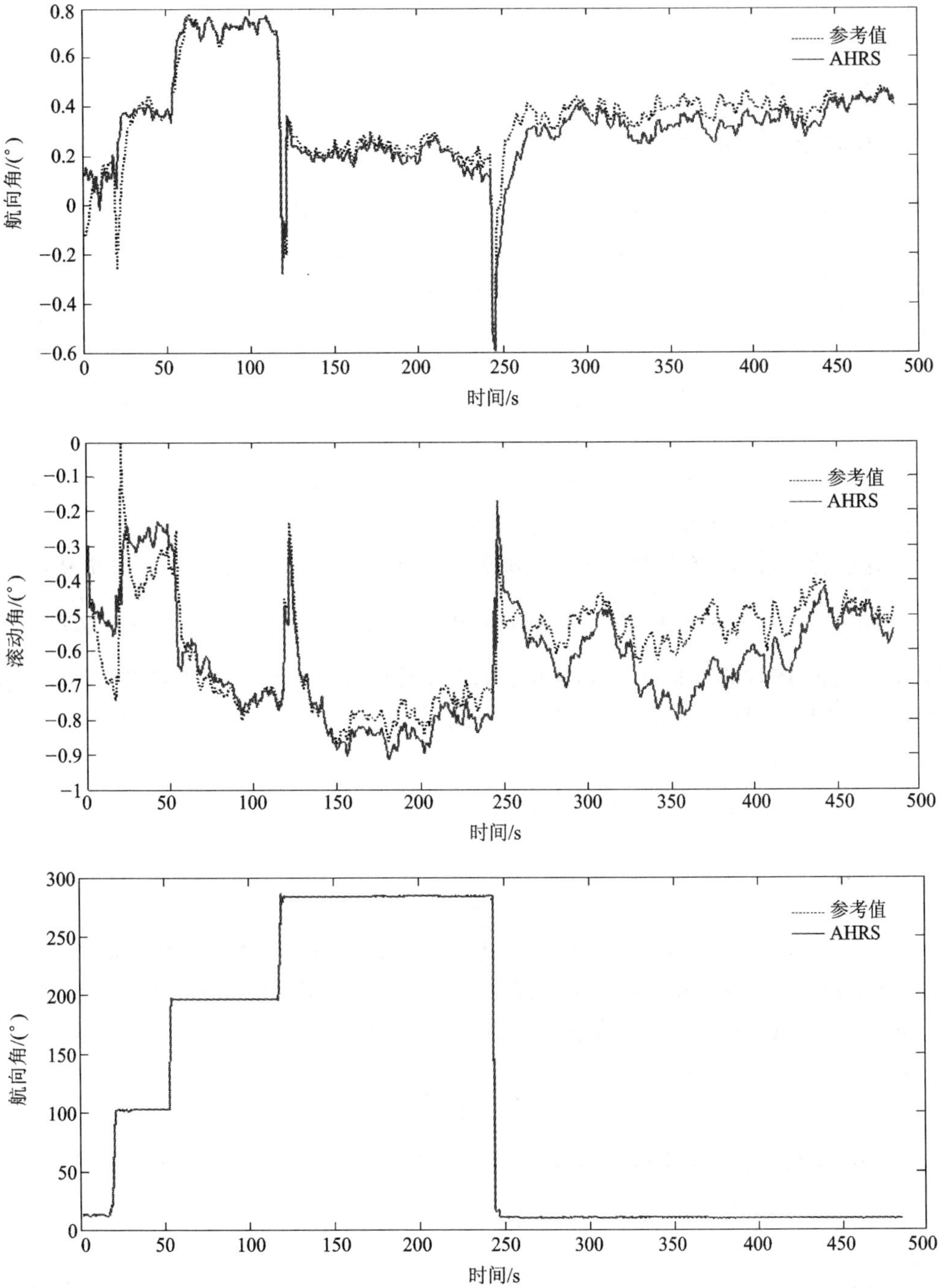

图 8.8　姿态和航向角

8.4　低成本 AHRS 设计和实现方案 2

在姿态和航向参考系统中，磁强计的观测数据主要用于修正航向角，加速度计的观测数据主要用于修正俯仰角和横滚角。然而磁强计易受外部磁干扰环境的影响使得磁观测数据中包含了异常的数据,异常的磁观测数据不仅会使航向角的估计产生误差,还会对俯仰角和横滚角产生影响。为解决该问题而设计了一种基于两步观测更新的卡尔曼滤波算法,其主要目的是避免磁干扰对俯仰角和横滚角的估计产生影响。

8.4.1 系统动力学模型

姿态和航向参考系统主要是利用陀螺仪测量的角速度信息更新姿态角;利用加速度计和陀螺仪测量的实时加速度和磁场信息,分别与重力参考向量和地磁场参考向量在载体坐标系的投影作差,形成观测,用以修正由陀螺仪输出计算得到的姿态角。

1. 四元数微分方程

由第 4 章可知,在捷联惯导系统中,用以描述载体坐标系(右前上坐标系,简称 b 系)到导航坐标系(东北天坐标系,简称 n 系)的转换矩阵被称为捷联姿态矩阵,其有两种表达方式,一种是用欧拉角来表示 $\boldsymbol{T}_b^n(\psi,\vartheta,\gamma)$,另一种是用四元数来表示 $\boldsymbol{T}_b^n(\boldsymbol{Q})$,且二者是等价的,其中 $\boldsymbol{Q}=[q_0 \quad q_1 \quad q_2 \quad q_3]^{\mathrm{T}}\in\boldsymbol{R}^4$ 为四元数。因为两种描述旋转方式的捷联姿态矩阵是等价的,而且四元数和姿态角间存在着对应关系,因此在实际应用中,将姿态和航向参考系统中对姿态角的估计问题转化为对四元数的估计问题。通常采用四元数法进行姿态角的递推更新,进而实现姿态和航向参考系统的更新。四元数更新需要利用四元数的微分方程 $\dot{\boldsymbol{Q}}=\dfrac{1}{2}\boldsymbol{Q}\boldsymbol{\omega}_{nb}^b$。但由于低成本的 *MEMS* 陀螺仪精度较低,无法有效敏感地球自转角速度,同时载体的运动产生的位置角速度又很小,因此在低成本的姿态和航向参考系统中,载体角速度 $\boldsymbol{\omega}_{nb}^b$ 近似等于载体系相对于惯性系的角速率 $\boldsymbol{\omega}_{ib}^b$,即

$$\boldsymbol{\omega}_{nb}^b=\boldsymbol{\omega}_{ib}^b-\boldsymbol{\omega}_{in}^b=\boldsymbol{\omega}_{ib}^b-\boldsymbol{\omega}_{ie}^b-\boldsymbol{\omega}_{en}^b\approx\boldsymbol{\omega}_{ib}^b \tag{8.31}$$

于是四元数微分方程可写为

$$\dot{\boldsymbol{Q}}=\frac{1}{2}\boldsymbol{Q}\boldsymbol{\omega}_{ib}^b \tag{8.32}$$

式(8.32)描述了载体运动时姿态变换的理想动力学模型,是估计载体姿态的基础。但在实际应用中,受陀螺仪等效漂移和计算误差的影响,姿态和航向参考系统无法获得四元数和陀螺仪输出值的真实值,只能利用其估计值来更新姿态信息,其四元数估计值的微分方程为

$$\dot{\hat{\boldsymbol{Q}}}=\frac{1}{2}\hat{\boldsymbol{Q}}\hat{\boldsymbol{\omega}}_{ib}^b \tag{8.33}$$

式中,$\hat{\boldsymbol{\omega}}_{ib}^b$ 为陀螺仪的实际输出值;$\hat{\boldsymbol{Q}}$ 为四元数的估计值,其与四元数真实值间的关系为

$$\boldsymbol{Q}=\hat{\boldsymbol{Q}}\boldsymbol{Q}_e \tag{8.34}$$

式中,$\boldsymbol{Q}_e$ 为误差四元数。

式(8.34)的物理含义是将实际的姿态变换假设为两次转动,第一次转动了估计姿态角,第二次转动了估计姿态的误差角,经过两次转动最终确定载体的实时姿态。式(8.34)的微分方程可写为

$$\dot{\boldsymbol{Q}}=\dot{\hat{\boldsymbol{Q}}}\boldsymbol{Q}_e+\hat{\boldsymbol{Q}}\dot{\boldsymbol{Q}}_e \tag{8.35}$$

通过式(8.35)两个转动过程确定载体的实时姿态时,误差四元数的 $\boldsymbol{Q}_e$ 更新并不依赖于角速率 $\boldsymbol{\omega}_{ib}^b$,其主要依赖陀螺仪的误差,且通常认为其是一个小量,因此其可以近似为

$$\boldsymbol{Q}_e \approx [1 \quad \boldsymbol{q}_e]^{\mathrm{T}} = [1 \quad q_{e1} \quad q_{e2} \quad q_{e3}]^{\mathrm{T}} \tag{8.36}$$

由式(8.33)和式(8.35)可知

$$\dot{\boldsymbol{Q}} = \frac{1}{2}\boldsymbol{Q}\boldsymbol{\omega}_{ib}^{b} = \dot{\hat{\boldsymbol{Q}}}\boldsymbol{Q}_e + \hat{\boldsymbol{Q}}\dot{\boldsymbol{Q}}_e = \left(\frac{1}{2}\hat{\boldsymbol{Q}}\hat{\boldsymbol{\omega}}_{ib}^{b}\right)\boldsymbol{Q}_e + \hat{\boldsymbol{Q}}\dot{\boldsymbol{Q}}_e \tag{8.37}$$

将式(8.34)代入式(8.37)中，得

$$\frac{1}{2}\hat{\boldsymbol{Q}}\boldsymbol{Q}_e\boldsymbol{\omega}_{ib}^{b} = \dot{\hat{\boldsymbol{Q}}}\boldsymbol{Q}_e + \hat{\boldsymbol{Q}}\dot{\boldsymbol{Q}}_e = \left(\frac{1}{2}\hat{\boldsymbol{Q}}\hat{\boldsymbol{\omega}}_{ib}^{b}\right)\boldsymbol{Q}_e + \hat{\boldsymbol{Q}}\dot{\boldsymbol{Q}}_e \tag{8.38}$$

式(8.38)两端同时乘以四元数 $\hat{\boldsymbol{Q}}$ 的逆 $\hat{\boldsymbol{Q}}^{-1}$，得

$$\frac{1}{2}\boldsymbol{Q}_e\boldsymbol{\omega}_{ib}^{b} = \frac{1}{2}\hat{\boldsymbol{\omega}}_{ib}^{b}\boldsymbol{Q}_e + \dot{\boldsymbol{Q}}_e \tag{8.39}$$

由四元数的乘法运算法则可得

$$\boldsymbol{Q}_e\hat{\boldsymbol{\omega}}_{ib}^{b} = \begin{bmatrix} 0 & -\hat{\omega}_{ibx}^{b} & -\hat{\omega}_{iby}^{b} & -\hat{\omega}_{ibz}^{b} \\ \hat{\omega}_{ibx}^{b} & 0 & \hat{\omega}_{ibz}^{b} & -\hat{\omega}_{iby}^{b} \\ \hat{\omega}_{iby}^{b} & -\hat{\omega}_{ibz}^{b} & 0 & \hat{\omega}_{ibx}^{b} \\ \hat{\omega}_{ibz}^{b} & \hat{\omega}_{iby}^{b} & -\hat{\omega}_{ibx}^{b} & 0 \end{bmatrix} \begin{bmatrix} 1 \\ q_{e1} \\ q_{e2} \\ q_{e3} \end{bmatrix} \tag{8.40}$$

$$\hat{\boldsymbol{\omega}}_{ib}^{b}\boldsymbol{Q}_e = \begin{bmatrix} 0 & -\hat{\omega}_{ibx}^{b} & -\hat{\omega}_{iby}^{b} & -\hat{\omega}_{ibz}^{b} \\ \hat{\omega}_{ibx}^{b} & 0 & -\hat{\omega}_{ibz}^{b} & \hat{\omega}_{iby}^{b} \\ \hat{\omega}_{iby}^{b} & \hat{\omega}_{ibz}^{b} & 0 & -\hat{\omega}_{ibx}^{b} \\ \hat{\omega}_{ibz}^{b} & -\hat{\omega}_{iby}^{b} & \hat{\omega}_{ibx}^{b} & 0 \end{bmatrix} \begin{bmatrix} 1 \\ q_{e1} \\ q_{e2} \\ q_{e3} \end{bmatrix} \tag{8.41}$$

将式(8.40)和式(8.41)相减，可得

$$\hat{\boldsymbol{\omega}}_{ib}^{b}\boldsymbol{Q}_e - \boldsymbol{Q}_e\hat{\boldsymbol{\omega}}_{ib}^{b} = 2\begin{bmatrix} 0 & 0 & 0 & 0 \\ 0 & 0 & -\hat{\omega}_{ibz}^{b} & \hat{\omega}_{iby}^{b} \\ 0 & \hat{\omega}_{ibz}^{b} & 0 & -\hat{\omega}_{ibx}^{b} \\ 0 & -\hat{\omega}_{iby}^{b} & \hat{\omega}_{ibx}^{b} & 0 \end{bmatrix} \begin{bmatrix} 1 \\ q_{e1} \\ q_{e2} \\ q_{e3} \end{bmatrix} = \begin{bmatrix} 0 \\ 2\hat{\boldsymbol{\omega}}_{ib}^{b} \times \boldsymbol{q}_e \end{bmatrix} \tag{8.42}$$

将式(8.42)代入式(8.39)中，整理得

$$\frac{1}{2}\boldsymbol{Q}_e\boldsymbol{\omega}_{ib}^{b} = \frac{1}{2}\left(\boldsymbol{Q}_e\hat{\boldsymbol{\omega}}_{ib}^{b} + \begin{bmatrix} 0 \\ 2\hat{\boldsymbol{\omega}}_{ib}^{b} \times \boldsymbol{q}_e \end{bmatrix}\right) + \dot{\boldsymbol{Q}}_e \tag{8.43}$$

根据式(8.43)可得误差四元数的微分方程为

$$\begin{aligned} \dot{\boldsymbol{Q}}_e &= \frac{1}{2}\boldsymbol{Q}_e\boldsymbol{\omega}_{ib}^{b} - \frac{1}{2}\left(\boldsymbol{Q}_e\hat{\boldsymbol{\omega}}_{ib}^{b} + \begin{bmatrix} 0 \\ 2\hat{\boldsymbol{\omega}}_{ib}^{b} \times \boldsymbol{q}_e \end{bmatrix}\right) \\ &= \frac{1}{2}\boldsymbol{Q}_e(\boldsymbol{\omega}_{ib}^{b} - \hat{\boldsymbol{\omega}}_{ib}^{b}) - \begin{bmatrix} 0 \\ \hat{\boldsymbol{\omega}}_{ib}^{b} \times \boldsymbol{q}_e \end{bmatrix} \\ &= \frac{1}{2}\begin{bmatrix} 1 \\ \boldsymbol{q}_e \end{bmatrix}\begin{bmatrix} 0 \\ \boldsymbol{\omega}_{ib}^{b} - \hat{\boldsymbol{\omega}}_{ib}^{b} \end{bmatrix} - \begin{bmatrix} 0 \\ \hat{\boldsymbol{\omega}}_{ib}^{b} \times \boldsymbol{q}_e \end{bmatrix} \end{aligned} \tag{8.44}$$

根据四元数的乘法法则，式(8.44)可写为

$$\begin{bmatrix} 1 \\ \boldsymbol{q}_e \end{bmatrix} \begin{bmatrix} 0 \\ \boldsymbol{\omega}_{ib}^b - \hat{\boldsymbol{\omega}}_{ib}^b \end{bmatrix} = 1 \cdot 0 - \boldsymbol{q}_e (\boldsymbol{\omega}_{ib}^b - \hat{\boldsymbol{\omega}}_{ib}^b) + (\boldsymbol{\omega}_{ib}^b - \hat{\boldsymbol{\omega}}_{ib}^b) + 0 \cdot \boldsymbol{q}_e + \boldsymbol{q}_e \times (\boldsymbol{\omega}_{ib}^b - \hat{\boldsymbol{\omega}}_{ib}^b) \tag{8.45}$$

将式(8.45)代入式(8.44)中,得

$$\dot{\boldsymbol{Q}}_e = \frac{1}{2} \begin{bmatrix} -\boldsymbol{q}_e \cdot (\boldsymbol{\omega}_{ib}^b - \hat{\boldsymbol{\omega}}_{ib}^b) \\ (\boldsymbol{\omega}_{ib}^b - \hat{\boldsymbol{\omega}}_{ib}^b) + \boldsymbol{q}_e \times (\boldsymbol{\omega}_{ib}^b - \hat{\boldsymbol{\omega}}_{ib}^b) \end{bmatrix} - \begin{bmatrix} 0 \\ \hat{\boldsymbol{\omega}}_{ib}^b \times \boldsymbol{q}_e \end{bmatrix} \tag{8.46}$$

由于四元数误差 $\boldsymbol{q}_e$ 和陀螺仪误差 $\boldsymbol{\omega}_{ib}^b - \hat{\boldsymbol{\omega}}_{ib}^b$ 都是小量,因此忽略两者点乘和叉乘项的影响,于是可得四元数微分方程为

$$\dot{\boldsymbol{Q}}_e = \frac{1}{2} \begin{bmatrix} 0 \\ \boldsymbol{\omega}_{ib}^b - \hat{\boldsymbol{\omega}}_{ib}^b \end{bmatrix} - \begin{bmatrix} 0 \\ \hat{\boldsymbol{\omega}}_{ib}^b \times \boldsymbol{q}_e \end{bmatrix} \tag{8.47}$$

2. 陀螺仪误差模型

低成本 MEMS 传感器的误差主要有常值误差(也称为确定性误差)、随机常值误差和随机误差三类,而且常值误差和随机常值误差可通过实验的方法将其补偿,因此在这里只讨论随机误差的数学模型。一般情况下,MEMS 陀螺仪和加速度计的随机漂移模型可视为一个有色噪声,主要由随机常数、随机斜坡、随机漂移和一阶马尔科夫等过程构成。为了提高姿态和航向参考系统姿态角的估计精度,选取陀螺仪和加速度计的随机模型(主要包括随机漂移(或零偏)和白噪声),于是可以得到陀螺仪和加速度计的实际输出分别为

$$\hat{\boldsymbol{\omega}}_{ib}^b = \boldsymbol{\omega}_{ib}^b + \boldsymbol{b}_\omega + \boldsymbol{v}_\omega \tag{8.48}$$

$$\hat{\boldsymbol{f}}^b = \boldsymbol{f}^b + \boldsymbol{b}_a + \boldsymbol{v}_a \tag{8.49}$$

式中,$\hat{\boldsymbol{\omega}}_{ib}^b$ 和 $\hat{\boldsymbol{f}}^b$ 分别为陀螺仪和加速度计的实际输出值(测量值);$\boldsymbol{\omega}_{ib}^b$ 和 $\boldsymbol{f}^b$ 为当前时刻载体角速度和加速度的理想值;$\boldsymbol{b}_\omega$ 为陀螺仪的随机漂移;$\boldsymbol{b}_a$ 为加速度计的随机偏差;$\boldsymbol{v}_\omega$ 和 $\boldsymbol{v}_a$ 分别为陀螺仪和加速度计的随机噪声,且均为零均值白噪声,其方差阵分别为 $E\{\boldsymbol{v}_\omega \boldsymbol{v}_\omega^{\mathrm{T}}\} = \boldsymbol{R}_\omega \boldsymbol{\delta}_{kj}$ 和 $E\{\boldsymbol{v}_a \boldsymbol{v}_a^{\mathrm{T}}\} = \boldsymbol{R}_a \boldsymbol{\delta}_{kj}$,其中 $\boldsymbol{\delta}_{kj}$ 为狄里克莱函数。

综合式(8.47)和式(8.48),误差四元数微分方程矢量部分可写为

$$\dot{\boldsymbol{q}}_e = -\hat{\boldsymbol{\omega}}_{ib}^b \times \boldsymbol{q}_e - \frac{1}{2}(\boldsymbol{b}_\omega + \boldsymbol{v}_\omega) \tag{8.50}$$

式中,$\hat{\boldsymbol{\omega}}_{ib}^b \times$ 是由 $\hat{\boldsymbol{\omega}}_{ib}^b$ 构成的反对称矩阵,其数学表达式为

$$\hat{\boldsymbol{\omega}}_{ib}^b \times = \begin{bmatrix} 0 & -\hat{\omega}_{ibz}^b & \hat{\omega}_{iby}^b \\ \hat{\omega}_{ibz}^b & 0 & -\hat{\omega}_{ibx}^b \\ -\hat{\omega}_{iby}^b & \hat{\omega}_{ibx}^b & 0 \end{bmatrix} \tag{8.51}$$

在实际工程应用中,陀螺仪和加速度计的随机常值误差易随温度变化而变化,很难通过一次标定消除常值误差对系统的影响,需要对陀螺仪和加速度计的随机常值误差进行实时估计,因此,选取误差四元数矢量部分、陀螺仪的随机游走噪声和加速度计的零偏作为姿态和航向参考系统的状态向量 $\boldsymbol{X} = [\boldsymbol{q}_e \quad \boldsymbol{b}_\omega \quad \boldsymbol{b}_a]^{\mathrm{T}} \in \boldsymbol{R}^{9\times 1}$,于是可以得到姿态和航向参考系统的动力学模型为

$$\dot{\boldsymbol{X}}(t) = \boldsymbol{F}\boldsymbol{X}(t) + \boldsymbol{W}(t) \tag{8.52}$$

$$\boldsymbol{F}=\begin{bmatrix}-\hat{\omega}_{ib}^{b}\times & -0.5\boldsymbol{I} & \boldsymbol{0}\\ \boldsymbol{0} & \boldsymbol{0} & \boldsymbol{0}\\ \boldsymbol{0} & \boldsymbol{0} & \boldsymbol{0}\end{bmatrix},\quad \boldsymbol{W}=\begin{bmatrix}-0.5\boldsymbol{v}_{\omega}\\ \boldsymbol{v}_{b_{\omega}}\\ \boldsymbol{v}_{b_{a}}\end{bmatrix} \tag{8.53}$$

在式(8.52)和式(8.53)中，由于 $\boldsymbol{b}_{\omega}$ 和 $\boldsymbol{b}_{a}$ 接近常值，其过程噪声 $\boldsymbol{v}_{b_{\omega}}$ 和 $\boldsymbol{v}_{b_{a}}$ 皆为小量以保证偏差状态估计不会迅速停止，因此过程噪声协方差阵可取为

$$E\{\boldsymbol{W}(t)\boldsymbol{W}(s)^{\mathrm{T}}\}=\boldsymbol{Q}\delta(t-s) \tag{8.54a}$$

$$\boldsymbol{Q}=\mathrm{diag}\{0.25\boldsymbol{R}_{\omega},\boldsymbol{Q}_{b_{\omega}},\boldsymbol{Q}_{b_{a}}\} \tag{8.54b}$$

式中，$\delta(t-s)$为狄里克莱函数；$\boldsymbol{Q}_{b_{\omega}}$ 和 $\boldsymbol{Q}_{b_{a}}$ 分别为噪声 $\boldsymbol{v}_{b_{\omega}}$ 和 $\boldsymbol{v}_{b_{a}}$ 的方差矩阵。

8.4.2　系统两步观测模型

1. 基于加速度计输出值的观测模型

加速度计的随机误差模型一般被称为零位偏差，与陀螺仪随机误差模型类似，将低成本 MEMS 加速度计的随机误差模型设为随机偏差与白噪声的组合，并且引入重力加速度作为参考向量，于是加速度计的实际输出可表示为

$$\hat{\boldsymbol{f}}^{b}=\boldsymbol{T}_{n}^{b}(\boldsymbol{Q})\boldsymbol{g}^{n}+\boldsymbol{b}_{a}+\boldsymbol{v}_{a}+\boldsymbol{a}_{e} \tag{8.55}$$

式中，$\hat{\boldsymbol{f}}^{b}$ 为加速度计的实际输出；$\boldsymbol{T}_{n}^{b}(\boldsymbol{Q})$为导航坐标系($n$ 系)到载体坐标系(b 系)的旋转矩阵；$\boldsymbol{g}^{n}=[0\quad 0\quad -g]^{\mathrm{T}}$ 为重力加速度在导航系(n 系)下的参考向量；$\boldsymbol{a}_{e}$ 代表载体除重力加速度以外的额外加速度。

姿态和航向参考系统的原理是将重力场在载体系下的投影与加速度计的输出作差，由于 $\boldsymbol{a}_{e}$ 的存在，载体实际的加速度与重力场在 b 系的投影不符，在这种情况下加速度观测不可用，因此需要对加速度的观测异常进行判定，通过调整 $\boldsymbol{a}_{e}$ 的方差阵去除额外加速度对姿态估计的影响，其调整方法可取为

$$\hat{\boldsymbol{Q}}_{a_{e,k}}=\begin{cases}0, & |\,\|\hat{\boldsymbol{f}}_{k}^{b}\|_{2}-g\,|<0.2\\ s\boldsymbol{I}, & \text{其他}\end{cases} \tag{8.56}$$

式中，$\hat{\boldsymbol{Q}}_{a_{e,k}}$ 为额外加速度的方差阵；$\hat{\boldsymbol{f}}_{k}^{b}$ 为 k 时刻加速度计的实际输出；通过实测加速度矢量和与重力加速度之差主观判断额外加速度是否存在，并通过系数 s 调整额外加速度在滤波中的权重。

2. 基于磁强计输出值的观测模型

磁强计的输出模型为

$$\hat{\boldsymbol{m}}^{b}=\boldsymbol{T}_{n}^{b}(\boldsymbol{Q})\boldsymbol{m}^{n}+\boldsymbol{v}_{m} \tag{8.57}$$

式中，$\hat{\boldsymbol{m}}^{b}$ 为磁强计的实际输出值(测量值)；$\boldsymbol{m}^{n}$ 为地磁场在导航系下的投影，其值由国际地磁参考场给出；$\boldsymbol{v}_{m}$ 为磁强计的随机噪声，其方差阵为 $E\{\boldsymbol{v}_{m}\boldsymbol{v}_{m}^{\mathrm{T}}\}=\boldsymbol{R}_{m}\boldsymbol{\delta}_{ij}$。

将加速度计和磁强计的输出分别与重力参考向量和磁场参考向量在载体坐标系的投影相减，作为观测向量。由于四元数估计过程中存在误差，导致姿态矩阵也有误差，引入误差姿态旋转矩阵 $\delta\boldsymbol{T}_{b}^{n}$，其数学表达式满足

$$\boldsymbol{T}_{b}^{n}(\boldsymbol{Q})=\hat{\boldsymbol{T}}_{b}^{n}(\hat{\boldsymbol{Q}})\delta\boldsymbol{T}_{b}^{n}(\boldsymbol{Q}_{e}) \tag{8.58}$$

由式(8.34)可知，$\delta\boldsymbol{T}_{b}^{n}$ 与误差四元数一一对应，忽略二阶小量之后得

$$\delta \boldsymbol{T}_b^n = \begin{bmatrix} 1 & -2q_{e3} & 2q_{e2} \\ 2q_{e3} & 1 & -2q_{e1} \\ -2q_{e2} & 2q_{e1} & 1 \end{bmatrix} = \boldsymbol{I}_{3\times3} + 2\boldsymbol{q}_e \times \tag{8.59}$$

将式(8.58)和式(8.59)分别代入加速度计输出模型式(8.55)和磁强计输出模型式(8.57)中，得到观测方程为

$$\boldsymbol{Z}_a = \hat{\boldsymbol{f}}^b - \boldsymbol{T}_n^b(\hat{\boldsymbol{Q}})\boldsymbol{g}^n = 2[\boldsymbol{T}_n^b(\hat{\boldsymbol{Q}})\boldsymbol{g}^n \times]\boldsymbol{q}_e + \boldsymbol{b}_a + \boldsymbol{v}_a + \boldsymbol{a}_e \tag{8.60}$$

$$\boldsymbol{Z}_m = \hat{\boldsymbol{m}}^b - \boldsymbol{T}_n^b(\hat{\boldsymbol{Q}})\boldsymbol{m}^n = 2[\boldsymbol{T}_n^b(\hat{\boldsymbol{Q}})\boldsymbol{m}^n \times]\boldsymbol{q}_e + \boldsymbol{v}_m \tag{8.61}$$

式中，观测矩阵分别为 $\boldsymbol{H}_a = \begin{bmatrix} 2(\boldsymbol{T}_n^b(\hat{\boldsymbol{Q}})\boldsymbol{g}^n \times) & 0 & \boldsymbol{I} \end{bmatrix}$ 和 $\boldsymbol{H}_m = \begin{bmatrix} 2(\boldsymbol{T}_n^b(\hat{\boldsymbol{Q}})\boldsymbol{m}^n \times) & 0 & 0 \end{bmatrix}$。两步观测更新的方法将观测方程分为两个相互独立的部分，即基于加速度计的观测和基于磁强计的观测。

8.4.3 系统滤波实现过程

在航姿参考系统中，主要利用磁力计的输出对航向角进行修正，利用加速度计的输出对俯仰角和横滚角进行修正。但在实际应用中，磁力计输出异常不仅会影响航向角的输出，也会对俯仰角和横滚角产生影响，因此需要采用两步观测更新的方法抑制磁干扰对俯仰角和横滚角的影响。

两步观测更新的卡尔曼滤波器与标准的卡尔曼滤波器解算步骤的区别在于观测更新部分。两步观测更新法首先需要进行加速度观测更新，利用加速度计观测 $\boldsymbol{Z}_{a,k}$ 对预测状态向量 $\hat{\boldsymbol{X}}_{k|k-1}$ 进行更新，得到状态估计值 $\hat{\boldsymbol{X}}_{a,k}$；然后利用更新后的状态向量 $\hat{\boldsymbol{X}}_{a,k}$ 对四元数向量 $\hat{\boldsymbol{Q}}$ 和姿态矩阵 $\boldsymbol{T}_n^b(\hat{\boldsymbol{Q}})$ 进行一次更新，进而将状态向量 $\hat{\boldsymbol{X}}_{a,k}$ 中有关四元数误差的部分置零；最后，利用磁力计观测 $\boldsymbol{Z}_{m,k}$ 对 $\hat{\boldsymbol{X}}_{a,k}$ 再次更新，得到最终的状态估计值 $\hat{\boldsymbol{X}}_k$。具体的滤波过程如下。

1. 基于加速度计观测值的状态更新

基于加速度计观测值的增益矩阵、状态更新和状态协方差矩阵的计算公式分别为

$$\boldsymbol{K}_{a,k} = \boldsymbol{P}_{k|k-1}\boldsymbol{H}_{a,k}^{\mathrm{T}}(\boldsymbol{H}_{a,k}^{\mathrm{T}}\boldsymbol{P}_{k|k-1}\boldsymbol{H}_{a,k} + \boldsymbol{R}_a + \hat{\boldsymbol{Q}}_{a_e,k})^{-1} \tag{8.62}$$

$$\hat{\boldsymbol{X}}_{a,k} = \hat{\boldsymbol{X}}_{k|k-1} + \boldsymbol{K}_{a,k}(\boldsymbol{Z}_{a,k} - \boldsymbol{H}_{a,k}\hat{\boldsymbol{X}}_{k|k-1}) \tag{8.63}$$

$$\boldsymbol{P}_{a,k} = (\boldsymbol{I} - \boldsymbol{K}_{a,k}\boldsymbol{H}_{a,k})\boldsymbol{P}_{a,k|k-1}(\boldsymbol{I} - \boldsymbol{K}_{a,k}\boldsymbol{H}_{a,k})^{\mathrm{T}} + \boldsymbol{K}_{a,k}(\boldsymbol{R}_a + \hat{\boldsymbol{Q}}_{a_e,k})\boldsymbol{K}_{a,k}^{\mathrm{T}} \tag{8.64}$$

式中，$\hat{\boldsymbol{Q}}_{a_e,k}$ 为外部加速度的协方差阵。

2. 利用得到的 $\hat{\boldsymbol{X}}_{a,k}$ 更新四元数 $\boldsymbol{Q}$ 和姿态矩阵 $\boldsymbol{T}_n^b(\boldsymbol{Q})$

取状态估计值 $\hat{\boldsymbol{X}}_{a,k}$ 中的前 3 项赋值给向量 $\boldsymbol{q}_e$，即

$$\begin{bmatrix} q_{e1} & q_{e2} & q_{e3} \end{bmatrix}^{\mathrm{T}} = \begin{bmatrix} \hat{X}_{a,k}(1) & \hat{X}_{a,k}(2) & \hat{X}_{a,k}(3) \end{bmatrix}^{\mathrm{T}} \tag{8.65}$$

进而计算更新后的误差四元数为

$$\boldsymbol{Q}_{e,k} = [1 \quad \boldsymbol{q}_e]^{\mathrm{T}} = [1 \quad q_{e1} \quad q_{e2} \quad q_{e3}]^{\mathrm{T}} \tag{8.66}$$

根据式(8.34)对四元数的估计值进行一次更新，即

$$\hat{\boldsymbol{Q}}_a = \hat{\boldsymbol{Q}}_k\boldsymbol{Q}_{e,k} \tag{8.67}$$

式中，$\hat{\boldsymbol{Q}}_a$ 为利用加速度的测量信息更新的四元数。

对更新后的四元数进行归一化，得

$$\boldsymbol{Q}_a = \frac{\hat{\boldsymbol{Q}}_a}{\| \hat{\boldsymbol{Q}}_a \|} \tag{8.68}$$

同时，令状态估计值 $\hat{\boldsymbol{X}}_{a,k}$ 中的前 3 项为 0，即

$$\left[\hat{X}_{a,k}(1) \quad \hat{X}_{a,k}(2) \quad \hat{X}_{a,k}(3)\right]^{\mathrm{T}} = \boldsymbol{0}_{3\times 1} \tag{8.69}$$

利用更新后的四元数 $\boldsymbol{Q}_a$ 可以直接计算 $\boldsymbol{T}_n^b(\boldsymbol{Q})$，进而计算出航向角、俯仰角和横滚角，此时的姿态角只有俯仰角和横滚角得到了更新，航向角的更新需要利用磁强计的测量值。

3. 基于磁强计观测值的状态更新

取式(8.64)中 $\boldsymbol{P}_{a,k}$ 中的前 3 行、前 3 列来更新基于磁强计作为观测值时状态预测协方差矩阵，即

$$\boldsymbol{P}_{m,k|k-1} = \begin{bmatrix} \bar{\boldsymbol{P}}_{a,k} & \boldsymbol{0}_{3\times 6} \\ \boldsymbol{0}_{6\times 3} & \boldsymbol{0}_{6\times 6} \end{bmatrix} \tag{8.70a}$$

$$\bar{\boldsymbol{P}}_{a,k} = \begin{bmatrix} \bar{\boldsymbol{P}}_{a,k}(1,1) & \bar{\boldsymbol{P}}_{a,k}(1,2) & \bar{\boldsymbol{P}}_{a,k}(1,3) \\ \bar{\boldsymbol{P}}_{a,k}(2,1) & \bar{\boldsymbol{P}}_{a,k}(2,2) & \bar{\boldsymbol{P}}_{a,k}(2,3) \\ \bar{\boldsymbol{P}}_{a,k}(3,1) & \bar{\boldsymbol{P}}_{a,k}(3,2) & \bar{\boldsymbol{P}}_{a,k}(3,3) \end{bmatrix} \tag{8.70b}$$

于是基于磁强计作为观测值时的增益矩阵、状态向量和状态方差阵分别为

$$\boldsymbol{K}_{m,k} = \begin{bmatrix} \boldsymbol{r}_3\boldsymbol{r}_3^{\mathrm{T}} & \boldsymbol{0}_{3\times 6} \\ \boldsymbol{0}_{6\times 3} & \boldsymbol{0}_{6\times 6} \end{bmatrix} \boldsymbol{P}_{m,k|k-1}\boldsymbol{H}_{m,k}^{\mathrm{T}}(\boldsymbol{H}_{m,k}^{\mathrm{T}}\boldsymbol{P}_{m,k|k-1}\boldsymbol{H}_{m,k} + \boldsymbol{R}_m)^{-1} \tag{8.71}$$

$$\hat{\boldsymbol{X}}_k = \hat{\boldsymbol{X}}_{a,k} + \boldsymbol{K}_{m,k}(\boldsymbol{Z}_{m,k} - \boldsymbol{H}_{m,k}\hat{\boldsymbol{X}}_{a,k}) \tag{8.72}$$

$$\boldsymbol{P}_k = (\boldsymbol{I} - \boldsymbol{K}_{m,k}\boldsymbol{H}_{m,k})\boldsymbol{P}_{a,k}(\boldsymbol{I} - \boldsymbol{K}_{m,k}\boldsymbol{H}_{m,k})^{\mathrm{T}} + \boldsymbol{K}_{m,k}\boldsymbol{R}_m\boldsymbol{K}_{m,k}^{\mathrm{T}} \tag{8.73}$$

式中，$\boldsymbol{r}_3 = \boldsymbol{T}_n^b(\boldsymbol{Q})[0 \quad 0 \quad 1]^{\mathrm{T}}$。

8.4.4　仿真实例

在姿态和航向参考系统中，为验证基于两步观测更新卡尔曼滤波算法的性能和姿态估计精度，须先进行仿真实验，仿真数据由轨迹发生器产生，其载体机动的姿态设置为

$$\begin{cases} \psi = \psi_m \sin(\omega_\psi t), \vartheta = 0, \gamma = 0, & 0 < t \leqslant 40s \\ \psi = \psi_m \sin(\omega_\psi t), \vartheta = 0, \gamma = 0, & 50s < t \leqslant 90s \\ \psi = 0, \vartheta = 0, \gamma = \gamma_m \sin(\omega_\gamma t), & 50s < t \leqslant 90s \\ \psi = 0, \vartheta = 0, \gamma = 0, & \text{其他} \end{cases} \tag{8.74}$$

式中，$\psi_m = 10°$，$\theta_m = 3°$，$\gamma_m = 3°$，$\omega_\psi = 2\pi/10$，$\omega_\theta = 2\pi/8$，$\omega_\gamma = 2\pi/6$；加速度计常值偏差为 $\boldsymbol{b}_a = [1\,000\ \mu g \quad 1\,000\ \mu g \quad 1\,000\ \mu g]^{\mathrm{T}}$，随机噪声协方差阵为 $\boldsymbol{R}_a = (500\ \mu g)^2\boldsymbol{I}$；陀螺仪的常值偏差为 $\boldsymbol{b}_\omega = [100°/\mathrm{h} \quad 100°/\mathrm{h} \quad 100°/\mathrm{h}]^{\mathrm{T}}$，随机白噪声协方差阵为 $\boldsymbol{R}_\omega = (20°/\mathrm{h})^2\boldsymbol{I}$；磁强计的常值偏差在标定过程被补偿，且随温度变化不大，因此在仿真过程中不加常值偏差，磁强计的随

机白噪声协方差阵为 $\boldsymbol{R}_m = 0.001\boldsymbol{I}$。

在不添加磁干扰的情况下，分别利用常规卡尔曼滤波算法和基于两步观测更新卡尔曼滤波算法进行计算机仿真，利用仿真数据得到的姿态角跟踪和姿态估计误差结果分别如图 8.9 和图 8.10 所示，加速度计和陀螺仪常值偏差的估计结果分别如图 8.11 和图 8.12 所示，两步观测更新卡尔曼滤波算法误差统计结果如表 8.1 所列，陀螺仪和加速度计的常值偏差估计如表 8.2 所列。

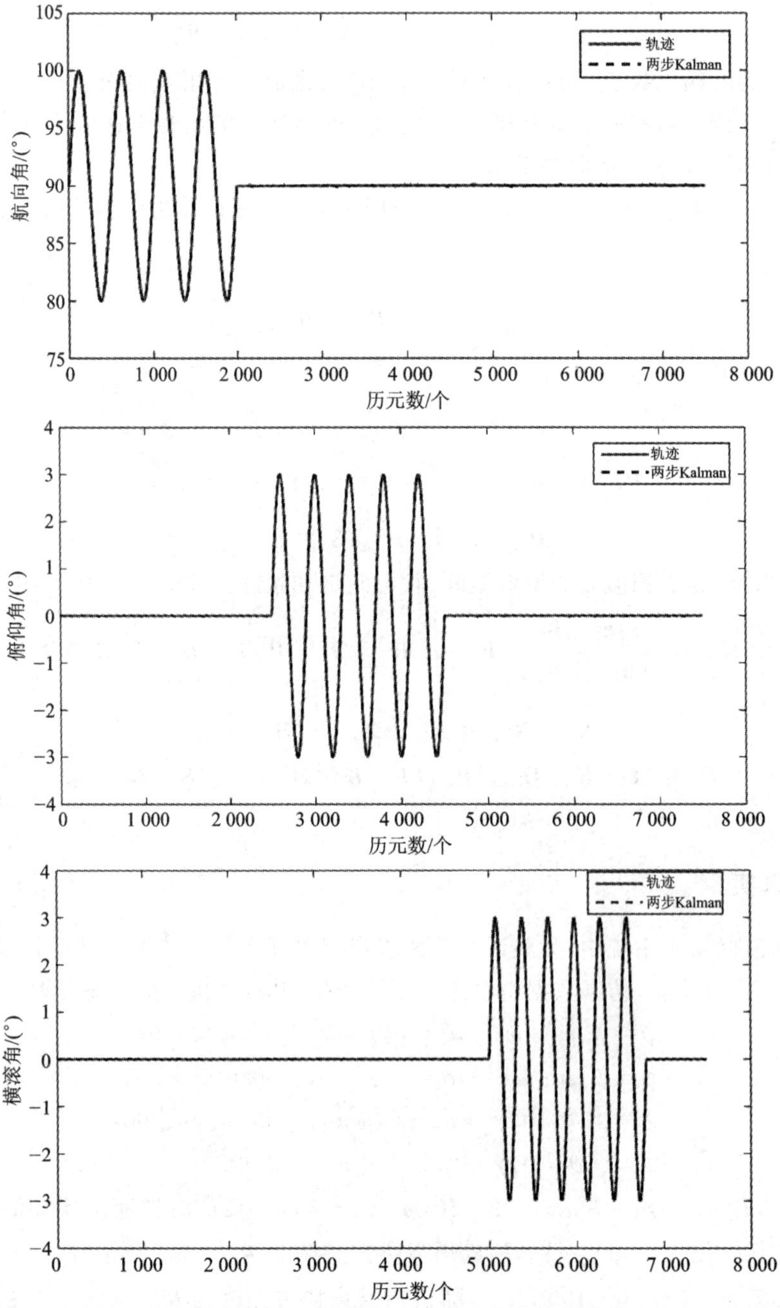

图 8.9　常规卡尔曼滤波算法和两步观测更新卡尔曼滤波算法的姿态角仿真结果

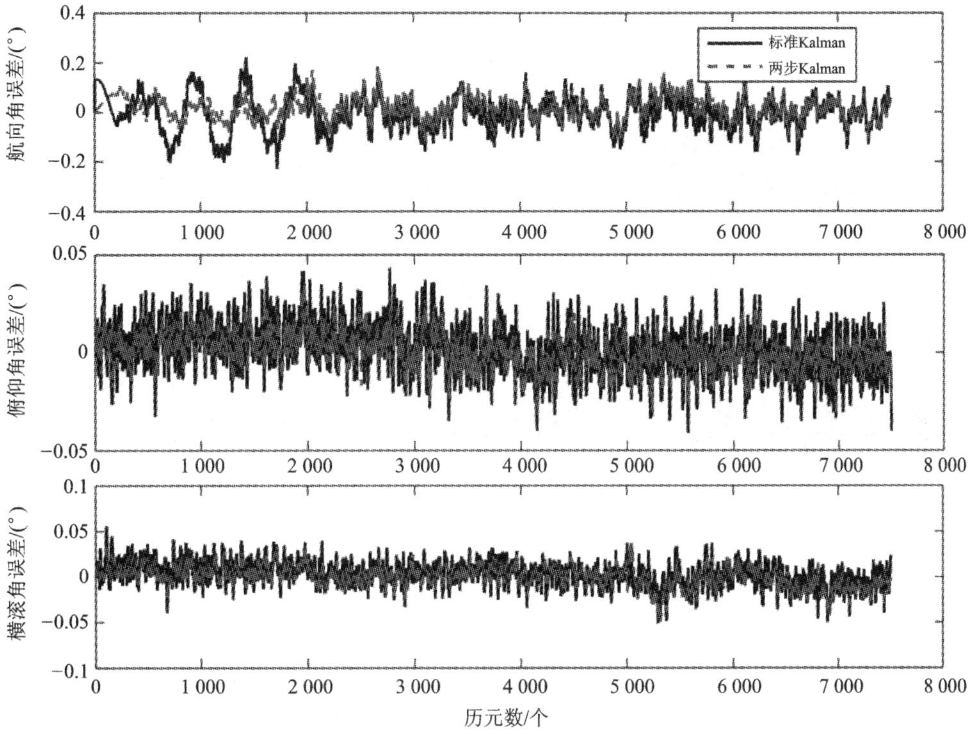

图 8.10　常规卡尔曼滤波算法和两步观测更新卡尔曼滤波算法的姿态误差仿真结果

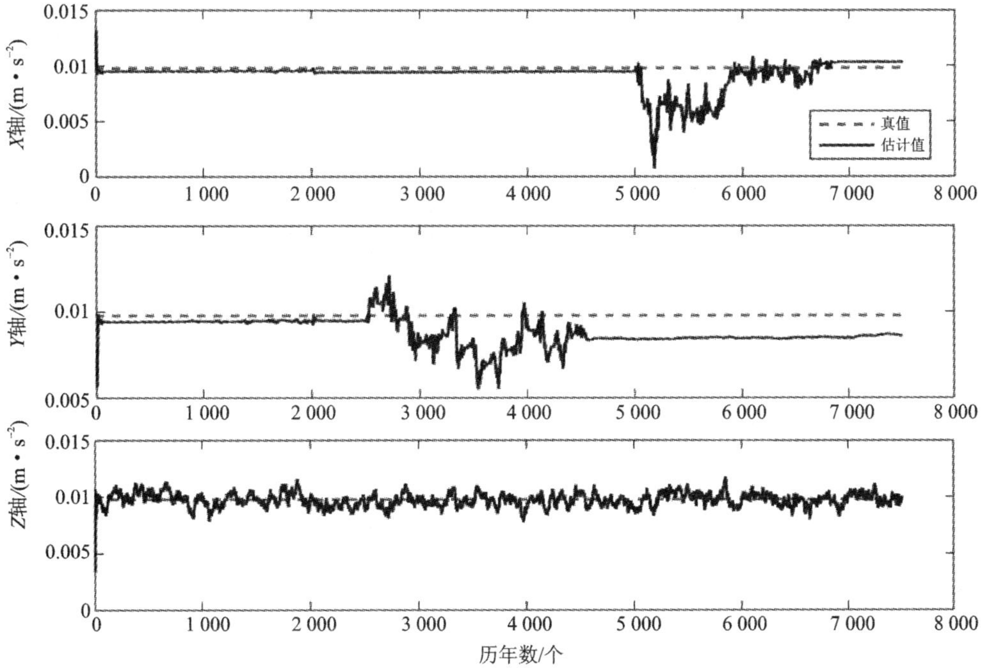

图 8.11　加速度计常值偏差估计结果

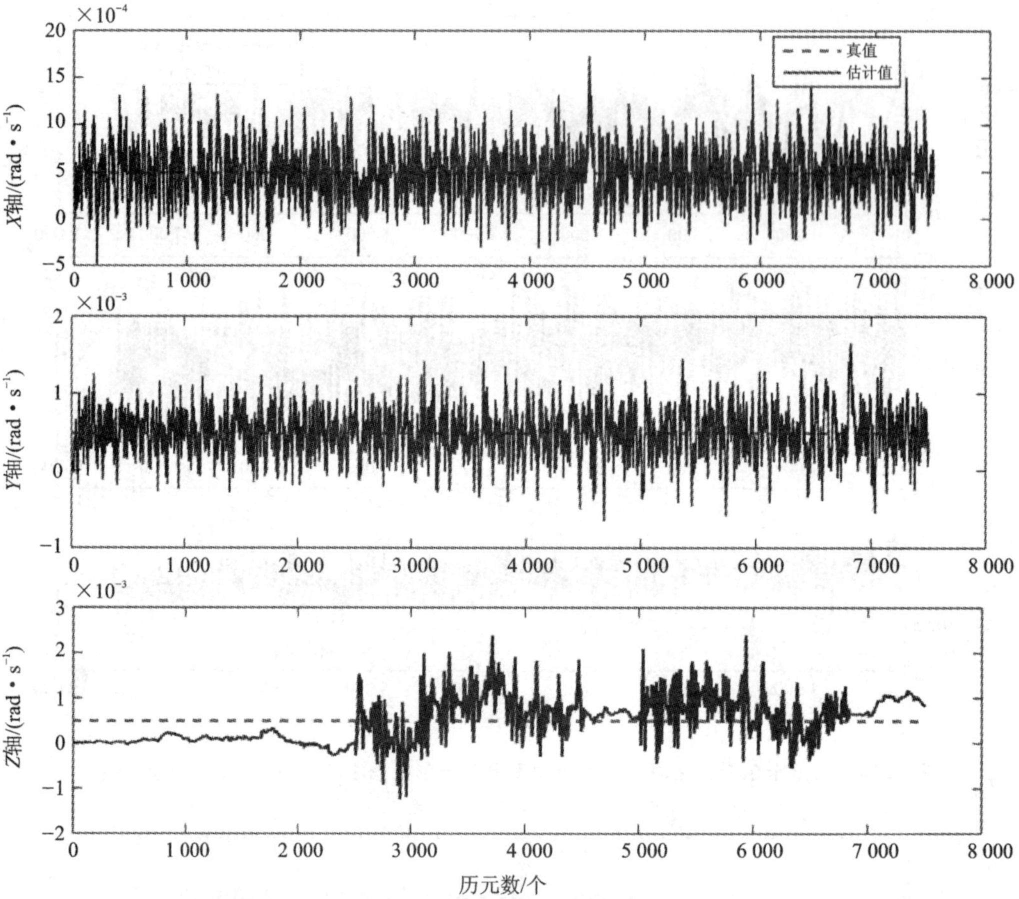

图 8.12 陀螺仪常值偏差估计结果

表 8.1 两步观测更新卡尔曼滤波算法误差统计结果

姿态角误差	航向角	俯仰角	横滚角
峰-峰误差/(°)	0.34	0.07	0.07
均方根/(°)	0.049	0.010	0.011

表 8.2 陀螺仪和加速度计的常值误差估计

	陀螺仪/($^{\circ}\cdot h^{-1}$)	加速度计/μg
均值	$[100.29\ \ 99.82\ \ 105.19]^T$	$[929\ \ 916\ \ 996]^T$
均方差	$[100\ \ 100\ \ 100]^T$	$[1\,000\ \ 1\,000\ \ 1\,000]^T$

通过分析表 8.1 和表 8.2 以及图 8.9～图 8.12 可知，基于两步观测更新的卡尔曼滤波算法在式(8.74)所示的姿态机动条件下可以保证航向角的峰-峰误差小于 0.4°，俯仰角和横滚角的峰-峰误差小于 0.1°。因此该算法可以在正常情况下准确估计载体的姿态信息，而且该算法可以有效地估计出惯性器件的常值偏差，其估计精度能达到 10^{-3} 数量级。

为进一步证明两步观测更新的卡尔曼滤波算法可以抑制磁干扰对俯仰角和横滚角的影

响，设计如下的仿真实验。在第 300 到第 1 750 历元人为地添加一个强磁干扰，分析常规卡尔曼滤波和两步观测更新卡尔曼滤波对该干扰的估计效果。得到的姿态结果和误差结果分别如图 8.13 和图 8.14 所示。

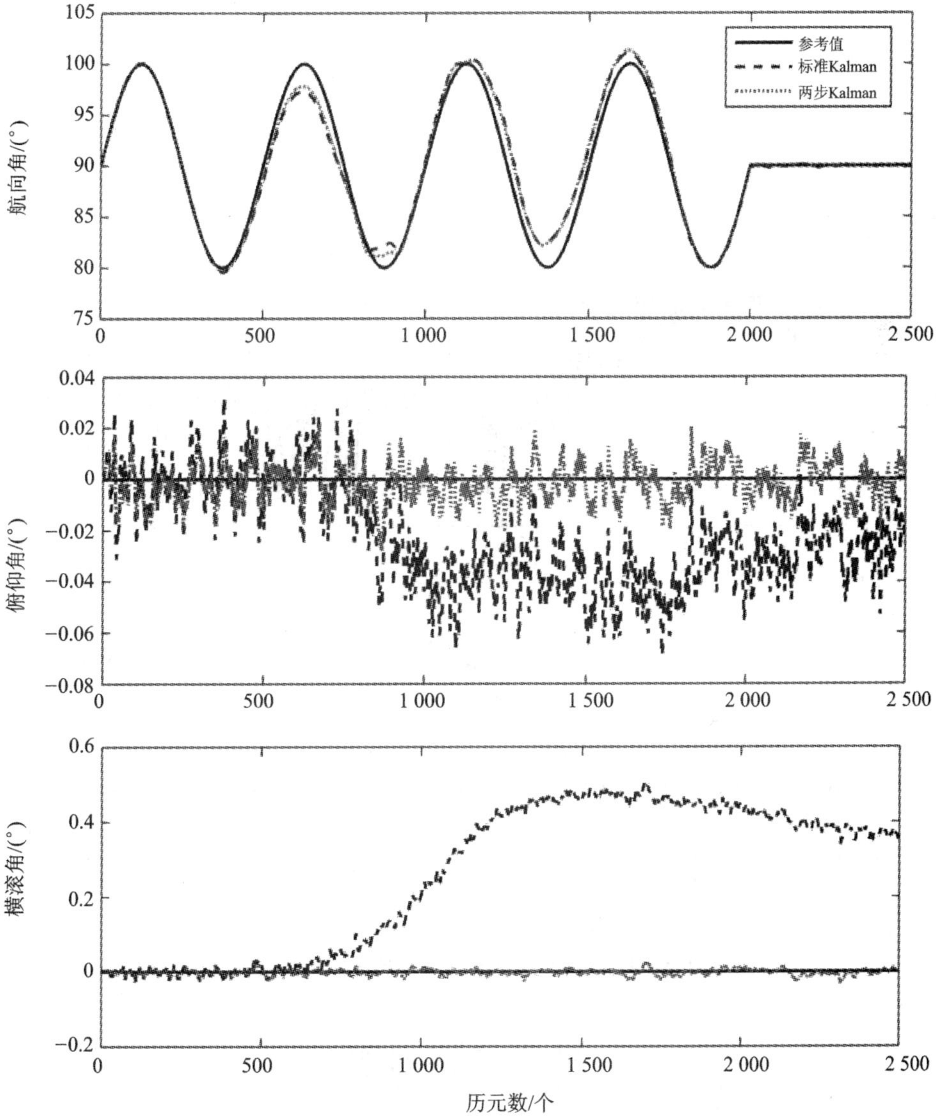

图 8.13　强磁干扰下两种算法的姿态估计结果

通过分析图 8.13 和图 8.14 可知，在添加磁干扰的历元里，常规卡尔曼滤波算法和两步观测更新卡尔曼滤波算法对航向角的估计误差均增大，常规卡尔曼滤波算法估计得到的俯仰角和横滚角误差也增大，而两步观测更新卡尔曼滤波算法估计得到的俯仰角和横滚角基本没有变化，峰-峰误差仍小于 0.1°。仿真结果证明，基于两步观测更新的卡尔曼滤波算法能有效屏蔽磁干扰对俯仰角和横滚角的影响，使得磁干扰仅对航向角的估计产生影响。

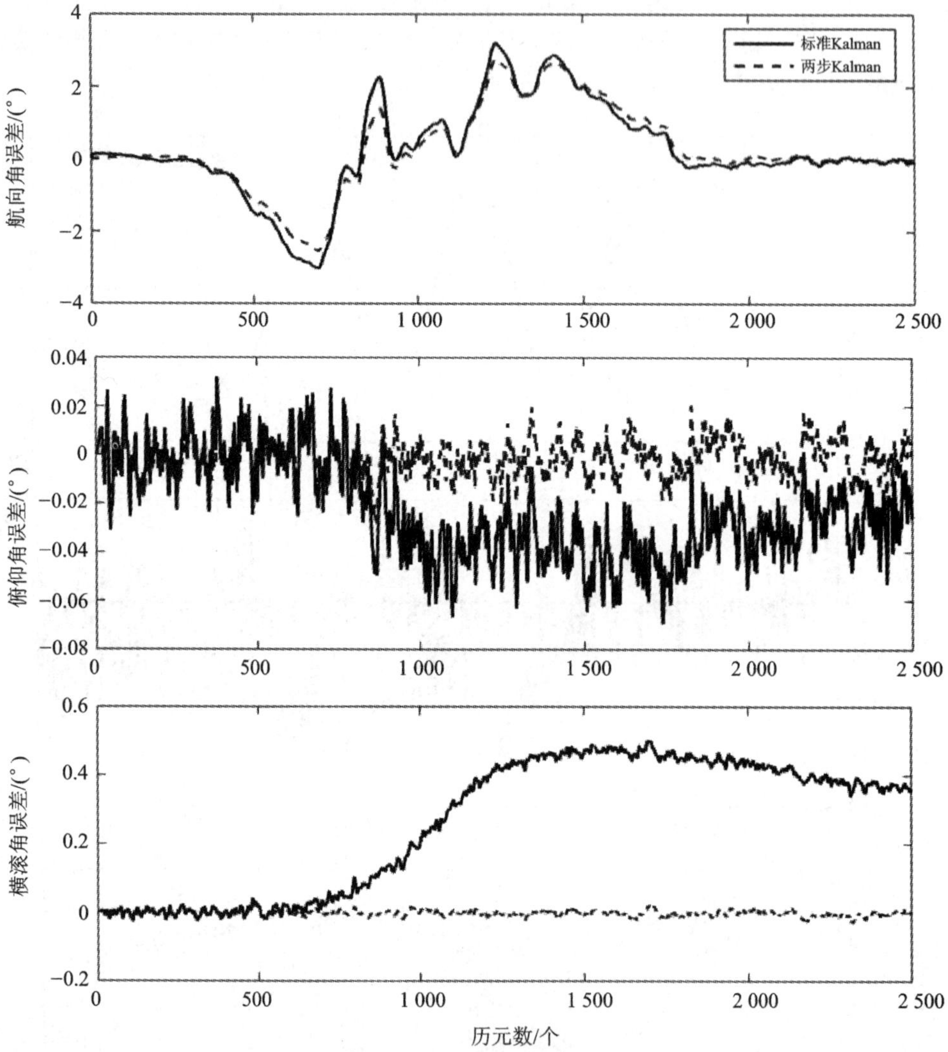

图 8.14 强磁干扰下两种算法的姿态估计误差

思考与练习题

8－1 为什么要完成捷联惯导系统全姿态解算？

8－2 当俯仰角为 90°时，如何解算载体的航向角和横滚角？

8－3 为什么说加速度计和陀螺仪中蕴藏载体的姿态信息是互补的？

8－4 如何抑制载体运动和环境磁干扰对姿态和航向解算的影响？

8－5 用 C/C＋＋或 MATLAB 实现 AHRS 解算。

第 9 章 SINS/GNSS 组合导航系统的设计与实现

9.1 概 述

自从第二次世界大战中 V-2 导弹首次使用惯性导航系统以来，发展了一系列惯性导航系统。随着惯性技术的发展，特别是陀螺技术的进一步发展，促进了惯性导航系统的发展，使其成功应用在飞机、精确制导武器、航天飞行器、车辆导航以及行人的导航与制导系统中。但这些惯导系统的精度高，价格贵，直到基于微机电技术的惯性器件（Inertial Measurement Unit，IMU）的出现，低功耗、低成本、小体积的用户级惯性导航系统或惯性测量单元才被广泛应用于军民用领域中，例如无人机、机器人、行人导航等。

低成本的 IMU 有大的测量噪声和测量偏差，由此形成的捷联惯导系统（SINS）误差随时间积累非常快，无法单独使用，因此，在实际应用中，通常需要其他导航系统来辅助低成本的捷联惯导系统形成组合导航系统。在辅助的惯性导航系统中，惯性导航系统的输出信息与其他独立外部导航源输出的相同信息进行比较，以此来估计并补偿捷联惯导系统的误差。组合导航系统通常借助于两个或多个独立的、具有互补特性的信息源，例如高度表、全球导航卫星系统（GNSS）、地形匹配、景像匹配、重力匹配、地磁匹配和视觉导航、多普勒导航和天文导航等，形成组合导航系统来估计惯导系统的误差。大多数组合导航系统以惯导系统为主，其主要原因是惯性导航能够提供全导航信息（位置、速度和姿态），这是其他导航系统无法比拟的。常见的组合导航系统有 SINS/GNSS 组合导航系统、惯性地形辅助导航系统、SINS/视觉组合导航系统和 SINS/GNSS/地形匹配/景像匹配组合导航系统等。

本章以 SINS/GNSS 组合导航系统为例来讨论组合导航系统的设计和实现。

9.2 组合导航系统的实现方法

从导航技术的发展来看，以惯性导航为主的早期导航技术有两种工作方式：一种是重调方式，在惯性导航工作过程中，利用其他装置得到的位置量测信息对惯性导航位置进行校正；另一种是阻尼方式，利用其他导航系统输出的位置（或速度信息）形成位置（或速度）差，并通过反馈去修正惯导系统的误差，使惯导系统的误差减小。前者是一种利用回路之外的导航信息来校正惯导系统的工作方式，回路的响应特性没有任何变化；后者是一种阻尼方式的组合导航系统，当在载体机动情况下，阻尼效果并不理想。自 20 世纪 60 年代现代控制理论出现以后，出现了与一般重调方式和阻尼方式不同的组合导航方式，即利用最优滤波来实现的组合导航系统。该系统是将各类传感器提供的多种导航信息提供给最优滤波器，获得惯性导航系统的误差最优估计值，然后再对惯导系统进行校正，使系统误差最小。应用最广泛的滤波器是 Kalman 滤波器，该滤波器也是最早应用到导航系统中的最优滤波器（卡尔曼在 NASA 埃姆斯研究中心访问时,发现他的方法对于解决阿波罗计划的轨道预测很有用,后来阿波罗登月飞船的导航系统中使用了该滤波器)。随着导航技术的应用和计算机技术的发展,出现了一系列改进的 Kalman 滤波算法以及其他最优滤波算法。

利用最优滤波实现组合导航系统时,根据校正方式的不同,可将组合导航系统分为开环校正(输出校正)和闭环校正(反馈校正);根据各导航系统(或传感器)信息组合模式的不同,可将其分为松组合、紧组合和超紧组合。下面以 Kalman 滤波为例来介绍各种不同的组合导航方式。

考虑一时变离散系统模型

$$\boldsymbol{X}_k = \boldsymbol{\Phi}_{k|k-1}\boldsymbol{X}_{k-1} + \boldsymbol{W}_{k-1} \tag{9.1a}$$

$$\boldsymbol{Z}_k = \boldsymbol{H}_k\boldsymbol{X}_k + \boldsymbol{V}_k \tag{9.1b}$$

式中,$\boldsymbol{X}_k \in \boldsymbol{R}^n$ 为 k 时刻的系统状态;$\boldsymbol{\Phi}_{k|k-1} \in \boldsymbol{R}^{n\times n}$ 为从 $k-1$ 到 k 时刻的一步状态转移矩阵;$\boldsymbol{H}_k \in \boldsymbol{R}^{m\times n}$ 为系统的量测矩阵;$\boldsymbol{V}_k^m$ 为系统的量测噪声;$\boldsymbol{W}_{k-1} \in \boldsymbol{R}^l$ 为 k 时刻的系统噪声;$\boldsymbol{Z}_k \in \boldsymbol{R}^m$ 为系统的量测值。

9.2.1 组合导航系统的校正方式

组合导航系统的校正方式有开环校正和闭环校正两种。下面以 SINS/GNSS 组合导航系统为例介绍组合导航系统两种校正方式的工作原理和相应的 Kalman 滤波模型。

1. 输出校正

组合导航系统的开环校正形式也称为输出校正,即利用 Kalman 滤波估计出惯导系统的误差并直接补偿,估计出的误差不参与惯导系统的解算,其示意图如图 9.1 所示。

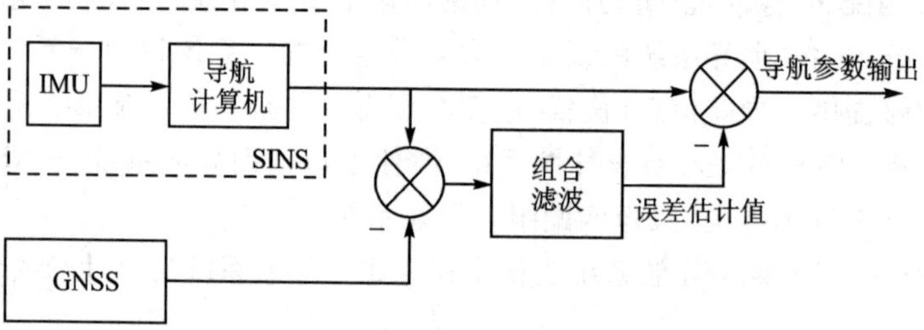

图 9.1 组合导航输出校正

惯导系统输出误差状态用 $\boldsymbol{X}$ 表示,Kalman 滤波器的估计值用 $\hat{\boldsymbol{X}}$ 表示,则输出校正后的组合系统误差为

$$\tilde{\boldsymbol{X}} = \boldsymbol{X} - \hat{\boldsymbol{X}} \tag{9.2}$$

如果用滤波器估计 $\hat{\boldsymbol{X}}$ 并进行输出校正,则校正后的系统误差为

$$\tilde{\boldsymbol{X}}_k = \boldsymbol{X}_k - \hat{\boldsymbol{X}}_k \tag{9.3}$$

显然,$\tilde{\boldsymbol{X}}_k$ 也是 Kalman 滤波器的滤波估计误差,即用 Kalman 滤波估计值 $\hat{\boldsymbol{X}}$ 对系统进行输出校正,校正后的系统精度和卡尔曼滤波器的滤波估计精度相同。因此,可用卡尔曼滤波器估计值的协方差来描述输出校正后组合系统的精度。

输出校正的 Kalman 滤波方程为

$$\hat{\boldsymbol{X}}_{k|k-1}=\boldsymbol{\Phi}_{k|k-1}\hat{\boldsymbol{X}}_{k-1} \tag{9.4a}$$

$$\hat{\boldsymbol{X}}_{k}=\hat{\boldsymbol{X}}_{k|k-1}+\boldsymbol{K}_{k}(\boldsymbol{Z}_{k}-\boldsymbol{H}_{k}\hat{\boldsymbol{X}}_{k|k-1}) \tag{9.4b}$$

$$\boldsymbol{K}_{k}=\boldsymbol{P}_{k|k-1}\boldsymbol{H}_{k}^{\mathrm{T}}(\boldsymbol{H}_{k}\boldsymbol{P}_{k|k-1}\boldsymbol{H}_{k}^{\mathrm{T}}+\boldsymbol{R}_{k})^{-1} \tag{9.4c}$$

$$\boldsymbol{P}_{k|k-1}=\boldsymbol{\Phi}_{k|k-1}\boldsymbol{P}_{k-1}\boldsymbol{\Phi}_{k|k-1}^{\mathrm{T}}+\boldsymbol{Q}_{k-1} \tag{9.4d}$$

$$\boldsymbol{P}_{k}=\boldsymbol{P}_{k|k-1}-\boldsymbol{K}_{k}\boldsymbol{H}_{k}\boldsymbol{P}_{k|k-1} \tag{9.4e}$$

用滤波估计 $\hat{\boldsymbol{X}}_k$ 对系统进行校正，这是一种理想的情况。由于卡尔曼滤波的计算需要一定的时间，因而 $\hat{\boldsymbol{X}}_k$ 不可能实时得到，所以工程实现上，校正 $\hat{\boldsymbol{X}}_{k+1}$ 状态的量可以是 $\hat{\boldsymbol{X}}_{k+1|k}$，即用预测估计对系统进行输出校正。根据式(9.1)，用 $\hat{\boldsymbol{X}}_{k+1|k}$ 进行输出校正后的系统误差为

$$\begin{aligned}\tilde{\boldsymbol{X}}_{k+1}&=\boldsymbol{X}_{k+1}-\hat{\boldsymbol{X}}_{k+1|k}\\&=\boldsymbol{\Phi}_{k+1|k}\boldsymbol{X}_{k}+\boldsymbol{W}_{k}-\hat{\boldsymbol{X}}_{k+1|k}\\&=\boldsymbol{\Phi}_{k+1|k}(\boldsymbol{I}-\boldsymbol{K}_{k}\boldsymbol{H}_{k})\boldsymbol{X}_{k}-\boldsymbol{\Phi}_{k+1|k}(\boldsymbol{I}-\boldsymbol{K}_{k}\boldsymbol{H}_{k})\hat{\boldsymbol{X}}_{k|k-1}-\boldsymbol{\Phi}_{k+1|k}\boldsymbol{K}_{k}\boldsymbol{V}_{k}+\boldsymbol{W}_{k}\\&=\boldsymbol{\Phi}_{k+1|k}(\boldsymbol{I}-\boldsymbol{K}_{k}\boldsymbol{H}_{k})\tilde{\boldsymbol{X}}_{k}-\boldsymbol{\Phi}_{k+1|k}\boldsymbol{K}_{k}\boldsymbol{V}_{k}+\boldsymbol{W}_{k}\end{aligned} \tag{9.5}$$

显然，$\tilde{\boldsymbol{X}}_{k+1}=\boldsymbol{X}_{k+1}-\hat{\boldsymbol{X}}_{k+1|k}$ 是输出校正后的系统误差，也是 Kalman 滤波器的预测估计误差。所以，Kalman 滤波预测估计的协方差阵可用来描述预测估计对系统进行开环校正后的系统精度。协方差分析的前提是 Kalman 滤波器是最优滤波器，即 Kalman 滤波器的数学模型是全阶的。如果 Kalman 滤波器是次优的，则滤波器的协方差就不再和校正后的系统误差方差一致。因此，当采用次优 Kalman 滤波器时，需要推导出系统校正后误差的方差方程，用以描述校正后的系统精度。

2. 反馈校正

组合导航系统的反馈校正形式也称为闭环校正，即利用 Kalman 滤波估计出惯导系统的误差并将其反馈给惯导系统，并参与惯导系统解算，其示意图如图 9.2 所示。实际上，此时的系统状态方程中引入了控制项，即系统的状态方程(9.1a)变为

$$\boldsymbol{X}_{k}=\boldsymbol{\Phi}_{k|k-1}\boldsymbol{X}_{k-1}+\boldsymbol{B}_{k}\boldsymbol{U}_{k}+\boldsymbol{W}_{k-1} \tag{9.6}$$

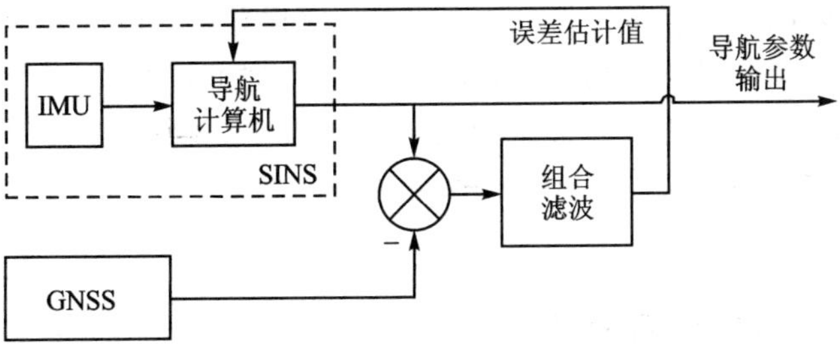

图 9.2　组合导航系统的反馈校正

根据状态方程式(9.5)和量测方程式(9.1b)，反馈校正的 Kalman 滤波方程为

$$\hat{\boldsymbol{X}}_{k|k-1}=\boldsymbol{\Phi}_{k|k-1}\hat{\boldsymbol{X}}_{k-1}+\boldsymbol{B}_{k-1}\boldsymbol{U}_{k-1} \tag{9.7a}$$

$$\hat{\boldsymbol{X}}_{k}=\hat{\boldsymbol{X}}_{k|k-1}+\boldsymbol{K}_{k}(\boldsymbol{Z}_{k}-\boldsymbol{H}_{k}\hat{\boldsymbol{X}}_{k|k-1}) \tag{9.7b}$$

$$\boldsymbol{K}_k=\boldsymbol{P}_{k|k-1}\boldsymbol{H}_k^{\mathrm{T}}(\boldsymbol{H}_k\boldsymbol{P}_{k|k-1}\boldsymbol{H}_k^{\mathrm{T}}+\boldsymbol{R}_k)^{-1} \tag{9.7c}$$

$$\boldsymbol{P}_{k|k-1}=\boldsymbol{\Phi}_{k|k-1}\boldsymbol{P}_{k-1}\boldsymbol{\Phi}_{k|k-1}^{\mathrm{T}}+\boldsymbol{Q}_{k-1} \tag{9.7d}$$

$$\boldsymbol{P}_k=\boldsymbol{P}_{k|k-1}-\boldsymbol{K}_k\boldsymbol{H}_k\boldsymbol{P}_{k|k-1} \tag{9.7e}$$

反馈校正 Kalman 滤波在预测估计中多了一项控制项，其他方程和输出 Kalman 滤波方程形式相同。

考虑用 Kalman 滤波器的估计值对系统进行反馈控制（校正）。系统是随机系统，因此对系统进行最优控制时，可以应用分离定理（考虑最优控制时，可以认为状态是已知的）来求最优控制规律。在进行最优估计时，将控制项作为确定性的已知项来求状态的估计值。最后，用状态估计值作为最优控制中的已知状态，可获得与控制项无关的反馈校正 Kalman 滤波的方程，即

$$\hat{\boldsymbol{X}}_{k|k-1}=\boldsymbol{0} \tag{9.8a}$$

$$\hat{\boldsymbol{X}}_k=\boldsymbol{K}_k\boldsymbol{Z}_k \tag{9.8b}$$

$$\boldsymbol{K}_k=\boldsymbol{P}_{k|k-1}\boldsymbol{H}_k^{\mathrm{T}}(\boldsymbol{H}_k\boldsymbol{P}_{k|k-1}\boldsymbol{H}_k^{\mathrm{T}}+\boldsymbol{R}_k)^{-1} \tag{9.8c}$$

$$\boldsymbol{P}_{k|k-1}=\boldsymbol{\Phi}_{k|k-1}\boldsymbol{P}_{k-1}\boldsymbol{\Phi}_{k|k-1}^{\mathrm{T}}+\boldsymbol{Q}_{k-1} \tag{9.8d}$$

为使式(9.8a)成立，则有

$$\boldsymbol{U}_{k-1}=-\boldsymbol{B}_{k-1}^{-1}\boldsymbol{\Phi}_{k|k-1}\hat{\boldsymbol{X}}_{k-1} \tag{9.9}$$

将式(9.8b)和式(9.9)代入式(9.6)中，得反馈校正后的系统误差为

$$\boldsymbol{X}_{k+1}=\boldsymbol{\Phi}_{k+1|k}(\boldsymbol{I}-\boldsymbol{K}_k\boldsymbol{H}_k)\boldsymbol{X}_k-\boldsymbol{\Phi}_{k+1|k}\boldsymbol{K}_k\boldsymbol{V}_k+\boldsymbol{W}_k \tag{9.10}$$

比较式(9.5)和式(9.10)看出，二者完全相同，说明输出校正和反馈校正具有相同的效果。需要指出的是，这个结论是仅从数学模型出发得到的。但在实际应用中，两种校正方式是有区别的。输出校正的优点是工程上实现比较方便，滤波器的故障不会影响惯导系统的工作；缺点是惯导系统的误差是随时间增长的，而 Kalman 滤波器数学模型建立的基础是误差为小量，因此当系统在长时间工作时，由于惯导误差不再是小量，使得滤波方程出现模型误差，从而使滤波精度下降。反馈校正正好可以克服输出校正这一缺点，此时惯导系统的输出就是组合导航系统的输出，误差始终保持为小量，因而可以认为滤波方程没有模型误差。反馈校正的缺点是工程实现没有开环校正简单，且滤波器故障会直接污染惯导系统输出，可靠性降低。

在实际应用中，如果惯导系统精度较高，且连续工作时间不长，可采用输出校正；否则，如果惯导系统精度低，且连续工作时间长，则须采用反馈校正。此外，在实际应用时，有时也将两种校正方式混合使用，而且为了减少计算工作量和防止滤波发散，也可以采用其他不同的改进方法。

9.2.2 组合导航系统的组合模式

组合导航系统的组合模式有松组合、紧组合和超精组合三种。下面以 SINS/GNSS 组合导航系统为例介绍三种组合导航模式。

1. 松组合

松组合是一种相对容易实现的组合，其主要特点是卫星导航和惯导仍独立工作，组合作用仅表现在用 GNSS 辅助惯导。属于这类组合的有两种。

（1）用 GNSS 重置惯导

这是一种最简单的组合方式，可以有两种工作方式：一种是用 GNSS 给出的位置、速度信息直接重置惯导系统的输出，即在 GNSS 工作期间，惯导显示的是 GNSS 的位置和速度；GNSS 停止工作时，惯导在原显示的基础上变化（GNSS 停止工作瞬时的位置和速度作为惯导系统的初值）；另一种是将惯导和 GNSS 输出的位置和速度信息进行加权平均。在短时间工作的情况下，第二种工作方式精度较高；而在长时间工作时，惯导误差随时间增长。因此，惯导输出的加权随工作时间的延长而减小，因而长时间工作时，性能与第一种工作方式基本相同。

（2）用位置、速度信息组合

该组合模式是采用 Kalman 滤波器的一种组合模式，其原理框图如图 9.1 和图 9.2 所示。用 GNSS 和惯导输出的位置和速度信息的差值作为量测值，经组合 Kalman 滤波，估计惯导系统的误差，然后对惯导系统进行校正。

该组合模式的优点是组合工作比较简单，便于工程实现，而且两个系统仍独立工作，使导航信息有一定余度。缺点是 GNSS 的位置和速度误差通常是时间相关的，特别是 GNSS 接收机应用 Kalman 滤波器时更是如此。但是在该种组合方式下，GNSS 的误差仅简单设置为量测白噪声，因此模型的准确性不高。

（3）用姿态、位置、速度信息组合（全组合）

SINS/GNSS 的组合方式多种多样，有位置、速度组合，伪距、伪距率组合，双差伪距、双差伪距率组合等，这些组合方式可以满足一般的导航要求，其研究和应用都已成熟。由于这些组合方式对方位观测性弱，以至于对方位的校正效果较差，使得组合后的系统在载体不做机动运动时方位容易发散，这对某些对方位信息要求较高的系统来说显然是不能满足要求的。因此，有必要将 GNSS 和 SINS 的姿态和航向信息也加以组合，使组合系统可以直接对航姿进行观测，以提高对方位的估计精度，消除载体不做机动运动时方位发散的现象。

2. 紧组合

紧组合又称为伪距、伪距率组合，该种组合模式的原理框图如图 9.3 所示。用 GNSS 给出的星历数据和 SINS 给出的位置和速度，计算对应于惯导位置和速度的伪距 ρ_I 和伪距率 $\dot{\rho}_I$。把 ρ_I 和 $\dot{\rho}_I$ 与 GNSS 测量的 ρ_G 和 $\dot{\rho}_G$ 相比较作为量测值，通过组合 Kalman 滤波器来估计惯导系统和 GNSS 的误差量，然后对两个系统进行开环或反馈校正。由于 GNSS 的测距误差容

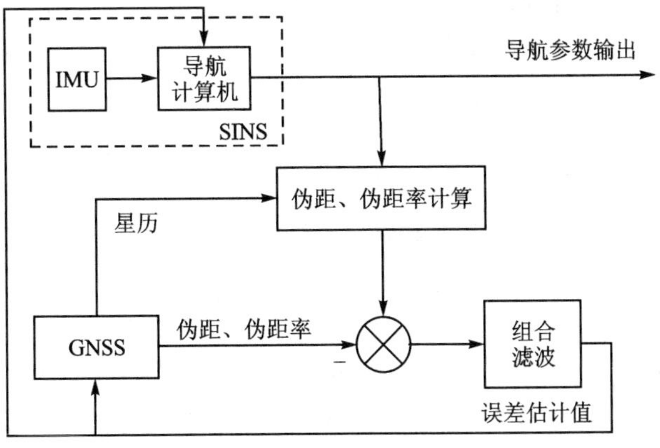

图 9.3　伪距、伪距率组合

易建模，因而可以把它扩充为状态，通过组合滤波加以估计，然后对 GNSS 接收机进行校正。

因此，伪距、伪距率组合模式比位置、速度组合模式具有更高的组合导航精度。在这种组合模式中，既可以使 GNSS 接收机只提供星历数据以及伪距和伪距率数据，GNSS 接收机可以省去导航计算处理部分；也可以保留导航计算部分，作为备用导航信息，使导航信息具有冗余度，也是一种不错的方案。用惯性导航的位置和速度信息辅助 GNSS 导航时对高动态接收机是有益的，其导航滤波器的状态为 3 个位置误差、3 个速度误差、3 个加速度计零偏、用户时钟误差和时钟频率误差，共 11 个；而低动态接收机则去掉 3 个加速度状态，只有 8 个状态。如果把 GNSS 的接收机导航滤波器的位置、速度状态看作惯导系统简化的位置、速度误差状态，则用 GNSS 滤波器的估计值校正惯导输出的位置和速度信息，即得到 GNSS 的导航解。

3. 超紧组合

GNSS 接收机在高动态、强干扰环境下跟踪环路容易失锁，这时采用 SINS 测得的载体动态信息来对 GNSS 跟踪环路进行外部辅助，即超紧组合方案，原理框图如图 9.4 所示。

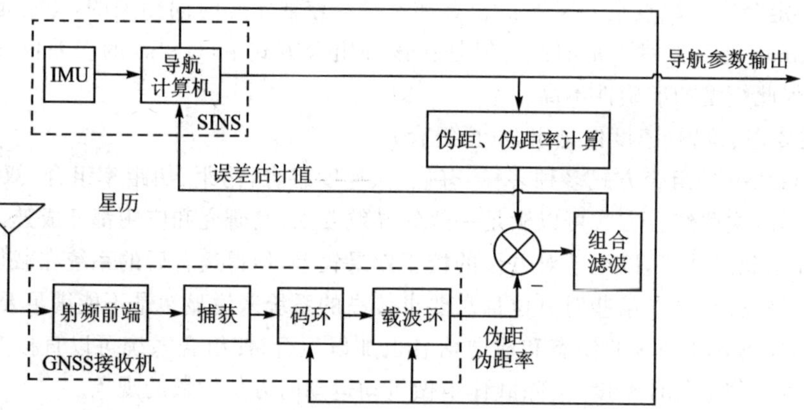

图 9.4 超紧组合方案原理框图

在 GNSS/INS 超紧组合系统中，利用校正后的 SINS 位置、速度与 GNSS 接收机中导航电文解码后计算得到的卫星参数，求取接收机与卫星之间的径向距离和径向距离率(或多普勒频率)，由此对 GNSS 接收机的码环、载波环提供辅助，以消除载体动态变化对跟踪环的影响，提高跟踪环的动态跟踪性能。接收机常规工作模式与超紧组合模式的切换通过转换开关来实现。下面对超紧组合系统中 SINS 对载波环、码环辅助的实现方法进行详细分析。

(1) SINS 辅助码环实现

在动态及噪声干扰环境中，码跟踪误差是衡量系统抗干扰性能的重要指标。使用标准的超前滞后归一化包络鉴别器作为 GNSS 码跟踪环的鉴相器时，码跟踪误差的容限是正负半个码片。码跟踪误差超过容限时，鉴相器无法为环路提供有效的误差信息。因此，为了降低环路失锁概率，须尽量减小码环跟踪误差。

在高动态、强干扰环境中，超紧组合导航系统利用惯性补偿技术对 GNSS 接收机码环进行辅助，以提高其信号动态跟踪性能与抗干扰能力。经过误差校正的 SINS 速度信息(转换成径向距离率信息)与码环的环路滤波器输出量相加，形成环路的驱动信号，用来控制本地信号的码相位，使码环只须跟踪剩余的 SINS 辅助误差。

SINS 辅助码环的结构实质上是一个处理接收机信息的低通滤波器和一个处理 SINS 信息的高通滤波器的结合。当接收机带宽降低时，被辅助环路的伪距率信息主要来自根据 SINS 速度计算的径向距离率信息，同时环路会产生一个伪距估计值。在环路增益为零的极限情况下，环路的伪距估计值完全取决于 SINS 辅助信息。在包含 Kalman 滤波器的辅助环路中，伪距估计值用于闭合码环，同时输入到 Kalman 滤波器中作为码环的量测信息。Kalman 滤波器对 SINS 和 GNSS 接收机的伪距信息进行融合后，得到 SINS 的导航参数误差估计值并反馈回 SINS。利用校正后的 SINS 速度参数与卫星的位置和速度信息，得到卫星和接收机之间的径向速度，从而为码环提供辅助信息。

(2) SINS 辅助载波环实现方法

在高动态环境中，载体剧烈的运动会在 GNSS 接收机的射频载波信号上引起较高的多普勒频移。当多普勒频移足够大时，接收机的载波跟踪环(Costas 环)无法保持锁定，致使载波跟踪失锁。为了保证系统的可靠性和完善性，需要提高载波跟踪环的动态适应能力和抗干扰能力。因此，引入 SINS 速度辅助环节，以增强载波环的跟踪性能，SINS 速度信息的辅助能够有效地增大环路等效带宽，消除载体动态对载波环的影响，从而增强环路的动态跟踪能力，降低载波环失锁的概率。设置环路带宽时，在抑制热噪声和动态应力误差之间存在矛盾，减小噪声带宽会降低热噪声，但同时也会导致动态应力误差增大。而加入 SINS 辅助信息则可以有效地解决上述矛盾，一方面辅助信息的引入能够增加环路等效带宽；另一方面，在保证锁相环 PLL 动态跟踪范围的同时，能够降低环路滤波器带宽，从而达到抑制热噪声的目的。

SINS 辅助载波环路是将辅助回路和载波跟踪环振荡器钟频误差作和，作为载波环的辅助信息，以增大环路等效带宽，去除载体动态对载波环的影响；而在载波跟踪环中，数控振荡器根据环路滤波器的输出和 SINS 辅助频率，调节载波频率，使锁相环 PLL 只跟踪剩余的频率辅助误差。此外，锁相环 PLL 通过降低滤波器带宽以抑制环路噪声，从而提高跟踪精度。

9.3　组合导航系统的数学模型

9.3.1　系统状态方程

采用最优滤波滤波器进行导航参数误差估计时，须建立导航系统误差的线性动态方程组，即状态方程和测量方程。导航系统误差主要有姿态误差、速度误差、位置误差和仪表误差。下面以东北天坐标系为地理坐标系，以指北方位系统为例给出系统的误差方程，并建立组合导航滤波器的数学模型。

1. 姿态误差

$$\dot{\phi}_x = -\frac{\delta V_y}{R_M} + \left(\omega_{ie}\sin L + \frac{V_x}{R_N}\tan L\right)\phi_y - \left(\omega_{ie}\cos L + \frac{V_x}{R_N}\right)\phi_z + \varepsilon_x \tag{9.11a}$$

$$\dot{\phi}_y = \frac{\delta V_x}{R_N} - \omega_{ie}\sin L\delta L - \left(\omega_{ie}\sin L + \frac{V_x}{R_N}\tan L\right)\phi_x - \frac{V_y}{R_M}\phi_z + \varepsilon_y \tag{9.11b}$$

$$\dot{\phi}_z - \frac{\delta V_x}{R_N}\tan L + \left(\omega_{ie}\cos L + \frac{V_x}{R_N}\sec^2 L\right)\delta L + \left(\omega_{ie}\cos L + \frac{V_x}{R_N}\right)\phi_x + \frac{V_y}{R_M}\phi_y + \varepsilon_z \tag{9.11c}$$

2. 速度误差

$$\delta\dot{V}_x = f^n_y\phi_z - f^n_z\phi_y + \left(\frac{V_y}{R_M}\tan L - \frac{V_z}{R_M}\right)\delta V_x + \left(2\omega_{ie}\sin L + \frac{V_x}{R_N}\tan L\right)\delta V_y - \left(2\omega_{ie}\cos L + \frac{V_x}{R_N}\right)\delta V_z + \left(2\omega_{ie}\cos L V_y + \frac{V_x V_y}{R_N}\sec^2 L + 2\omega_{ie}\sin L V_z\right)\delta L + \nabla_x \tag{9.12a}$$

$$\delta\dot{V}_y = f^n_z\phi_x - f^n_x\phi_z - \left(2\omega_{ie}\sin L + \frac{V_x}{R_N}\tan L\right)\delta V_x - \frac{V_z}{R_M}\delta V_y - \frac{V_y}{R_M}\delta V_z - \left(2\omega_{ie}\sin L + \frac{V_x}{R_N}\sec^2 L\right)V_x\delta L + \nabla_y \tag{9.12b}$$

$$\delta\dot{V}_z = f^n_x\phi_y - f^n_y\phi_x + \left(2\omega_{ie}\cos L + \frac{V_x}{R_N}\right)\delta V_x + \frac{2V_y}{R_M}\delta V_y - 2\omega_{ie}\sin L V_x\delta L + \nabla_z \tag{9.12c}$$

3. 位置误差

$$\delta\dot{\lambda} = \frac{\sec L}{R_N}\delta V^n_x + \frac{V^n_x\sec L\tan L}{R_N}\delta L \tag{9.13a}$$

$$\delta\dot{L} = \frac{\delta V^n_y}{R_M} \tag{9.13b}$$

$$\delta\dot{h} = \delta V^n_z \tag{9.13c}$$

4. 仪表误差

对于捷联惯性导航系统，式(9.11)中的陀螺漂移 $\boldsymbol{\varepsilon}$ 为等效陀螺漂移，其误差模型一般取为随机常数 $\boldsymbol{\varepsilon}_b$、一阶马尔科夫过程 $\boldsymbol{\varepsilon}_r$ 和白噪声 $\boldsymbol{w}_g$ 的组合，即

$$\boldsymbol{\varepsilon} = \boldsymbol{\varepsilon}_b + \boldsymbol{\varepsilon}_r + \boldsymbol{w}_g \tag{9.14}$$

假设三个轴向的陀螺漂移误差模型相同，均为

$$\dot{\boldsymbol{\varepsilon}}_b = \boldsymbol{0} \tag{9.15a}$$

$$\dot{\varepsilon}_r = -\frac{1}{T_\varepsilon}\boldsymbol{\varepsilon}_r + \boldsymbol{w}_r \tag{9.15b}$$

式中，T_ε 为相关时间。

同理，式(9.12)中的加速度计零偏$\boldsymbol{\nabla}$为等效加速度计零偏，其误差模型考虑为一阶马尔科夫过程，且假设三个轴的加速度计的误差模型相同，均为

$$\dot{\boldsymbol{\nabla}} = -\frac{1}{T_a}\boldsymbol{\nabla} + \boldsymbol{w}_a \tag{9.16}$$

式中，T_a 为相关时间。

5. GNSS 误差

GNSS 接收机给出的位置和速度误差一般是时间相关的，在位置、速度组合模式中这些误差是量测噪声。由于量测噪声是时间相关的，所以是有色噪声，而且建模比较困难，不能用状态扩充法加以处理。

将式(9.10)～式(9.16)综合在一起，得系统状态方程为

$$\dot{\boldsymbol{X}}(t) = \boldsymbol{F}(t)\boldsymbol{X}(t) + \boldsymbol{G}(t)\boldsymbol{W}(t) \tag{9.17}$$

$$\boldsymbol{X} = [\phi_x, \phi_y, \phi_z, \delta V_x, \delta V_y, \delta V_z, \delta L, \delta\lambda, \delta h, \varepsilon_{bx}, \varepsilon_{by}, \varepsilon_{bz}, \varepsilon_{rx}, \varepsilon_{ry}, \varepsilon_{rz}, \nabla_x, \nabla_y, \nabla_z]^{\mathrm{T}} \tag{9.18}$$

$$\boldsymbol{W}=[w_{gx},w_{gy},w_{gz},w_{rx},w_{ry},w_{rz},w_{ax},w_{ay},w_{az}]^{\mathrm{T}} \tag{9.19}$$

$$\boldsymbol{G}=\begin{bmatrix} \boldsymbol{T}_b^n & \boldsymbol{0}_{3\times3} & \boldsymbol{0}_{3\times3} \\ \boldsymbol{0}_{9\times3} & \boldsymbol{0}_{9\times3} & \boldsymbol{0}_{9\times3} \\ \boldsymbol{0}_{3\times3} & \boldsymbol{T}_b^n & \boldsymbol{0}_{3\times3} \\ \boldsymbol{0}_{3\times3} & \boldsymbol{0}_{3\times3} & \boldsymbol{T}_b^n \end{bmatrix} \tag{9.20}$$

$$\boldsymbol{F}=\begin{bmatrix} \boldsymbol{F}_N & \boldsymbol{F}_s \\ \boldsymbol{0} & \boldsymbol{F}_M \end{bmatrix}_{18\times18} \tag{9.21}$$

$$\boldsymbol{F}_s=\begin{bmatrix} \boldsymbol{T}_b^n & \boldsymbol{T}_b^n & \boldsymbol{0}_{3\times3} \\ \boldsymbol{0}_{3\times3} & \boldsymbol{0}_{3\times3} & \boldsymbol{T}_b^n \\ \boldsymbol{0}_{3\times3} & \boldsymbol{0}_{3\times3} & \boldsymbol{0}_{3\times3} \end{bmatrix} \tag{9.22}$$

$$\boldsymbol{F}_M=\mathrm{diag}\left\{0 \quad 0 \quad 0 \quad -\frac{1}{T_{\varepsilon x}} \quad -\frac{1}{T_{\varepsilon y}} \quad -\frac{1}{T_{\varepsilon z}} \quad -\frac{1}{T_{ax}} \quad -\frac{1}{T_{ay}} \quad -\frac{1}{T_{az}}\right\} \tag{9.23}$$

式(9.21)中 $\boldsymbol{F}_N$ 对应姿态角、速度和位置 9 个基本导航参数的系统阵，其非零元素可以根据式(9.11)～式(9.13)来确定，其具体数值为

$$F(1,2)=\omega_{ie}\sin L+\frac{V_x}{R_N}\tan L,\quad F(1,3)=-\left(\omega_{ie}\cos L+\frac{V_x}{R_N}\right)$$

$$F(1,5)=-\frac{1}{R_M},\quad F(2,1)=-\left(\omega_{ie}\sin L+\frac{V_x}{R_N}\tan L\right)$$

$$F(2,3)=-\frac{V_y}{R_M},\quad F(2,4)=\frac{1}{R_N},\quad F(2,7)=-\omega_{ie}\sin L$$

$$F(3,1)=\omega_{ie}\cos L+\frac{V_x}{R_N},\quad F(3,2)=\frac{V_y}{R_M}$$

$$F(3,4)=\frac{1}{R_N}\tan L,\quad F(3,7)=\omega_{ie}\cos L+\frac{V_x}{R_N}\sec^2 L$$

$$F(4,2)=-f_z,\quad F(4,3)=f_y,\quad F(4,4)=\frac{V_y}{R_M}\tan L-\frac{V_z}{R_M}$$

$$F(4,5)=2\omega_{ie}\sin L+\frac{V_x}{R_N}\tan L,\quad F(4,6)=-\left(2\omega_{ie}\cos L+\frac{V_x}{R_N}\right)$$

$$F(4,7)=2\omega_{ie}\cos LV_y-\frac{V_xV_y}{R_N}\sec^2 L+2\omega_{ie}\sin LV_z$$

$$F(5,1)=f_z,\quad F(5,3)=-f_x,\quad F(5,4)=-\left(2\omega_{ie}\sin L+\frac{V_x}{R_N}\tan L\right)$$

$$F(5,5)=-\frac{V_z}{R_M},\quad F(5,6)=-\frac{V_y}{R_M}$$

$$F(5,7)=-\left(2\omega_{ie}\sin L+\frac{V_x}{R_N}\sec^2 L\right)V_x$$

$$F(6,1)=-f_y,\quad F(6,2)=f_x,\quad F(6,4)=2\omega_{ie}\cos L-\frac{V_x}{R_N}$$

$$F(6,5)=\frac{2V_y}{R_M},\quad F(6,7)=-2V_x\omega_{ie}\sin L,\quad F(7,5)=\frac{1}{R_M}$$

$$F(8,4)=\frac{\sec L}{R_N},\quad F(8,7)=\frac{V_x}{R_N}\sec L\tan L,\quad F(9,6)=1$$

式(9.17)所示的系统状态方程全面考虑了惯导系统的误差参数，其计算量较大。在实际应用中，特别是基于微机电系统(Micro-Electro-Mechanical Systems，MEMS)的低成本或消费级捷联惯导系统，其受功耗、体积、重量以及处理器运算能力的限制，需要对系统的状态量进行取舍。由于惯导系统的高度通道相对独立，而且可利用气压高度计或大气数据机提供的外部高度信息对高度通道进行阻尼或滤波(参见第7章)来获得稳定的高度和天向速度信息，因此可以舍弃状态量 δV_z 和 δh。此外，仪表误差在系统的可观性较弱，而且由仪表造成的位置和速度误差可以通过系统反馈校正的方式进行补偿，因此舍弃状态量 $\boldsymbol{\varepsilon}_b$，$\boldsymbol{\varepsilon}_r$ 和 $\boldsymbol{\nabla}$。

综上所述，根据实际应用需求，低成本组合系统的状态方程可以有以下3种取法。

(1) 12维状态方程

取惯导系统的3个姿态误差角 ϕ_x，ϕ_y 和 ϕ_z，2个水平方向的速度误差(东向和北向)δV_x 和 δV_y，2个水平方向的位置误差(东向和北向)δL 和 $\delta\lambda$，3个陀螺漂移误差 ε_{bx}，ε_{by} 和 ε_{bz}，以及2个水平加速度计偏差 ∇_x 和 ∇_y 为状态构成12维的全局状态方程，即

$$\dot{\boldsymbol{X}}(t)=\boldsymbol{F}(t)\boldsymbol{X}(t)+\boldsymbol{G}(t)\boldsymbol{W}(t)\tag{9.24}$$

式中，$\boldsymbol{X}^{\mathrm{T}}=[\phi_x,\phi_y,\phi_z,\delta V_x,\delta V_y,\delta L,\delta\lambda,\varepsilon_{bx},\varepsilon_{by},\varepsilon_{bz}]$ 为系统状态；$\boldsymbol{F}(t)$ 为系统的状态矩阵；$\boldsymbol{G}(t)$ 为系统噪声矩阵；$\boldsymbol{W}(t)$ 为系统噪声。

(2) 10维状态方程

取惯导系统的3个姿态误差角 ϕ_x，ϕ_y 和 ϕ_z，2个水平方向的速度误差(东向和北向)δV_x 和 δV_y，2个水平方向的位置误差(东向和北向)δL 和 $\delta\lambda$ 以及3个陀螺漂移误差 ε_{bx}，ε_{by} 和 ε_{bz} 为状态构成10维的全局状态方程，即

$$\dot{\boldsymbol{X}}(t)=\boldsymbol{F}(t)\boldsymbol{X}(t)+\boldsymbol{G}(t)\boldsymbol{W}(t)\tag{9.25}$$

式中，$\boldsymbol{X}^{\mathrm{T}}=[\phi_x,\phi_y,\phi_z,\delta V_x,\delta V_y,\delta L,\delta\lambda,\varepsilon_{bx},\varepsilon_{by},\varepsilon_{bz}]$ 为系统状态；$\boldsymbol{F}(t)$ 为系统的状态矩阵；$\boldsymbol{G}(t)$ 为系统噪声矩阵；$\boldsymbol{W}(t)$ 为系统噪声。

(3) 7维状态方程

取惯导系统的3个姿态误差角 ϕ_x，ϕ_y 和 ϕ_z，2个水平方向的速度误差(东向和北向)δV_x 和 δV_y 以及2个水平方向的位置误差(东向和北向)δL 和 $\delta\lambda$ 为状态构成7维的全局状态方程，即

$$\dot{\boldsymbol{X}}(t)=\boldsymbol{F}(t)\boldsymbol{X}(t)+\boldsymbol{G}(t)\boldsymbol{W}(t)\tag{9.26}$$

式中，$\boldsymbol{X}^{\mathrm{T}}=[\phi_x,\phi_y,\phi_z,\delta V_x,\delta V_y,\delta L,\delta\lambda]$ 为系统状态。

9.3.2 系统量测方程

在位置、速度组合模式中，其量测值有两组：一组为水平位置量测值，即惯导系统输出的经度和纬度信息与GNSS接收机输出的经度和纬度信息的差值为一组量测值，两个系统输出的水平速度差值为另一组量测值。

惯导系统输出的经度和纬度信息为

$$\lambda_I=\lambda_t+\delta\lambda\tag{9.27a}$$

$$L_I=L_t+\delta L\tag{9.27b}$$

GNSS 接收机输出的位置信息为

$$\lambda_s = \lambda_t - \frac{N_x}{R_N \cos L} \tag{9.28a}$$

$$L_s = L_t - \frac{N_y}{R_m} \tag{9.28b}$$

式中，λ_t 和 L_t 为真实位置；λ_I 和 L_I 为惯导的测量位置；λ_s 和 L_s 为 GNSS 接收机的测量位置；N_x 和 N_y 为 GNSS 接收机沿东和北方向的位置误差。$\delta\lambda$ 和 δL 为惯导系统的位置误差。

位置量测误差矢量为

$$\boldsymbol{Z}_p(t) = \begin{bmatrix} (L_I - L_s)R_M \\ (\lambda_I - \lambda_s)R_N \cos L \end{bmatrix} = \begin{bmatrix} R_M \delta L + N_x \\ R_N \cos L \delta\lambda + N_y \end{bmatrix} = \boldsymbol{H}_p(t)\boldsymbol{X}(t) + \boldsymbol{V}_p(t) \tag{9.29}$$

式中，$\boldsymbol{V}_p(t) = [N_x \quad N_y]^{\mathrm{T}}$ 为系统量测噪声。12 维状态系统式(9.24)、10 维状态系统式(9.25)和 7 维状态系统式(9.26)的量测矩阵分别取为 $\boldsymbol{H}_p = [\boldsymbol{0}_{2\times5} \quad \mathrm{diag}(R_M \quad R_N \cos L) \quad \boldsymbol{0}_{2\times5}]$，$\boldsymbol{H}_p = [\boldsymbol{0}_{2\times5} \quad \mathrm{diag}(R_M \quad R_N \cos L) \quad \boldsymbol{0}_{2\times3}]$ 和 $\boldsymbol{H}_p = [\boldsymbol{0}_{2\times5} \quad \mathrm{diag}(R_M \quad R_N \cos L)]$。

惯导系统输出的速度信息为

$$V_{Ix} = V_x + \delta V_x \tag{9.30a}$$

$$V_{Iy} = V_y + \delta V_y \tag{9.30b}$$

GNSS 接收机输出的速度信息为

$$V_{sx} = V_x - M_x \tag{9.31a}$$

$$V_{sy} = V_y - M_y \tag{9.31b}$$

式中，V_x 和 V_y 为载体沿地理系各个轴的真实速度；δV_x 和 δV_y 为惯导系统测量的速度误差；M_x 和 M_y 为 GNSS 接收机输出速度的误差；V_{Ix} 和 V_{Iy} 为惯导系统输出的速度；V_{sx} 和 V_{sy} 为 GNSS 接收机输出的速度。

综合式(9.30)和式(9.31)，可得以速度为量测量的量测方程，即

$$\boldsymbol{Z}_V(t) = \begin{bmatrix} V_{Ix} - V_{sx} \\ V_{Iy} - V_{sy} \end{bmatrix} = \boldsymbol{H}_V(t)\boldsymbol{X}(t) + \boldsymbol{V}_V(t) \tag{9.32}$$

式中，$\boldsymbol{V}_V(t) = [M_x \quad M_y]^{\mathrm{T}}$ 为系统的量测噪声；12 维状态系统式(9.24)、10 维状态系统式(9.25)和 7 维状态系统式(9.26)的量测矩阵分别取为 $\boldsymbol{H}_V = [\boldsymbol{0}_{2\times3} \quad \mathrm{diag}(1 \quad 1) \quad \boldsymbol{0}_{2\times7}]$，$\boldsymbol{H}_V = [\boldsymbol{0}_{2\times3} \quad \mathrm{diag}(1 \quad 1) \quad \boldsymbol{0}_{2\times5}]$ 和 $\boldsymbol{H}_V = [\boldsymbol{0}_{2\times3} \quad \mathrm{diag}(1 \quad 1) \quad \boldsymbol{0}_{2\times2}]$。

将式(9.29)和式(9.32)综合在一起可得系统的量测方程为

$$\boldsymbol{Z}(t) = \begin{bmatrix} \boldsymbol{Z}_p(t) \\ \boldsymbol{Z}_V(t) \end{bmatrix} = \begin{bmatrix} \boldsymbol{H}_p(t) \\ \boldsymbol{H}_V(t) \end{bmatrix} \boldsymbol{X}(t) + \begin{bmatrix} \boldsymbol{V}_p(t) \\ \boldsymbol{V}_V(t) \end{bmatrix} = \boldsymbol{H}(t)\boldsymbol{X}(t) + \boldsymbol{V}(t) \tag{9.33}$$

在实际应用中，以式(9.24)、式(9.25)或式(9.26)为状态方程，根据实际情况既可以选择式(9.29)或式(9.32)作为系统的量测方程，也可以选择式(9.33)作为系统的量测方程。

9.3.3 组合导航系统数学模型离散化

式(9.24)、式(9.25)或式(9.26)所示的状态方程是组合导航连续系统的递推方程。实际上，无论是仿真计算，还是实际应用，系统都是离散的系统，需要对式(9.24)、式(9.25)或式(9.26)进行离散化，离散化后的系统状态方程和量测方程的形式为

$$X_k = \Phi_{k|k-1} X_{k-1} + \Gamma_{k-1} W_{k-1} \tag{9.34}$$

$$Z_k = H_k X_k + V_k \tag{9.35}$$

系统的采样时间为 T，则离散化后的转移矩阵可按下式计算，即

$$\Phi_{k|k-1} \approx \sum_{n=0}^{\infty} \frac{T^n}{n!} F^n(t_k) \tag{9.36}$$

仿真实验表明，在精度满足条件的情况下，离散化式(9.36)最少取 3 项。

滤波计算中需要的系统噪声方差形式为 $\Gamma_k Q_k \Gamma_k^T$，所以一般不单独计算 Q_k，而是令

$$\Gamma_k Q_k \Gamma_k^T = \bar{Q}_k, \qquad GQG^T = \bar{Q}$$

则 $\bar{Q}_k$ 的计算公式为

$$\bar{Q}_k = \bar{Q}T + [F\bar{Q} + (F\bar{Q})^T] \frac{T^2}{2!} + \{F[F\bar{Q} + (F\bar{Q})]^T + [F(F\bar{Q} + \bar{Q}F^T)]^T\} \frac{T^3}{3!} + \cdots \tag{9.37}$$

仿真实验表明，在精度满足条件的情况下，离散化式(9.37)最少取 3 项。

9.4 惯导/GPS/北斗卫星组合导航系统的设计与实现

9.4.1 惯导/GPS/北斗卫星组合导航系统的数学模型

取惯导系统的 3 个姿态误差角 ϕ_x，ϕ_y 和 ϕ_z，2 个水平方向的速度误差（东向和北向）δV_x 和 δV_y，2 个水平方向的位置误差（东向和北向）δL 和 $\delta\lambda$ 以及 3 个陀螺漂移误差 ε_{bx}，ε_{by} 和 ε_{bz} 为状态构成 10 维的全局状态方程，并将其离散化获得式(9.34)和式(9.35)的形式。

9.4.2 惯导/GPS/北斗卫星组合导航系统的滤波器设计

在获得式(9.34)和式(9.35)所示的组合系统离散方程后，可根据系统观测量来设计组合系统的滤波器，常用的滤波器有集中滤波器和分布式滤波两种。

1. 集中滤波器

集中滤波器只使用一个最优滤波器来集中处理所有的传感器信息，具有结构简单，精度高的优点。从理论上，集中滤波器能够获得全局的最优估计。但是随着传感器数目的增加，集中滤波存在下列严重的问题：① 在组合信息大量冗余的情况下，计算量将以滤波器维数的三次方剧增，实时性不能保证；② 传感器子系统的增加使故障率也随之增加，在某一子系统出现故障而又没有及时被检测出并隔离的情况下，故障数据会污染整个系统，使可靠性降低。

2. 联邦滤波

联邦滤波是分布式滤波的一种实现形式。对于多传感器组合导航系统，若采用集中滤波，则存在计算量大、容错性能差等缺点。为了解决这一问题，Speyer 等人先后提出了分布式滤波思想，但该思想存在着信息传输量大的缺点。1988 年，Carlson 提出了联邦滤波理论，才使上述问题得以解决。联邦滤波器是一种两级数据滤波技术，是从算法结构上对分散滤波器作了重大改进，可以看成是一个特殊的分散滤波方法，其结构如图 9.5 所示。图中的虚线表示对各子系统的反馈校正，即对各子系统进行信息分配，而究竟是否进行校正要视对系统整体的设计要求而定。它由一个公共参考系统和若干个子系统构成，公共参考系统与各子系统两两组

成局部子滤波器,各局部子滤波器的卡尔曼滤波运算独立地并行进行,通过子滤波器仅可获得系统公共状态的局部最优估计。为了获得系统公共状态的全局最优估计,必须对局部最优估计进行再处理,融合成整体上的全局估计,这一融合算法是在主滤波器里完成的。由于其输出导航信息具有全面、输出信息实时性高、可靠性绝对有保证等优点,所以一般选择惯性导航系统为公共参考系统。

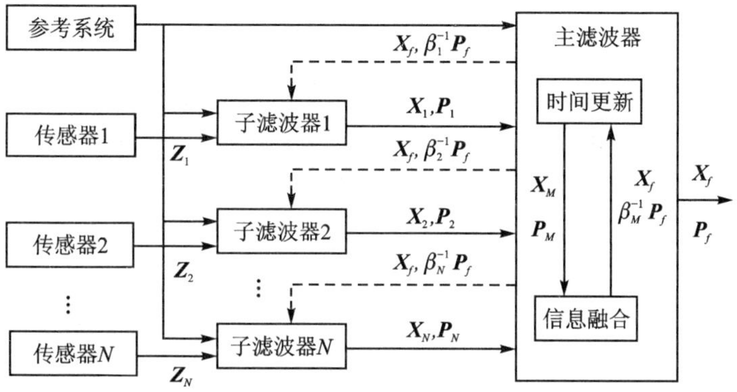

图 9.5　联邦 Kalman 滤波结构图

由于采用了信息分配原理,其全局滤波精度与集中卡尔曼滤波器的滤波精度等价,但其在计算效率和容错性方面明显优于集中滤波器。按信息守恒原则选取的信息分配系数并不影响全局滤波结果,但影响子系统的滤波精度和容错性能,因此各子系统如何合理地利用有限的信息,是联邦滤波器设计需要解决的关键问题。

设 $\boldsymbol{P}_i$ 和 $\boldsymbol{X}_i$ 分别表示子滤波器的方差阵和状态向量,$\boldsymbol{P}_m$ 和 $\boldsymbol{X}_m$ 分别表示主滤波器的方差阵和状态向量。信息用方差阵的逆表示,量测信息用量测噪声方差阵的逆 $\boldsymbol{R}^{-1}$ 表示,系统信息用系统噪声方差阵的逆 $\boldsymbol{Q}^{-1}$ 表示,滤波估计误差信息用估计误差方差阵的逆 $\boldsymbol{P}^{-1}$ 表示。则在式(9.7)或式(9.8)的基础上,联邦滤波器按照以下规则在各滤波器间进行信息分配:

$$\boldsymbol{P}_i^{-1}=\boldsymbol{P}_g^{-1}\beta_i \tag{9.38}$$

$$\hat{\boldsymbol{X}}_i=\hat{\boldsymbol{X}}_m=\hat{\boldsymbol{X}}_g \tag{9.39}$$

$$\boldsymbol{Q}_i^{-1}=\boldsymbol{Q}_g^{-1}\beta_i \tag{9.40}$$

式中,$\beta_i(i=1,\cdots,n,m)$为第 i 个滤波器的信息分配系数,它必须满足信息守恒原理,即

$$\beta_m+\sum_{i=1}^{n}\beta_i=1 \tag{9.41}$$

按照上述信息分配原则在各滤波器间分配信息,可避免信息的重复利用,消除各子滤波器之间的相关性,使子滤波器和主滤波器的解是统计独立的,于是它们可以按下面的最优算法合成:

$$\hat{\boldsymbol{X}}_g=\boldsymbol{P}_g(\boldsymbol{P}_m^{-1}\hat{\boldsymbol{X}}_m+\sum_{i=1}^{n}\boldsymbol{P}_i^{-1}\hat{\boldsymbol{X}}_i) \tag{9.42}$$

$$\boldsymbol{P}_g=(\boldsymbol{P}_m^{-1}+\sum_{i=1}^{n}\boldsymbol{P}_i^{-1})^{-1} \tag{9.43}$$

联邦滤波器因信息分配因子 β 和反馈模式的不同可构成多种结构形式,不同的滤波结构具有不同的特性(容错性、计算精度等)。在秦永元教授等人编著的《卡尔曼滤波与组合导航原理》

一书中提出了 6 种典型的联邦卡尔曼滤波结构。

对于如图 9.5 所示的联邦滤波器，其要求参考系统（通常选为惯性导航系统）没有故障。一旦参考系统有故障，上述联邦滤波理论和结论就不成立了。为解决该问题，中科院院士杨元喜教授在其专著《自适应动态导航定位》中给出了一种解决办法，具体细节请参阅《自适应动态导航定位》①，本书中不再赘述。

9.4.3 仿真实例

仿真数据来自科学实验车上实测的定点静态数据，包括惯性组件 IMU 数据、北斗卫星导航数据和 GPS 数据，测试时间为 1 000 s。

1. 仿真条件 1（正常工作情况）下的仿真研究

GPS 和北斗卫星均工作正常。分别用集中 Kalman 滤波和联邦 Kalman 滤波进行仿真验证，仿真结果如图 9.6 和图 9.7 所示。

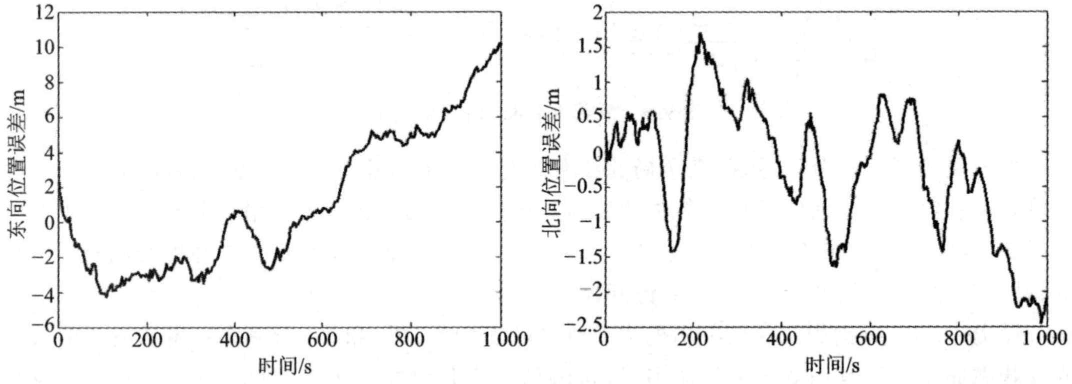

图 9.6 集中 Kalman 滤波结果

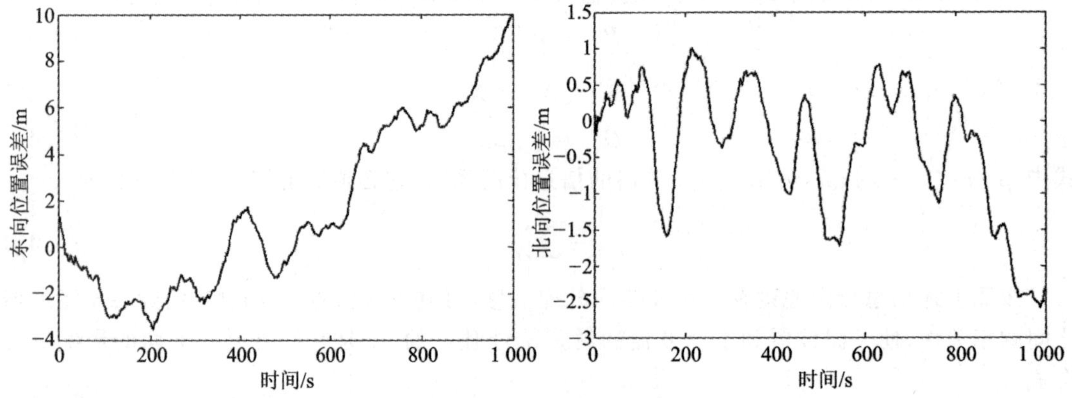

图 9.7 联邦 Kalman 滤波结果

2. 仿真条件 2（出现突变型的异常工作情况）下仿真研究

北斗卫星和 GPS 分段异常，分别在 180～240 s 和 210～300 s 对北斗卫星和 GPS 加入

① 杨元喜. 自适应动态导航定位[M]. 北京：测绘出版社，2006.

100 m 突变型的位置误差。在此过程中分段地出现二者都正常、北斗卫星有故障、GPS 和北斗卫星同时有故障、GPS 有故障和二者都正常的不同状况。实验结果如图 9.8 所示。

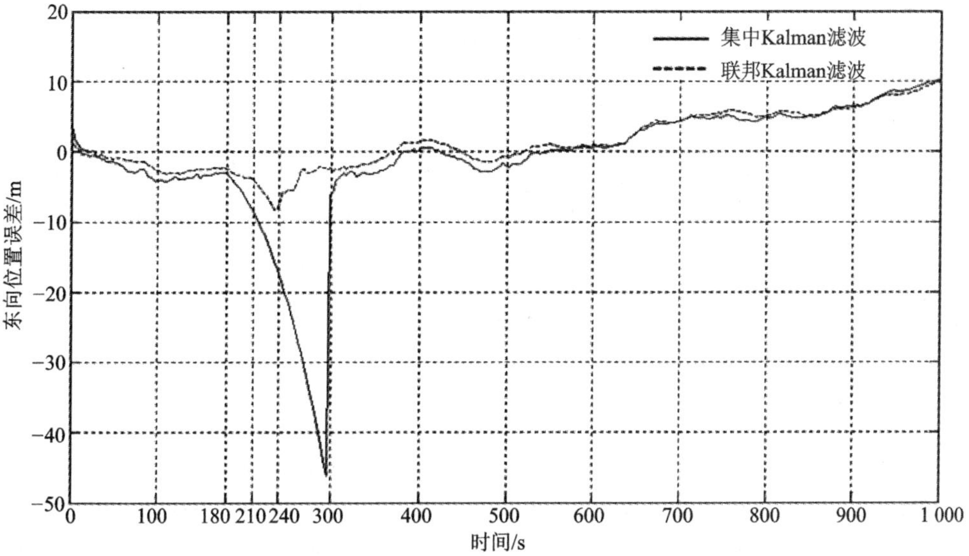

(a) 东向位置误差

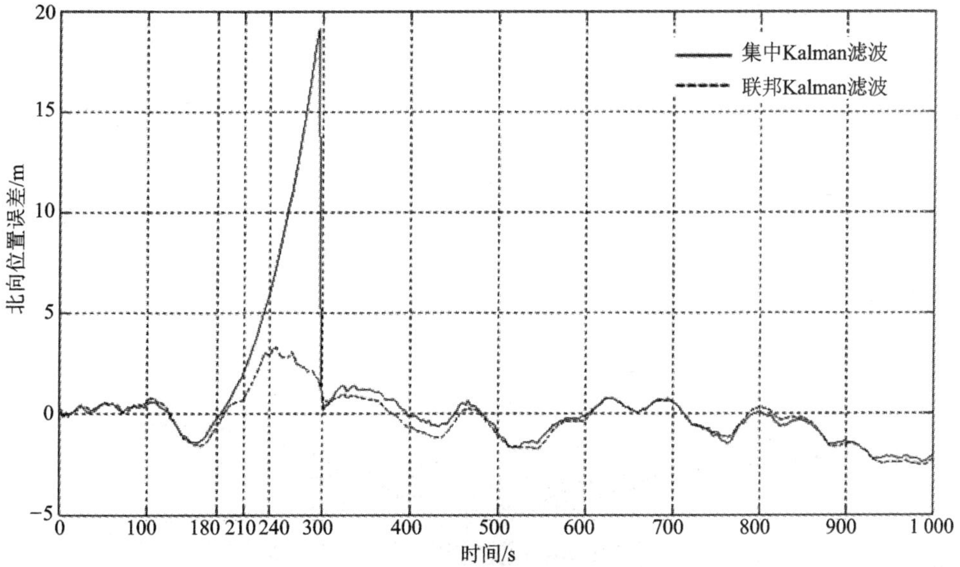

(b) 北向位置误差

图 9.8　两种滤波算法的容错滤波结果

9.5　低成本 SINS/GNSS 组合导航系统的设计与实现

9.5.1　低成本 SINS/GNSS 组合导航系统的运动学模型

取惯导系统的 3 个姿态误差角 ϕ_x，ϕ_y 和 ϕ_z，2 个水平方向的速度误差(东向和北向)δV_x

和δV_y,2个水平方向的位置误差(东向和北向)δL 和$\delta\lambda$ 以及3个陀螺漂移误差ε_{bx},ε_{by} 和ε_{bz}为状态构成10维的状态量$\boldsymbol{X}^{\mathrm{T}}=[\phi_x,\phi_y,\phi_z,\delta V_x,\delta V_y,\delta L,\delta\lambda,\varepsilon_{bx},\varepsilon_{by},\varepsilon_{bz}]$,其状态方程为

$$\dot{\boldsymbol{X}}(t)=\boldsymbol{F}(t)\boldsymbol{X}(t)+\boldsymbol{G}(t)\boldsymbol{W}(t)$$

将连续方程离散化后获得式(9.34)和式(9.35)的形式。

9.5.2 低成本SINS/GNSS组合导航系统的量测模型

取式(9.33)所示的水平位置、速度量测模型,即惯导系统输出的经度、纬度、东向速度和北向速度分别与GNSS接收机输出的经度、纬度、东向速度和北向速度做差构成量测量,其量测方程为

$$\boldsymbol{Z}(t)=\begin{bmatrix}\boldsymbol{Z}_p(t)\\ \boldsymbol{Z}_V(t)\end{bmatrix}=\begin{bmatrix}\boldsymbol{H}_p(t)\\ \boldsymbol{H}_V(t)\end{bmatrix}\boldsymbol{X}(t)+\begin{bmatrix}\boldsymbol{V}_p(t)\\ \boldsymbol{V}_V(t)\end{bmatrix}=\boldsymbol{H}(t)X(t)+\boldsymbol{V}(t)$$

9.5.3 仿真实例

利用北航数字导航中心自主研发的无人机自主导航与控制系统采集实际的飞行数据进行低成本SINS/GPS组合导航算法测试,无人机飞行参考轨迹和SINS/GPS组合导航滤波轨迹如图9.9所示。水平位置、水平速度和水平姿态角曲线分别如图9.10、图9.11和图9.12所示。误差统计结果如表9.1所列。

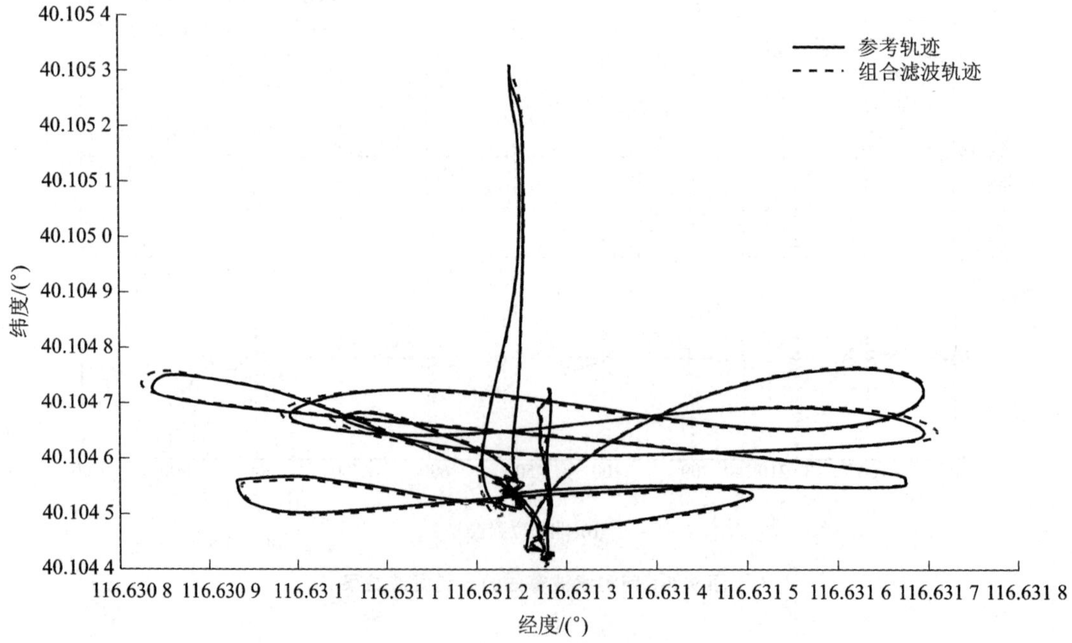

图9.9 无人机飞行轨迹

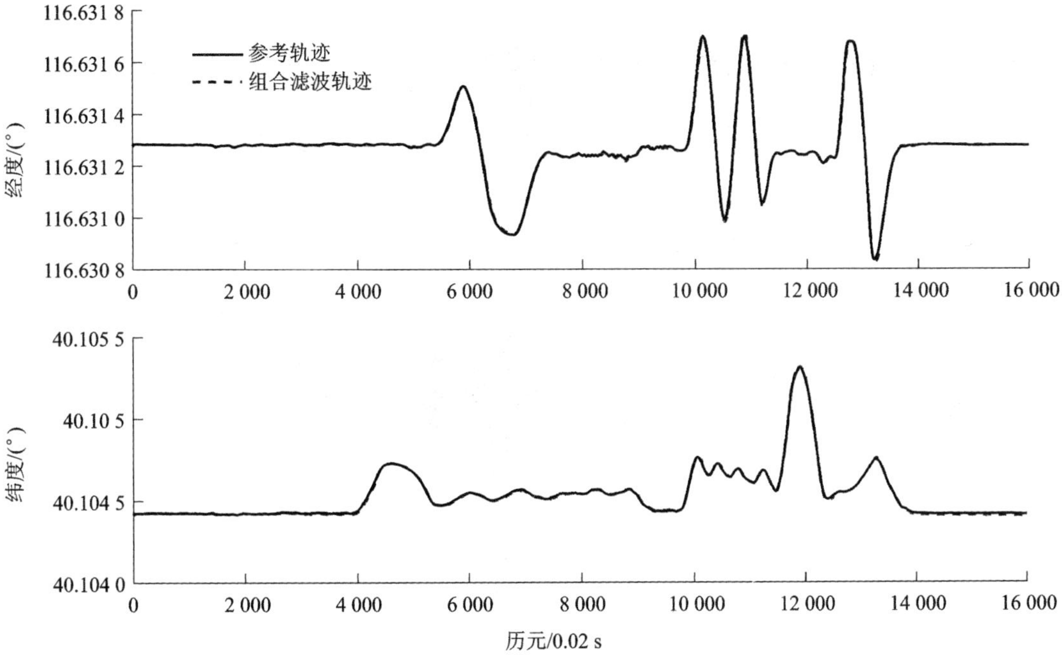

图 9.10　无人机水平位置曲线

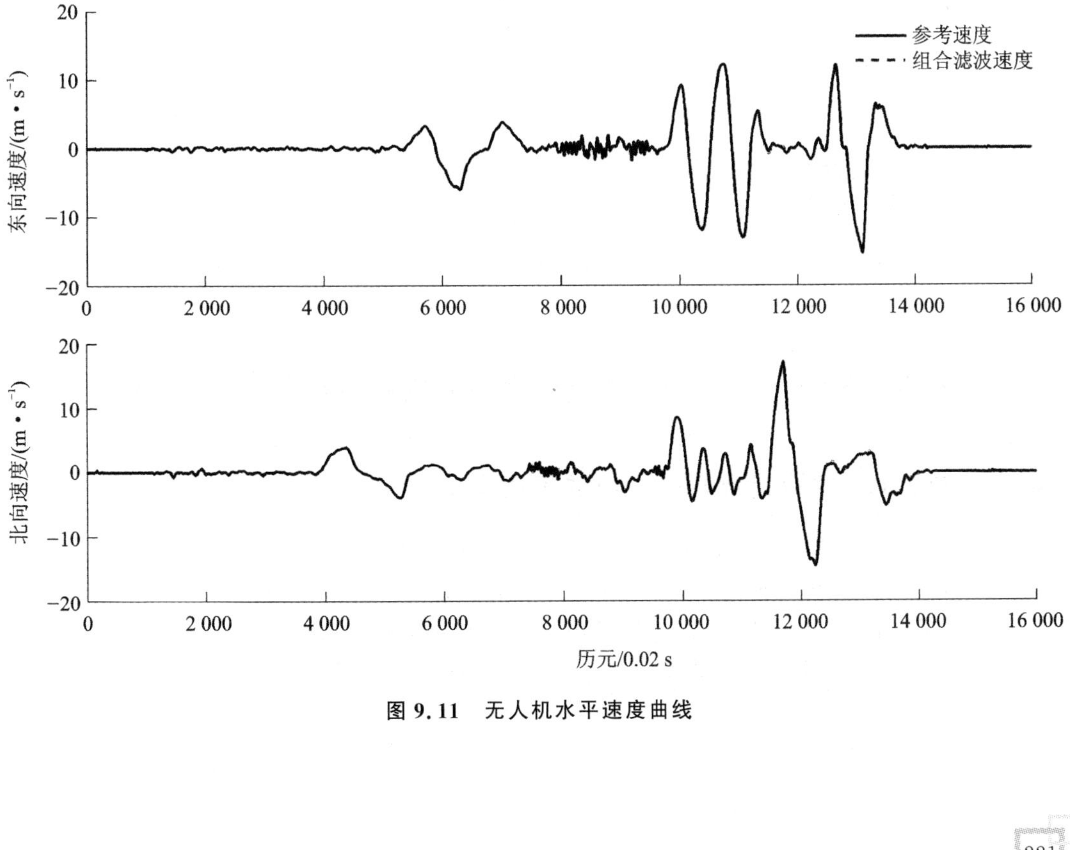

图 9.11　无人机水平速度曲线

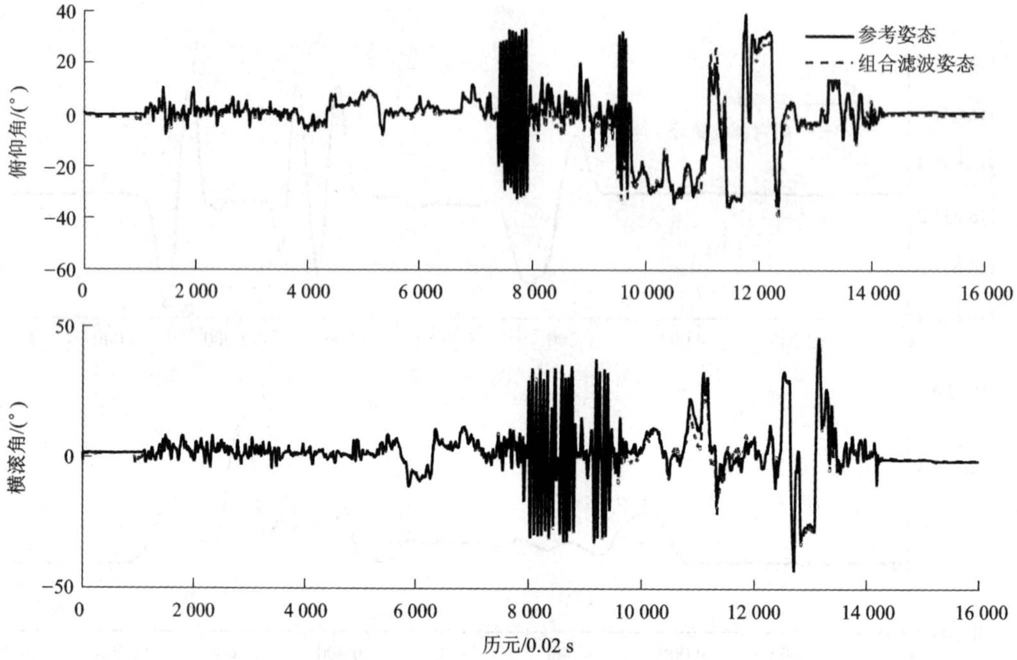

图 9.12　无人机水平姿态角(俯仰角和横滚角)曲线

表 9.1　无人机动态飞行误差统计结果

变　量	统计量	
	均　值	均方根
东向位置误差/m	−0.020 0	0.380 3
北向位置误差/m	−0.263 6	0.537 4
东向速度误差/(m·s^{-1})	−0.023 3	0.043 8
北向速度误差(m·s^{-1})	0.038 7	0.036 5
俯仰角误差/(°)	−0.317 7	2.355 2
横滚角误差/(°)	−0.265 2	2.418 6

9.6　SINS/GNSS 紧组合导航系统的设计与实现

9.6.1　SINS/GNSS 紧组合导航系统的运动学模型

取惯导系统的 3 个姿态误差角 $\delta\psi$,$\delta\vartheta$ 和 $\delta\gamma$,3 个速度误差 δV_x,δV_y 和 δV_z,3 个位置误差 δL,$\delta\lambda$ 和 δh,3 个加速度计偏差 ∇_x,∇_y 和 ∇_z,3 个陀螺漂移误差 ε_x,ε_y 和 ε_z,以及载体到 GNSS 卫星的测距误差 $\delta\rho$ 及其变化率 $\delta\dot{\rho}$ 为状态构成全局状态方程。因此,INS/GNSS 紧组合导航滤波器状态量 $\boldsymbol{X}$ 包含 INS 状态量 $\boldsymbol{X}_{\mathrm{INS}}$ 与 GNSS 状态量 $\boldsymbol{X}_{\mathrm{GNSS}}$ 两部分,可表示为

$$\boldsymbol{X}=[\boldsymbol{X}_{\mathrm{INS}}\quad \boldsymbol{X}_{\mathrm{GNSS}}]^{\mathrm{T}} \tag{9.44}$$

$$\boldsymbol{X}_{\mathrm{INS}}=[\delta\psi\quad \delta\vartheta\quad \delta\gamma\quad \delta V_x\quad \delta V_y\quad \delta V_z\quad \delta L\quad \delta\lambda\quad \delta h\quad \nabla_x\quad \nabla_y\quad \nabla_z\quad \varepsilon_x\quad \varepsilon_y\quad \varepsilon_z]^{\mathrm{T}} \tag{9.45}$$

$$\boldsymbol{X}_{\text{GNSS}}=[\delta\rho_c^a \quad \delta\dot{\rho}_c^a]^{\text{T}} \tag{9.46}$$

式中，$[\delta\psi \quad \delta\vartheta \quad \delta\gamma]^{\text{T}}$ 为在小角度近似条件下以欧拉角形式表示的载体姿态误差角，描述载体系 b 相对于当地导航坐标系 n 的姿态误差；$\delta\boldsymbol{V}$ 为 n 系中的载体速度误差；δL，$\delta\lambda$ 与 δh 分别为纬度误差、经度误差与椭球高误差；∇ 为加速度计零偏；ε 为陀螺仪漂移；$\delta\rho_c^a$ 为接收机的钟差引起的测距误差；$\delta\dot{\rho}_c^a$ 为 $\delta\rho_c^a$ 的变化率。

对式(9.44)离散化后，获得的系统状态方程为

$$\boldsymbol{X}_k=\boldsymbol{\Phi}_{k|k-1}\boldsymbol{X}_{k-1}+\boldsymbol{\Gamma}_{k-1}\boldsymbol{W}_{k-1} \tag{9.47}$$

9.6.2　SINS/GNSS 紧组合导航系统的量测模型

SINS/GNSS 紧组合导航滤波器取载体到卫星的伪距和伪距率分别与根据载体运动信息预测的伪距和伪距率差作为量测量，即

$$\delta\boldsymbol{Z}=\begin{bmatrix}\delta\boldsymbol{Z}_\rho \\ \delta\boldsymbol{Z}_r\end{bmatrix} \tag{9.48}$$

$$\delta\boldsymbol{Z}_\rho=[\tilde{\rho}^1-\hat{\rho}^1 \quad \tilde{\rho}^2-\hat{\rho}^2 \quad \cdots \quad \tilde{\rho}^m-\hat{\rho}^m]^{\text{T}} \tag{9.49}$$

$$\delta\boldsymbol{Z}_r=\left[\tilde{\dot{\rho}}^1-\hat{\dot{\rho}}^1 \quad \tilde{\dot{\rho}}^2-\hat{\dot{\rho}}^2 \quad \cdots \quad \tilde{\dot{\rho}}^m-\hat{\dot{\rho}}^m\right]^{\text{T}} \tag{9.50}$$

式中，$\delta\boldsymbol{Z}_\rho$ 为伪距观测新息向量；$\delta\boldsymbol{Z}_r$ 为伪距率观测新息向量；m 为观测卫星个数；$\tilde{\rho}^j$ 和 $\tilde{\dot{\rho}}^j$ 分别为校正后卫星 j 的伪距与伪距率实测值；$\hat{\rho}^j$ 和 $\hat{\dot{\rho}}^j$ 分别为卫星 j 的伪距与伪距率的预测值。

对接收机测量得到原始伪距与伪距率进行校正的公式为

$$\tilde{\rho}^j=\rho^j-\delta\hat{\rho}_I^j-\delta\hat{\rho}_T^j+\delta\hat{\rho}_c^j-\delta\hat{\rho}_{\text{ISB}}^j \tag{9.51}$$

$$\tilde{\dot{\rho}}^j=\dot{\rho}^j+\delta\hat{\dot{\rho}}_c^j \tag{9.52}$$

式中，ρ^j 和 $\dot{\rho}^j$ 分别为卫星 j 的原始伪距测量值与伪距率测量值；$\delta\hat{\rho}_I^j$，$\delta\hat{\rho}_T^j$ 与 $\delta\hat{\rho}_c^j$ 分别为通过估计得到的电离层、对流层与卫星钟差导致的测距误差；$\delta\hat{\rho}_{\text{ISB}}^j$ 为卫星 j 所属 GNSS 系统的系统间偏差(Inter-System Bias，ISB) 修正值；$\delta\hat{\dot{\rho}}_c^j$ 为卫星 j 钟速导致的伪距率测量偏差估计值。

根据载体的运动信息和 GNSS 星历信息，预测卫星 j 的伪距与伪距率分别为

$$\hat{\rho}^j=\sqrt{[\hat{\boldsymbol{r}}^j-\hat{\boldsymbol{r}}_a]^{\text{T}}[\hat{\boldsymbol{r}}^j-\hat{\boldsymbol{r}}_a]}+\delta\hat{\rho}_c^a+\delta S \tag{9.53}$$

$$\hat{\dot{\rho}}^j=\boldsymbol{u}_{aj}^{e\,\text{T}}[\hat{\boldsymbol{V}}^j-\hat{\boldsymbol{V}}_a]+\delta\hat{\dot{\rho}}_c^a+\delta\dot{S} \tag{9.54}$$

式中，$\hat{\rho}^j$ 和 $\hat{\dot{\rho}}^j$ 分别为预测得到的卫星 j 的伪距与伪距率；$\hat{\boldsymbol{r}}^j$ 和 $\hat{\boldsymbol{V}}^j$ 分别为由星历计算得到的卫星 j 的位置与速度；$\delta\hat{\rho}_c^a$ 和 $\delta\hat{\dot{\rho}}_c^a$ 分别为接收机 a 钟差引起的测距误差和接收机 a 钟速引起的测速误差；δS 和 $\delta\dot{S}$ 分别为伪距与伪距率的 Sagnac 修正项；$\boldsymbol{u}_{aj}^e$ 表示在地心地固系(地球坐标系)e 下 GNSS 天线 a 到卫星 j 的视线方向单位矢量；$\hat{\boldsymbol{r}}_a$ 和 $\hat{\boldsymbol{V}}_a$ 分别为使用载体位置和速度结果计算得到的 GNSS 天线 a 在地心地固系中的位置和速度向量，其计算公式为

$$\hat{\boldsymbol{r}}_a=\begin{bmatrix}(R_N+h)\cos L\cos\lambda \\ (R_N+h)\cos L\cos\lambda \\ [(1-f^2)R_N+h]\sin L\end{bmatrix}+\boldsymbol{C}_n^e\boldsymbol{T}_b^n\boldsymbol{l}_{ba}^b \tag{9.55}$$

$$\hat{\boldsymbol{V}}_a = \boldsymbol{C}_n^e \boldsymbol{V} + \boldsymbol{C}_n^e \boldsymbol{T}_b^n (\boldsymbol{\omega}_{ib}^b \times \boldsymbol{l}_{ba}^b) + \boldsymbol{\omega}_{ie}^e \times \boldsymbol{C}_n^e \boldsymbol{T}_b^n \boldsymbol{l}_{ba}^b \tag{9.56}$$

式中，$\boldsymbol{l}_{ba}^b$ 表示 GNSS 天线 a 在载体系 b 中的位置矢量，即杆臂；L，λ 与 h 分别为惯导递推得到的载体的大地纬度、经度与大地高；$\boldsymbol{V}$ 表示惯导递推得到的导航系下的速度。

根据式(9.55)和式(9.56)，其测量方程的测量矩阵可表示为

$$\boldsymbol{H} \approx \begin{bmatrix} \boldsymbol{0}_{1\times3} & \boldsymbol{0}_{1\times3} & h_{\rho p}^{1\ \mathrm{T}} & \boldsymbol{0}_{1\times3} & \boldsymbol{0}_{1\times3} & 1 & 0 \\ \boldsymbol{0}_{1\times3} & \boldsymbol{0}_{1\times3} & h_{\rho p}^{2\ \mathrm{T}} & \boldsymbol{0}_{1\times3} & \boldsymbol{0}_{1\times3} & 1 & 0 \\ \vdots & \vdots & \vdots & \vdots & \vdots & \vdots & \vdots \\ \boldsymbol{0}_{1\times3} & \boldsymbol{0}_{1\times3} & h_{\rho p}^{m\ \mathrm{T}} & \boldsymbol{0}_{1\times3} & \boldsymbol{0}_{1\times3} & 1 & 0 \\ \cdots & \cdots & \cdots & \cdots & \cdots & \cdots & \cdots \\ \boldsymbol{0}_{1\times3} & u_{a1}^{n\ \mathrm{T}} & \boldsymbol{0}_{1\times3} & \boldsymbol{0}_{1\times3} & \boldsymbol{0}_{1\times3} & 0 & 1 \\ \boldsymbol{0}_{1\times3} & u_{a2}^{n\ \mathrm{T}} & \boldsymbol{0}_{1\times3} & \boldsymbol{0}_{1\times3} & \boldsymbol{0}_{1\times3} & 0 & 1 \\ \vdots & \vdots & \vdots & \vdots & \vdots & \vdots & \vdots \\ \boldsymbol{0}_{1\times3} & u_{am}^{n\ \mathrm{T}} & \boldsymbol{0}_{1\times3} & \boldsymbol{0}_{1\times3} & \boldsymbol{0}_{1\times3} & 0 & 1 \end{bmatrix}^{\mathrm{T}} \tag{9.57}$$

$$\boldsymbol{h}_{\rho p}^j = \begin{bmatrix} (R_M + h) u_{aj,y}^n \\ (R_N + \hat{h}) \cos L u_{aj,x}^n \\ u_{aj,z}^n \end{bmatrix} \tag{9.58}$$

式中，$[u_{aj,x}^n \quad u_{aj,y}^n \quad u_{aj,z}^n]^{\mathrm{T}}$ 表示导航系 n 中 GNSS 天线 a 到卫星 j 的视线方向单位矢量。

9.6.3 仿真实例

1. 手推车组合导航实验

2018 年 6 月 14 日，使用 Novatel SPAN 设备(型号：PwrPak7D-E1)采集了伪距、伪距率与相位数据，并同步采集了 IMU 数据，数据采集时长为 25 min，IMU 数据输出频率为 125 Hz，GNSS 观测数据输出频率为 1 Hz，GNSS 接收机天线相和 IMU 间的杆臂长度是已知的。所用 IMU 的性能如表 9.2 所列，实验轨迹如图 9.13 所示。

表 9.2 SPAN 设备 IMU(型号：EPSON G320)参数

参　数	参数值
陀螺仪零偏稳定度	3.5°/h
角度随机游走	$0.1°/\sqrt{\mathrm{h}}$
加速度计零偏稳定度	0.1 mg
速度随机游走	$0.5(\mathrm{m/s})/\sqrt{\mathrm{h}}$

为了验证紧组合导航算法的有效性，使用 Inertial-Explorer 软件 SINS/RTK 紧组合模式对手推车实验数据进行处理并以获得的位置、速度和姿态作为评估基准量，SINS/GNSS 紧组合导航系统的北向、东向与天向位置误差曲线分别如图 9.14～图 9.16 所示。经统计北向、东向与天向位置误差 RMS 统计值分别为 0.54 m、0.58 m 与 1.04 m。

图 9.13　SINS/GNSS 紧组合导航设备手推车实验路线

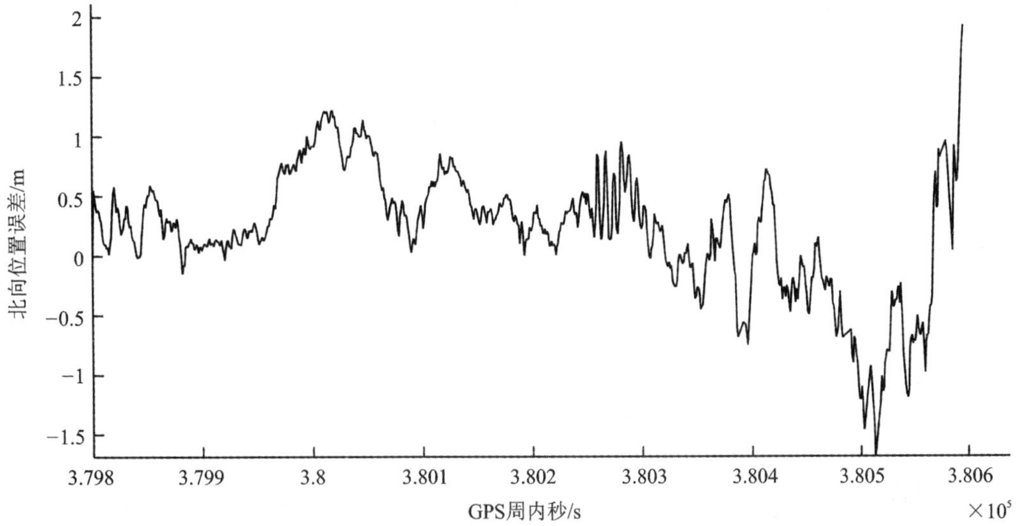

图 9.14　SINS/GNSS 紧组合导航系统手推车实验北向位置误差曲线

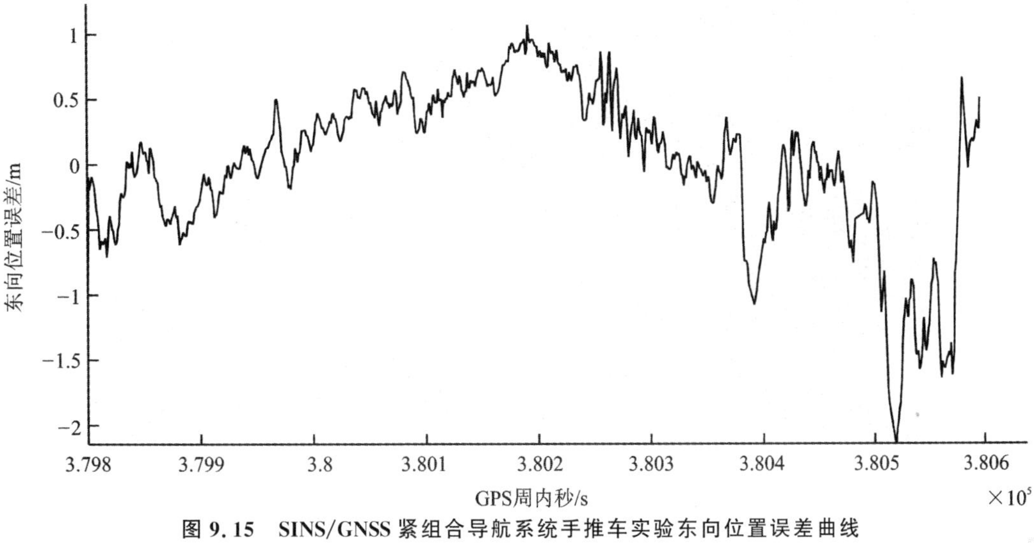

图 9.15　SINS/GNSS 紧组合导航系统手推车实验东向位置误差曲线

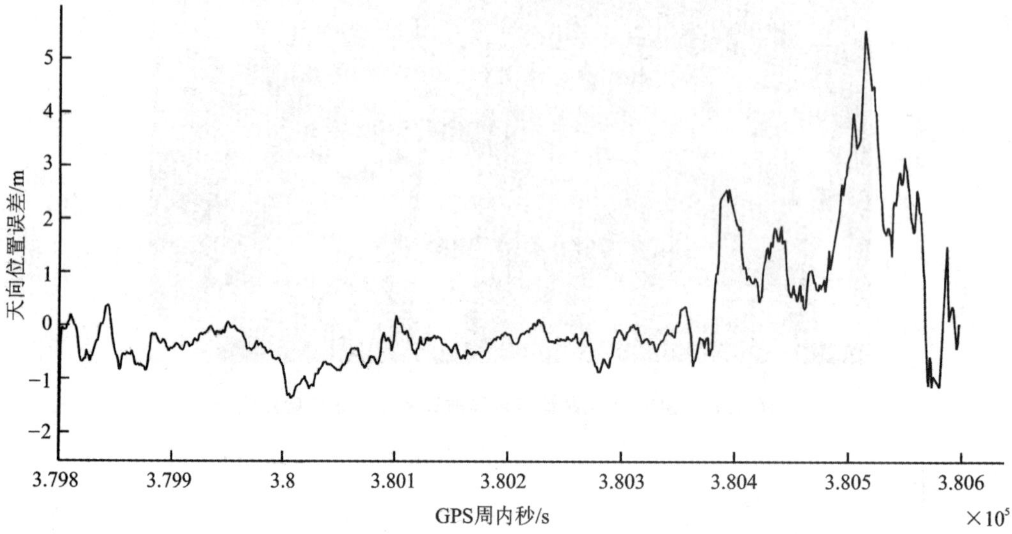

图 9.16　SINS/GNSS 紧组合导航系统手推车实验天向位置误差曲线

由图 9.14～图 9.16 可以看出，实验末段进入林荫路后三个方向的定位误差波动增大，天向定位误差波动幅度为 −2～+6 m，大于东向与北向误差。

2. 跑车实验

2018 年 7 月 31 日使用车载 Novatel SPAN 设备（型号：PwrPak7D-E1）采集了一组时长为 70 min 的 SINS/GNSS 数据，其中，伪距、伪距率和双天线测向数据的采样频率均为 1 Hz，IMU 数据的采样频率为 125 Hz。IMU 的性能参数如表 9.2 所列，实验路线如图 9.17 所示。

图 9.17　车载组合导航实验路线

同理，使用 Inertial-Explorer 软件 SINS/RTK 紧组合模式对跑车实验数据进行处理，并以获得的位置、速度和姿态作为评估基准量，SINS/GNSS 紧组合导航系统的北向、东向与天向位置误差曲线分别如图 9.18～图 9.20 所示。经统计北向、东向与天向误差 RMS 分别为 1.25 m、0.91 m 与 1.79 m。

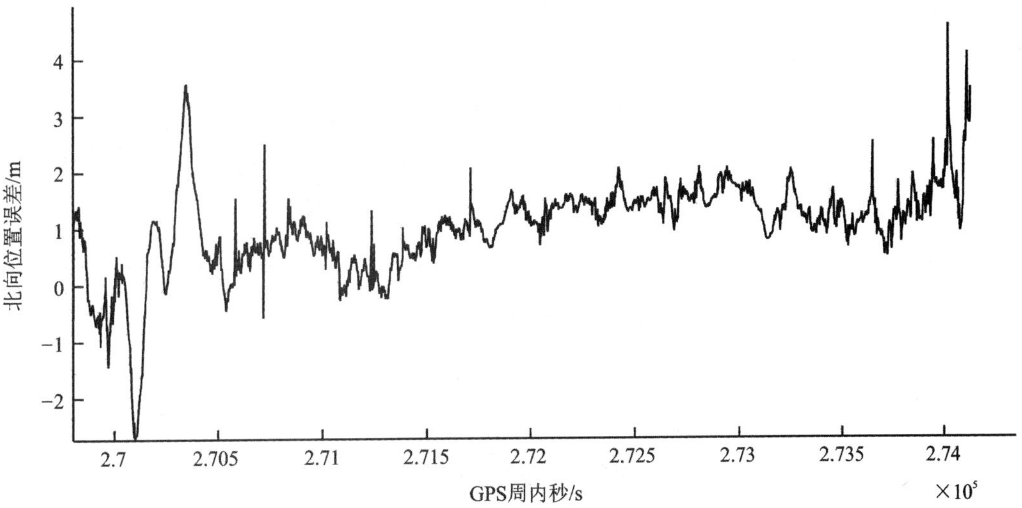

图 9.18　SINS/GNSS 紧组合导航系统跑车实验北向位置误差曲线

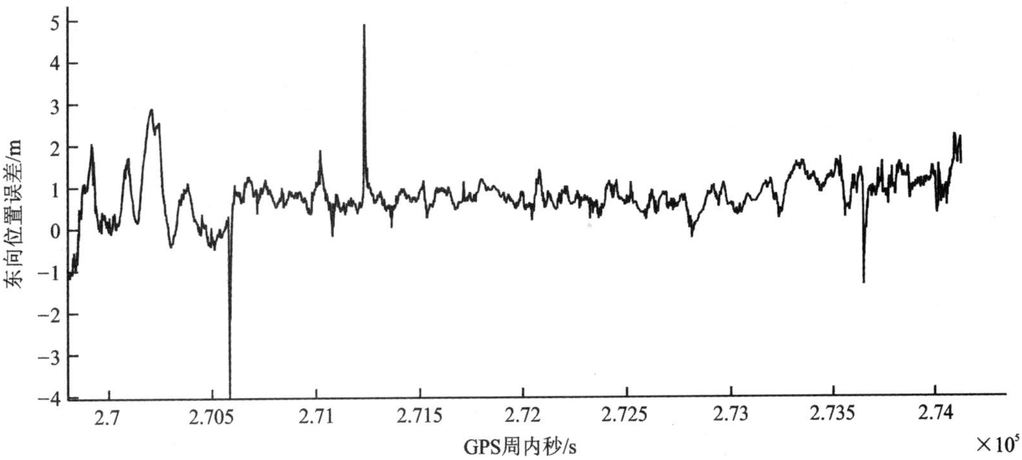

图 9.19　SINS/GNSS 紧组合导航系统跑车实验东向位置误差曲线

由图 9.18～图 9.20 可以看出，城市环境中跑车试验的紧组合天向定位误差波动范围为－4～＋8 m，北向定位误差波动范围为－3～＋4 m，东向定位误差波动范围为－4～＋5 m。

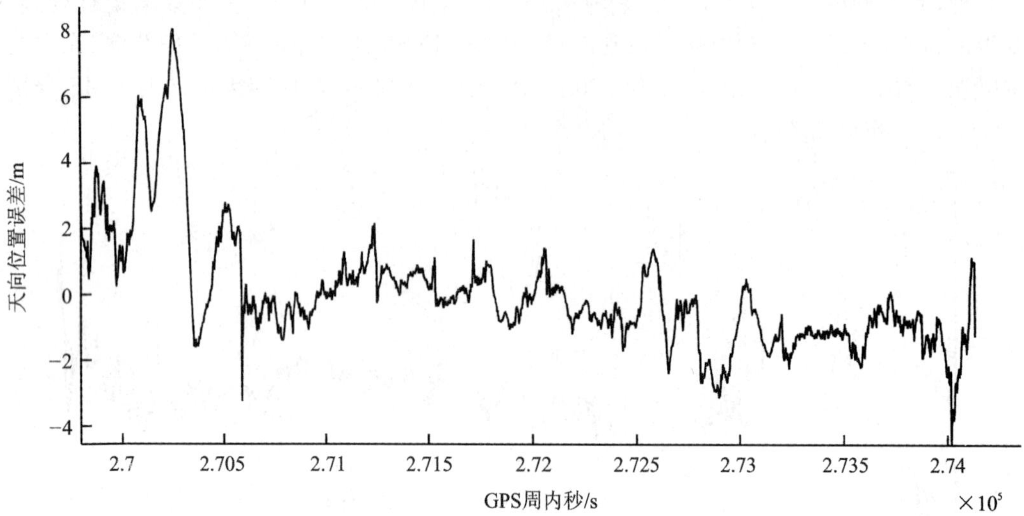

图 9.20 SINS/GNSS 紧组合导航系统跑车实验天向位置误差曲线

思考与练习题

9-1 为什么说组合导航系统是导航发展的方向?

9-2 说明组合导航系统实现的基本原理,并分析不同校正方式的优缺点。

9-3 分析不同组合模式对姿态和航向估计精度的影响。

9-4 试说明不同组合系统状态量的选取原则。

9-5 说明常用组合导航系统中的最优滤波方法及其实现过程。

9-6 设计惯导/GNSS组合导航程序,并用C/C++或MATLAB编程实现。

参考文献

[1] 袁信，余济祥，陈哲. 导航系统[M]. 北京：航空工业出版社，1993.

[2] 陈哲. 捷联惯导系统原理[M]. 北京：宇航出版社，1993.

[3] 薛连莉，陈少春，陈效真. 2016 年国外惯性技术发展与回顾[J]. 导航与控制，2017，16(3)：105-113.

[4] 丁衡高. 海陆空天显神威：惯性技术纵横谈[M]. 北京：清华大学出版社，2000.

[5] 张炎华，王立端，战兴群，等. 惯性导航技术的新进展及发展趋势[J]. 中国造船，2008，49(183)：48-58.

[6] HATAMLEH K S，FLORES A A，XIE P，et al. Development of an Inertial Measurement Unit for Unmanned Aerial Vehicles[J]. Jordan Journal of Mechanical & Industrial Engineering，2011，5(1)：54-61.

[7] 吴俊伟. 惯性技术基础[M]. 哈尔滨：哈尔滨工程大学出版社，2002.

[8] 邓正隆 惯性技术[M]. 哈尔滨：哈尔滨工业大学出版社，2005.

[9] 张春华，何传五. 惯性技术[M]. 北京：科学出版社，1987.

[10] 秦永元. 惯性导航[M]. 北京：科学出版社，2006.

[11] 赵龙，史马震，马澍田. 对无陀螺捷联惯性制导系统中的数值积分方法的讨论[J]. 弹箭与制导学报，21(2)：12-16，2001.

[12] 吕志平，乔书波. 大地测量学基础[M]. 北京:测绘出版社，2010.

[13] 边少锋. 大地坐标系与大地基准[M]. 北京：国防工业出版社，2005.

[14] 宁津生，陈军，晁定波. 数字地球与测绘[M]. 北京：清华大学出版社，广州：暨南大學出版社，2001.

[15] 以光衢. 惯性导航原理[M]. 北京：航空工业出版社，1987.

[16] 张常云，张洪钺. 捷联导航的算法与改进[C]. 中国航空学会控制与应用第四届学术年会论文集，1990.

[17] 陈哲. 全姿态飞机捷联式系统姿态角的计算[J]. 航空学报，1983，4(3)：76-85.

[18] 赵龙，史震，马澍田. 一种新的捷联矩阵更新算法在无陀螺捷联惯导系统中的应用[J]. 中国惯性技术学报，2000：51-54.

[19] ZHAO L，WANG L. Application of the Least Square Filtering in Initial Alignment of SINS[C]. The 7th International Symposium on Instrumentation and Control Technology (ISICT，2008)：7128161-7128164.

[20] ZHAO L，WANG Q Y. Design of an Attitude and Heading Reference System Based on Distributed Filtering for Small UAV[J]. Mathematical Problems in Engineering，2013 (ID：498739)：1-8.

[21] DADUC V，REDDYA B V，SITARAA B，et al. Baro-INS Integration with Kalman Filter[J]. Remote sensing，2005，41(12)：1-6.

[22] YAN H Y，ZHAO L. INS/Baro Integration for INS Vertical Channel Based on Adaptive Filter Algorithm[C]. IEEE Chinese Guidance，Navigation and Control Conference，2014.

[23] LAI Y C，JAN S S，HSIAO F B. Development of a Low-cost Attitude and Heading Ref-

erence System Using a Three-axis Rotating Platform [J]. Sensors, 2010, 10 (4): 2472-2491.

[24] ZHAO L,LIU J. An Improved Adaptive Filtering Algorithm with Applications in Integrated Navigation [C]. 2012 Third International Conference on Digital Manufacturing & Automation,2012,182-185.

[25] 赵龙,陈哲. 新型联邦最小二乘滤波算法及应用[J]. 自动化学报,2004,30(6): 897-904.

[26] 赵龙. 联邦自适应 Kalman 滤波算法及其应用[C]. 第七届全球智能控制与自动化大会,2008: 1369-1372.

[27] 秦永元,张洪钺,汪叔华. 卡尔曼滤波与组合导航原理[M]. 西安: 西北工业大学出版社,1998.

[28] GAO N,WANG M Y,ZHAO L. A novel Robust Kalman Filter on AHRS in the Magnetic Distortion Environment [J]. Advances in Space Research, 2017, 60 (12): 2630-2636.

[29] GAO N,ZHAO L. An Integrated Land Vehicle Navigation System based on Context Awareness[J]. GPS Solutions,2016,20(3):509-524.

[30] GAO N,WANG M Y,ZHAO L. An Integrated INS/GNSS Urban Navigation System based on Fuzzy Adaptive Kalman Filter [C]. Chinese Control Conference, 2016: 5732-5736.

[31] WANG M Y,ZHAO L. An Algorithm for Low-cost AHRS Added with the Earth's Magnetic Model[C]. China Satellite Navigation Conference (CSNC),2016:1-6.

[32] ZHAO L,WANG D,HUANG B Q,et al . Distributed Filtering based Autonomous Navigation System of UAV[J]. Unmanned system,2015,3(1): 1-18.

[33] ZHOU M Y,ZHAO L. Federated Filter based on Navigation System of Quad-rotor UAV[C]. International Conference On Electrical Engineering And Mechanical Automation,Suzhou,2015:732-738.

[34] WANG K J,ZHAO L. GPS/INS Integrated Urban Navigation System based on Vehicle Motion Detection[C]. Proceedings of IEEE Chinese Guidance,Navigation and Control Conference,2014:667-670.

[35] ZHAO L,YAN H Y. An Adaptive Dynamic Kalman Filtering Algorithm based on Cumulative Sums of Residuals[J]. Lecture Notes in Electrical Engineering,2013,245: 727-735.

[36] 潘倩兮,赵龙. 张常云. INS/GPS 组合导航中带有自适应因子的抗差 Kalman 滤波算法[J]. 中南大学学报,2011,42(9):436-440.

[37] 赵龙,吴康. 新型自适应 Kalman 滤波算法及其应用[J]. 压电与声光,2009,31(6): 908-911.

[38] ZHAO L. Study on Fault-tolerant SINS/GPS Integrated Navigation System[C]. The Second International Conference on Space Information Technology,2007,6795(3): 701-704.

] 赵龙,陈哲. 最小二乘滤波及其在 INS/双星系统中的应用[J]. 压电与声光,2006,28(4): 83-485.